普通高等教育工程管理和工程造价专业系列教材

工程造价管理

第 2 版

主　编　汪和平　王付宇　李　艳
副主编　夏明长　宋　红　蒋春迪
参　编　董万国　高　飞　卢艳玲　　　　　　　然
主　审　孙春玲

机械工业出版社

本书依据工程计价相关标准、规范，并结合当前工程造价管理发展的前沿问题编写，内容结合工程建设项目的程序和特点，从工程造价的组成与计价方法入手，分别对建设项目的决策阶段、设计阶段、招标投标与合同管理阶段、施工阶段、竣工验收及后评价阶段的工程造价的确定与控制进行分析和介绍。本书共 8 章，主要内容包括：工程造价管理概论、工程造价的构成、工程造价的计价、建设项目决策阶段的工程造价管理、建设项目设计阶段的工程造价管理、建设项目招标投标阶段的工程造价管理、建设项目施工阶段的工程造价管理、建设项目竣工验收及后评价阶段的工程造价管理。

本书可作为普通高等学校工程造价专业、工程管理专业的教材，也可作为土建行业从业人员的参考书。

图书在版编目（CIP）数据

工程造价管理/汪和平，王付宇，李艳主编 . —2 版 . —北京：机械工业出版社，2024.2（2025.1重印）

普通高等教育工程管理和工程造价专业系列教材

ISBN 978-7-111- 75027-7

Ⅰ.①工… Ⅱ.①汪… ②王… ③李… Ⅲ.①建筑造价管理—高等学校—教材 Ⅳ.①TU723.3

中国国家版本馆 CIP 数据核字（2024）第 032382 号

机械工业出版社（北京市百万庄大街22号 邮政编码100037）

策划编辑：林 辉 责任编辑：林 辉
责任校对：薄萌钰 韩雪清 封面设计：张 静
责任印制：张 博
北京建宏印刷有限公司印刷
2025 年 1 月第 2 版第 4 次印刷
184mm×260mm · 21.75 印张 · 535 千字
标准书号：ISBN 978-7-111-75027-7
定价：69.00 元

电话服务 网络服务
客服电话：010-88361066 机 工 官 网：www.cmpbook.com
010-88379833 机 工 官 博：weibo.com/cmp1952
010-68326294 金 书 网：www.golden-book.com
封底无防伪标均为盗版 机工教育服务网：www.cmpedu.com

序

　　住房和城乡建设部高等学校工程管理和工程造价学科专业指导委员会（简称教指委）组织编制了《高等学校工程管理本科指导性专业规范（2014）》和《高等学校工程造价本科指导性专业规范（2015）》（简称《专业规范》）。两个《专业规范》自发布以来，受到相关高等学校的广泛关注，促进他们根据学校自身的特点和定位，进一步改革培养目标和培养方案，积极探索课程教学体系、教材体系改革的路径，以培养具有各校特色、满足社会需要的工程建设高级管理人才。

　　2017年9月，江苏、安徽等省的高校中一些承担工程管理、工程造价专业课程教学任务的教师在南京召开了具有区域特色的教学研讨会，就不同类型学校的工程管理和工程造价这两个专业的本科专业人才培养目标、培养方案以及课程教学与教材体系建设展开研讨。其中，教材建设得到机械工业出版社的大力支持。机械工业出版社认真领会教指委的精神，结合研讨会的研讨成果和高等学校教学实际，制订了普通高等教育工程管理和工程造价专业系列教材的编写计划，成立了本系列教材编审委员会。经相关各方共同努力，本系列教材将先后出版，与读者见面。

　　普通高等教育工程管理和工程造价专业系列教材的特点有：

　　1）系统性与创新性。根据两个《专业规范》的要求，编审委员会研讨并确定了该系列教材中各教材的名称和内容，既保证了各教材之间的独立性，又满足了它们之间的相关性；根据工程技术、信息技术和工程建设管理的最新发展成果，完善教材内容，创新教材展现方式。

　　2）实践性和应用性。在教材编写过程中，始终强调将工程建设实践成果写进教材，并将教学实践中收获的经验、体会在教材中充分体现；始终强调基本概念、基础理论要与工程应用有机结合，通过引入适当的案例，深化学生对基础理论的认识。

　　3）符合当代大学生的学习习惯。针对当代大学生信息获取渠道多且便捷、学习习惯在发生变化的特点，本系列教材始终强调在基本概念、基本原理描述清楚、完整的同时，给学生留有较多空间去获得相关知识。

　　期望本系列教材的出版，有助于促进高等学校工程管理和工程造价专业本科教育教学质量的提升，进而促进这两个专业教育教学的创新和人才培养水平的提高。

第2版前言

自第1版出版以来，本书为高等学校培养建筑领域中既懂技术与经济，又懂管理和法律的优秀工程造价管理人才做出了很大贡献，得到了高等学校工程管理和工程造价专业师生及企事业相关工作人员的高度好评。

为贯彻落实党的二十大精神，加强教材建设和管理，同时吸收新颁布的有关工程造价管理的法规、规章，我们对第1版教材内容进行了修订，在保留第1版的特色和基本架构的基础上，增加和完善了部分工程造价专业的知识内容，并在适当的章节内容中以"春风化雨，润物无声"的形式融入了党的二十大精神，思政元素内容贴近学生的思想，以适应新时代背景下工程管理发展新形势对工程造价管理人员的要求。主要修订内容如下：

1）深入融入党的二十大精神，每章都结合科教兴国、人才强国、创新驱动等国家战略举措，融入体现专业自豪感、专业责任感、工匠精神的思政元素。

2）依据《企业安全生产费用提取和使用管理办法》（财资〔2022〕136）、《工程造价指标分类及编制指南》等对相应章节的内容进行了修订。

3）完善了各章的复习思考题及习题答案。

本书编写人员均为骨干专业教师，长期担任本课程的教学任务，有着丰富的教学、实践经验。各章节内容对于知识点的剖析透彻，有助于学生的理解并激发学生的学习兴趣。本书不仅有助于学生系统地掌握工程造价专业知识和技能，还有助于培养他们的使命感和社会责任感。

为便于教学，本书配有双语教学大纲、PPT课件、习题答案等教学资源，采用本书授课的教师可以登录机械工业出版社教育服务网下载。另外，读者可扫描书中二维码观看工程造价管理课程授课视频。

本书可作为普通高等学校工程管理和工程造价专业的教材，也可作为土建行业从业人员的参考书。

本书由安徽工业大学汪和平、王付宇、李艳担任主编，夏明长、宋红、蒋春迪、白娟、陈梦凯担任副主编，董万国、高飞、卢艳玲、潘慧、齐欣然参与了部分章节的编写和文字校核工作，全书由汪和平负责统稿。

天津理工大学孙春玲教授在百忙之中精心审阅了本书，提出了许多宝贵意见和建议，使本书得到了进一步完善，在此表示衷心的感谢！

　　由于编者水平有限，书中不妥之处在所难免，恳请广大读者批评指正，以便今后修订时予以完善。

编　者

第1版前言

随着我国建设市场的迅速发展,建筑行业中的市场竞争压力不断增大。为适应市场变化,建设主体需要在保证建筑工程质量的前提下合理确定和有效控制造价,提高核心竞争力。另外,"一带一路"倡议提出后,我国建筑业与国际接轨进程加快,工程项目建设日益规范,社会需要高等学校培养既懂技术与经济,又懂管理和法律的优秀造价管理人才。作为高等学校培养工程造价管理专业人才的核心课程教材,本书紧紧围绕我国工程造价领域中现行的国家法规及规范标准设置内容,内容先进。

本书依据《建筑安装工程费用项目组成》(建标〔2013〕44)、《建设工程工程量清单计价规范》(GB 50500—2013)、《建设工程施工合同(示范文本)》(GF—2017—0201)、《建筑工程施工发包与承包计价管理办法》(住房和城乡建设部令第16号)等与工程费用、发承包双方计价行为等相关的标准、规范,并结合当前工程造价管理发展的前沿问题编写。本书内容结合建设项目的程序和特点,从工程造价的组成与计价方法入手,分别对建设项目的决策阶段、设计阶段、招标投标阶段、施工阶段、竣工验收和项目后评价阶段工程造价的确定与控制进行分析和论述,阐述了建设项目全过程造价的控制方法,既有定性描述,又有定量计算,既注重基础理论分析,又研究发展方向和实践应用。通过对本书的学习,学生可以在掌握土木工程概预算思想、了解工程管理相关理论的基础上,进一步了解和掌握现行建筑工程造价的组成和计价方法,掌握建设项目各阶段进行造价确定和控制的方法,树立明确的经济和财务概念,强化工程造价的基础理论和实践知识。

本书的特点在于内容新颖、实用、全面,理论知识体系完备,除此之外,为了及时将国家出台的新规划、新政策以及工程建设领域的新模式和新技术引入工程造价管理理论内容中,在教材的每章都配置了课后拓展,分别对数字建筑、"营改增"对建筑业的影响、装配式建筑、PPP项目的发展现状及应用、美丽乡村建设评价、BIM在全生命周期中的应用、全过程工程咨询、造价工程师职业资格管理规定等知识点进行介绍和分析,让学生在掌握传统工程造价管理理论知识的同时了解工程造价管理应用的前沿问题,及时更新自己的专业知识,与社会需要的人才要求紧密接轨。

本书的参编人员均为教学一线的骨干专业教师,长期从事工程造价相关课程的教学工作,有着丰富的教学、实践经验,对知识点的剖析透彻,有助于学生的理解,能在一定程度上激发学生的学习兴趣。

本书可作为普通高等学校工程造价专业、工程管理专业的教材,也可供在监理单位、建设单位、勘察设计单位、施工企业等从事相关专业工作的人员学习参考。

本书由安徽工业大学汪和平、王付宇、李艳担任主编,夏明长、宋红、蒋春迪、白娟担任副主编，董万国、齐欣然等参与部分章节的编写和文字校核工作，全书由汪和平负责统稿。

　　本书在编写过程中参阅了大量的国内优秀教材及造价工程师执业资格考试培训教材，在此对有关作者一并表示衷心的感谢。由于本书涉及的内容广泛，加上编者水平有限，不妥之处恳请同行专家、学者和广大读者批评指正，以便今后修订时改进。

编　者

授课视频及习题解答二维码清单

名称	图形	名称	图形
二维码 1-1　工程建设项目概述		二维码 3-2　工程定额（1）	
二维码 1-2　工程造价概述		二维码 3-3　工程定额（2）	
二维码 1-3　工程造价管理概述		二维码 3-4　工程定额（3）	
二维码 2-1　我国现行工程造价的构成		二维码 4-1　决策阶段概述	
二维码 2-2　设备及工器具购置费的构成		二维码 4-2　可行性研究	
二维码 2-3　建筑安装工程费的构成和计算		二维码 4-3　投资估算法	
二维码 2-4　工程建设其他费用		二维码 5-1　设计阶段工程造价管理概述及限额设计	
二维码 2-5　预备费、建设期利息		二维码 5-2　设计方案的评价与优化	
二维码 3-1　工程计价概述		二维码 6-1　招标投标概述	

名称	图形	名称	图形
二维码 6-2　招标与控制价的编制		二维码 7-2　工程变更	
二维码 6-3　投标与投标报价的编制		二维码 8-1　概述 mp4	
二维码 6-4　开标、评标、定标		二维码 8-2　质量保证金的处理	
二维码 7-1　施工组织设计的编制优化		二维码 9-1　习题解答	

目　录

第 1 章

工程造价管理概论

■ 1.1 工程建设项目概述

1.1.1 工程、项目与工程建设项目的概念

1. 工程的概念

工程是科学和数学的某种应用，通过这一应用，自然界的物质和能源的特性能够通过各种结构、机器、产品、系统和过程，以最短的时间和最少的人力、物力建造或制造出高效、可靠且对人类有用的产品。工程是将自然科学的理论应用到具体工农业生产部门中形成的各学科的总称。

2. 项目的概念

项目是指一系列独特的、复杂的并相互关联的活动，这些活动有着一个明确的目标或目的，必须在特定的时间、预算、资源限定内，依据规范完成。项目参数包括项目范围、质量、成本、时间、资源。美国项目管理协会（Project Management Institute，PMI）在其出版的《项目管理知识体系指南》（*Project Management Body of Knowledge*，PMBOK）中将项目定义为"为创造独特的产品、服务或成果而进行的临时性工作"。

3. 工程建设项目的概念

通常将工程建设项目简称为建设项目（Construction Project），它是指按照一个总体设计进行施工的，可以形成生产能力或使用价值的一个或数个单项工程的总体，一般在行政上实行统一管理，经济上实行统一核算。属于数个总体设计中分期分批进行建设的主体工程和附属配套工程、供水供电工程等都可作为一个建设项目。按照一个总体设计和总投资文件在一个或数个场地上进行建设的工程，也属于一个建设项目。工业建设中，一般以一个工厂为一个建设项目；民用建设中以一个事业单位（如一所学校、一所医院）为一个建设项目。

1.1.2 工程建设项目分类

1. 建设工程的分类

建设工程（Construction Engineering）属于固定资产投资对象，是指为人类生活、生产提供物质技术基础的各类建（构）筑物和工程设施。固定资产的建设活动一般通过具体的建设工程实施。

建设工程可以按照自然属性、用途、使用功能等不同方法进行分类，其结果和表现形式

不尽相同。

（1）按自然属性进行分类　《建设工程分类标准》（GB/T 50841—2013）将建设工程按自然属性分为建筑工程、土木工程和机电工程三大类。从本质上看，建筑工程属于土木工程范畴，考虑到建筑工程量大面广，根据国际惯例和满足建设工程监督管理的需要，该标准将建筑工程与土木工程并列。

1）建筑工程（Building Engineering）是指供人们进行生产、生活或其他活动的房屋或场所。

2）土木工程（Civil Engineering）是指建造在地上或地下、陆上或水中，直接或间接为人类生活、生产、科研等服务的各类工程。

3）机电工程（Mechanical and Electrical Engineering）是指按照一定的工艺和方法，将不同规格、型号、性能、材质的设备及管路和线路等有机组合起来，满足使用功能要求的工程。

（2）按用途进行分类　建设工程按照用途不同，可以分为环保工程、节能工程、消防工程、抗震工程等。

（3）按使用功能进行分类　为了满足现行管理体制的需要，建设工程按使用功能可分为房屋建筑工程、铁路工程、公路工程、水利工程、市政工程、煤炭矿山工程、水运工程、海洋工程、民航工程、商业与物资工程、农业工程、林业工程、粮食工程、石油天然气工程、海洋石油工程、火电工程、水电工程、核工业工程、建材工程、冶金工程、有色金属工程、石化工程、化工工程、医药工程、机械工程、航天与航空工程、兵器与船舶工程、轻工工程、纺织工程、电子与通信工程和广播电影电视工程等。

2. 建筑工程的分类

在建设工程中，建筑工程是量大面广的一类工程，本书主要以建筑工程作为研究对象，为了便于对建筑工程进行把握，下面介绍建筑工程的分类。

（1）一般规定

1）建筑工程按照使用性质可分为民用建筑工程、工业建筑工程、构筑物工程及其他建筑工程等。

2）建筑工程按照组成结构可分为地基与基础工程、主体结构工程、建筑屋面工程、建筑装饰装修工程和室外建筑工程。

3）建筑工程按照空间位置可分为地下工程、地上工程、水下工程、水上工程等。

（2）民用建筑工程的分类

1）民用建筑工程按用途可分为居住建筑、办公建筑、旅馆酒店建筑、商业建筑、居民服务建筑、文化建筑、教育建筑、体育建筑、卫生建筑、科研建筑、交通建筑、广播电影电视建筑等。

2）居住建筑按使用功能不同可分为别墅、公寓、普通住宅、集体宿舍等，按照地上层数和高度分为低层建筑、多层建筑、中高层建筑、高层建筑和超高层建筑。

3）办公建筑按地上层数和高度可分为单层建筑、多层建筑、高层建筑、超高层建筑。

4）旅馆酒店建筑可分为旅游饭店、普通旅馆、招待所等。

5）商业建筑按照用途可分为百货商场、综合商厦、购物中心、会展中心、超市、菜市场、专业商店等，按其建筑面积可分为大型商业建筑、中型商业建筑和小型商业建筑。

6）居民服务建筑可分为餐饮用房屋，银行营业和证券营业用房屋，电信及计算机服务用房屋，邮政用房屋，居住小区的会所，以及洗染店、洗浴室、理发美容店、家电维修、殡仪馆等生活服务用房屋。

7）文化建筑可分为文艺演出用房、艺术展览用房、图书馆、纪念馆、档案馆、博物馆、文化宫、游乐场馆、电影院（含影城）、宗教寺院，以及舞厅、歌厅、游艺厅等用房。文化建筑按其建筑面积可分为大型文化建筑、中型文化建筑和小型文化建筑。

8）教育建筑可分为各类学校的教学楼、图书馆、实验室、体育馆、展览馆等教育用房。

9）体育建筑可分为体育馆、体育场、游泳馆、跳水馆等。体育场按照规模可分为特大型体育场、大型体育场、中型体育场、小型体育场。

10）卫生建筑可分为各类医疗机构的病房、医技楼、门诊部、保健站、卫生所、化验室、药房、病案室、太平间等房屋。

11）交通建筑可分为机场航站楼，机场指挥塔，交通枢纽，停车楼，高速公路服务区用房，汽车、铁路和城市轨道交通车站的站房，港口码头建筑等工程。

12）广播电影电视建筑可分为广播电台、电视台、发射台（站）、地球站、监测台（站）、广播电视节目监管建筑、有线电视网络中心、综合发射塔（含机房、塔座、塔楼等）等工程。

（3）工业建筑工程的分类

1）工业建筑工程可分为厂房（机房、车间）、仓库、附属设施等。

2）仓库按用途可分为各行业企事业单位的成品库、原材料库、物资储备库、冷藏库等。

3）厂房（机房）包括各行业工矿企业用于生产的工业厂房和机房等，按照高度和层数可分为单层厂房、多层厂房和高层厂房；按照跨度可分为大型厂房、中型厂房、小型厂房。

（4）构筑物工程的分类

1）构筑物工程可分为工业构筑物、民用构筑物和水工构筑物等。

2）工业构筑物工程可分为冷却塔、观测塔、烟囱、烟道、井架、井塔、筒仓、栈桥、架空索道、装卸平台、槽仓、地道等。

3）民用构筑物可分为电视塔（信号发射塔）、纪念塔（碑）、广告牌（塔）等。

4）水工构筑物可分为沟、池、沉井、水塔等。

3. 建设工程项目的分类

项目是指在一定的约束条件（限定资源、质量和时间）下，具有完整的组织机构和特定目标的一次性事业。

在工程建设过程中，建设工程的立项报建、可行性研究、工程勘察与设计、工程招标与投标、建筑施工、竣工验收、工程咨询等通常以建设工程项目作为对象进行管理。

建设工程项目可以按以下不同标准进行分类。

（1）按建设性质分类　建设工程项目按建设性质可分为基本建设项目和更新改造项目。

1）基本建设项目。基本建设项目，简称建设项目，是投资建设以扩大生产能力或增加工程效益为主要目的的工程，包括新建项目、扩建项目、迁建项目、恢复项目。

① 新建项目是指从无到有的新建的项目。按现行规定，对原有建设项目重新进行总

体设计，经扩大建设规模，其新增固定资产价值超过原有固定资产价值三倍以上的，也属新建项目。

②扩建项目是指现有企事业单位，为扩大生产能力或新增效益而增建的主要生产车间或其他工程项目。

③迁建项目是指现有企事业单位出于各种原因而搬迁到其他地点的建设项目。

④恢复项目是指现有企事业单位原有固定资产因遭受自然或人为灾害等原因造成全部或部分报废，而后又重新建设的项目。

2）更新改造项目。更新改造项目是指原有企事业单位为提高生产效益、改进产品质量等，对原有设备、工艺流程进行技术改造或固定资产更新，以及相应配套的辅助生产、生活福利等工程的有关工作。

（2）按项目规模分类　根据国家有关规定，基本建设项目可划分为大型建设项目、中型建设项目和小型建设项目；更新改造项目可划分为限额以上（能源、交通、原材料工业项目总投资5000万元以上，其他项目总投资3000万元以上）项目和限额以下项目两类。不同等级标准的建设工程项目，国家规定的市批机关和报建程序也不尽相同。

4. 建设项目的分类

建设项目，首先是一个投资项目，是指经过决策和实施的一系列程序，在一定的约束条件下，以形成固定资产为明确目标的一次性的活动，是在一个总体规划下或设计范围内进行建设的，实行统一施工、统一管理、统一核算的工程，往往是由一个或数个单项工程所构成的总和，也称为基本建设项目。

建设项目应满足下列要求：

1）技术：满足在一个总体规划、总体设计或初步设计范围内。

2）构成：由一个或几个相互关联的单项工程组成。

3）每一个单项工程可由一个或几个单位工程组成。

4）在建设过程中，经济上实行统一核算，行政上实行统一管理。

建设项目可以按以下不同标准进行分类：

（1）按用途分类　建设项目按在国民经济各部门中的作用，可分为生产性建设项目和非生产性建设项目。

1）生产性建设项目是指直接用于物质生产或满足物质生产需要的建设项目。它包括工业、农业、林业、水利、交通、商业、地质勘探等建设工程。

2）非生产性建设项目是指用于满足人们物质文化需要的建设项目。它包括办公楼、住宅、公共建筑和其他建设工程项目。

（2）按行业性质和特点分类　建设项目按行业性质和特点可分为竞争性项目、基础性项目和公益性项目。

1）竞争性项目。这类项目主要是指投资效益比较高、竞争性比较强的一般性建设项目。这类项目应以企业为基本投资对象，由企业自主决策、自担投资风险。

2）基础性项目。这类项目主要是指具有自然垄断性、建设周期长、投资额大而收益低的基础设施和需要政府重点扶持的一部分基础工业项目，以及直接增强国力的符合经济规模的支柱产业项目。这类项目主要由政府集中必要的财力、物力，通过经济实体进行投资。

3）公益性项目。这类项目主要包括科技、文教、卫生、体育和环保等设施，公、检、法等机关及政府机关、社会团体办公设施等。公益性项目的投资主要由政府财政资金来安排。

1.1.3 建设工程的组成和分解

1. 建设工程的组成与分解

建设工程是一个复杂的系统工程，为了满足工程管理和工程成本经济核算的需要，合理确定和有效控制工程造价，可把整体、复杂的系统工程分解成小的、易于管理的组成部分。即将建设工程按照组成结构依次划分为单项工程、单位工程、分部工程和分项工程等层次。一个建设工程，可能包括许多单项工程、单位工程、分部工程、分项工程和子项工程。

（1）单项工程　单项工程（Individual Project）是指具有独立设计文件，能够独立发挥生产能力、使用效益的工程，是建设项目的组成部分。它由多个单位工程构成。单项工程是一个独立的系统，如一个工厂的车间、实验楼，一所学校中的教学楼、图书馆等。

（2）单位工程　单位工程（Unit Project）是指具备独立施工条件并能形成独立使用功能的建筑物及构筑物，是单项工程的组成部分，可分为多个分部工程。对于建筑规模较大的单位工程，可将其能形成独立使用功能的部分再分为几个子单位工程。例如，生产车间这个单项工程是由厂房建筑工程和机械设备安装工程等单位工程组成的，厂房建筑工程还可以细分为一般土建工程、水暖卫工程、电器照明工程和工业管道工程等子单位工程。

单位工程一般是进行工程成本核算的对象。

（3）分部工程　分部工程（Part Project）是指按工程的部位、结构形式的不同等划分的工程，是单位工程的组成部分，可分为多个分项工程。例如，建筑工程中包括土（石）方工程、桩与地基基础工程、砌筑工程、混凝土及钢筋混凝土工程、厂库房大门工程、特种门木结构工程、金属结构工程、屋面及防水工程等多个分部工程。

（4）分项工程　分项工程（Item Project）是指根据工种、构件类别、设备类别、使用材料不同划分的工程，是分部工程的组成部分。例如，混凝土及钢筋混凝土分部工程中的条形基础、独立基础、满堂基础、设备基础等都属于分项工程。

（5）子项工程　子项工程是分项工程的组成部分，是工程中最小的单元体。例如，砖墙分项工程可以分为240mm厚砖外墙、365mm厚砖外墙等。子项工程是计算人工、材料、机械及资金消耗的最基本的构造要素。单位估价表中的单价大多是以子项工程为对象计算的。

建设工程可以有多种不同的分解方法，不同的标准对于建设工程的组成与分解有些差异，使用时要根据具体情况和要求加以区别。例如，《建设工程分类标准》将建设工程按自然属性进行分解和组合。如前所述，建设工程按自然属性分为建筑工程、土木工程和机电工程三大类。每一大类工程按照组成结构依次划分为工程类别、单项工程、单位工程和分部工程等层次，基本单元为分部工程。

《建筑工程施工质量验收统一标准》（GB 50300—2013）（以下简称《施工验收标准》），将建设工程按照组成结构依次分解为单位工程（子单位工程）、分部工程（子分部工程）、分项工程和检验批。而工程造价构成中的单位工程与《施工验收标准》中的单位工程，在范围和内涵上有着很大的不同。建设工程的分解示意图如图1-1所示。

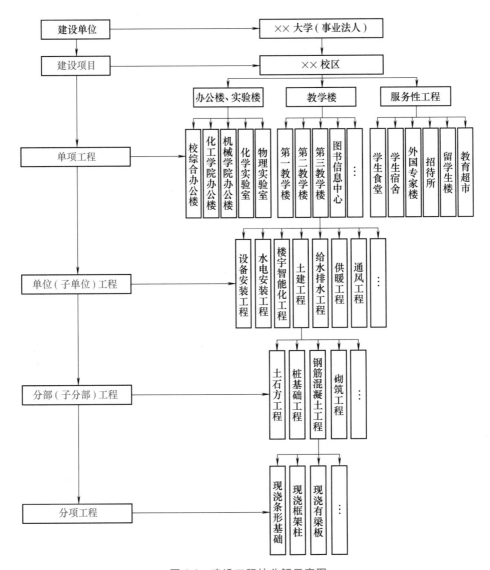

图 1-1 建设工程的分解示意图

2. 建筑工程的组成与分解

建筑工程按照组成结构分解与组合可以有多种划分方法，考虑其施工过程和施工任务分配的方便性，按照《施工验收标准》的规定，建筑工程包括地基与基础工程、主体结构工程、建筑屋面工程、建筑装饰装修工程、建筑给水排水及供暖工程、建筑电气工程、智能建筑工程、通风与空调工程、建筑节能、电梯工程共十个单位工程。室外工程包括室外设施和附属设施及室外环境两个单位工程。

为了确保单项工程或者单位工程按照自然属性规则分解或者复原，《建设工程分类标准》中建筑工程包含地基与基础工程、主体结构工程、建筑屋面工程、建筑装饰装修工程、室外建筑工程，即将《施工验收标准》中的室外设施简称为室外建筑工程，与建筑工程中的地基与基础工程、主体结构工程、建筑屋面工程、建筑装饰装修工程并列；将《施工验收标准》中的建筑工程中的建筑给水排水及供暖工程、建筑电气工程、智能建筑工程、通风与空调工程、电梯工程及附属建筑及室外环境都划入机电工程。这样，土木工程不再包含建筑工程和机电工程，机电工程不再包含土木工程和建筑工程。

1.1.4　工程建设项目的程序

建设程序是指建设项目从设想、选择、评估、决策、设计、施工到竣工验收及投入使用或生产的整个过程中，各环节及各项主要工作必须遵循的先后次序的法则。这个法则是人们在认识客观规律的基础上，按照建设项目发展的内在联系和发展过程制定的，在实际的操作过程中某些环节可以适当地交叉，但不能够随意颠倒。其核心思想是：先勘察、再设计、后施工。

（1）项目建议书阶段　项目建议书是建设单位向国家提出的要求建设某一具体项目的建议文件，即对拟建项目的必要性、可行性以及建设的目的、计划等进行论证并写成报告的形式。项目建议书一经批准即为立项，立项后可进行可行性研究。

（2）可行性研究阶段　可行性研究是对建设项目在技术上是否可行和经济上是否合理进行科学的分析和论证。它通过市场研究、技术研究、经济研究，进行多方案比较，提出最佳方案。可行性研究通过评审后，就可着手编写可行性研究报告。可行性研究报告是确定建设项目、编制设计文件的重要依据，必须有相当的深度和准确性，在建设程序中起主导地位。可行性研究报告一经批准即形成决策，是初步设计的依据，不得随意修改和变更。

（3）建设地点选择阶段　建设地点的选择，由主管部门组织勘察设计等单位和所在地有关部门共同进行。在综合研究工程地质、水文地质等自然条件，建设工程所需的水、电、运输条件和项目建成投产后原材料、燃料以及生产和工作人员的生活条件、生产环境等因素，并进行多方案比选后，提交选址报告。

（4）设计工作阶段　可行性研究报告和选址报告经批准后，建设单位或其主管部门可以委托或通过设计招标方式选择设计单位，由设计单位按可行性研究报告、设计任务书、设计合同中的有关要求进行设计。民用建筑工程一般分为方案设计（含投资估算）、初步设计（含设计概算）和施工图设计（含施工图预算）几个阶段。方案设计文件用于办理工程建设的有关手续，初步设计文件用于审批（包括政府主管部门和建设单位对初步设计文件的审批），施工图设计文件用于施工。对于技术要求相对简单的民用建筑工程，当有关主管部门同意，且合同中没有做初步设计约定时，可在方案设计审批后直接进入施工图设计。大、中型建材工厂工程建设项目可分为初步设计和施工图设计两阶段设计。技术简单、方案明确的小型规模项目，可直接采用施工图设计。重大项目或技术复杂的项目，可根据需要增加技术设计或扩大初步设计阶段。

（5）建设准备阶段　项目在开工建设之前，要切实做好各项准备工作。该阶段进行的工作主要包括编制建设计划和年度建设计划；征地、拆迁；进行"三通一平"；组织材料、设备采购；组织工程招标投标，择优选择施工单位、监理单位，签订各类合同；报批开工报告或办理建设项目施工许可证等。

（6）建设实施阶段　建设项目经批准开工建设，项目即进入建设实施阶段，项目新开工时间，是指建设项目设计文件中规定的任何一项永久性工程第一次正式破土开槽开始施工的日期，不需要开槽的工程，以建筑物组成的正式打桩作为正式开工。分期建设的项目分别按各期工程开工的时间填报。

（7）竣工验收阶段　建设项目按设计文件规定内容全部施工完成后，由建设项目主管部门或建设单位向负责验收单位提出竣工验收申请报告，组织验收。竣工验收是全面考核基本建设工作，检查是否符合设计要求和工程质量的重要环节，对清点建设成果、促进建设项目及时投产、发挥投资效益及总结建设经验教训，都有重要作用。

（8）项目后评估阶段　建设项目后评估是工程项目竣工投产并生产经营一段时间后，对项目的决策、设计、施工、投产及生产运营等过程进行系统评估的一种技术经济活动。通过建设项目后评估，达到总结经验、研究问题、吸取教训并提出建议、不断提高项目决策水平和投资效果的目的。

建设项目的阶段划分如图1-2所示。

决策阶段		设计准备阶段	设计阶段			施工阶段	动用前准备阶段		保修阶段	使用阶段
编制项目建议书	编制可行性研究报告	编制设计任务书	初步设计	技术设计	施工图设计	施工	竣工验收	动用开始	保修期结束	
项目决策阶段		项目实施阶段								

图1-2　建设项目的阶段划分

1.2　工程造价概述

1.2.1　建设项目总投资

1. 投资的含义及分类

投资是现代经济生活中最重要的内容之一，无论是政府、企业、金融组织或个人，作为经济主体，都在不同程度上以不同的方式直接或间接地参与投资活动。

投资是指投资主体为了特定的目的，以达到预期收益的价值垫付行为。广义的投资是指投资主体为了特定的目的，将资源投放到某项目以达到预期效果的一系列经济行为。其资源可以是资金也可以是人力、技术等，既可以是有形资产的投放，也可以是无形资产的投放。狭义的投资是指投资主体在经济活动中为实现某种预定的生产、经营目标而预先垫付资金的经济行为。

投资可以从不同角度进行分类，投资分类如图1-3所示。

2. 建设工程项目总投资与固定资产投资

建设项目总投资是指投资主体为获取预期收益，在选定的建设项目上需要投入的全部资金。生产性建设项目总投资包括固定资产投资和流动资产投资两部分；非生产性建设项目总投资只包括固定资产投资，不含流动资产投资。工程造价是指项目总投资中的固定资产投资总额。

固定资产是指在社会再生产过程中可长时间反复使用，单位价值在规定限额以上，并在

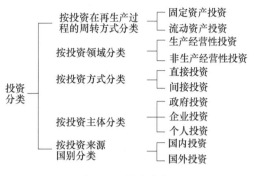

图1-3 投资分类

使用过程中不改变其实物形态的物质资料，如建筑物、机械设备等。在我国的会计实务中，企业使用年限超过一年的建筑物、构筑物、机械设备、运输工具和其他与生产经营有关的工具、器具等资产均应视作固定资产；凡是不符合上述条件的劳动资料一般称为低值易耗品，属于流动资产。

固定资产投资是指投资主体为了特定的目的，用于建设和形成固定资产的投资。按照我国现行规定，固定资产投资可划分为基本建设投资、更新改造投资、房地产开发投资和其他固定资产投资。基本建设投资主要用于新建、改建、扩建和重建项目的资金投入，是形成新增固定资产、扩大生产能力和工程效益的主要手段。更新改造投资是在保证固定资产简单再生产的基础上，通过以先进技术改造原有技术以实现固定资产扩大化再生产的资金投入，是固定资产再生的主要方式之一。房地产开发投资是房地产企业开发厂房、宾馆、写字楼、仓库和住宅等房屋设施和开发土地的资金投入。其他固定资产投资是按规定不纳入投资计划和用专项资金进行基本建设和更新改造的资金投入，它在固定资产投资中占的比例较小。

1.2.2 工程造价的含义与分类

1. 工程造价的含义

工程造价通常是指工程建设预计或实际支出的费用。由于所处的角度不同，工程造价有不同的含义。

工程造价的第一种含义：从投资者（业主）的角度定义，工程造价是指建设一项工程预期开支或实际开支的全部固定资产投资费用。这里的"工程造价"强调的是"费用"的概念。投资者为了获得投资项目的预期效益，就需要对项目进行策划、决策及建设实施，直至竣工验收等一系列投资管理活动。在上述活动中所花费的全部费用，就构成了工程造价。从这个意义上讲，工程造价就是建设工程项目固定资产总投资。

工程造价的第二种含义：从市场交易的角度来分析，工程造价是指工程价格，即为建成一项工程，预计或实际在工程承包和发包交易活动中形成的建筑安装工程价格或建设工程总价格。这里的"工程造价"强调的是"价格"的概念。显然，第二种含义是以建设工程这种特定的商品作为交易对象，通过招标、投标或其他交易方式，在多次预估的基础上，最终由市场形成价格。这里的工程既可以是涵盖范围很大的一个建设项目，也可以是一个单项工程或者单位工程，甚至可以是整个建设工程中的某个阶段，如建筑安装工程、装饰装修工程，或者其中的某个组织部分。随着经济发展、技术进步、分工细化和市场的不断完善，工

程建设中的中间产品也会越来越多,商品交换会更加频繁,工程价格的种类和形式也会更为丰富。

工程承发包价格是工程造价中一种重要的、较为典型的价格交易形式,是在建筑市场通过招标、投标,由需求主体(投资者)和供给主体(承包商)共同认可的价格。

工程造价的两种含义是对客观存在的概括。它们既相互统一,又相互区别,最主要的区别在于需求主体和供给主体在市场追求的经济利益不同。

区别工程造价的两种含义的理论意义在于,为投资者及以承包商为代表的供应商在工程建设领域的市场行为提供理论依据。当政府提出要降低工程造价时,是站在投资者的角度充当着市场需求主体的角色;当承包商提出要提高工程造价、获得更多利润时,是要实现一个市场供给主体的管理目标。这是市场运行机制的必然,由不同的利益主体产生不同的目标,不能混为一谈。区别工程造价的两种含义的现实意义在于,为实现不同的管理目标,不断充实工程造价的管理内容,完善管理方法,更好地为实现各自的目标服务,从而有利于推动全面的经济增长。

2. 工程造价的分类及形成

工程造价除具有一般商品的价格运动的共同特点之外,还具有"多次性"计价的特点。建设产品的生产周期长、规模大、造价高,需要按建设程序分阶段分别计算造价,并对其进行监督和控制,以防工程超支。例如,工程的设计概算和施工图预算,都是确定拟建工程预期造价的,而在建设项目竣工以后,为反映项目的实际造价和投资效果,还必须编制竣工决算。

建设项目的多次性计价特点决定了工程造价不是固定的、唯一的,而是随着工程的进行,逐步深化、逐步细化、逐步接近实际造价的。

(1)投资估算 投资估算是进行建设项目技术经济评价和投资决策的基础,在项目建议书、可行性研究、方案设计阶段应编制投资估算。投资估算一般是指在工程项目决策过程中,建设单位向国家计划部门申请建设项目立项或国家、建设主体对拟建项目进行决策,确定建设项目在规划、项目建议书等不同阶段的投资总额而编制的造价文件。通常采用投资估算指标、类似工程的造价资料等对投资需要量进行估算。

投资估算是可行性研究报告的重要组成部分,是进行项目决策、筹资、控制造价的主要依据。经批准的投资估算是工程造价的目标限额,是编制概预算的基础。

(2)设计概算 在初步设计阶段,根据初步设计的总体布置,采用概算定额、概算指标等编制项目的总概算。设计概算是初步设计文件的重要组成部分。经批准的设计概算是确定建设项目总造价、编制固定资产投资计划、签订建设项目承包合同和贷款合同的依据,也是控制建设项目贷款和施工图预算以及考核设计经济合理性的依据。

设计概算较投资估算准确,但受投资估算的控制。设计概算文件包括建设项目总概算、单项工程综合概算和单位工程概算。

(3)修正概算 在采用三阶段设计的技术设计阶段,根据技术设计的要求编制修正概算文件。它对设计总概算进行修正调整,比概算造价准确,但受概算造价控制。

(4)施工图预算 施工图预算是在施工图设计阶段,根据已批准的施工图,在施工方案(或施工组织设计)已确定的前提下,按照一定的工程量计算规则和预算编制方法编制的工程造价文件,它是施工图设计文件的重要组成部分。经发承包双方共同确认、管理部门

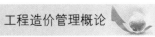

审查批准的施工图预算，是签订建筑安装工程承包合同、办理建筑安装工程价款结算的依据。

（5）招标控制价　招标控制价是工程招标发包过程中，由招标人根据国家或省级、行业建设主管部门颁发的有关计价依据和办法，以及拟定的招标文件，结合工程具体情况编制的招标工程的最高投标限价，其作用是招标人用于确定招标工程发包的最高投标限价。

（6）合同价　在工程招标投标阶段通过签订建设项目总承包合同、建筑安装工程承包合同、设备材料采购合同，以及技术和咨询服务合同所确定的价格。合同价是发承包双方根据市场行情共同认可的成交价格，但并不等于实际工程造价。对于一些施工周期较短的小型建设项目，合同价往往就是建设项目最终的实际价格。对于施工周期长、建设规模大的工程，由于施工过程中诸如重大设计变更、材料价格变动等情况难以事先预料，所以合同价还不是建设项目的最终实际价格。这类项目的最终实际工程造价，由合同各种费用调整后的差额组成。

按计价方式不同，建设工程合同有不同类型（总价合同、单价合同、成本加酬金合同），不同类型的合同，其合同价的内涵也有所不同。

（7）投标价　投标价是在工程招标发包过程中，由投标人按照招标文件的要求，根据工程特点，并结合自身的施工技术、装备和管理水平，依据有关计价规定自主确定的工程造价，它是投标人希望达成工程承包交易的期望价格。投标价不能高于招标人所设定的招标控制价。

（8）结算价　在合同实施阶段，对于实际发生的工程量增减、设备材料价差等影响工程造价的因素，按合同规定的调整范围及调整方法对合同价进行必要的调整，确定结算价。结算价是某结算工程的实际价格。

结算一般有定期结算、阶段结算和竣工结算等方式。它们是结算工程价款，确定工程收入，考核工程成本，进行计划统计、经济核算及竣工决算等的依据。竣工结算（价）是在承包人完成施工合同约定的全部工程内容，发包人依法组织竣工验收合格后，由发承包双方按照合同约定的工程造价条款，即已签约合同价、合同价款调整（包括工程变更、索赔和现场签证）等事项确定的最终工程造价。

（9）竣工决算　在工程项目竣工交付使用时，由建设单位编制竣工决算。竣工决算反映建设项目的实际造价和建成交付使用的资产情况。它是最终确定的实际工程造价的依据，是建设投资管理的重要环节，是财产交接、考核交付使用财产和登记新增财产价值的依据。

由此可见，工程的计价是一个由浅入深、由粗略到精确、多次计价、最后达到实际造价的过程。各阶段的计价过程之间是相互联系、相互补充、相互制约的关系，前者制约后者，后者补充前者。

3. 工程造价的相关概念

（1）静态投资与动态投资　静态投资是以某一基准年、月的建设要素的价格为依据计算出的建设项目投资的瞬时值。静态投资包括建筑安装工程费、设备及工器具购置费、工程建设其他费用、基本预备费等。

动态投资是指为完成一个工程项目的建设，预计投资需要量的总和。动态投资除包括静态投资外，还包括建设期贷款利息、价差预备费等。动态投资概念符合市场价格运行机制，使投资的估算、计划、控制更加符合实际。

静态投资和动态投资密切相关。动态投资包含静态投资，静态投资是动态投资最主要的组成部分，也是动态投资的计算基础。

（2）经营性项目铺底流动资金　经营性项目铺底流动资金是指生产经营性项目为保证生产和经营正常进行，按其所需流动资金的30%作为铺底流动资金计入建设项目总投资，竣工投产后计入生产流动资金。

1.2.3　工程造价的特点与作用

1. 工程造价的特点

工程造价的特点是由建设项目的特点决定的。

（1）大额性　由于建设项目体积庞大，而且消耗的资源巨大，因此一个项目少则几百万元，多则数亿元乃至数百亿元。工程造价的大额性事关有关方面的重大经济利益，也使工程承受了重大的经济风险，同时也会对宏观经济的运行产生重大的影响。因此，应当高度重视工程造价的大额性特点。

（2）差异性和个别性　任何一项建设项目都有特定的用途、功能、规模，这导致了每一项建设项目的结构、造型、内外装饰等都会有不同的要求，直接表现为工程造价上的差异性。即使是相同的用途、功能、规模的建设项目，由于处在不同的地理位置或在不同的时间建造，其工程造价都会有较大差异。建设项目的这种特殊的商品属性，具有个别性的特点，即不存在两个完全相同的建设项目。

（3）动态性　建设项目从决策到竣工验收直到交付使用，都有一个较长的建设周期，而且由于来自社会和自然的众多不可控因素的影响，必然会导致工程造价的变动。例如，物价变化、不利的自然条件、人为因素等均会影响到工程造价。因此，工程造价在整个建设期内都处在不确定的状态之中，直到竣工结算审定后才能最终确定工程的实际造价。

（4）层次性　工程造价的层次性取决于建设项目的层次性。一个建设项目往往含有多个能够独立发挥设计效能的单项工程；一个单项工程又是由能够独立组织施工、各自发挥专业效能的单位工程组成的。与此相适应，工程造价可以分为建设项目总造价、单项工程造价和单位工程造价。单位工程造价还可以细分为分部工程造价和分项工程造价。

（5）兼容性　工程造价的兼容性特点是由其内涵的丰富性所决定的。工程造价既可以指建设项目的固定资产投资，也可以指建筑安装工程造价；既可以指招标项目的招标控制价，也可以指投标项目的报价。同时，工程造价的构成因素非常广泛、复杂，包括成本因素、建设用地支出费用、项目可行性研究和设计费用等。

2. 工程造价的作用

建设工程造价的作用是其职能的外延。工程造价涉及国民经济各部门、各行业，涉及社会再生产中的各个环节，也直接关系到人民群众的生活，所以它的作用范围和影响程度都很大。其作用主要表现在以下几方面：

（1）工程造价是建设项目决策的工具　建设工程投资大、生产和使用周期长等特点决定了建设项目决策的重要性。工程造价决定着建设项目的一次性投资费用。投资者是否有足够的财务能力支付这笔费用，是否认为值得支付这项费用，是项目决策中要考虑的主要问题。财务能力是一个独立的投资主体必须首先解决的。如果建设工程的造价超过投资者的支付能力，就会迫使投资者放弃拟建的项目；如果项目投资的效果达不到预期目标，投资者也

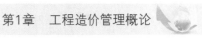

会自动放弃拟建的工程。因此在建设项目决策阶段，建设工程造价就成为项目财务分析和经济评价的重要依据。

（2）工程造价是制订投资计划和控制投资的依据　投资计划是按照建设工期、工程进度和建设工程价格等逐年分月制订的。正确的投资计划有助于合理和有效地使用资金。

工程造价在控制投资方面的作用是非常明显的。工程造价通过各个建设阶段的预估，最终通过竣工结算确定下来。每一次工程造价的预估就是对其控制的过程，而每一次工程造价的预估又是下一次预估的控制目标，也就是说每一次工程造价的预估不能超过前一次预估的一定幅度，即前者控制后者，这种控制是在投资财务能力的限度内为取得既定的投资效益所必需的。建设工程造价对投资的控制也表现在利用制订各种定额、标准和造价要素等，对建设工程造价的计算依据进行控制。

（3）工程造价是筹措建设资金的依据　随着市场经济体制的建立和完善，我国已基本实现从单一的政府投资到多元化投资的转变，这就要求项目的投资者有很强的筹资能力，以保证工程项目有充足的资金供应。工程造价决定了建设资金的需求量，从而为筹集资金提供了比较准确的依据。当建设资金来源于金融机构的贷款时，工程造价成为金融机构评价建设项目偿还贷款能力和放贷风险的依据，并根据工程造价来决策是否贷款以及确定给予投资者的贷款数量。

（4）工程造价是评价投资效果和考察施工企业技术经济水平的重要指标　建设工程造价是一个包含着多层次工程造价的体系，就一个工程项目来说，它既是建设项目的总造价，又包含单项工程的造价和单位工程的造价，还包含了单位生产能力的造价或单位建筑面积造价等。它能够为评价投资效果提供多种评价指标，并能形成新的工程造价指标信息，为后期类似工程项目的投资提供参照指标。所有这些指标形成了工程造价自身的一个指标体系。工程造价水平也反映了施工企业的技术经济水平，如在投标过程中，施工单位的报价水平既反映了其自身的技术经济水平，也反映了其在建筑市场上的竞争能力。

（5）工程造价是调节利益分配和产业结构的手段　建设工程造价的高低，涉及国民经济中各部门和企业间的利益分配。在计划经济体制下，政府为了用有限的财政资金建成更多的工程项目，总是趋向于压低建设工程造价，使建设中的劳动消耗得不到完全补偿，价值不能得到完全实现，未被实现的部分价值则被重新分配到各个投资部门，被项目投资者占有。这种利益的再分配有利于各产业部门按照政府的投资导向加速发展，也有利于按宏观经济的要求调整产业结构，但是也会严重损害建筑企业的利益，造成建筑业萎缩和建筑企业长期亏损，导致建筑业的发展长期处于落后状态，与整个国民经济发展不相适应。在市场经济中，工程造价无一例外地受供求状况的影响，并在围绕价值的波动中实现对建设规模、产业结构和利益分配的调节。同时，工程造价作为调节市场供需的经济手段，调整着建筑产品的供需数量，这种调整最终有利于优化资源配置，有利于推动技术进步和提高劳动生产率。

1.2.4　工程造价计价的特征

工程造价计价就是计算和确定工程项目的造价，简称工程计价，也称工程估价，是指工程造价人员在项目实施的各个阶段，根据各个阶段的不同要求，遵循计价的原则和程序，采用科学的计价方法，对投资项目最可能实现的合理价格做出科学的计算，从而确定投资项目的工程造价，编制工程造价的经济文件。

由于工程造价具有大额性、差异性、个别性、动态性、层次性及兼容性等特点，决定了工程造价计价具有以下特征：

1. 单件性计价特征

每个建设工程都有其专门的用途，所以其结构、面积、造型和装饰也不尽相同。即便是用途相同的建设工程，其技术水平、建筑等级、建筑标准等也有所差别，这就使建设工程的实物形态千差万别，再加上不同地区构成工程造价的各种要素的差异，最终导致建设工程造价的千差万别。因此，建设工程只能就每项工程按照其特定的程序单独计算其工程造价。

2. 多次性计价特征

建设工程周期长、规模大、造价高，因此按照基本建设程序必须分阶段进行，相应地也要在不同阶段进行多次计价，以保证工程造价计价的科学性。建设工程多次性计价示意图如图 1-4 所示。

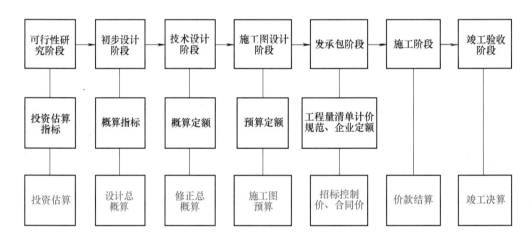

图 1-4　建设工程多次性计价示意图

3. 计价依据的复杂性特征

由于影响工程造价的因素较多，决定了计价依据的复杂性。计价依据主要可分为以下七类：

1）设备和工程量计算依据，包括项目建议书、可行性研究报告、设计文件等。

2）人工、材料、机械等实物消耗量计算依据，包括投资估算指标、概算定额、预算定额等。

3）工程单价计算依据，包括人工单价、材料价格、材料运杂费、机械台班费等。

4）设备单价计算依据，包括设备原价、设备运杂费、进口设备关税等。

5）措施费间接费和工程建设其他费用计算依据，主要是指相关的费用定额和指标。

6）政府规定的税费。

7）物价指数和工程造价指数。

4. 组合性计价特征

由于建筑产品具有单件性、独特性、固定性、体积庞大等特点，因而其工程造价的计算要比一般商品复杂得多。为了准确地对建筑产品进行计价，往往需要按照工程的分部组合进行计价。

凡是按照一个总体设计进行建设的各个单项工程汇集的总体称为一个建设项目。反过来，可以把一个建设项目分解为若干个单项工程。一个单项工程可以分解为若干个分部工程，一个分部工程又可以分解为多个分项工程。在计算工程造价时，往往先计算各个分项工程的价格，依次汇总后，就可以汇总成各个分部工程、单位工程和单项工程的价格，最后汇总成建设工程总造价。建设工程组合计价示意图如图1-5所示。

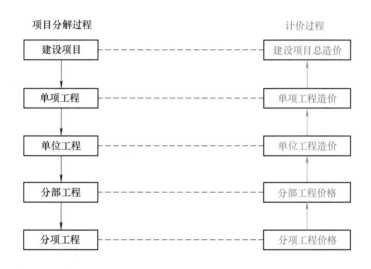

图 1-5 建设工程组合计价示意图

5. 计价方法的多样性特征

工程项目的多次计价有其各不相同的计价依据，每次计价的精确度要求也各不相同，由此决定了计价方法的多样性。例如，投资估算的方法有系数估算法、生产能力指数估算法等；设计概算的方法有概算定额法、概算指标法等。不同的方法有不同的适用条件，计价时应根据具体情况加以选择。

1.2.5 工程造价控制的原理

1. 动态控制原理

造价控制是项目控制的主要内容之一。造价控制遵循动态控制原理，并贯穿于项目建设的全过程。造价控制原理如图1-6所示。造价控制的流程应每两周或一个月循环一次，主要内容包括以下几方面：

1）分析和论证计划的造价目标值。

2）收集发生的实际数据。

3）比较造价目标值与实际值。

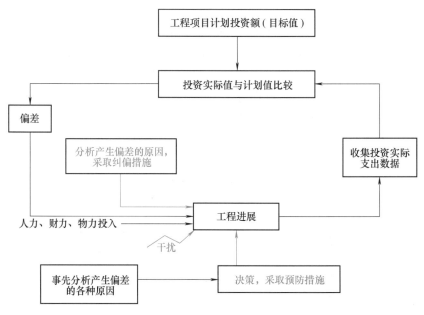

图 1-6 造价控制原理

4）制定各类造价控制报告和报表。

5）分析造价偏差。

6）采取造价偏差纠正措施。

2. 造价控制的目标

造价控制的目标需按工程建设分阶段设置，且每一阶段的控制目标值是相对而言的，随着工程建设的不断深入，造价控制目标也逐步具体和深化。分阶段设置的造价控制目标如图 1-7 所示。具体来讲，投资估算应是进行设计方案选择和初步设计的造价控制目标；设计概算应是进行技术设计和施工图设计的造价控制目标；施工图预算、招标控制价、发承包双方的签约合同价应是施工阶段的造价控制目标。有机联系的各个阶段目标相互制约、相互补充，前者控制后者，后者补充前者，共同组成建设项目造价控制的目标系统。

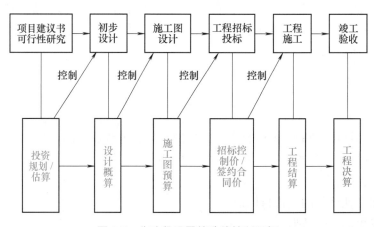

图 1-7 分阶段设置的造价控制目标

3. 主动控制与被动控制相结合

在进行工程造价控制时，不仅需要经常运用被动的造价控制方法，更需要采取主动的和积极的控制方法，能动地影响建设项目的进展，时常分析造价发生偏离的可能性，采取积极和主动的控制措施，防止或避免造价发生偏差，将可能的损失降到最小。

4. 造价控制的措施

要有效地控制工程造价，应从组织、技术、经济等多个方面采取措施。从组织上采取措施，包括明确项目组织结构，明确造价控制者及其任务，以使造价控制有专人负责，明确管理职能分工；从技术上采取措施，包括重视设计多方案选择，严格审查监督初步设计、技术设计、施工图设计、施工组织设计、深入技术领域研究节约造价的可能性；从经济上采取措施，包括动态地比较造价的实际值和计划值，严格审核各项费用支出，采取节约造价的奖励措施等。技术措施与经济措施相结合，是控制工程造价最有效的手段。

5. 造价控制的重点

造价控制贯穿于工程建设的全过程，必须重点突出。建设项目各阶段对造价影响程度示意图如图1-8所示，建设项目的不同阶段对造价的影响程度是不同的，至初步设计结束，影响工程造价的程度从95%下降到75%；至技术设计结束，影响的程度从75%下降到35%；在施工图设计阶段，影响工程造价的程度从35%下降到10%；从项目开工至竣工，通过技术、组织措施节约工程造价的可能性只有5%~10%。

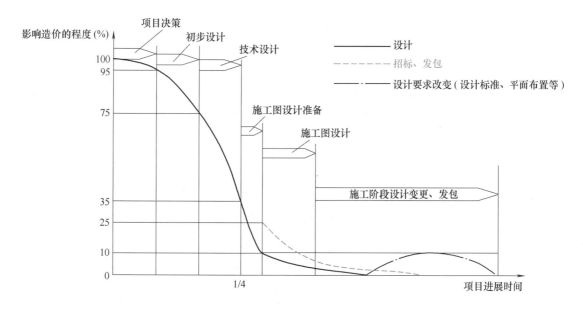

图1-8 建设项目各阶段对造价影响程度示意图

很明显，影响工程造价最大的阶段是项目决策和设计阶段，因此，工程造价控制的重点在于施工以前的项目决策和设计阶段，而在项目做出投资决策后，控制工程造价的关键就在于设计阶段，特别是初步设计阶段。但这并不是说其他阶段不重要，而是相对而言，设计阶段对工程造价的影响程度远远大于如采购阶段和施工阶段等其他阶段。在项目决策和设计阶段，节约造价的可能性最大。

6. 立足全生命周期的造价控制

建设项目全生命周期费用包括建设期的一次性投资和使用维护阶段的费用，两者之间一般存在此消彼长的关系。工程造价控制不能只着眼于建设期间直接投资，即只考虑一次投资的节约，还需要从全生命周期的角度审视造价控制问题，进行建设项目全生命周期的经济分析，在满足使用功能的前提下，使建设项目在整个生命周期内的总费用最低。

■ 1.3 工程造价管理概述

1.3.1 工程造价管理的概念

工程造价管理是随着社会生产力的发展，商品经济的发展和现代管理科学的发展而产生和发展的。它是指运用科学、技术原理和经济、法律等管理手段，解决工程建设活动中的造价确定与控制、技术与经济、经营与管理等实际问题，力求合理使用人力、物力和财力，达到提高投资效益和经济效益的全方位、符合客观规律的全部业务和组织活动。

与工程造价的两种含义对应，工程造价管理也有两种含义：一是指建设工程投资费用的管理；二是指建设工程价格的管理。

1）建设工程投资费用管理是指为了实现投资的预期目标，在拟定的规划、设计方案的条件下，预测、确定和监控工程造价及其变动的系统活动。建设工程投资费用管理属于投资管理范畴，它既涵盖了微观层次的项目投资费用管理，又涵盖了宏观层次的投资费用管理。

2）建设工程价格管理属于价格管理范畴。在社会主义市场经济条件下，价格管理分为两个层次，即微观层次和宏观层次。在微观层次上，价格管理是指生产企业在掌握市场价格信息的基础上，为实现管理目标而进行的成本控制、计价、定价和竞价的系统活动。在宏观层次上，价格管理是指政府根据社会经济发展的要求，利用法律、经济和行政的手段对价格进行管理和调控，以及通过市场管理规范市场主体价格行为的系统活动。

国家对工程造价的管理，不仅承担一般商品价格的调控职能，而且在政府投资项目上承担着微观主体的管理职能。这种双重角色的双重管理职能，是工程造价管理的一大特点。区分不同的管理职能，进而制定不同的管理目标，采用不同的管理方法是一种必然趋势。

1.3.2 工程造价管理的产生与发展

1. 国外工程造价管理的产生与发展

（1）国外工程造价管理的产生 工程造价管理产生于资本主义社会化大生产时期，最先产生于英国这个现代工业发展最早的国家。16~18世纪，技术发展促进大批工业厂房的兴建；许多农民在失去土地后向城市集中，需要大量住房，从而使建筑业逐渐发展，设计和施工逐步分离为独立的专业。工程数量和工程规模的扩大要求有专人对已完工程量进行测量、计算工料和帮助工匠来向业主计取报酬。从事这些工作的人员逐步专门化，并被称为工料测量师（这一名称一直沿用至今），这是最初的工程造价管理。

（2）国外工程造价管理的发展 工程造价管理产生之后，各国相继出现很多著名的工程造价管理权威咨询机构。到了20世纪70~80年代，各国的造价工程师协会先后开始了自已的造价师执业资格的认证工作。到了20世纪90年代，美国工程造价管理学界推出了"全面造价管理"，并将工程项目战略资产管理和工程项目造价管理的概念和理论、计算机应用软件、完备的工程计价程序与方法广泛应用于工程造价管理，工程造价管理理论研究、先进管理手段应用都达到相对完善的程度，形成了目前国际上通行并公认的三种模式，即英国的管理模式、美国的管理模式和日本的管理模式。

1）英国的工程造价管理模式。英国是世界上最早出现工程造价咨询行业并成立相关行业协会的国家。英国的工程造价管理至今已有近400年的历史。在世界近代工程造价管理的发展史上，作为早期世界强国的英国，由于其工程造价管理发展较早，且其联邦成员国和地区分布较广，时至今日，其工程造价管理模式在世界范围内仍具有较强的影响力。英国工程造价咨询公司在英国被称为工料测量师行，成立的条件必须符合政府或相关行业协会的有关规定。目前，英国的行业协会负责管理工程造价专业人士、编制工程造价计量标准，发布相关造价信息及造价指标。在英国，政府投资工程和私人投资工程分别采用不同的工程造价管理方法，但这些工程项目通常都需要聘请专业造价咨询公司进行业务合作。其中，政府投资工程是由政府有关部门负责管理，包括计划、采购、建设咨询、实施和维护，对从工程项目立项到竣工各个环节的工程造价控制都较为严格，遵循政府统一发布的价格指数，通过市场竞争，形成工程造价。目前，英国政府投资工程约占整个国家公共投资的50%，在工程造价业务方面要求必须委托给相应的工程造价咨询机构进行管理。英国建设主管部门的工作重点则是制定有关政策和法律，以全面规范工程造价咨询行为。对于私人投资工程，政府通过相关的法律法规对此类工程项目的经营活动进行一定的规范和引导，只要在国家法律允许的范围内，政府一般不予干预。此外，社会上还有许多政府所属代理机构及社会团体组织，如英国皇家特许测量师学会（RICS）等协助政府部门进行行业管理，主要对咨询单位进行业务指导和对从业人员进行管理。英国工程造价咨询行业的制度、规定和规范体系都较为完善。英国工料测量师行经营的内容较为广泛，涉及建设工程全生命周期造价的各个领域，主要包括：项目策划咨询、可行性研究、成本计划和控制、市场行情的趋势预测；招标投标活动及施工合同管理；建筑采购、招标文件的编制；投标书的分析与评价，标后谈判，合同文件准备；工程实施阶段的成本控制，财务报表，洽商变更，竣工工程的估价、决算，合同索赔的保护；成本重新估计；对承包商破产或被并购后的应对措施；应急合同的财务管理，后期物业管理等。

2）美国的工程造价管理模式。美国没有统一概预算定额，而是由行业协会组织，根据本地区的实际和特点，按照工程结构、材料种类、装饰方式制定出每平方英尺（$1ft^2 = 0.0929030m^2$）建筑面积的人工、材料、机械消耗量和单价，依此作为工程计价的基础。美国的工程造价管理通常也进行"四算"，即毛估、估算、核定估算和详细设计估算，各阶段有一定的精度要求，分别为±25%、±15%、±10%和±5%。美国工程造价的组成内容包括设计费，环境评估费，地质土壤测试费，上下水，暖、气、电接管费，场地平整绿化费，税金，保险费，人工费，材料费和机械费等。在上述费用的基础上营造商收取15%~20%的利润，以及10%的管理费。而且在工程建设过程中，营造商可根据市场价格变化情况随时调整工程造价。此外，美国的施工发包和承包价格是标准的市场价格。施工发包和承包计价的依据基本分为两大类：政府部门制定的计价标准、民间组织与专业咨询公司制定的计价标准。

① 美国政府对政府工程的价格管理。政府工程的范围主要包括：政府机构办公楼、军事工程、公共事业工程、社会福利设施以及交通运输工程等。政府工程的价格管理一般采取两种形式：一是由政府设专门部门对工程进行直接管理；二是将一些政府工程通过公开招标的形式发包，并委托私营设计、估算咨询公司进行管理。美国各级政府对本地区的政府工程负有全面的管理权限。几乎各级政府部门都设置了相应的管理机构，如纽约市政府的综合开发部（DGS），华盛顿哥伦比亚特区政府的综合开发局（GSA）等都是代表政府专门负责管理建设工程的部门。以 DGS 为例，其下属的设计和建设管理处雇有设计工程师、估算师等，对纽约各区的建设工程进行价格、质量、进度的管理。对于政府工程委托给私营承包商的项目管理，各级政府都十分重视并实行严格的招标投标方式，以保证工程质量和合同鉴定的工程成本。同时，政府对委托私营承包商承建的工程，还实行必要的监督和检查。

② 美国政府对私营工程的价格管理。在美国，私营工程占较大的比重，这些工程主要集中在那些盈利较高的项目上。美国政府对私营工程项目的管理着重使用间接管理的手段，而对于关于价格管理的具体事项，如计价票标准等基本不加干预。这种间接管理主要体现在通过变换使用经济杠杆（如价格、税收、利率、信贷等）以及制定若干经济政策来引导私人投资于某些行业。在美国，各种类型的工程咨询公司是工程造价计价和管理的主要承担者。美国的业主一般不拥有从事工程造价管理的大批专业技术人才，为了做好投资效益分析、造价预测和编制、招标管理和造价的控制等，要借助于社会上的估算公司、工程咨询公司等专业力量来实现。因此，各类、各层次咨询机构都十分注意历史资料的积累和分析整理工作，建立起本公司的一套造价资料积累制度，同时注意服务效果的信息反馈，这样就建立起完整的资料数据库，形成了信息反馈、分析、判断、预测等一整套的科学管理体系。同时，还有美国造价工程师协会（AACE）从事同行之间的联系、交流和公益工作，包括对造价工程师、造价咨询师进行资质认定（全国性），定期组织经验交流等。这些活动都有助于促进专业水平的提高。

3）日本的工程造价管理模式。日本的工程计价模式：一是日本建设省发布了一整套工程计价标准，如《建筑工程计算基准》《土木工事计算基准》。二是实行量、价分开的定额制度，量是公开的，价是活单价且具有保密性。劳务单价通过银行调查取得。材料、设备价格由"建设物价调查会"和"经济调查会"负责定期采集、整理和编辑出版，其中的材料价格是从各地商社、建材店、货场或工地实地调查所得，体现了"活市场，活价格"，不同地区不同价的特点。建筑企业利用这些价格制定内部的工程复合单价，即所谓的单位估价表。三是政府投资的项目与私人投资的项目实施不同的管理。对政府投资的项目，从调查开始直至交工，分部门直接对工程造价实行全过程管理。为把造价严格控制在批准的投资额度内，各级政府都掌握有自己的劳务、材料、机械单价，或利用出版的物价指数编制内部掌握的工程复合单价，而对私人投资项目，政府通过市场管理，利用招标方式加以确认。日本的建筑计算协会是以提高工程造价管理业务水平和专业人员的技术水平及社会地位为宗旨的组织。其工作的主要内容有：推进工程造价管理水平的调查研究；工程量计算标准、建筑成本等相关的调查研究；专业人员教育标准的确定，专业人员业务培训及资格认定；业务情报收集；与国内外有关部门、团体交流合作等。从事造价咨询的人员称为计算师，建筑计算师分布在设计单位、施工单位及工程造价咨询事务所等。

以上英国、美国、日本三个国家的工程造价管理模式可以归纳为以下五个方面：

1）政府对工程造价的间接调控。这三个国家和地区政府主要采用间接手段对建设工程造价进行管理，重点控制政府投资项目。对政府投资工程主要采取集中管理方法，用各种标准、指标在核定的投资范围内进行方案和施工设计，严格实行目标控制，在保证使用功能的前提下宁可降低标准，也要将投资控制在限额内。而对于私人投资项目，政府主要采取价格、税收、利率政策调整和城市规划等手段来进行政府引导和信息指导，约束私人投资方向和区域分布。

2）计价依据根据地区特点确定。对于工程造价计价的标准不由政府部门组织制定，而一般由大型权威的咨询公司制定。各地的咨询机构，根据本地区的具体特点，制定相应的单位面积的消耗量和计价作为所辖项目的造价估算标准。

3）参照信息资料。在市场经济中，及时、准确地捕捉市场价格信息是业主和承包商占有竞争优势和取得盈利的关键。在国外，政府定期发布工程造价资料信息，以供各类估算师对政府工程进行估算时参考。同时，社会咨询公司也发布价格指数、成本指数、投入价格指数等造价信息来指导工程项目的估价。

4）实行动态估价。业主委托工料测量师进行工程的估价。工料测量师将不同设计阶段提供的拟建项目资料与以往同类工程对比，结合当前市场行情，确定项目单价，暂时无法计算的项目，参照其他建筑物的造价分析资料确定。承包商在投标时的估价一般要凭自己的经验来完成，根据本企业定额计算出人工、材料、机械等的用量，再根据建筑市场供求情况随行就市，自行确定管理费率，最后确定工程报价。各方面的估价，都是以市场状况为依据，是完全的动态估价。

5）采用计价的合同文本。在工程造价计价中，一般都采用国际公认的建设工程合同文本，以便在建设项目招标投标中予以确认和实施。

综上所述，英国、美国、日本三国的工程造价管理模式的主要特点是建立在高度发达的市场经济基础之上，工程造价依据产品价值规律和市场供求关系来决定。"消耗定额"只作为估算投资和编制标价的依据，在建筑施工过程中实际发生的人工、材料、机械费用，可按市场价格变化随时进行调整，从而合理地确定了建筑工程造价。

2. 我国工程造价管理的产生与发展

（1）我国工程造价管理的产生　我国的工程造价管理可以追溯到两千多年的春秋战国时期，据当时科学技术名著《考工记》记载，凡修筑沟渠堤防，一定要先以匠人一天修筑的进度为参照，再以一里工程所需的匠人数和天数来预算这个工程的劳力，然后方可调配人力进行施工。这是人类较早的工程造价预算和工程造价控制方法的文字记录之一。公元1103年，宋代李诫编著的《营造法式》中"功限"就是现在的劳动定额，"料例"就是材料消耗定额，该书实际上是官府颁布的建筑规范和定额，并一直沿用到明清时期。明代管辖官府建筑的工部编著的《工程做法》则一直流传至今。两千多年的专制主义中央集权制度使工程造价管理方法进步缓慢，不过也不乏技术与经济相结合大幅度降低工程造价的实例。

（2）新中国成立后工程造价管理体制的建立　工程造价管理体制建立于新中国成立初期。国家为了加强对工程建设的管理，参照苏联的概预算定额管理制度，制定了《关于编制工业与民用建设预算的若干规定》，以及《基本建设工程设计和预算文件审核批准暂行办法》《工业与民用建设设计及预算编制暂行办法》《工业与民用建设预算编制暂行细则》等文件。建立了概算、预算工作制度，确立了概算、预算在基本建设工作中的地位，同时对概算、预算的编制原则、内容、方法、审批和修正方法、程序等做了规定，确立了对概算、预算编制依据实行集中管理为主的分级管理原则。

改革开放前，国家综合管理部门先后成立预算组、标准定额处、标准定额局，加强对概算、预算的管理工作。可是，由于我国长期实行计划经济，概预算编制的依据是"量价合一"的概算、预算定额，概预算人员只能消极、被动地反映设计成果的经济价值。所以当时的工程概预算人员专业地位不高，更谈不上实行专业的人事制度。20 世纪 80 年代后，基本建设体制发生重大变化，国家日益强调投资效益，其中重要标志是：① 投资主体多元化，国家是唯一投资主体的地位不复存在；② 大量乡镇企业和个体承包商队伍崛起，使原来单一全民所有制的企业作为业主发生变化，国有施工企业为承包商的格局被打破。业主和承包商利益对立的局面日益显现，客观上要求明确工程概预算人员的中立、公正地位，以便工程建设双方接受。20 世纪 80 年代中期，黑龙江省率先开展工程概预算人员持证上岗制度，而后各省、自治区、直辖市和国务院各工业部委纷纷效仿，随后初步建立了"条块分立，有限互认"的全国工程概预算人员持证上岗制度，确认了工程概预算人员的专业人士地位。至 20 世纪 90 年代后，随着改革开放不断深入，计划经济全面向社会主义市场经济过渡。原有的工程概预算人员从事的概预算编制与审核工作的专业定位已不能满足工程项目管理对工程造价管理人员的要求。工程招标制度、工程合同管理制度、建设监理制度、项目法人责任制等工程管理基本制度的确立，以及工程索赔、工程项目可行性研究、项目融资等新业务的出现，客观上需要一批同时具备工程计量与计价、通晓经济法与工程造价的管理人才协助业主在投资等经济领域进行项目管理。同时为了应对国际经济一体化后国外建筑业进入我国的竞争压力，客观要求工程造价管理人才通晓工程造价管理国际惯例。在这种形势下，住房和城乡建设部标准定额司和中国建设工程造价管理协会开始组织论证在我国建立既有中国特色又与国际惯例接轨的造价工程师执业资格制度。

（3）我国工程造价管理体制的改革　全球经济一体化的趋势使得我国的经济更多地融入世界经济之中，随着改革开放进一步深化，更多的国际资本将进入我国的工程建筑市场，从而使我国的工程建筑市场的竞争更加激烈。我国的建筑企业也必然更多地走向世界，在世界建筑市场的激烈竞争中占据应有的份额。我国的工程造价管理制度，不仅要适应我国市场经济的需求，还必须与国际惯例接轨。可是长期以来，我国工程造价计价方法一直采用定额加取费的模式，不适应发展的需要。基于以上认识，我国的工程造价计价方法和工程造价管理体制应进一步深化改革，其最终目标是逐步建立以企业自主报价，市场形成价格为主的价格机制。改革的具体内容是：

1）改革现行的工程定额管理方式，实行量、价完全分离，逐步建立起由工程定额作为指导的通过市场竞争形成工程造价的机制。建设行政主管部门统一制定符合国家有关标准、规范，并反映一定时期施工水平的人工、材料、机械等消耗量标准，实现国家对消耗量标准的宏观管理，并且制定统一的工程项目划分、工程量计算规则，为更好地实行工程量清单报价创造条件，对人工、材料、机械单价等，由工程造价管理机构依据市场价格的变化发布工程造价相关信息和指数。

2）实行工程量清单计价模式。工程量清单是国际上常用的一种预算文件格式。在工程招标采用估计工程量总价合同或单价合同方式时，由招标方（或委托具有编制工程量清单能力的咨询机构）编制工程量清单，作为招标文件的一部分，其主要功能是全面地列出所有可能影响工程施工造价的项目，并对每个项目的性质给予描述和说明，以便所有承包单位在统一的工程数量的基础上提出各自的报价。经承包单位填列单价并为业主接纳后的工程量清单，即为合同文件的一部分，用来作为支付工程进度款、计算工程变更增减及办理竣工结算的依据，同时它也是业主对各承包单位的报价进行评估的依据。

工程量清单计价模式是一种与市场经济相适应、允许承包单位自主报价、通过市场竞争确定价格、与国际惯例接轨的计价模式。因此，全面推行工程量清单计价是我国工程造价管理体制的一项重要改革措施，必将引起我国工程造价管理体制的重大变革。

3）加强工程造价信息的收集、处理和发布工作。工程造价管理机构应做好工程造价资料积累工作，建立相应可靠、完备和灵敏的信息网络系统，及时发布各类信息，以适应建设市场各需求主体和供给主体的需要。

4）对政府投资工程和非政府投资工程，实行不同的定价方式。按照世界大多数国家对政府投资工程造价管理的做法，我们要在大力推行建设工程竞争定价的同时，对政府投资工程和非政府投资工程区别对待并实行不同的计价定价办法，即在统一量的计算规则和消耗标准的前提下，对政府投资工程实行指导性价格，即按生产要素市场价格编制招标控制价，并以此为基础，实行在合理幅度内确定中标价的定价方法。对非政府投资工程实行市场价格，定期发布市场价格信息，为市场主体服务。这样既可参照政府投资工程的做法，采取以合理低价中标的定价方式，也可由发承包双方依照合同约定的其他方式定价。

5）加强对工程造价的监督管理，逐步建立工程造价的监督检查制度，规范工程建设的定价行为，确保工程质量和工程项目建设的顺利进行。

3. 我国当前工程造价管理的主要任务

工程造价管理的目标是按照经济规律的要求，根据市场经济的发展需要，利用科学的管理方法和先进的管理手段，合理地确定工程造价和有效地控制工程造价，以提高投资效益和建筑安装企业的经营效果。因此，必须加强工程造价的全过程动态管理，强化工程造价的约束机制，维护有关各方的经济利益，规范价格行为，促进微观效益和宏观效益的统一。

近年来，我国工程造价管理改革完善了政府宏观调控市场形成工程造价的机制，进一步加强了工程造价法律法规建设和工程造价信息化管理，规范了工程造价咨询业的管理等成绩，但还存在不适应国家经济体制改革、工程建设和建筑业改革的要求的现象。目前还需从以下几个方面积极推进工程造价管理的改革：

（1）加快工程造价的法律法规及制度建设，强化工程造价监管职责　法律法规是进行工程造价管理的重要依据，可行的、符合现行法律原则的工程造价监管制度和措施的有关法律法规还相对滞后。因此要施行以下几点举措：① 积极推动建筑市场管理相关条例和建设工程造价管理相关条例尽快出台，指导各地在政府投资工程中落实招标控制价、合同价和结算备案管理以及工程纠纷调解等制度；② 尽快出台工程造价咨询企业及造价工程师监管相关实施办法，加大各级管理部门对工程造价咨询活动的监管力度，建立日常性的监督检查制度，进一步提高资质、资格准入审核工作的质量，加大违法违规的清出力度；③ 加快造价咨询诚信体系建设，出台工程造价咨询企业信用信息档案相关管理办法，建立工程造价咨询诚信信息发布体系，健全违规处罚、失信惩戒和诚信激励的管理机制。

（2）加强工程计价依据体系的建设，发挥其权威性和支撑作用　在完善政府宏观调控下市场形成工程造价机制的建设中，工程计价标准、定额、指标信息等工程计价依据的及时发布，是引导和调控工程造价水平的重要手段，也是各级工程造价管理部门的重要职责。应更好地贯彻《建设工程工程量清单计价规范》（GB 50500—2013）和各专业工程工程量计算规范，改变以往"事后算总账"的概预算方式，积极推进"事前算细账"的工程量清单计价方式。坚持"政府宏观调控、企业自主报价、竞争形成价格、监管行之有效"的工程造价管理模式的改革方向，制定计价依据，使其反映工程实际，适应建筑市场发展的需要。

（3）深入推进标准定额工作　标准定额是支撑建设行业的重要基础，对工程质量安全和经济社会发展起着不可替代的作用。因此，要统筹兼顾城乡建设发展，完善标准定额的框架体系；要面向实际需求，优先编制住房保障、节能减排、城乡规划、村镇建设以及工程质量安全等方面的标准定额，坚持标准定额的先进性和适用性；要注重落实，加强宣传与培训，严格执行强制性标准，建立工程建设全过程标准实施的监管体系，建立专项检查制度；要完善标准规范，建立信息平台，增强标准与市场的关联度，积极提升公共服务水平。

（4）加强工程造价信息化建设进程，提高信息服务的能力和质量　工程造价信息化工作是提高工程造价管理水平的重要手段，是为政府和社会提供工程造价信息公共服务的重要措施。为了进一步加强工程造价信息化管理工作，住房和城乡建设部明确了工程造价信息化管理的目标及管理分工，提出了做好信息化管理工作的要求：① 要按照该意见做好相关工作；② 将根据政府有关部门的要求，及时拓展工程造价指标的信息发布；③ 要尽快启动和开展本地区建设工程项目综合造价指标的信息收集整理和发布工作，为有关部门核定相关项目投资提供参考标准。

（5）引导工程造价咨询业健康发展，净化咨询市场环境　积极引导工程造价咨询业健康发展，提高企业竞争力。应做到以下几点：① 引导工程造价咨询行业建立合理的工程造价咨询企业规模及其结构；加快推进工程造价咨询向建设工程全过程造价咨询服务发展；落实工程造价统计制度，继续做好相关统计报表及其分析工作，研究制定工程造价咨询行业发展战略。② 规范管理，加强资质资格的动态监管，依据有关监管实施办法监管工程造价咨询企业及个人的资质资格标准和执业行为，进一步加强市场的准入和清出，净化执业环境。③ 制定发布有关工程造价咨询执业质量标准，提高工程造价咨询企业执业质量，保证工程造价咨询行业的公信度；开展工程造价咨询信用信息发布，引导企业加强自律，树立行业良好发展氛围，构建行政管理和行业自律管理协调配合的管理体系，引导造价咨询行业健康发展。

（6）加速培养造就一批高素质的造价师队伍 众所周知，一切竞争归根结底是人才的竞争，我国除了应在宏观调控、微观经营等方面有切实的准备措施和方案，也应在人才培养方面下功夫，工程造价管理要参与国际市场竞争，就必须拥有大量掌握国际工程造价操作理论与实务，技术综合能力强，有涉外知识，能面向国际市场，适应国际竞争，富于开拓精神，高素质国际型的复合人才。唯有这样的专业人才，才能控制工程造价，降低工程成本，提高经济效益。为此，除了常规继续教育、学校培养、国内外交流等形式，还应积极参与国际性或区域性工程造价组织的活动，有必要时可向 FIDIC 委员会、欧盟、世界银行、亚洲开发银行等国际组织要求技术援助，共同合作解决工程造价人才培养的重大课题。

（7）要加强工程造价管理基础理论的研究与创新，并建立完整独立的新学科 我国现阶段的工程项目造价管理与发达国家（如英国和美国）相比还存在一定差距，主要表现在工程项目造价管理体制方面和对于现代工程项目造价管理理论与方法的研究、推广和应用方面。现在发达国家大多采用的是根据工程项目的特性、同类工程项目的统计数据、建筑市场行情和具体的施工技术水平与劳动生产率来确定和控制工程项目的造价。另外，在对工程项目造价管理的理论与方法的研究方面，我们可以借鉴发达国家按照工程项目造价管理的客观规律和社会需求展开工程造价管理理论研究与创新，并建立完整独立的新学科。

（8）规范招标投标制度，建立与国际惯例相适应的公开、公平、公正和诚信的竞争机制 工程招标投标是我国建筑业和基本建设管理体制改革的主要内容，建设任务的分配引入竞争机制，使业主有条件择优选择承包商。工程招标使工程造价得到比较合理的控制，从根本上改变了长期以来"先干后算"造成的投资失控的局面。同时，在竞争中推动了施工企业的管理，施工企业为了自身的生存和发展，赢得社会信誉，增强了质量意识，提高了合同履约率，缩短了建设周期，较快地发挥了效益。但目前我国招标投标中还存在如低于成本报价而出现"废标"等问题，这就要求我们尽快建立健全与国际惯例相适应的公开、公平、公正和诚信的竞争机制，制定与国际运行规则和机制吻合的办法，以确保招标投标制度的优势得以充分发挥，使工程造价管理更快走向科学化、规范化。

1.3.3 工程造价管理的目标、任务、对象和特点

1. 建设工程造价管理的目标

建设工程造价管理的目标是按照经济规律的要求，根据社会主义市场经济的发展形势，利用科学的管理方法和先进的管理手段，合理地确定造价和有效地控制造价，以提高投资效益和建筑安装企业的经营效果。

2. 建设工程造价管理的任务

建设工程造价管理的任务是加强工程造价的全过程动态管理，强化工程造价的约束机制，维护有关各方的经济利益，规范价格行为，促进微观效益和宏观效益的统一。

3. 建设工程造价管理的对象

建设工程造价管理的对象分客体和主体。客体是建设工程项目，而主体是业主或投资人（建设单位）、承包商或承建商（设计单位、施工单位、项目管理单位），以及监理、咨询等

机构及其工作人员。对各个管理对象而言，具体的工程造价管理工作，其管理的范围、内容以及作用各不相同。

4. 建设工程造价管理的特点

建筑产品作为特殊的商品，具有建设周期长、资源消耗大、参与建设人员多、计价复杂等特征，相应地使得建设工程造价管理具有以下特点：

（1）参与主体多　工程造价管理的参与主体不仅有建设单位项目法人，还包括工程项目建设的投资主管部门、行业协会、设计单位、施工单位、造价咨询机构等。具体来说，决策主管部门要加强项目的审批管理，项目法人要对建设项目从筹建到竣工验收全过程负责，设计单位要把好设计质量关和设计变更关，施工企业要加强施工管理。因而，工程造价管理具有明显的多主体性。

（2）多阶段性　建设项目从可行性研究阶段开始，依次进行设计、招标投标、工程施工、竣工验收等阶段，每一个阶段都有相应的工程造价文件：投资估算、设计概预算、招标控制价或投标报价、工程结算、竣工决算。每一个阶段的造价文件都有特定的作用，例如：投资估算价是进行建设项目可行性研究的重要参数；设计概预算是设计文件的重要组成部分；招标控制价或投标报价是进行招标投标的重要依据；工程结算是承发包双方控制造价的重要手段；竣工决算是确定新增固定资产价值的依据。因此，工程造价的管理需要分阶段进行。

（3）动态性　工程造价管理的动态性有两个方面：① 工程建设过程中有许多不确定因素，如物价、自然条件、社会因素等，对这些不确定因素必须采用动态的方式进行管理；② 工程造价管理的内容和重点在项目建设的各个阶段都是不同的、动态的。例如：在可行性研究阶段，工程造价管理的重点在于提高投资估算的编制精度，以保证决策的正确性；招标投标阶段要使招标控制价和投标报价能够反映市场；施工阶段要在满足质量和进度的前提下降低工程造价，以提高投资效益。

（4）系统性　工程造价管理具备系统性的特点，例如：投资估算、设计概预算、招标控制价、投标报价、工程结算与竣工决算组成了一个系统。因此，应该将工程造价管理作为一个系统来研究，用系统工程的原理、观点和方法进行工程造价管理，才能实施有效的管理，实现最大的投资效益。

1.3.4　工程造价管理的主要内容

工程造价管理由两个各有侧重、互相联系、相互重叠的工作过程构成，即工程造价规划过程（等同于投资规划、成本规划）与工程造价的控制过程（等同于投资控制、成本控制）。在建设项目的前期，以工程造价的规划为主；在项目的实施阶段，工程造价的控制占主导地位。工程造价管理是保障建设项目施工质量与效益、维护各方利益的手段。

1. 工程估价

在进行造价规划之前，首先要对一个建设项目进行估价。所谓工程估价，就是在工程建设的各个阶段，采用科学的计算方法，依据现行的计价依据及批准的设计方案或设计图等文件资料，合理确定建设工程的投资估算、设计概算、施工图预算。

2. 造价规划

在得到工程估价值之后，根据工作分解结构原理将工程造价细分，可以按照时间进行分解、按照组成内容进行分解、按照子项目进行分解，将造价落实到每一个子项目上，甚至每一个责任人身上，从而形成造价控制目标的过程，这也是造价管理人员降低工程造价的过程。

3. 造价控制

建设项目造价控制是指在工程建设的各个阶段，采取一定的科学有效的方法和措施，把工程造价的发生控制在合理的范围和预先核定的造价限额以内，随时纠正发生的偏差，以保证工程造价管理目标的实现，以求在建设工程中能合理使用人力、物力、财力，取得较好的投资效益和社会效益。

建设项目管理的哲学思想如下：计划是相对的，变化是绝对的；静止是相对的，变化是绝对的。但这并非否定规划和计划的必要性，而是强调了变化的绝对性和目标控制的重要性。工程造价控制成败与否，很大程度上取决于造价规划的科学性和目标控制的有效性。

工程造价规划与控制之间存在着互相依存、互相制约的辩证关系，两者之间构成循环往复的过程。首先，造价规划是造价控制的目标和基础；其次，造价的控制手段和方法影响了造价规划的全过程，造价的确定过程也就是造价的控制过程；再次，造价的控制方法和措施构成了造价规划的重要内容，造价规划得以实现必须依赖造价控制；最后，造价规划与造价控制的最终目的是一致的，即合理使用建设资金，提高业主的投资效益。

1.3.5 工程造价管理的组织

工程造价管理的组织，是指为了实现工程造价管理目标而进行的有效组织活动，以及与造价管理功能相关的有机群体。从宏观管理的角度，有政府行政管理系统、行业协会管理系统；从微观管理的角度，有项目参与各方的管理系统。

1. 政府行政管理系统

政府对工程造价管理有一个严密的组织系统，设置了多层管理机构，规定了管理权限和职责范围。住房和城乡建设部标准定额司是国家工程造价管理的最高行政管理机构，它的主要职责是：

1）组织制定工程造价管理有关法规、制度并组织贯彻实施。

2）组织制定全国统一经济定额和部管行业经济定额的制定、修订计划。

3）组织制定全国统一经济定额和部管行业经济定额。

4）监督指导全国统一经济定额和部管行业经济定额的实施。

5）制定工程造价咨询单位资质标准并监督执行，提出工程造价专业技术人员执业资格标准。

6）管理全国咨询单位资质工作，负责全国甲级工程造价咨询单位的资质审定。

省、自治区、直辖市和行业主管部门的工程造价管理机构，在其管辖范围内行使管理职能；省辖市和地区的工程造价管理部门在所辖地区行使管理职能。其职责大体与国家住建部的工程造价管理机构相对应。

2. 行业协会管理系统

中国建设工程造价管理协会是我国建设工程造价管理的行业协会。中国建设工程造价管理协会成立于1990年7月，它的前身是1985年成立的中国工程建设概预算定额委员会。

目前，我国工程造价管理协会已初步形成三级协会体系，即中国建设工程造价管理协会，省、自治区、直辖市工程造价管理协会及工程造价管理协会分会。从职责范围上看，初步形成了宏观领导、中观区域和行业指导、微观具体实施的体系。

中国建设工程造价管理协会的主要职责如下：

1）研究工程造价管理体制的改革、行业发展、行业政策、市场准入制度及行为规范等理论与实践问题。

2）探讨提高政府和业主项目投资效益、科学预测和控制工程造价，促进现代化管理技术在工程造价咨询行业的运用，向国家行政部门提供建议。

3）接受国家行政主管部门委托，承担工程造价咨询行业和造价工程师执业资格及职业教育等具体工作，研究工程造价咨询行业的职业道德规范、合同范本等行业标准，并推动实施。

4）对外代表中国造价工程师组织和工程造价咨询行业与国际组织及各国同行组织建立联系与交往，签订有关协议，为会员开展国际交流与合作等对外业务服务。

5）建立工程造价信息服务系统，编辑、出版有关工程造价方面的刊物和参考资料，组织交流和推广先进工程造价咨询经验，举办有关职业培训和国际工程造价咨询业务的研讨活动。

6）在国内外工程造价咨询活动中，维护和增进会员的合法权益，协调解决会员和行业间的有关问题，受理关于工程造价咨询执业违规的投诉，配合行政主管部门进行处理，并向政府部门和有关方面反映会员单位和工程造价咨询人员的建议和意见。

7）指导协会各专业委员会和地方造价协会的业务工作。

8）组织完成政府有关部门和社会各界委托的其他业务。

省、自治区、直辖市工程造价管理协会的职责如下：负责造价工程师的注册；根据国家宏观政策并在中国建设工程造价管理协会的指导下，针对本地区和本行业的具体实际情况制定有关制度、办法和业务指导。

3. 项目参与各方的管理系统

根据项目参与主体的不同，项目参与各方的管理系统可划分为业主方工程造价管理系统、承包方工程造价管理系统、中介服务方工程造价管理系统。

（1）业主方工程造价管理系统　业主对项目建设的全过程进行造价管理，其职责主要是：进行可行性研究、投资估算的确定与控制；设计方案的优化和设计概算的确定与控制；施工招标文件和招标控制价的编制；工程进度款的支付和工程结算及控制；合同价的调整；索赔与风险管理；竣工决算的编制等。

（2）承包方工程造价管理系统　承包方工程造价管理组织的职责主要有：投标决策，并通过市场研究，结合自身积累的经验进行投标报价；编制施工定额；在施工过程中进行工程施工成本的动态管理，加强风险管理、工程进度款的支付申请、工程索赔、竣工结算；加强企业内部的管理，包括施工成本的预测、控制与核算等。

（3）中介服务方工程造价管理系统　中介服务方主要有设计方与工程造价咨询方，其职责包括：按照业主或委托方的意图，在可行性研究和规划设计阶段确定并控制工程造价；采用限额设计以实现设定的工程造价管理目标；招标投标阶段编制工程量清单、招标控制价，参与合同评审；在项目实施阶段，通过设计变更、索赔与结算的审核等工作进行工程造价的控制。

课后拓展 数字建筑——打开建筑产业新视界

党的十九大提出，要"建设网络强国、数字中国、智慧社会，推动互联网、大数据、人工智能和实体经济深度融合，发展数字经济、共享经济，培育新增长点、形成新动能"。"数字建筑"的提出，可谓把握时代机遇、迎接未来挑战恰逢其时。

1. 数字建筑的内涵

数字建筑是指利用BIM和云计算、大数据、物联网、移动互联网、人工智能等信息技术引领产业转型升级的行业战略。它结合先进的精益建造理论方法，集成人员、流程、数据、技术和业务系统，实现建筑的全过程、全要素、全参与方的数字化、在线化、智能化，构建项目、企业和产业的平台生态新体系，从而推动以新设计、新建造、新运维为代表的产业升级，实现让每一个工程项目成功的产业目标。

2. 数字建筑的核心

（1）数字建筑之"三新"

1）新设计，即全数字化样品阶段。在实体项目建设开工之前，集成项目各参与方与生产要素进行全数字化打样，进而消除工程风险，实现设计、施工、运维等全生命周期的方案和成本优化，保障大规模定制生产和施工建造的可实施性。新设计的价值，不只体现在二维图样的突破、三维模型的进化上，这一全数字化样品还包含了参建各方对设计、采购、生产、施工、运维各个阶段的数字化"PDCA循环"模拟，即从协同设计、虚拟生产、虚拟施工到虚拟交付的全方位虚拟实践。

2）新建造，即工业化建造。基于软件和数据，形成建筑全产业链的数字化生产线，实现工厂生产与施工现场实时连接并智能交互，实现工厂和现场一体化以及全产业链的协同，使图样细化到作业指导书，任务排程最小到工序，工序工法标准化，最终将建造过程提升到工业级精细化水平，达成浪费最小化、价值最大化。这一工业化建造方式，极大地缩小了建筑业在生产效率、成本控制、产品质量等方面同制造业之间的差距，是建筑领域工业级精细化水平的集中体现。

3）新运维，即智慧化运维。通过以虚体建筑控制实体建筑，实时感知建筑运行状态，并借助大数据驱动下的人工智能，把建筑升级为可感知、可分析、自动控制乃至自适应的智慧化系统和生命体，实现运维过程的自我优化、自我管理、自我维修，并能提供满足个性化需求的舒适健康服务，为人们创造美好的工作和生活环境。新运维将使建筑成为自我管理的生命体，充满了科技感和想象力。当建筑及相关设施被嵌入传感器和各种智能感知设备时，就如同拥有了人的感知，成为人工智能的生命体。通过自适应的感知和预测人的各种需求，再基于大数据、云计算等数字技术，可以实现建筑的温度、湿度、亮度、空气质量、新风系统的主动调控，提供舒适健康的建筑空间和人性化服务。

（2）数字建筑之"三全"

1）一项工程的全生命周期，即从规划、设计、采购到施工、运维的全过程。

2）全要素，即全生产要素和管理要素，包括"人、机、料、法、环"、进度、质量、成本、安全、环保。

3）全参与方，即从业主、建设方、总包方、分包商、设备材料厂商到金融服务机构等共九大类的参与方。要让他们都实现数字化、在线化、智能化。只有这样整个建筑产业才能真正实现数字化，继而实现转型升级。

（3）数字建筑之"三化"　数字化、在线化、智能化——"三化"，是"数字建筑"的三大典型特征。其中，数字化是基础，是围绕建筑本体实现全过程、全要素、全参与方数字化解构的过程。在线化是关键，通过泛在连接、实时在线、数据驱动，实现虚实有效融合的"数字孪生"的链接与交互。智能化是目标，通过全面感知、深度认知、智能交互、自我进化，再基于数据和算法逻辑无限扩展，将实现"以虚控实、虚实结合"进行决策与执行的智能化革命。

3. 数字建筑的价值

数字建筑将实现集约经营和精益管理，驱动企业决策智能化。其对各种生产要素的资源优化配置和组合，实现了社会化、专业化的协同效应，降低了经营管理成本。其对"人、机、料、法、环"等各关键要素的实时、全面、智能的监控和管理，更好实现以项目为核心的多方协同、多级联动、管理预控、整合高效的创新管理体系，保证工程质量、安全、进度、成本建设目标的顺利实现。

建筑业要走出一条具有核心竞争力、资源集约、环境友好的可持续发展之路，需要在数字技术引领下，以新型建筑工业化为核心，以信息化手段为有效支撑，通过绿色化、工业化与信息化的深度融合，对建筑业全产业链进行更新、改造和升级，再通过技术创新与管理创新，带动企业与人员能力的提升，推动建筑产品全过程、全要素、全参与方的升级，摆脱传统粗放式的发展模式，向以装配式建筑为代表的工业化、精细化方向转型。

习　题

一、单项选择题

1. 在固定资产投资中，形成固定资产的主要手段是（　　）。

    A. 基本建设投资   B. 更新改造投资

    C. 房地产开发投资   D. 其他固定资产投资

2. 在建设项目中，凡具有独立的设计文件，竣工后可以独立发挥生产能力或投资效益的工程称为（　　）。

    A. 建设项目   B. 单项工程   C. 单位工程   D. 分部工程

3. 下列关于工程建设静态投资或动态投资的表述中，正确的是（　　）。

    A. 静态投资中包括价差预备费

    B. 静态投资中包括固定资产投资方向调节税

    C. 动态投资中包括建设期贷款利息

    D. 动态投资是静态投资的计算基础

4. 按照工程造价的第一种含义，工程造价是指（　　）。

    A. 建设项目总投资   B. 建设项目固定资产投资

    C. 建设工程投资   D. 建筑安装工程投资

5. 工程之间千差万别，在用途结构、造型、位置等方面都有很大的不同，这体现了工程造价（　　）的特点。

  A. 动态性   B. 个别性和差异性

  C. 层次性   D. 兼容性

  6. 在项目建设全过程的各个阶段中，即决策、初步设计、技术设计、施工图设计、招投标、合同实施及竣工验收等阶段，都进行相应的计价，分别对应形成投资估算、设计概算、修正概算、施工图预算、合同价、结算价及决算价等。这体现了工程造价（　　）的计价特征。

  A. 复杂性   B. 多次性   C. 组合性   D. 方法多样性

  7. 工程实际造价是在（　　）阶段确定的。

  A. 招标投标   B. 合同签订   C. 竣工验收   D. 施工图设计

  8. 预算造价是在（　　）阶段编制的。

  A. 初步设计   B. 技术设计   C. 施工图设计   D. 招标投标

  9. 概算造价是指在初步设计阶段，根据设计意图，通过编制工程概预算文件预先测算和确定的工程造价，主要受到（　　）的控制。

  A. 投资估算   B. 合同价   C. 修正概算造价   D. 实际造价

  10. 工程造价的两种管理是指（　　）。

  A. 建设工程投资费用管理和工程造价计价依据管理

  B. 建设工程投资费用管理和工程价格管理

  C. 工程价格管理和工程造价专业队伍建设管理

  D. 工程造价管理和工程造价计价依据管理

  二、多项选择题

  1. 建设项目按照行业性质和特点划分包括（　　）。

  A. 基本建设项目   B. 更新改造项目   C. 竞争性项目

  D. 基础性项目   E. 公益性项目

  2. 在有关工程造价基本概念中，下列说法正确的有（　　）。

  A. 工程造价的两种含义表明需求主体和供给主体追求的经济利益相同

  B. 工程造价在建设过程中是不确定的，直至竣工决算后才能确定工程的实际造价

  C. 实现工程造价职能的最主要条件是形成市场竞争机制

  D. 生产性项目总投资包括其总造价和流动资产投资两部分

  E. 建设项目各阶段依次形成的工程造价之间的关系是前者制约后者，后者补充前者

  3. 工程价格是指建成一项工程预计或实际在土地市场、设备和技术劳务市场承包市场等交易活动中形成的（　　）。

  A. 综合价格   B. 商品和劳务价格   C. 建筑安装工程价格

  D. 流通领域商品价格   E. 建设工程总价格

  4. 工程造价的特点有（　　）。

  A. 大额性   B. 个别性、差异性   C. 静态性

  D. 层次性   E. 兼容性

  5. 工程造价计价特征有（　　）。

  A. 单件性   B. 批量性   C. 多次性

    D. 一次性   E. 组合性

6. 工程造价具有多次性计价特征，其中各阶段与造价对应关系正确的是（　　　）。

    A. 招标投标阶段对应合同价   B. 施工阶段对应合同价

    C. 竣工验收阶段对应实际造价   D. 竣工验收阶段对应结算价

    E. 可行性研究阶段对应概算造价

7. 在工程造价的组合性特征中涉及（　　　）。

    A. 分部分项工程造价   B. 分部分项工程单价

    C. 单位工程造价   D. 单项工程造价

    E. 建设项目总造价

第2章

工程造价的构成

■ 2.1 我国现行工程造价的构成

建设项目总投资是为完成工程项目建设并达到使用要求或生产条件，在建设期内预计或实际投入的全部费用总和。生产性建设项目总投资包括建设投资、建设期利息和流动资金三部分；非生产性建设项目总投资包括建设投资和建设期利息两部分。其中建设投资和建设期利息之和对应于固定资产投资，固定资产投资与建设项目的工程造价在量上相等。工程造价基本构成包括用于购买工程项目所含各种设备的费用，用于建筑施工和安装施工所需支出的费用，用于委托工程勘察设计应支付的费用，用于购置土地所需的费用，也包括用于建设单位自身进行项目筹建和项目管理所花费的费用等。总之，工程造价是指在建设期预计或实际支出的建设费用。

工程造价中的主要构成部分是建设投资，建设投资是为完成工程项目建设，在建设期内投入且形成现金流出的全部费用。根据国家发展改革委和建设部发布的《建设项目经济评价方法与参数（第三版）》（发改投资〔2006〕1325号）的规定，建设投资包括工程费用、工程建设其他费用和预备费三部分。工程费用是指建设期内直接用于工程建造、设备购置及其安装的建设投资，可以分为设备及工器具购置费和建筑安装工程费；工程建设其他费用是指建设期发生的与土地使用权取得、整个工程项目建设以及未来生产经营有关的构成建设投资但不包括在工程费用中的费用；预备费是指在建设期内因各种不可预见因素的变化而预留的可能增加的费用，包括基本预备费和价差预备费。我国现行建设项目总投资及工程造价构成内容如图2-1所示。

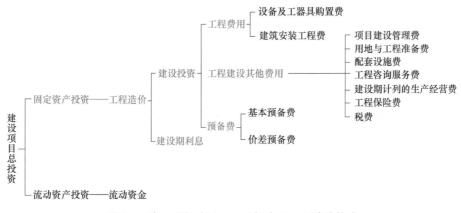

图 2-1　我国现行建设项目总投资及工程造价构成

■ 2.2 设备及工器具购置费的构成

设备及工器具购置费由设备购置费用和工具、器具及生产家具购置费用组成。它是固定资产投资的组成部分。在生产性建设工程中，设备及工器具费与资本的有机构成相联系，设备及工器具费占投资费用的比重增大，意味着生产技术的进步和资本有机构成的提高。

2.2.1 设备购置费的构成和计算

设备购置费是指为工程建设项目购置或自制的达到固定资产标准的设备、工器具及生产家具等所需的费用。

$$设备购置费 = 设备原价(含备品备件费) + 设备运杂费 \qquad (2\text{-}1)$$

式中　设备原价——按设备来源不同，分为国产设备原价和进口设备原价两大类。设备原价通常包含备品备件费在内，备品备件费是指设备购置时随设备同时订货的首套备品备件所发生的费用；

设备运杂费——除设备原价之外的关于设备采购、运输、途中包装及仓库保管等方面支出费用的总和。

1. 国产标准设备原价

国产标准设备是指按照主管部门颁布的标准图样和技术要求，由设备生产厂批量生产的，符合国家质量检验标准的设备。国产标准设备原价一般指的是设备制造厂的交货价，即出厂价。若设备是由设备公司成套供应，则以订货合同价为设备原价。有的设备有两种出厂价，即带有备件的出厂价和不带有备件的出厂价。在计算设备原价时，一般按带有备件的出厂价计算。

2. 国产非标准设备原价

非标准设备是指国家尚无定型标准，各设备生产厂不可能在工艺过程中采用批量生产，只能按一次订货，并根据具体的设备图样制造的设备。非标准设备原价有多种不同的计算方法，如成本计算估价法、系列设备插入估价法、分部组合估价法、定额估价法等。但无论哪种方法都应该使非标准设备计价的准确度接近实际出厂价，并且计算方法要简便。

3. 进口设备原价的构成及其计算

进口设备原价即进口设备的抵岸价，是指抵达买方边境港口或边境车站，且交完关税等税费后形成的价格。进口设备抵岸价的构成与进口设备的交货类别有关。

（1）进口设备的交货方式　进口设备的交货方式可分为内陆交货类、目的地交货类、装运港交货类。

1）内陆交货类。它是指卖方在出口国内陆的某个地点完成交货任务。在交货地点，卖方及时提交合同规定的货物和有关凭证，并承担交货前的一切费用和风险；买方按时接受货物，交付货款，承担接货后的一切费用和风险，并自行办理出口手续和装运出口。货物的所有权也在交货后由卖方转移给买方。

2）目的地交货类。它是指卖方要在进口国的港口或内地交货，包括目的港船上交货价，目的港船边交货价（FOS）和目的港码头交货价（关税已付）及完税后交货价（进口国目的地的指定地点）等几种交货价。它们的特点是：买卖双方承担的责任、费用和风险是以目的地约定交货点为分界线，只有当卖方在交货点将货物置于买方控制下才算交货，方能向买方收取货款。这类交货价对卖方来说承担的风险较大，国际贸易中卖方一般不愿意采用这类交货方式。

3）装运港交货类。它是指卖方在出口国装运港交货，主要有装运港船上交货价（FOB）（习惯称离岸价格）、运费在内价（CFR）和运费、保险费在内价（CIF）（习惯称到岸价格）。它们的特点是：卖方按照约定的时间在装运港交货，只要卖方把合同规定的货物装船后提供货运单据便完成交货任务，可凭单据收回货款。

装运港船上交货价（FOB）是我国进口设备采用最多的一种货价。采用装运港船上交货价时卖方的责任是：在规定的期限内，负责在合同规定的装运港口将货物装上买方指定的船只，并及时通知买方；负担货物装船前的一切费用和风险，负责办理出口手续；提供出口国政府或有关方面签发的证件；负责提供有关装运单据。买方的责任是：负责租船或订舱，支付运费，并将船期、船名通知卖方；负担货物装船后的一切费用和风险；负责办理保险及支付保险费，办理在目的港的进口和收货手续；接受卖方提供的有关装运单据，并按合同规定支付货款。

（2）进口设备抵岸价的构成　我国进口设备采用最多的是装运港船上交货价，也称离岸价（FOB）。进口设备抵岸价的构成可概括为

$$进口设备抵岸价 = 货价 + 国际运费 + 国际运输保险费 + 银行财务费 + 外贸手续费 +$$
$$进口关税 + 增值税 + 消费税 + 海关监管手续费 \qquad (2\text{-}2)$$

1）进口设备的货价。一般可采用下式计算

$$货价 = 离岸价(FOB) \times 人民币外汇汇率 \qquad (2\text{-}3)$$

2）国际运费。我国进口设备大部分采用海洋运输方式，小部分采用铁路运输方式，个别采用航空运输方式。进口设备国际运费计算公式为

$$国际运费 = 离岸价格(FOB) \times 运费费率 \qquad (2\text{-}4)$$

或

$$国际运费 = 运量 \times 单位运价 \qquad (2\text{-}5)$$

式中，运费费率或单位运价参照有关部门或进出口公司的规定。

3）国际运输保险费。对外贸易货物运输保险是由保险人（保险公司）与被保险人（出口人或进口人）订立保险契约，在被保险人交付议定的保险费后，保险人根据保险契约的规定对货物在运输过程中发生的承保责任范围内的损失给予经济上的补偿。其计算公式为

$$国际运输保险费 = \frac{离岸价(FOB) + 国际运费}{1 - 保险费率} \times 保险费率 \qquad (2\text{-}6)$$

式中，保险费率按保险公司规定的进口货物保险费率计算。

4）银行财务费。一般指银行手续费，其计算公式为

$$银行财务费 = 离岸价(FOB) \times 人民币外汇汇率 \times 银行财务费率 \qquad (2\text{-}7)$$

式中，银行财务费率一般为 0.4% ~ 0.5%。

5）外贸手续费。一般指按商务部规定的外贸手续费率计取的费用，外贸手续费率一般取 1.5%。其计算公式为

$$外贸手续费 = 到岸价(CIF) \times 人民币外汇汇率 \times 外贸手续费率 \qquad (2\text{-}8)$$
$$到岸价(CIF) = 离岸价(FOB) + 国际运费 + 国际运输保险费 \qquad (2\text{-}9)$$

6）进口关税。关税是由海关对进出国境的货物和物品征收的一种税，其计算公式为

$$进口关税 = 到岸价(CIF) \times 人民币外汇汇率 \times 进口关税税率 \qquad (2\text{-}10)$$

进口关税税率分为优惠税率和普通税率两种。优惠税率适用于与我国签订关税互惠条约或协定的国家的进口设备；普通税率适用于未与我国签订关税互惠条约或协定的国家的进口设备。进口关税税率按我国海关总署发布的进口关税税率计算。

7）消费税。对部分进口产品（如轿车等）征收。其计算公式为

$$消费税 = \frac{到岸价(CIF) \times 人民币外汇汇率 + 关税}{1 - 消费税税率} \times 消费税税率 \qquad (2\text{-}11)$$

式中，消费税税率根据规定的税率计算。

8）增值税。增值税是我国政府对从事进口贸易的单位和个人，在进口商品报关进口后征收的税种。我国增值税条例规定，进口应税产品均按组成计税价格，依税率直接计算应纳税额，不扣除任何项目的金额或已纳税额，即

$$进口产品增值税税额 = 组成计税价格 \times 增值税税率 \qquad (2\text{-}12)$$

$$组成计税价格 = 到岸价(CIF) \times 人民币外汇汇率 + 进口关税 + 消费税 \qquad (2\text{-}13)$$

式中，增值税基本税率为13%。

9）海关监管手续费。海关监管手续费是指海关对发生减免进口税或实行保税的进口设备实施监管和提供服务收取的手续费。全额收取关税的设备，不收取海关监管手续费。

$$海关监管手续费 = 到岸价 \times 人民币外汇汇率 \times 海关监管手续费率 \qquad (2\text{-}14)$$

10）车辆购置附加费。进口车辆需缴纳进口车辆购置附加费。其计算公式为

$$进口车辆购置附加费 = (到岸价 + 关税 + 消费税 + 增值税) \times 进口车辆购置附加费率$$

$$(2\text{-}15)$$

【例2-1】 从某国进口设备，装运港船上交货价（FOB）为100万美元，国外运费费率为7%，运输保险费费率为3‰，进口关税税率为22%，银行财务费费率为5‰，外贸手续费费率为1.5%，增值税税率为13%，该设备无消费税、车辆购置附加费和海关监管手续费，已知外汇牌价为1美元=6.6元人民币。请分别计算该设备应付关税、增值税和抵岸价是多少。

解：（1）货价=100万美元×6.6=660万元（人民币，下同）

（2）国外运费=660万元×7%=46.20万元

（3）国外运输保险费= $\dfrac{660 + 46.20}{1 - 0.3\%}$ 万元 × 0.3% = 2.12 万元

（4）到岸价（CIF）= 660万元 + 46.20万元 + 2.12万元 = 708.32万元

（5）银行财务费 = 660万元 × 0.5% = 3.30万元

（6）外贸手续费 = 708.32万元 × 1.5% = 10.62万元

（7）关税 = 到岸价（CIF）× 进口关税税率 = 708.32万元 × 22% = 155.83万元

（8）增值税 = (到岸价 + 进口关税 + 消费税) × 增值税税率 = (708.32 + 155.83 + 0)万元 × 13% = 112.34万元

（9）抵岸价 = 货价 + 国外运费 + 运输保险费 + 银行财务费 + 外贸手续费 + 关税 + 增值税 + 消费税 + 海关监管手续费 + 车辆购置附加费 = 660万元 + 46.20万元 + 2.12万元 + 3.30万元 + 10.62万元 + 155.83万元 + 112.34万元 + 0万元 = 990.41万元

4. 设备运杂费

（1）设备运杂费的构成　设备运杂费通常由下列各项构成：

1）运费和装卸费。运费和装卸费是指国产标准设备由设备制造厂交货地点起至工地仓库（或施工组织设计指定的需要安装设备的堆放地点）止所发生的运费和装卸费。

进口设备则由我国到岸港口、边境车站起至工地仓库（或施工组织设计指定的需要安装设备的堆放地点）止所发生的运费和装卸费。

2）包装费。包装费是指在设备出厂价格中没有包含的设备包装和包装材料器具费。在设备出厂价或进口设备价格中若已包含了此项费用，则不应重复计算。

3）供销部门的手续费。按有关部门规定的统一费率计算。

4）采购与仓库保管费。采购与仓库保管费是指采购、验收、保管和收发设备所发生的各种费用，包括设备采购、保管和管理人员工资、工资附加费、办公费、差旅交通费、设备供应部门办公和仓库所占固定资产使用费、工具用具使用费、劳动保护费、检验试验费等。这些费用可按主管部门规定的采购保管费费率计算。

（2）设备运杂费的计算　设备运杂费按设备原价乘以设备运杂费率计算。其计算公式为

$$设备运杂费 = 设备原价 \times 设备运杂费率 \tag{2-16}$$

式中，设备运杂费率按各部门及省、市等的规定计取。

一般来讲，沿海和交通便利的地区，设备运杂费率相对低一些；内地和交通不太便利的地区，设备运杂费率要相对高一些，边远省份则更高一些。对于非标准设备来讲，应尽量就近委托设备制造厂，以大幅度降低设备运杂费。进口设备由于原价较高，国内运距较短，因而运杂费比率应适当降低。

2.2.2　工器具及生产家具购置费的构成和计算

工器具及生产家具购置费，是指新建或扩建项目初步设计规定的，保证初期正常生产必须购置的没有达到固定资产标准的设备、仪器、工卡模具、器具、生产家具和备品备件等的购置费用。此项费用一般以设备费为计算基数，按照部门或行业规定的工器具及生产家具费率计算，其计算公式为

$$工器具及生产家具购置费 = 设备购置费 \times 定额费率 \tag{2-17}$$

■ 2.3　建筑安装工程费的构成和计算

2.3.1　建筑安装工程费概述

建筑安装工程费是指建设单位支付给从事建筑安装工程的施工单位的全部生产费用，包括用于建筑物的建造及有关的准备、清理等工程的投资，用于需要安装设备的安置、装配工作的投资。建筑工程费是指用于建筑物、构筑物、矿山、桥涵、道路、水利工程等土木工程建设而发生的全部费用。安装工程费是指用于设备、工器具、交通运输设备、生产家具等的组装和安装，以及配套工程安装而发生的全部费用。

住建部、财政部印发的《建筑安装工程费用项目组成》（建标［2013］44号），将建筑安装工程费用项目按费用构成要素组成划分为人工费、材料费、施工机具使用费、企业管理费、利润、规费和税金，如图2-2所示。为指导工程造价专业人员计算建筑安装工程造价，将建筑安装工程费用按工程造价形成划分为分部分项工程费、措施项目费、其他项目费、规费和税金，如图2-3所示。

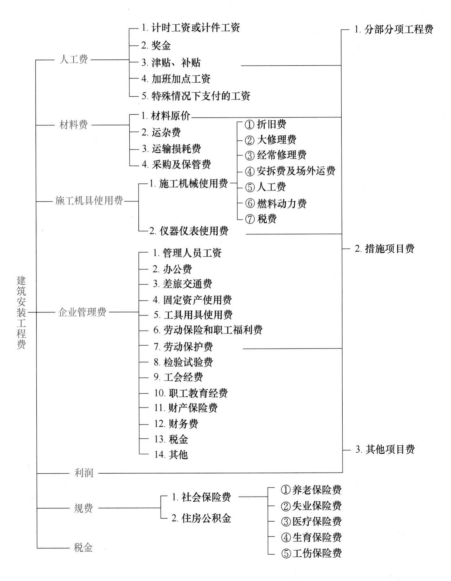

图 2-2　建筑安装工程费用项目组成（按费用构成要素划分）

2.3.2　建筑安装工程费构成及计算（按构成要素划分）

按照费用构成要素划分，建筑安装工程费包括：人工费、材料费（包含工程设备，下同）、施工机具使用费、企业管理费、利润、规费和税金。

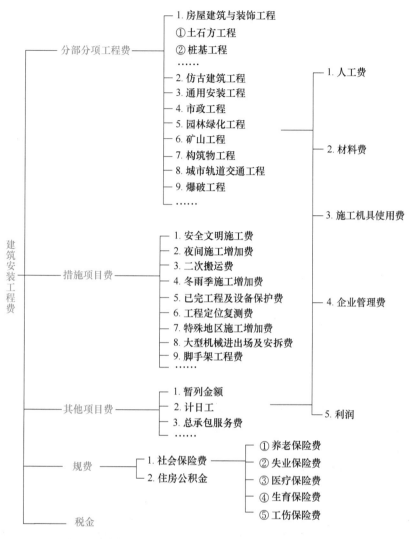

图 2-3 建筑安装工程费用项目组成（按造价形式划分）

1. 人工费

人工费是指按工资总额构成规定，支付给从事建筑安装工程施工的生产工人和附属生产单位工人的各项费用。

（1）人工费的组成

1）计时工资或计件工资。它是指按计时工资标准和工作时间或对已做工作按计件单价支付给个人的劳动报酬。

2）奖金。它是指对超额劳动和增收节支支付给个人的劳动报酬，如节约奖、劳动竞赛奖等。

3）津贴补贴。它是指为了补偿职工特殊或额外的劳动消耗和因其他特殊原因支付给个人的津贴，以及为了保证职工工资水平不受物价影响而支付给个人的物价补贴，如流动施工津贴、特殊地区施工津贴、高温（寒）作业临时津贴、高空津贴等。

4）加班加点工资。它是指按规定支付的在法定节假日工作的加班工资和在法定日工作时间外延时工作的加点工资。

5）特殊情况下支付的工资。它是指根据国家法律、法规和政策规定，因病、工伤、产假、婚丧假、事假、探亲假、定期休假、停工学习、执行国家或社会义务等原因按计时工资标准或计时工资标准的一定比例支付的工资。

（2）人工费的计算

1）方法1

$$人工费 = \sum（工日消耗量 \times 日工资单价）\tag{2-18}$$

$$日工资单价 = \frac{生产工人平均月工资（计时、计件）+ 平均月（奖金 + 津贴补贴 + 特殊情况下支付的工资）}{年平均每月法定工作日}$$
$$\tag{2-19}$$

方法1主要适用于施工企业投标报价时自主确定人工费，也是工程造价管理机构编制计价定额确定定额人工单价或发布人工成本信息的参考依据。

2）方法2

$$人工费 = \sum（工程工日消耗量 \times 日工资单价）\tag{2-20}$$

方法2适用于工程造价管理机构编制计价定额时确定定额人工费，是施工企业投标报价的参考依据。

其中，日工资单价是指施工企业平均技术熟练程度的生产工人在每工作日（国家法定工作时间内）按规定从事施工作业应得的日工资总额。

人工工日消耗量是指在正常的施工生产条件下，完成规定计量单位的建筑安装产品所消耗的生产工人的工日数量。它由分项工程所综合的各个工序劳动定额组成，包括基本用工和其他用工两部分。

工程造价管理机构确定日工资单价应通过市场调查、根据工程项目的技术要求，参考实物工程量人工单价综合分析确定，普工、一般技工、高级技工最低日工资单价分别不得低于工程所在地人力资源和社会保障部门发布的最低工资标准的：1.3倍、2倍、3倍。

工程计价定额不可只列一个综合工日单价，应根据工程项目技术要求和工种差别适当划分多种日人工单价，确保各分部工程人工费的合理构成。

2. 材料费

材料费是指施工过程中耗费的原材料、辅助材料、构配件、零件、半成品或成品、工程设备等的费用，以及周转材料等的摊销、租赁费用。

（1）材料费的组成

1）材料原价。它是指材料、工程设备的出厂价格或商家供应价格。

2）运杂费。它是指材料、工程设备自来源地运至工地仓库或指定堆放地点所发生的全部费用。

3）运输损耗费。它是指材料在运输装卸过程中不可避免的损耗。

4）采购及保管费。它是指为组织采购、供应和保管材料、工程设备的过程中需要的各项费用，包括采购费、仓储费、工地保管费、仓储损耗。

工程设备是指构成或计划构成永久工程一部分的机电设备、金属结构设备、仪器装置及其他类似的设备和装置。

（2）材料费的计算

1）材料费。

$$材料费 = \sum（材料消耗量 \times 材料单价） \tag{2-21}$$

$$材料单价 = \{（材料原价 + 运杂费） \times [1 + 运输损耗率（\%）]\} \times$$
$$[1 + 采购保管费率（\%）] \tag{2-22}$$

2）工程设备费。

$$工程设备费 = \sum（工程设备量 \times 工程设备单价） \tag{2-23}$$

$$工程设备单价 = （设备原价 + 运杂费） \times [1 + 采购保管费率（\%）] \tag{2-24}$$

3. 施工机具使用费

施工机具使用费是指施工作业时发生的施工机械、仪器仪表使用费或其租赁费。

（1）施工机械使用费　它以施工机械台班耗用量乘以施工机械台班单价表示，施工机械台班单价应由下列七项费用组成：

1）折旧费。它是指施工机械在规定的使用年限内，陆续收回其原值的费用。

2）大修理费。它是指施工机械按规定的大修理间隔台班进行必要的大修理，以恢复其正常功能所需的费用。

3）经常修理费。它是指施工机械除大修理以外的各级保养和临时故障排除所需的费用。包括为保障机械正常运转所需替换设备与随机配备工具附具的摊销和维护费用，机械运转中日常保养所需润滑与擦拭的材料费用及机械停滞期间的维护和保养费用等。

4）安拆费及场外运费。安拆费是指施工机械（大型机械除外）在现场进行安装与拆卸所需的人工、材料、机械和试运转费用以及机械辅助设施的折旧、搭设、拆除等费用；场外运费是指施工机械整体或分体自停放地点运至施工现场或由一施工地点运至另一施工地点的运输、装卸、辅助材料及架线等费用。

5）人工费。它是指机上司机（司炉）和其他操作人员的人工费。

6）燃料动力费。它是指施工机械在运转作业中消耗的各种燃料及水、电等费用。

7）税费。它是指施工机械按照国家规定应缴纳的车船使用税、保险费及年检费等。

（2）施工机械使用费的计算

$$施工机械使用费 = \sum（施工机械台班消耗量 \times 机械台班单价） \tag{2-25}$$

$$机械台班单价 = 台班折旧费 + 台班大修费 + 台班经常修理费 + 台班安拆费及场外运费 +$$
$$台班人工费 + 台班燃料动力费 + 台班车船税费 \tag{2-26}$$

工程造价管理机构在确定计价定额中的施工机械使用费时，应根据《建筑工程施工机械台班费用编制规则》，结合市场调查编制施工机械台班单价。施工企业可以参考工程造价管理机构发布的台班单价，自主确定施工机械使用费的报价，如租赁施工机械的公式为

$$施工机械使用费 = \sum（施工机械台班消耗量 \times 机械台班租赁单价）$$

（3）仪器仪表使用费　它是指工程施工所需使用的仪器仪表的摊销及维修费用，仪器仪表台班单价应包括：折旧费、维修费、效验费、动力费。其计算公式为

$$仪器仪表使用费 = 工程使用的仪器仪表摊销费 + 维修费 \tag{2-27}$$

4. 企业管理费

企业管理费是指建筑安装企业组织施工生产和经营管理所需的费用。

（1）企业管理费的组成

1）管理人员工资。它是指按规定支付给管理人员的计时工资、奖金、津贴补贴、加班加点工资及特殊情况下支付的工资等。

2）办公费。它是指企业管理办公用的文具、纸张、账表、印刷、邮电、书报、办公软件、现场监控、会议、水电、烧水和集体取暖降温（包括现场临时宿舍取暖降温）等费用。

3）差旅交通费。它是指职工因公出差、调动工作的差旅费、住勤补助费，市内交通费和误餐补助费，职工探亲路费，劳动力招募费，职工退休、退职一次性路费，工伤人员就医路费，工地转移费以及管理部门使用的交通工具的油料、燃料等费用。

4）固定资产使用费。它是指管理和试验部门及附属生产单位使用的属于固定资产的房屋、设备、仪器等的折旧、大修、维修或租赁费。

5）工具用具使用费。它是指企业施工生产和管理使用的不属于固定资产的工具、器具、家具、交通工具和检验、试验、测绘、消防用具等的购置、维修和摊销费。

6）劳动保险和职工福利费。它是指由企业支付的职工退职金、按规定支付给离休干部的经费，集体福利费，夏季防暑降温、冬季取暖补贴、上下班交通补贴等。

7）劳动保护费。它是企业按规定发放的劳动保护用品的支出，如工作服、手套、防暑降温饮料以及在有碍身体健康的环境中施工的保健费用等。

8）检验试验费。它是指施工企业按照有关标准规定，对建筑以及材料、构件和建筑安装物进行一般鉴定、检查所发生的费用，包括自设试验室进行试验所耗用的材料等费用，不包括新结构、新材料的试验费，对构件做破坏性试验及其他特殊要求检验试验的费用和建设单位委托检测机构进行检测的费用，对此类检测发生的费用，由建设单位在工程建设其他费用中列支。但对施工企业提供的具有合格证明的材料进行检测不合格的，该检测费用由施工企业支付。

9）工会经费。它是指企业按《工会法》规定的全部职工工资总额比例计提的工会经费。

10）职工教育经费。它是指按职工工资总额的规定比例计提，企业为职工进行专业技术和职业技能培训，专业技术人员继续教育、职工职业技能鉴定、职业资格认定以及根据需要对职工进行各类文化教育所发生的费用。

11）财产保险费。它是指施工管理用财产、车辆等的保险费用。

12）财务费。它是指企业为施工生产筹集资金或提供预付款担保、履约担保、职工工资支付担保等所发生的各种费用。

13）税金。它是指除增值税之外的企业按规定缴纳的房产税、非生产性车船使用税、土地使用税、印花税、消费税、资源税、环境保护税、城市维护建设税、教育费附加、地方教育附加等各项税费。

14）其他。它包括技术转让费、技术开发费、投标费、业务招待费、绿化费、广告费、公证费、法律顾问费、审计费、咨询费、保险费等。

（2）企业管理费的计算

1）以分部分项工程费为计算基础。

$$企业管理费费率(\%) = \frac{生产工人年平均管理费}{年有效施工天数} × 人工费占分部分项工程费的比例(\%)$$

$$(2\text{-}28)$$

2）以人工费和机械费合计为计算基础。

$$企业管理费费率(\%) = \frac{生产工人年平均管理费}{年有效施工天数 × (人工单价 + 每一工日机械使用费)} × 100\%$$

$$(2\text{-}29)$$

3）以人工费为计算基础。

$$企业管理费费率(\%) = \frac{生产工人年平均管理费}{年有效施工天数 × 人工单价} × 100\% \qquad (2\text{-}30)$$

5. 利润

利润是指施工企业完成所承包工程获得的盈利。施工企业根据企业自身需求并结合建筑市场实际自主确定利润水平并列入报价中。工程造价管理机构在确定计价定额中的利润时，应以定额人工费或以定额人工费与定额机械费之和作为计算基数，其费率根据历年工程造价积累的资料，并结合建筑市场实际确定，以单位（单项）工程测算，利润在税前建筑安装工程费的比重可按不低于5%且不高于7%的费率计算。利润应列入分部分项工程费和措施项目费中。

6. 规费

规费是指按国家法律、法规规定，由省级政府和省级有关权力部门规定必须缴纳或计取的费用。

（1）规费的组成

1）社会保险费。

① 养老保险费。它是指企业按照规定标准为职工缴纳的基本养老保险费。

② 失业保险费。它是指企业按照规定标准为职工缴纳的失业保险费。

③ 医疗保险费。它是指企业按照规定标准为职工缴纳的基本医疗保险费。

④ 生育保险费。它是指企业按照规定标准为职工缴纳的生育保险费。

⑤ 工伤保险费。它是指企业按照规定标准为职工缴纳的工伤保险费。

2）住房公积金。它是指企业按规定标准为职工缴纳的住房公积金。

其他应列而未列入的规费，按实际发生计取。

（2）规费的计算

社会保险费和住房公积金。社会保险费和住房公积金应以定额人工费为计算基础，根据工程所在地省、自治区、直辖市或行业建设主管部门规定的费率计算。

$$社会保险费和住房公积金 = \sum(工程定额人工费 × 社会保险费和住房公积金费率)$$

$$(2\text{-}31)$$

式中　社会保险费和住房公积金费率——以每万元发承包价的生产工人人工费和管理人员工
资含量与工程所在地规定的缴纳标准综合分析取定。

7. 税金

建筑安装工程费用中的税金就是增值税，按税前造价乘以增值税税率确定。增值税计税方法采用销项税额与进项税额抵扣计算应纳税额的方法（简易计税方法可以视为可抵扣进项税额为0），增值税是一种可以向下游企业进行转嫁的流转税。对于承包人来说，增值税的高低并不影响其真实的收入，建筑安装工程费用按照不含税价格计算更能直观地体现承包人的生产成果；对于发包人来说，建筑安装工程费用中包括的增值税是其必须进行支付的一笔金额（虽然这笔金额最终可能成为发包人的进项税额予以抵扣），发包人必须为这项支出进行资金储备。因此，计算含税价格可以更加准确地反映出发包人的投资支出总额。

（1）采用一般计税方法时增值税的计算　当采用一般计税方法时，建筑业增值税税率为9%。

$$增值税 = 税前造价 \times 9\% = \frac{含税造价}{1 + 9\%} \times 9\% \qquad (2\text{-}32)$$

其中　税前造价 = 人工费 + 材料费 + 施工机具使用费 + 企业管理费 + 利润和规费
$$\qquad (2\text{-}33)$$

式（2-33）中各费用项目均以不包含增值税可抵扣进项税额的价格计算。

（2）采用简易计税方法的计算　当采用简易计税方法时，建筑业增值税征收率为3%。

$$增值税 = 税前造价 \times 3\% = \frac{含税造价}{1 + 3\%} \times 3\% \qquad (2\text{-}34)$$

其中，税前造价可采用式（2-33）计算，但式中各费用项目均要以包含增值税进项税额的含税价格计算。

2.3.3　建筑安装工程费用构成及计算（按造价形式划分）

建筑安装工程费按照工程造价形式划分为分部分项工程费、措施项目费、其他项目费、规费、税金，分部分项工程费、措施项目费、其他项目费包含人工费、材料费、施工机具使用费、企业管理费和利润。

1. 分部分项工程费

分部分项工程费是指各专业工程的分部分项工程应予列支的各项费用。

（1）专业工程　它是指按现行国家计量规范划分的房屋建筑与装饰工程、仿古建筑工程、通用安装工程、市政工程、园林绿化工程、矿山工程、构筑物工程、城市轨道交通工程、爆破工程等各类工程。

（2）分部分项工程　它是指按现行国家计量规范对各专业工程划分的项目。例如，房屋建筑与装饰工程划分的土石方工程、地基处理与桩基工程、砌筑工程、钢筋及钢筋混凝土工程等。

各类专业工程的分部分项工程划分详见现行的国家或行业计量规范。

（3）分部分项工程费的计算

$$分部分项工程费 = \sum(分部分项工程量 \times 综合单价) \qquad (2\text{-}35)$$

式中，综合单价包括人工费、材料费、施工机具使用费、企业管理费和利润。

2. 措施项目费

措施项目费是指为完成建设工程施工，发生于该工程施工前和施工过程中的技术、生活、安全、环境保护等方面的费用。

（1）措施项目费的组成

1）安全文明施工费。

① 环境保护费。它是指施工现场为达到环保部门要求所需要的各项费用。

② 文明施工费。它是指施工现场文明施工所需要的各项费用。

③ 安全施工费。它是指施工现场安全施工所需要的各项费用。

④ 临时设施费。它是指施工企业为进行建设工程施工所必须搭设的生活和生产用的临时建筑物、构筑物和其他临时设施的费用，包括临时设施的搭设、维修、拆除、清理费或摊销费等。

2）夜间施工增加费。它是指因夜间施工所发生的夜班补助费、夜间施工降效、夜间施工照明设备摊销及照明用电等费用。

3）二次搬运费。它是指因施工场地条件限制而发生的材料、构配件、半成品等一次运输不能到达堆放地点，必须进行二次或多次搬运所发生的费用。

4）冬雨季施工增加费。它是指在冬季或雨季施工需增加的临时设施、防滑、排除雨雪，人工及施工机械效率降低等费用。

5）已完工程及设备保护费。它是指竣工验收前，对已完工程及设备采取的必要保护措施所发生的费用。

6）工程定位复测费。它是指工程施工过程中进行全部施工测量放线和复测工作的费用。

7）特殊地区施工增加费。它是指工程在沙漠或其边缘地区、高海拔、高寒、原始森林等特殊地区施工增加的费用。

8）大型机械设备进出场及安拆费。它是指机械整体或分体自停放场地运至施工现场或由一个施工地点运至另一个施工地点，所发生的机械进出场运输及转移费用及机械在施工现场进行安装、拆卸所需的人工费、材料费、机械费、试运转费和安装所需的辅助设施的费用。

9）脚手架工程费。它是指施工需要的各种脚手架搭、拆、运输费用以及脚手架购置费的摊销（或租赁）费用。

措施项目及其包含的内容详见各类专业工程的现行国家或行业计量规范。

（2）措施项目费的计算

1）国家计量规范规定应予计量的措施项目，其计算公式为

$$措施项目费 = \sum (措施项目工程量 \times 综合单价) \tag{2-36}$$

2）国家计量规范规定不宜计量的措施项目计算方法如下：

① 安全文明施工费。

$$安全文明施工费 = 计算基数 \times 安全文明施工费费率(\%) \tag{2-37}$$

计算基数应为定额基价（定额分部分项工程费+定额中可以计量的措施项目费）、定额人工费或（定额人工费+定额机械费），其费率由工程造价管理机构根据各专业工程的特点综合确定。

② 夜间施工增加费。

$$夜间施工增加费 = 计算基数 \times 夜间施工增加费费率(\%) \tag{2-38}$$

③ 二次搬运费。

$$二次搬运费 = 计算基数 \times 二次搬运费费率(\%) \tag{2-39}$$

④ 冬雨季施工增加费。

$$冬雨季施工增加费 = 计算基数 \times 冬雨季施工增加费费率(\%) \qquad (2-40)$$

⑤ 已完工程及设备保护费。

$$已完工程及设备保护费 = 计算基数 \times 已完工程及设备保护费费率(\%) \qquad (2-41)$$

上述①~⑤项措施项目的计费基数应为定额人工费或定额人工费与定额机械费之和,其费率由工程造价管理机构根据各专业工程特点和调查资料综合分析后确定。

3. 其他项目费

(1) 暂列金额 它是指建设单位在工程量清单中暂定并包含在工程合同价款中的一笔款项,用于施工合同签订时尚未确定或者不可预见的所需材料、工程设备、服务的采购,施工中可能发生的工程变更、合同约定的调整因素出现时的工程价款调整以及发生的索赔、现场签证确认等的费用。

暂列金额由建设单位根据工程特点,按有关计价规定估算,施工过程中由建设单位掌握使用、扣除合同价款调整后若有余额,归建设单位。

(2) 计日工 它是指在施工过程中,施工企业完成建设单位提出的施工图以外的零星项目或工作所需的费用。

计日工由建设单位和施工单位按施工过程中形成的有效签证来计价。

(3) 总承包服务费 它是指总承包人为配合、协调建设单位进行的专业工程发包,对建设单位自行采购的材料、工程设备等进行保管以及施工现场管理、竣工资料汇总整理等服务所需的费用。

总承包服务费由建设单位在招标控制价中根据总承包范围和有关计价规定编制,施工单位投标时自主报价,施工过程中按签约合同价执行。

4. 规费

社会保险费和住房公积金应以定额人工费为计算基数,根据工程所在地省、自治区、直辖市或行业建设主管部门规定的费率计算。

$$社会保险费和住房公积金 = \sum(工程定额人工费 \times 社会保险费和住房公积金费率)$$
$$(2-42)$$

式中,社会保险费和住房公积金费率可以每万元发承包价的生产工人人工费和管理人员工资含量与工程所在地规定的缴纳标准综合分析取定。

5. 税金

建筑安装工程费用的税金是指国家税法规定应计入建筑安装工程造价内的增值税销项税额。增值税是以商品(含应税劳务)在流转过程中产生的增值额作为计税依据而征收的一种流转税。从计税原理上说,增值税是对商品生产、流通、劳务服务中多个环节的新增价值或商品的附加值征收的一种流转税。根据财政部、国家税务总局《关于全面推开营业税改征增值税试点的通知》(财税〔2016〕36号)要求,建筑业自2016年5月1日起纳入营业税改征增值税试点范围。为深化增值税改革,财政部、税务总局、海关总署《关于深化增值税改革有关政策的公告》(财税〔2019〕39号)规定,自2019年4月1日起,将建筑业增值税由原来的10%降为9%,并试行增值税期末留抵税额退税制度。

■ 2.4 工程建设其他费用

工程建设其他费用是指建设期发生的与土地使用权取得、全部工程项目建设以及未来生产经营有关的，除工程费用、预备费、建设期融资费用、流动资金以外的费用。政府有关部门对建设项目管理监督所发生的，并由其部门财政支出的费用，不得列入相应建设项目的工程造价。

2.4.1 项目建设管理费

1. 项目建设管理费的内容

项目建设管理费是指项目建设单位从项目筹建之日起至办理竣工财务决算之日止发生的管理性质的支出，包括工作人员薪酬（由原单位支付薪酬的除外）及相关费用、办公费、办公场地租用费、差旅交通费、劳动保护费、工具用具使用费、固定资产使用费、招募生产工人费、技术图书资料费（含软件）、业务招待费、竣工验收费和其他管理性质开支。

2. 项目建设管理费的计算

项目建设管理费按照工程费用（包括设备及工器具购置费和建筑安装工程费用）乘以项目建设管理费率计算。

$$项目建设管理费 = 工程费用 \times 项目建设管理费率 \qquad (2\text{-}43)$$

实行代建制管理的项目，建设单位委托代建机构开展工程代建工作会发生代建管理费。建设项目一般不得同时列支代建管理费和项目建设管理费，确需同时发生的，两项费用之和不得高于项目建设管理费限额。

建设单位委托咨询机构进行施工项目管理服务会发生施工项目管理费。施工项目管理费从项目建设管理费中列支。

委托咨询机构行使部分管理职能的，相应费用列入工程咨询服务费项下。

2.4.2 用地与工程准备费

用地与工程准备费是指取得土地与工程建设施工准备所发生的费用，包括土地使用费和补偿费、场地准备费、临时设施费等。

1. 土地使用费和补偿费

建设用地的取得，实质是依法获取国有土地的使用权。根据《中华人民共和国土地管理法》《中华人民共和国土地管理法实施条例》《中华人民共和国城市房地产管理法》规定，获取国有土地使用权的基本方法有两种：一是出让方式，二是划拨方式。建设用地取得的基本方式还可能包括转让和租赁方式。土地使用权出让是指国家以土地所有者的身份将土地使用权在一定年限内让与土地使用者，并由土地使用者向国家支付土地使用权出让金的行为；土地使用权转让是指土地使用者将土地使用权再转移的行为，包括出售、交换和赠与；土地使用权租赁是指国家将国有土地出租给使用者使用，使用者支付租金的行为，是土地使用权出让方式的补充，但对于经营性房地产开发用地，不实行租赁。

建设用地如通过行政划拨方式取得，须承担征地补偿费用或对原用地单位或个人的拆迁补偿费用；若通过市场机制取得，则不但要承担以上费用，还要向土地所有者支付有偿使用费，即土地出让金。

（1）征地补偿费

1）土地补偿费。土地补偿费是对农村集体经济组织因土地被征用而造成的经济损失的一种补偿。土地补偿费归农村集体经济组织所有。征收农用地的土地补偿费标准由省、自治区、直辖市通过制定公布区片综合地价确定，并至少每三年调整或者重新公布一次。大中型水利、水电工程建设征收土地的补偿费标准和移民安置办法，由国务院另行规定。

2）青苗补偿费和地上附着物补偿费。青苗补偿费是因征地时对其正在生长的农作物受到损害而做出的一种赔偿。在农村实行承包责任制后，农民自行承包土地的青苗补偿费应付给本人，属于集体种植的青苗补偿费可纳入当年集体收益。凡在协商征地方案后抢种的农作物、树木等，一律不予补偿。地上附着物是指房屋、水井、树木、涵洞、桥梁、公路、水利设施、林木等地面建筑物、构筑物、附着物等。如附着物产权属于个人，则该项补助费付给个人。地上附着物和青苗等的补偿标准由省、自治区、直辖市制定。对其中的农村村民住宅，应当按照先补偿后搬迁、居住条件有改善的原则，尊重农村村民意愿，采取重新安排宅基地建房、提供安置房或者货币补偿等方式给予公平、合理的补偿，并对因征收造成的搬迁、临时安置等费用予以补偿，保障农村村民居住的权利和合法的住房财产权益。

3）安置补助费。安置补助费应支付给被征地单位和安置劳动力的单位，作为劳动力安置与培训的支出，以及作为不能就业人员的生活补助。征收农用地的安置补助费标准由省、自治区、直辖市通过制定公布区片综合地价确定，并至少每三年调整或者重新公布一次。县级以上地方人民政府应当将被征地农民纳入相应的养老等社会保障体系。被征地农民的社会保障费用主要用于符合条件的被征地农民的养老保险等社会保险缴费补贴，依据省、自治区、直辖市规定的标准单独列支。

4）耕地开垦费和森林植被恢复费。国家实行占用耕地补偿制度。非农业建设经批准占用耕地的，按照"占多少，垦多少"的原则，由占用耕地的单位负责开垦与所占用耕地的数量和质量相当的耕地；没有条件开垦或者开垦的耕地不符合要求的，应当按照省、自治区、直辖市的规定缴纳耕地开垦费，专款专用于开垦新的耕地。涉及占用森林草原的还应列支森林植被恢复费用。

5）生态补偿与压覆矿产资源补偿费。生态补偿费是指建设项目对水土保持等生态造成影响所发生的除工程费用之外补救或者补偿费用；压覆矿产资源补偿费是指项目工程对被其压覆的矿产资源利用造成影响所发生的补偿费用。

6）其他补偿费。其他补偿费是指建设项目涉及的对房屋、市政、铁路、公路、管道、通信、电力、河道、水利、厂区、林区、保护区、矿区等不附属于建设用地但与建设项目相关的建筑物、构筑物或设施的拆除、迁建补偿、搬迁运输补偿等费用。

（2）拆迁补偿费　在城镇规划区内国有土地上实施房屋拆迁，拆迁人应当对被拆迁人给予补偿、安置。

1）拆迁补偿金，补偿方式可以实行货币补偿，也可以实行房屋产权调换。货币补偿的金额，根据被拆迁房屋的区位、用途、建筑面积等因素，以房地产市场评估价格确定。具体办法由省、自治区、直辖市人民政府制定。实行房屋产权调换的，拆迁人与被拆迁人按照计算得到的被拆迁房屋的补偿金额和所调换房屋的价格，结清产权调换的差价。

2）迁移补偿费，包括征用土地上的房屋及附属构筑物、城市公共设施等拆除、迁建补偿费、搬迁运输费，企业单位因搬迁造成的减产、停工损失补贴费，拆迁管理费等。拆迁人应当对被拆迁人或者房屋承租人支付搬迁补助费，对于在规定的搬迁期限届满前搬迁的，拆迁人可以付给提前搬家奖励费；在过渡期限内，被拆迁人或者房屋承租人自行安排住处的，拆迁人应当支付临时安置补助费；被拆迁人或者房屋承租人使用拆迁人提供的周转房的，拆迁人不支付临时安置补助费。迁移补偿费的标准，由省、自治区、直辖市人民政府规定。

（3）土地出让金 以出让等有偿使用方式取得国有土地使用权的建设单位，按照国务院规定的标准和办法缴纳土地使用权出让金等土地有偿使用费和其他费用后，方可使用土地。土地使用权出让金为用地单位向国家支付的土地所有权收益，出让金标准一般参考城市基准地价并结合其他因素制定。基准地价是指在城镇规划区范围内，对不同级别的土地或者土地条件相当的均质地域，按照商业、居住、工业等用途分别评估的，并由市、县以上人民政府公布的，国有土地使用权的平均价格。

在有偿出让和转让土地时，政府对地价不做统一规定，但应坚持以下原则：地价对目前的投资环境不产生大的影响；地价与当地的社会经济承受能力相适应；地价要考虑已投入的土地开发费用、土地市场供求关系、土地用途、所在区类、容积率和使用年限等。

有偿出让和转让使用权，要向土地受让者征收契税；转让土地如有增值，要向转让者征收土地增值税；土地使用者每年应按规定的标准缴纳土地使用费。土地使用权出让或转让，应先由地价评估机构进行价格评估后，再签订土地使用权出让和转让合同。

土地使用权出让合同约定的使用年限届满，土地使用者需要继续使用土地的，应当至迟于届满前一年申请续期，除根据社会公共利益需要收回该幅土地的，应当予以批准。经批准予续期的，应当重新签订土地使用权出让合同，依照规定支付土地使用权出让金。

2. 场地准备及临时设施费

建设项目场地准备费是指为使工程项目的建设场地达到开工条件，由建设单位组织进行的场地平整和地上余留设施拆除清理等准备工作而发生的费用。建设单位临时设施费是指建设单位为满足施工建设需要而提供的未列入工程费用的临时水、电、路、信、气、热等工程和临时仓库等建（构）筑物的建设、维修、拆除、摊销费用或租赁费用，以及货场、码头租赁等费用。场地准备及临时设施应尽量与永久性工程统一考虑。建设场地的大型土石方工程应计入工程费用中的总图运输费用中。新建项目的场地准备和临时设施费应根据实际工程量估算或按工程费用的比例计算。改扩建项目一般只计拆除清理费。

$$场地准备和临时设施费 = 工程费用 \times 费率 + 拆除清理费 \qquad (2-44)$$

发生拆除清理费时可按新建同类工程造价或主材费、设备费的比例计算。凡可回收材料的拆除工程采用以料抵工方式冲抵拆除清理费。

此项费用不包括已列入建筑安装工程费用中的施工单位临时设施费用。

2.4.3 配套设施费

1. 城市基础设施配套费

城市基础设施配套费是指建设单位向政府有关部门缴纳的，用于城市基础设施和城市公用设施建设的专项费用。

2. 人防易地建设费

人防易地建设费是指建设单位因地质、地形、施工等客观条件限制，无法修建防空地下室的，按照规定标准向人民防空主管部门缴纳的人民防空工程易地建设费。

2.4.4 工程咨询服务费

工程咨询服务费是指建设单位在项目建设全过程中委托咨询机构提供经济、技术、法律等服务所需的费用。工程咨询服务费包括可行性研究费、专项评价费、勘察设计费、监理费、研究试验费、特殊设备安全监督检验费、招标代理费、设计评审费、技术经济标准使用费、工程造价咨询费、竣工图编制费、BIM技术服务费及其他咨询费。按照国家发展改革委《关于进一步放开建设项目专业服务价格的通知》（发改价格〔2015〕299号）的规定，工程咨询服务费应实行市场调节价。

1. 可行性研究费

可行性研究费是指在工程项目投资决策阶段，对有关建设方案、技术方案或生产经营方案进行的技术经济论证，以及编制、评审可行性研究报告等所需的费用，包括项目建议书费、预可行性研究费、可行性研究费等。

2. 专项评价费

专项评价费是指建设单位按照国家规定委托相关单位开展专项评价及有关验收工作发生的费用。

专项评价费包括环境影响评价费、安全预评价费、职业病危害预评价费、地质灾害危险性评价费、水土保持评价费、压覆矿产资源评价费、节能评估费、危险与可操作性分析及安全完整性评价费、其他专项评价费。

1）环境影响评价费。环境影响评价费是指在工程项目投资决策过程中，对其进行环境污染或影响评价所需的费用，包括编制环境影响报告书（含大纲）、环境影响报告表和评估等所需的费用，以及建设项目竣工验收阶段环境保护验收调查和环境监测、编制环境保护验收报告的费用。

2）安全预评价费。安全预评价费是指为预测和分析建设项目存在的危害因素种类和危险危害程度，提出先进、科学、合理可行的安全技术和管理对策，编制评价大纲、编写安全评价报告书和评估等所需的费用。

3）职业病危害预评价费。职业病危害预评价费是指建设项目因可能产生职业病危害，编制职业病危害预评价书、职业病危害控制效果评价书和评估所需的费用。

4）地质灾害危险性评价费。地质灾害危险性评价费是指在灾害易发区对建设项目可能诱发的地质灾害和建设项目本身可能遭受的地质灾害危险程度的预测评价，编制评价报告书和评估所需的费用。

5）水土保持评价费。水土保持评价费是指对建设项目在生产建设过程中可能造成水土流失进行预测，编制水土保持方案和评估所需的费用。

6）压覆矿产资源评价费。压覆矿产资源评价费是指对需要压覆重要矿产资源的建设项目，编制压覆重要矿床评价和评估所需的费用。

7）节能评估费。节能评估费是指对建设项目的能源利用是否科学合理进行分析评估，编制节能评估报告以及评估所发生的费用。

8）危险与可操作性分析及安全完整性评价费。危险与可操作性分析及安全完整性评价费是指对应用于生产具有流程性工艺特征的新建、改建、扩建项目进行工艺危害分析，以及对安全仪表系统的设置水平和可靠性进行定量评估所发生的费用。

9）其他专项评价费。根据国家法律法规、建设项目所在省、自治区、直辖市人民政府有关规定，以及行业规定需进行的其他专项评价、评估、咨询所需的费用，如重大投资项目社会稳定风险评估、防洪评价、交通影响评价费等。

3. 勘察设计费

1）勘察费。勘察费是指勘察人根据发包人的委托，收集已有资料、现场踏勘、制定勘察纲要，进行勘察作业，以及编制工程勘察文件和岩土工程设计文件等收取的费用。

2）设计费。设计费是指设计人根据发包人的委托，提供编制建设项目初步设计文件、施工图设计文件、非标准设备设计文件等服务所收取的费用。

4. 监理费

监理费是指建设单位委托监理机构开展工程建设监理工作或设备监造服务所需的费用。

5. 研究试验费

研究试验费是指为建设项目提供或验证设计参数、数据、资料等进行必要的研究试验，以及设计规定在建设过程中必须进行试验、验证所需的费用，包括自行或委托其他部门的专题研究、试验所需人工费、材料费、试验设备及仪器使用费等。这项费用按照设计单位根据本工程项目的需要提出的研究试验内容和要求计算。在计算时要注意不应包括以下项目：

1）应由科技三项费用（新产品试制费、中间试验费和重要科学研究补助费）开支的项目。

2）应在建筑安装费用中列支的施工企业对建筑材料、构件和建筑物进行一般鉴定、检查所发生的费用及技术革新的研究试验费。

3）应由勘察设计费或工程费用中开支的项目。

6. 特殊设备安全监督检验费

特殊设备安全监督检验费是指对在施工现场安装的列入国家特种设备范围内的设备（设施）检验检测和监督检查所发生的应列入项目开支的费用。

特种设备包括锅炉、压力容器、压力管道、消防设备、燃气设备、起重设备、电梯、安全阀等特殊设备和设施。

7. 招标代理费

招标代理费是指建设单位委托招标代理机构进行招标服务工作所需的费用。

8. 设计评审费

设计评审费是指建设单位委托相关机构对设计文件进行评审所需的费用，包括初步设计文件和施工图设计文件等的评审费用。

9. 技术经济标准使用费

技术经济标准使用费是指建设项目投资确定与计价、费用控制过程中使用相关技术经济标准使发生的费用。

10. 工程造价咨询费

工程造价咨询费是指建设单位委托工程造价咨询机构开展造价咨询工作所需的费用。

11. 竣工图编制费

竣工图编制费是指建设单位委托相关机构编制竣工图所需的费用。

2.4.5 建设期计列的生产经营费

建设期计列的生产经营费是指为达到生产经营条件在建设期发生或将要发生的费用，包括专利及专有技术使用费、联合试运转费、生产准备费等。

1. 专利及专有技术使用费

专利及专有技术使用费是指在建设期内为取得专利、专有技术、商标权、商誉、特许经营权等发生的费用。

（1）专利及专有技术使用费的主要内容

1）工艺包费、设计及技术资料费、有效专利、专有技术使用费、技术保密费和技术服务费等。

2）商标权、商誉和特许经营权费。

3）软件费等。

（2）专利及专有技术使用费的计算　在专利及专有技术使用费的计算时应注意以下问题：

1）按专利使用许可协议和专有技术使用合同的规定计列。

2）专有技术的界定应以省、部级鉴定批准为依据。

3）项目投资中只计需在建设期支付的专利及专有技术使用费。协议或合同规定在生产期支付的使用费应在生产成本中核算。

4）一次性支付的商标权、商誉及特许经营权费按协议或合同规定计列。协议或合同规定在生产期支付的商标权或特许经营权费应在生产成本中核算。

2. 联合试运转费

联合试运转费是指新建或新增加生产能力的工程项目，在交付生产前按照设计文件规定的工程质量标准和技术要求，对整个生产线或装置进行负荷联合试运转所发生的费用净支出（试运转支出大于收入的差额部分费用）。试运转支出包括试运转所需原材料、燃料及动力消耗、低值易耗品、其他物料消耗、工具用具使用费、机械使用费、联合试运转人员工资、施工单位参加试运转人员工资、专家指导费，以及必要的工业炉烘炉费等；试运转收入包括试运转期间的产品销售收入和其他收入。联合试运转费不包括应由设备安装工程费开支的调试及试车费用，以及在试运转中暴露出来的因施工原因或设备缺陷等发生的处理费用。

3. 生产准备费

（1）生产准备费的内容　在建设期内，建设单位为保证项目正常生产所做的提前准备工作发生的费用，包括人员培训、提前进厂费，以及投产使用必备的办公、生活家具用具及工器具等的购置费用。

1）人员培训及提前进厂费，包括自行组织培训或委托其他单位培训的人员工资、工资性补贴、职工福利费、差旅交通费、劳动保护费、学习资料费等。

2）为保证初期正常生产（或营业、使用）所必需的生产办公、生活家具用具购置费。

（2）生产准备费的计算

1）新建项目按设计定员为基数计算，改扩建项目按新增设计定员为基数计算。

$$生产准备费 = 设计定员 \times 生产准备费指标 \qquad (2-45)$$

2）可采用综合的生产准备费指标进行计算，也可以按费用内容的分类指标计算。

4. 工程保险费

工程保险费是指在建设期内对建筑工程、安装工程和设备，以及工程质量潜在保险等进行投保所需的费用，包括建筑安装工程一切险、进口设备财产险和工程质量潜在缺陷险等。工程保险费是为转移工程项目建设的意外风险而发生的费用，不同的建设项目可根据工程特点选择投保险种。

根据不同的工程类别，分别以其建筑工程费乘以工程保险费率计算。民用建筑（住宅楼、综合性大楼、商场、旅馆、医院、学校）的工程保险费占建筑工程费的 2‰~4‰；其他建筑（工业厂房、仓库、道路、码头、水坝、隧道、桥梁、管道等）的工程保险费占建筑工程费的 3‰~6‰；安装工程（农业、工业、机械、电子、电器、纺织、矿山、石油、化学及钢铁工业、钢结构桥梁）的工程保险费占建筑工程费的 3‰~6‰。

5. 税金

税金是指按财政部《基本建设项目建设成本管理规定》（财建〔2016〕504 号），统一归纳计列的城镇土地使用税、耕地占用税、契税、车船税、印花税等除增值税外的税金。

2.5 预备费、建设期利息

2.5.1 预备费

按我国现行规定，预备费包括基本预备费和价差预备费。

1. 基本预备费

基本预备费是指在项目实施过程中可能发生难以预料的支出，需要事先预留的费用，又称工程建设不可预见费。它主要是指设计变更及施工过程中可能增加工程量的费用。

（1）基本预备费的内容 基本预备费一般由以下三部分构成。

1）在批准的初步设计范围内，技术设计、施工图设计及施工过程中所增加的工程费用；设计变更、局部地基处理等增加的费用。

2）一般自然灾害造成的损失和预防自然灾害所采取的措施费用。实行工程保险的项目，该费用应适当降低。

3）竣工验收时为鉴定工程质量对隐蔽工程进行必要的挖掘和修复的费用。

（2）基本预备费的计算 基本预备费以工程费用和工程建设其他费用两者之和为取费基础，乘以基本预备费率进行计算。

$$基本预备费 = （工程费用 + 工程建设其他费用）× 基本预备费率$$
$$= （设备及工器具购置费 + 建筑安装工程费 + 工程建设其他费用）×$$
$$基本预备费率 \qquad (2\text{-}46)$$

基本预备费率的取值应执行国家及部门的有关规定。在项目建议书阶段和可行性研究阶段，基本预备费率一般取 10%~15%，在初步设计阶段，基本预备费率一般取 7%~10%。

2. 价差预备费

价差预备费（Provision Fund for Price，在公式中用 PF 代表）是指建设项目在建设期间由于价格等变化而引起工程造价变化的预留费用。

（1）价差预备费的内容 价差预备费包括人工、设备、材料施工机械的价差费，建筑安装工程费及工程建设其他费用调整，利率、汇率调整等增加的费用。

（2）价差预备费的计算　价差预备费一般根据国家规定的投资综合价格指数，按估算年份价格水平的投资额为基数，采用复利方法计算。其计算公式为

$$PF = \sum_{t=1}^{n} I_t [(1+f)^m (1+f)^{0.5} (1+f)^{t-1} - 1] \qquad (2\text{-}47)$$

式中　PF——价差预备费；

　　　　n——建设期年份数；

　　　　I_t——建设期中第 t 年的静态投资计划额，包括工程费用、工程建设其他费用、基本预备费；

　　　　f——年均投资价格上涨率；

　　　　m——建设前期年限（从编制估算到开工建设），单位为年。

【例 2-2】　某建设工程项目建筑安装工程费为 2000 万元，设备及工器具购置费为 800 万元，工程建设其他费为 300 万元，基本预备费率为 8%，计算该项目的基本预备费。

解：基本预备费 =（工程费用 + 工程建设其他费用）× 基本预备费率

　　　　　　　 =（设备及工器具购置费 + 建筑安装工程费 + 工程建设其他费用）× 基本预备费率

　　　　　　　 =（2000 万元 + 800 万元 + 300 万元）× 8% = 248 万元

【例 2-3】　某建设项目建安工程费 1870 万元，设备购置费 500 万元，工程建设其他费用 200 万元，已知基本预备费率 10%，项目建设前期年限为 1 年，建设期为 3 年，各年投资计划额为：第一年完成投资 30%，第二年完成投资 50%，第三年完成投资 20%。年均投资价格上涨率为 6%，求建设项目建设期间价差预备费。

解：基本预备费 =（1870 + 500 + 200）万元 × 10% = 257 万元

　　　　静态投资 =（1870 + 500 + 200 + 257）万元 = 2827 万元

建设期第一年投入的工程费用 I_1 = 2827 万元 × 30% = 848.1 万元

第一年价差预备费为

$$PF_1 = I_1 [(1+f)(1+f)^{0.5} - 1] = 76.33 \text{ 万元}$$

第二年投入的工程费用 I_2 = 2827 万元 × 50% = 1413.5 万元

第二年价差预备费为

$$PF_2 = I_2 [(1+f)(1+f)^{0.5}(1+f)^1 - 1] = 226.16 \text{ 万元}$$

第三年投入的工程费用 I_3 = 2827 万元 × 20% = 565.4 万元

第三年价差预备费为

$$PF_3 = I_3 [(1+f)(1+f)^{0.5}(1+f)^2 - 1] = 130.04 \text{ 万元}$$

所以，建设期的价差预备费为

PF = 76.33 万元 + 226.16 万元 + 130.04 万元 = 432.53 万元

2.5.2　建设期利息

建设期利息是指项目建设期间向国内银行和其他非银行金融机构贷款、出口信贷、外国

政府贷款、国际商业银行贷款，以及在境内外发行的债券等所产生的利息。

1. 当贷款在年初一次性贷出且利率固定时

建设期贷款利息按下式计算

$$I = P(1 + i)^n - P \tag{2-48}$$

式中　P——一次性贷款数额；

　　　i——年利率；

　　　n——计息期；

　　　I——贷款利息。

2. 当总贷款是分年均发放时

建设期利息的计算可按当年借款在年中支用考虑，即当年贷款按半年计息，上年贷款按全年计息。其计算公式为

$$q_j = \left(P_{j-1} + \frac{1}{2}A_j\right)i \tag{2-49}$$

式中　q_j——建设期第 j 年应计利息；

　　　P_{j-1}——建设期第 $(j-1)$ 年末贷款累计金额与利息累计金额之和；

　　　A_j——建设期第 j 年的贷款金额；

　　　i——年利率。

在国外贷款利息的计算中，还应包括国外贷款银行根据贷款协议向贷款方以年利率的方式收取的手续费、管理费、承诺费，以及国内代理机构经国家主管部门批准的以年利率的方式向贷款单位收取的转贷费、担保费、管理费等。

【例2-4】　某新建项目，建设期为3年，分年均衡进行贷款，第一年贷款300万元，第二年600万元，第三年400万元，年利率为12%，建设期内利息只计息不支付，计算建设期贷款利息。

解： 在建设期内，各年利息计算如下：

$$q_1 = \frac{1}{2}A_ji = \frac{1}{2} \times 300 \text{ 万元} \times 12\% = 18 \text{ 万元}$$

$$q_2 = \left(P_1 + \frac{1}{2}A_2\right)i = \left(300 + 18 + \frac{1}{2} \times 600\right) \text{ 万元} \times 12\% = 74.16 \text{ 万元}$$

$$q_3 = \left(P_2 + \frac{1}{2}A_3\right)i = \left(300 + 18 + 600 + 74.16 + \frac{1}{2} \times 400\right) \text{ 万元} \times 12\%$$

$$= 143.0592 \text{ 万元}$$

建设期贷款利息 $= q_1 + q_2 + q_3 = 18$ 万元 $+ 74.16$ 万元 $+ 143.0592$ 万元 $= 235.2192$ 万元

课后拓展　"营改增"对建筑业的影响

　　建筑业作为国民经济的主导产业之一，对国家经济平稳有序运行有着重要的影响。鉴于建筑业自身的特殊性，"营改增"的全面推开，必然将给建筑业带来诸多的挑战和机遇。

　　1. "营改增"基本情况

　　营业税改增值税，简称"营改增"，是指以前缴纳营业税的应税项目改成缴纳增值税。1994 年税制改革，我国建立了增值税和营业税并存的税制体系，对货物和加工修理修配劳务征收增值税，对其他劳务、不动产和无形资产征收营业税。营业税和增值税是当时我国两大主体税种。从 2016 年 5 月 1 日起，国家全面实施"营改增"政策，并且将范围扩大到建筑业、房地产业、金融业、生活性服务业。

　　"营改增"是国务院根据经济社会发展新形势，从深化改革的总体部署出发做出的重要决策，是自 1994 年分税制改革以来，财税体制的又一次深刻变革。它的最大特点是减少重复征税，促使社会形成更好的良性循环，有利于企业降低税负。其目的是加快财税体制改革、进一步减轻企业赋税，调动各方积极性，促进服务业尤其是科技等高端服务业的发展，促进产业和消费升级、培育新动能、深化供给侧结构性改革。

　　"营改增"在全国的推开，大致经历了部分地区试点、部分行业全国推广和全面推开三个阶段。2011 年，经国务院批准，财政部、国家税务总局联合下发营业税改增值税试点方案；2012 年 1 月 1 日，在上海交通运输业和部分现代服务业开展营业税改增值税试点；2014 年 1 月 1 日，铁路运输和邮政服务业纳入"营改增"试点，至此交通运输业已全部纳入"营改增"范围；2016 年 5 月 1 日，全面推开"营改增"试点，至此，营业税退出历史舞台。

　　2. 增值税与营业税的区别

　　(1) 征税范围和税率不同　营业税是针对提供应税劳务、销售不动产、转让无形资产等征收的一种税，不同行业、不同的服务征税税率不同。增值税是针对在我国境内销售商品和提供修理修配劳务而征收的一种价外税，一般纳税人的增值税税率根据不同的征收方式有一定的区别。2019 年 4 月 1 日后，建筑业增值税税率调整为 9%。

　　(2) 计税依据不同　建筑业的营业税征收允许总分包差额计税，而实施"营改增"后按增值税相关规定进行缴税。营业税是价内税，由销售方承担税额，通常是含税销售收入直接乘以使用税率，而增值税是价外税，税额可以转嫁给购买方，在进行收入确认计量和税额核算时，通常需要换算成不含税额。应纳增值税额＝销项税额－进项税额，销项税额当开具增值税专用发票时纳税义务就已经发生，进项税额则会因无票、假票、虚开发票以及发票不符合规定等原因得不到抵扣。

　　3. 建筑业实施"营改增"的意义

　　(1) 解决重复征税的问题　建筑业"营改增"前，建筑工程耗用的主要原材料，如钢材、水泥、砂石等属于增值税的征税范围，在建筑企业构建原材料时已经缴纳了增值税，但是由于建筑企业不是增值税的纳税人，购进原材料缴纳的进项税额不能抵扣。在计征营业税时，建筑材料和其他工程物资是营业税的计税依据，要负担营业税，从而造成了建筑业重复征税的问题，建筑业"营改增"后此问题得到了有效的解决。

（2）有利于技术改造和设备更新 2009年我国实施消费性增值税模式，企业外购的生产用固定资产可以抵扣进项税额，利用税收杠杆促进建筑企业更新设备和技术，减少能耗、降低污染，提升我国建筑企业的综合竞争能力。

（3）有助于提升专业能力 营业税通常是全额征税，很少有可以抵扣的项目，因此建筑企业倾向于自行提供所需的服务，导致了生产服务内部化，这样不利于企业优化资源配置和进行专业化分工。而在增值税体制下，外购成本的税额可以进行抵扣，有利于企业择优选择供应商的供应材料，提高社会专业化分工的程度，改变了当下一些建筑企业"小而全""大而全"的经营模式，提高了企业的专业化水平和专业化服务能力，进而提升了建筑企业的竞争能力和建筑质量。

4. "营改增"对建筑业的影响

（1）进项税额抵扣难 当下我国建筑企业普遍存在"大而全"的经营模式，即工程施工、劳务分包、物资采购、机电设备安装、装饰装潢等业务集于一体；建筑企业所用沙、石、泥土等建筑材料大多采购于小规模纳税人、个体经营户，没有开具增值税专用发票的资格，导致进项税额抵扣困难。

（2）对企业的现金流量的影响 "营改增"后，企业缴税的税率由营业税税率3%增长到增值税税率11%，2018年增值税税率由11%降至10%，2019年增值税税率又调至9%，这对企业的现金流量带来较大影响。企业在支付款项和收取增值税专用发票时，需要考虑两者的时间差，尽量避免这种时间差给企业资金流量带来的不利影响。

（3）对企业收入和利润的影响 大多数建筑企业测算数据表明"营改增"会导致营业收入和营业利润减少。一方面因为增值税是价外税，企业在进行收入确认时，需要将税额扣除；另一方面因为建筑行业流转环节众多，进项税额抵扣不充分导致税负增加，从而导致利润下降。

（4）对产品造价的影响 营业税是价内税，增值税是价外税，价外税的税收负担最终由消费者承担。"营改增"后改变了以前的产品定价模式，企业建筑产品的价格执行新的定额标准，调整企业内部预算。"营改增"不仅会导致企业产品定价发生变化，也会导致国家基本建设投资、房地产价格、企业的招标投标管理发生较大的变化。

（5）对工程造价体系的影响 我国建筑业长期以来实行营业税税制，现行的工程计价规则中税金的计算与营业税税制相适应。"营改增"后，必须出台与之相对应的增值税税率配套工程造价计价体系。

5. 建筑业"营改增"的应对建议

"营改增"是国家推出的全新税制改革方案，企业应该认真学习《中华人民共和国增值税暂行条例》和配套实施细则，开展增值税相关知识的学习活动，首先在税收知识上打好基础，然后针对具体的实务找更合规合理的解决措施。

（1）完善发票管理制度 我国实行严格的增值税发票管理制度，在增值税发票开具180日内到税务机关进行认证，可以用以直接抵扣增值税进项税额，超过规定时间的增值税专用发票将不能抵扣，企业应加强增值税专用发票的管理，在取得、开具、保管、申报等各个环节加强监控。

（2）重视税务管理，加强纳税筹划 税收具有强制性、无偿性和固定性，企业偷税、漏税、抗税等行为都会受到国家的严厉惩罚。税收筹划是指企业在不违背国家相关税收法律制度的前提下，选择合理的方法少缴税、迟缴税等行为。"营改增"给建筑企业留有较大的税收筹划空间。例如：是从一般纳税人处购入沙、石、泥土等原材料，还是从个体户、小规模纳税人处购入；是选择融资租赁设备，还是直接购入工程设备等。这些都可以由建筑企业在充分的预测核算基础上做出决定。

（3）提高财务人员的素质　现代企业竞争的实质是人才的竞争。财务人员应该充分结合企业实际进行有效的税务筹划和会计核算；企业应该为员工提供更多的培训和交流机会，当有新法规、新政策出台时，组织员工参加集体学习和集中培训，全面提升财务人员的业务素养和专业能力。

（4）重视先进的信息化管理工具　我国大多数建筑企业都是跨地域经营，工程项目遍及全国各地，随着经济全球化的日益深化，必将有更多的建筑企业进军国际市场，广地域的经营必然带来诸多的管理难题。"营改增"后增值税的进项税额需要在企业的注册地进行抵扣，如果企业继续沿用原有的经营管理模式，一方面造成了抵扣周期长，另一方面容易导致发票遗失。建筑企业需要有一个较为先进的信息化共享平台，利用先进的管理工具解决此类问题。

（5）充分利用财政扶持政策　国家在推行"营改增"的过程中，在很多地区都推出了相应的财政扶持政策，企业可以根据自身的经营状况，分析预测"营改增"给企业带来的影响，积极努力地争取国家相关财政扶持，以便在此次税收改革中获得有利的竞争地位。

习　题

一、单项选择题

1. 建设项目的（　）与建设项目的工程造价在量上相等。
   A. 流动资产投资　　B. 固定资产投资　　C. 递延资产投资　　D. 总投资
2. 进口设备运杂费中运输费的运输区间是指（　）。
   A. 出口国供货地至进口国边境港口或车站
   B. 出口国的边境港口或车站至进口国的边境港口或车站
   C. 进口国的边境港口或车站至工地仓库
   D. 出口国的边境港口或车站至工地仓库
3. 某工程项目从海外进口一批工艺设备，抵岸价为1792.19万元，其银行财务费为4.25万元，外贸手续费为18.9万元，关税税率为20%，增值税税率为9%，该批设备无消费税，则该批进口设备的到岸价为（　）万元。
   A. 1045　　　　B. 1352.48　　　　C. 1291.27　　　　D. 747.19
4. 某项目决定购买一台国产设备，该设备的购置费为1325万元，运杂费费率为12%，则该设备的原价为（　）万元。
   A. 1198　　　　B. 1183　　　　C. 1484　　　　D. 1506
5. 某施工项目进口一批生产设备，FOB价为650万元，CIF价为830万元，银行财务费费率为0.5%，外贸手续费费率为1.5%，关税税率为20%，增值税税率为9%。该批设备无消费税，则该批进口设备的抵岸价为（　）万元。
   A. 1178.10　　　　B. 1101.34　　　　C. 998.32　　　　D. 1001.02

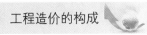

6. 土地使用权出让金是指建设项目通过（   ）支付的费用。

    A. 划拨方式取得无限期的土地使用权

    B. 土地使用权出让方式取得无限期的土地使用权

    C. 划拨方式取得有限期的土地使用权

    D. 土地使用权出让方式取得有限期的土地使用权

7. 在固定资产投资中，形成固定资产的主要手段是（   ）。

    A. 基本建设投资　　　　　　　　　　B. 更新改造投资

    C. 房地产开发投资　　　　　　　　　D. 其他固定资产投资

8. 某市一个新建项目，建设期为 3 年，分年均衡进行贷款，第一年贷款 300 万元，第二年贷款 600 万元，第三年贷款 400 万元，贷款年利率为 12%，建设期内利息只计息不支付，则建设期贷款利息为（   ）万元。

    A. 277.4　　　　　B. 205.7　　　　　C. 235.22　　　　　D. 435.14

9. 大型机械设备进出场及安拆费属于（   ）。

    A. 施工机械使用费　　B. 措施项目费　　C. 企业管理费　　D. 规费

10. 建设单位通过市场机制取得建设用地，不仅应承担征地补偿费用、拆迁补偿费用，还须向土地所有者支付（   ）。

    A. 安置补助费　　　B. 土地出让金　　　C. 青苗补偿费　　　D. 土地管理费

二、多项选择题

1. 根据我国现行的建设项目投资构成，建设项目总投资由（   ）两部分组成。

    A. 固定资产投资　　B. 无形资产投资　　C. 递延资产投资

    D. 流动资产投资　　E. 其他资产投资

2. 外贸手续费的计费基础是（   ）之和。

    A. FOB 价　　　　B. 国际运费　　　　C. 银行财务费

    D. 关税　　　　　E. 运输保险费

3. 设备运杂费的构成内容中，包括（   ）。

    A. 运费和装卸费　　B. 包装费　　　　C. 设备联合试运转费

    D. 采购与仓库保险费　　　　　　　E. 设备供销部门手续费

4. 下列各项费用中的（   ）不包括关税。

    A. 海关监管手续费　　B. 抵岸价　　　C. FOB 价

    D. CIF 价　　　　　E. 增值税

5. 进口车辆购置附加费的组成中不包括（   ）。

    A. 关税　　　　　B. 海关监管手续费　　C. 消费税

    D. 增值税　　　　E. 银行财务费

6. 其他项目费的构成中包括（   ）。

    A. 暂列金额　　　B. 脚手架工程费　　　C. 工程排污费

    D. 计日工　　　　E. 总承包服务费

7. 下列各项费用中，属于企业管理费的有（   ）。

    A. 管理人员工资　　B. 劳动保护费　　C. 职工教育经费

D. 社会保险费　　　　E. 财产保险费

8. 社会保险费的构成中包括（　　　）。

　　A. 职工安置费　　　B. 失业保险费　　　　C. 医疗保险费

　　D. 生育保险费　　　E. 工伤保险费

9. 关于工程建设其他费中的场地准备及临时设施费，下列说法正确的有（　　　）。

　　A. 场地准备及临时设施应尽量与永久性工程统一考虑

　　B. 新建项目的场地准备和临时设施费可根据实际工程量估算

　　C. 改扩建项目一般只计拆除清理费

　　D. 场地准备和临时设施费＝工程费用×费率

　　E. 不可回收材料的拆除工程采用以料抵工方式冲抵拆除清理费

10. 基本预备费的取费基础包括（　　　）。

　　A. 设备工器具购置费　B. 工程建设其他费用　C. 医疗保险费

　　D. 建筑安装工程费　　E. 固定资产其他费用

第3章

工程造价的计价

■ 3.1 工程计价概述

3.1.1 工程计价的概念及其原理

1. 工程计价的概念

工程计价是指按规定的程序、方法和依据，对工程建设项目及其对象，即各种建筑物和构造物的建造费用的计算，也就是工程造价的计算。

2. 工程计价的基本原理

建设项目是兼具单件性与多样性的集合体。每一个建设项目的建设都需要按业主的特定需要进行单独设计、单独施工，不能批量生产和按整个项目确定价格，只能采用特殊的计价程序和计价方法，即将整个项目进行分解，划分为可以按有关技术经济参数测算价格的基本构造单元（如定额项目、清单项目），这样就可以计算出基本构造单元的费用。一般来说，分解结构层次越多，基本子项也越细，计算也更精确。

任何一个项目都可以分解为一个或几个单项工程，任何一个单项工程都是由一个或几个单位工程组成的。作为单位工程的各类建筑工程和安装工程是比较复杂的综合实体，还需要进一步分解。就建筑工程来说，可以按照施工顺序细分为土石方工程、地基处理与边坡支护工程、桩基工程、砌筑工程、混凝土及钢筋混凝土工程、金属结构工程、木结构工程、门窗工程、屋面及防水工程等分部工程。分解成分部工程后，从工程计价的角度，还需要把分部工程按照不同的施工方法，不同的构造及不同的规格，加以更为细致的分解，划分为更简单细小的部分，即分项工程。分解到分项工程后还可以根据需要进一步划分为定额项目或清单项目，这样就可以得到基本构造单元了。

工程计价的主要思路就是建设项目细分至最基本的构造单元，找到适当的计量单位及当时当地的单价，就可以采取一定的计价方法，进行分部组合汇总，计算出相应的工程造价。工程计价的基本原理就在于项目的分解与组合。

工程计价的基本原理可以用公式的形式表达，其计算公式为

分项工程费用 $= \sum [$ 基本构造单元工程量（定额项目或清单项目）$\times$ 相应单价 $]$

工程造价的计价可以分为工程计量和工程计价两个环节。

3.1.2 工程造价计价的特征

了解工程造价计价的特征，对工程造价的确定与控制是非常必要的。工程造价的特点，

决定了工程计价的特征。

1. 计价的单件性

产品的单件性决定了每项工程都必须单独计算造价。工程项目生产过程的单件性及其产品的固定性，导致了其不能像一般商品那样统一定价。

每一项工程都有其专门的功能和用途，都是按不同的用户要求，不同的建设规模、标准、造型等，单独设计、单独生产的。即使用途相同，按同一标准设计和生产的产品，也会因其具体建设地点的水文地质及气候等条件不同，而在结构及其他方面有所变化，这就造成工程项目在建造过程中所消耗的活劳动和物化劳动差别很大，其价值也必然不同。为衡量其投资效果，就需要对每项工程产品进行单独定价。其次，每一项工程，其建造地点在空间上是固定不动的，这势必导致施工生产的流动性。施工企业必须在一个个不同的建设地点组织施工，各地不同的自然条件和技术经济条件使构成工程产品价格的各种要素变化很大，诸如地区材料价格、工人工资标准、运输条件等。

另外，工程项目建设周期长、程序复杂、环节多、涉及面广，在项目建设周期的不同阶段构成产品价格的各种要素差异较大，最终导致工程造价千差万别。总之，工程项目在实物形态上的差别和构成产品价格的要素的变化，使得工程产品不同于一般商品，不能统一定价，只能就各个项目，通过特殊的程序和方法单件计价。

2. 计价的多次性

建设工程周期长、规模大、造价高，需要按建设程序决策和实施，工程计价也需要在不同阶段多次进行，以保证工程造价计算的准确性和控制的有效性。多次计价是一个逐步深化、逐步细化和逐步接近实际造价的过程。工程多次计价过程如图 3-1 所示。

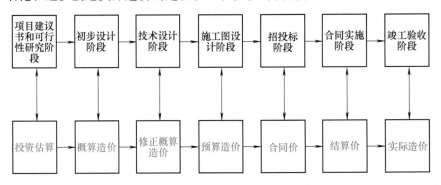

图 3-1　工程多次计价过程

注：竖向的双向箭头表示对应关系，横向的单向箭头表示多次计价流程及逐步深化过程。

3. 计价的组合性

工程造价的计算是分步组合而成的。这一特征和建设项目的组合性有关。一个建设项目是一个工程综合体，它可以分解为许多有内在联系的工程。

从计价和工程管理的角度看，分部工程、分项工程还可以进一步分解。建设项目的组合性决定了确定概算造价和预算造价的逐步组合过程，同时也反映到合同价和结算价的确定过程中。工程造价的计算过程是：分部分项工程单价→单位工程造价→单项工程造价→建设项目总造价。

4. 计价方法的多样性

工程的多次计价有各不相同的计价依据，每次计价的精确度要求也各不相同，由此决定了计价方法的多样性。例如，投资估算的方法有设备系数法、生产能力指数估算法等；计算概预算造价的方法有单价法和实物法等。不同的方法有不同的适用条件，计价时应根据具体情况加以选择。

5. 计价依据的复杂性

影响造价的因素多，决定了计价依据的复杂性。计价依据主要可分为以下七类：

1）设备和工程量计算依据，包括项目建议书、可行性研究报告、设计文件等。

2）人工、材料、机械等实物消耗量计算依据，包括投资估算指标、概算定额、预算定额等。

3）工程单价计算依据，包括人工单价、材料价格、材料运杂费、机械台班费等。

4）设备单价计算依据，包括设备原价、设备运杂费、进口设备关税等。

5）措施费、间接费和工程建设其他费用计算依据，主要是相关的费用定额和指标。

6）政府规定的税费。

7）物价指数和工程造价指数。

工程计价依据的复杂性不仅使计算过程复杂，而且需要计价人员熟悉各类依据，并加以正确应用。

3.1.3 工程造价计价的依据

工程造价计价的依据是指计算工程造价的基础资料的总称，是进行工程造价科学管理的基础。工程造价计价的依据主要包括工程建设定额、工程造价指数和工程造价资料等，其中工程建设定额是工程造价计价的核心依据。

工程造价计价的依据是确定和控制工程造价的基础资料，它依照不同的建设管理主体，在不同的工程建设阶段，针对不同的管理对象，具有不同的作用。

1. 工程造价计价是编制计划的基本依据

无论是国家建设计划、业主投资计划、资金使用计划，还是施工企业的施工进度计划、年度计划、月旬作业计划以及下达生产任务单等，都是以计价依据来计算人工、材料、机械、资金等的需要数量，合理地平衡和调配人力、物力、财力等各项资源，以保证提高投资与企业经济效益，落实各种建设计划。

2. 工程造价计价是计算和确定工程造价的依据

工程造价的计算和确定必须依赖定额等计价依据。例如，估算指标用来计算和确定投资估算，概算定额用于计算和确定设计概算，预算定额用于计算和确定施工图预算，施工定额用于计算确定施工项目成本。

3. 工程造价计价是企业实行经济核算的依据

经济核算制是企业管理的重要经济制度，它可以促使企业以尽可能少的资源消耗，取得最大的经济效益，定额等计价依据是考核资源消耗的主要标准。如对资源消耗和生产成果进行计算、对比和分析，就可以发现改进的途径，并采取措施加以改进。

4. 工程造价计价有利于建筑市场的良好发育

工程造价的计价依据既是投资决策的依据，又是价格决策的依据。对于投资者来说，可以利用定额等计价依据有效地提高其项目决策的科学性，优化其投资行为；对于施工企业来说，定额等计价依据是施工企业适应市场投标竞争和企业进行科学管理的重要工具。

3.1.4 工程造价计价的程序

建设工程造价的计价程序，是进行建设工程造价的编制工作必须严格遵循的先后次序。在市场经济条件下，建设项目的发包和承包一般都是通过招标投标来实现的，因此以下将按照国际惯例，立足于招标投标的发承包方式来阐述工程造价的计价步骤。

1. 进行计价准备

市场经济条件下，工程造价的确定必然涉及工程发承包市场竞争态势、生产要素的市场行情、工程技术规范和标准、施工组织和技术、工料消耗标准和定额、合同形式和条款，以及金融、税收、保险等方面的问题。因此，做好计价准备是合理确定工程造价至关重要的前提和基础。在编制工程造价文件之前，必须组织建立由工程造价、工程技术、施工组织、商务金融、合同管理等方面的人员组成的工程计价工作机构，对招标文件及工程现场进行全面细致的研究和调查，从而保证工程造价的水平科学、合理、具有竞争力。

（1）研究招标文件　透彻研究招标文件，明确招标工程的范围、内容、特点、技术、经济、合同等方面的要求，才能使工程造价的编制满足招标人的要求，从而对招标文件做出正确回应。应重点研究的招标文件是：投标者须知、合同条件、技术规范、设计图和工程量清单等。

（2）工程现场调查　工程现场调查是个广义的概念，凡是不能直接从招标文件里了解和确定，而又对估价结果产生影响的因素，都要尽可能通过工程现场调查来了解和确定。工程现场调查要了解的内容很多，一般从以下三个方面进行：

1）一般国情调查，包括政治情况、经济情况、法律情况、生产要素市场、交通运输情况及其他情况。

2）工程项目所在地区的调查，包括自然条件、施工条件、其他条件。

3）工程项目业主和竞争对手的调查，包括对业主和竞争对手的调查。

（3）确定影响计价的其他因素　建设工程造价的计算，除了要受招标文件规定、工程现场调查情况影响之外，还受许多其他因素的影响，其中最主要的是承包商制订的施工总进度计划、施工方法、分包计划、资源安排计划等对实施计划的影响。比如施工期的长短会直接影响工程成本的多少；施工方法的不同决定人工、材料、机械等生产要素费用的改变；分包商的实力和自身优势决定了总体报价的竞争能力；资源安排合理，对于保证施工进度计划的实现、保证工程质量和承包商的经济效益都有十分重要的意义。

2. 做好工程询价

进行工程询价是做好工程造价计算的基础性工作。询价的内容主要有以下几个方面。

（1）生产要素询价

1）劳务询价。在工程当地雇用部分劳动力的比例，需要经过询价比较才能确定。在询价过程中，应了解工程当地劳动力市场的供求状态、各种技术等级工人的日工资标准、加班工资的计算方法、法定休息日天数、各种税金、保险费率，以及招雇和解雇费用标准，还必须了解雇佣工人的劳动生产率水平、工资变化的幅度、规律等。

2）材料询价。材料的询价涉及材料市场可供材料的数量、原价、运输、货币、保险及有效期等各个方面，还涉及材料供应商、海关、税务等多个部门。如果在国际上承包工程，大量的材料需从当地或第三国采购，其中必然会涉及许多不同的买卖价格条件。这些条件又是依据材料的交付地点、方法及双方应承担的责任和费用来划分的。这些属于国际贸易的基本常识，是建筑工程材料询价人员必须掌握的。询价人员在初步研究项目的施工方案后，应立即发出材料询价单，催促材料供应商及时报价，注重当地材料市场所供材料价格变化的幅度、规律等，并将从各种渠道询价得到的材料报价及其他有关资料加以汇总整理，对从不同经销部门所得到的同种材料的全部资料进行比较分析，选择合适、可靠的材料供应商，为正确确定材料的计价标准打好基础。

3）施工机械设备询价。对于在工程施工中使用的大型机械设备，专门采购与在当地租赁所需的费用会有较大的差别。因此，在计价前有必要进行施工机械设备的询价。对必须租赁的施工机械设备，需明确当地机械租赁市场的供求状态，价格行情，价格变化的幅度、规律，计价方法等；对必须采购的机械设备，可向供应厂商询价，机械设备的询价方法与材料询价方法基本一致。

（2）分包询价 分包是指总承包商委托另一承包商为其实施部分合同标的工程。分包工程报价的高低，必然会对总包的工程计价产生一定影响。因此，总包人在估价前应认真进行分包询价。

1）分包询价的内容。分包询价函的内容包括：分包工程的施工图及技术说明；分包工程在总包工程中的进度安排；需要分包商提供服务的时间，以及分包允诺的这一段时间的变化范围；分包商对分包工程顺利进行应负的责任和应提供的技术措施；总承包商应提供的服务设施及分包商到现场认可的日期；分包商应提供的材料合格证明、施工方法及验收标准、验收方式；分包商必须遵守的现场安全和劳资关系条例；工程报价及报价日期、报价货币等。

2）分包询价分析。总承包商收到来自各分包商的报价单后，必须对这些报价单进行比较分析，然后选择出合适的分包商。分析分包询价一般应从以下方面进行：分包商标函的完整性；核实分项工程的单价；保证措施是否有力；确认工程质量及信誉；分包报价的合理性等。

综上所述，询价的范围非常广泛，对于国际工程还要涉及政治、经济、法律、社会和自然条件等方面的内容，内容复杂，需要询价人员做大量细致的工作，以保证询价结果的准确、客观。

3. 确定计价标准

建设工程造价的计算必须依据各种相关的标准。应在工程询价的基础上，根据企业的劳动生产率水平及对市场行情的分析、预测、判断，认真且慎重地选用和确定工程的计价标准。工程的计价标准主要包括以下几方面：

（1）实物定额 实物定额是完成建设工程一定计量单位的分部分项工程或结构构件必需的人工、材料、施工机械的实物消耗量标准，即完成合格的假定建筑安装工程单位产品所需的生产要素消耗量指标。

（2）单价指标 单价指标是建设工程造价计算必需的货币指标。常用的单价指标有：

1）工资单价。工资单价是建设工程实施过程中所需消耗人工的日工资标准，即某等级的建筑安装工人一个工作日的劳动报酬标准。工资单价是建设工程造价中人工费计算的重要依据。

2）材料（工程设备）单价。材料（工程设备）单价是工程实施中所需消耗的各种材料或设备由供应点运到工地仓库或现场存放地点后的出库价格。材料（工程设备）单价是工程造价中材料费、设备费计算的重要依据。

3）施工机械台班（或台时）单价。施工机械台班单价是建设工程实施过程中使用施工机械，在一个台班（或台时）中所需分摊和支出的费用标准。施工机械台班单价是建设工程造价中施工机械费计算的重要依据。

4）分项工程工料单价（定额基价）。分项工程工料单价是完成一定计量单位值的分项工程（或结构构件）所需人工费、材料费、施工机具使用费的货币指标。分项工程工料单价是计算工程所需人工费、材料费、施工机具使用费的重要依据。

5）工程综合单价。工程综合单价是国内现阶段施行工程量清单计价招标投标时，投标人自主确定的完成一定计量单位值的分项工程或结构构件、单价措施项目等所需的人工费、材料费、施工机具使用费、企业管理费、一定范围的风险费和利润指标。工程综合单价是计算分部分项工程费、措施项目费、其他项目费的重要依据。

6）分项工程单价。分项工程单价是涉外工程或国际工程计价中，投标人自主确定的完成一定计量单位的分项工程或结构构件所需的完整价格指标。它由完成该分项工程或结构构件的全部工程成本和盈利构成。分项工程单价是工程市场价格计算的重要依据。

7）平方米建筑面积单价。平方米建筑面积单价是房屋建筑每 $1m^2$ 建筑面积的完整价格指标。它由完成该建筑物每 $1m^2$ 建筑面积所需的全部工程成本和盈利构成。平方米建筑面积单价是商品房价格、建筑面积包干价格等形式的工程造价计算的重要依据。

（3）计价百分率指标　计价百分率指标是指工程造价中除人工费、材料费、施工机具使用费之外的其他造价因素计算的百分率指标，主要包括企业管理费率、措施费率、规费费率、利润率、税率等。计价百分率指标是建设工程造价中相关成本和盈利计算必需的又一类重要依据。

4. 估算工程量

工程量是以物理计量单位或自然计量单位表示的分项工程或结构构件的数量。工程量是影响建设工程造价的重要因素之一。

工程量应根据现行的《建设工程工程量清单计价规范》、相关专业工程工程量计算规范、工程量计算规则、具体的工程设计内容、所使用的技术规范、施工现场的实际情况等进行计算。

5. 计算工程造价

我国的工程造价计算具有复合性的特点，工程产品的工程造价计价程序如下：从分项工程计价入手，计算出单位工程造价——建筑安装工程费；计算工程建设其他费用；再综合单项工程所含各单位工程造价计算单项工程造价（若为一个单项工程时需综合为其发生的工程建设其他费用）；最后汇总各单项工程综合造价和工程建设其他费用，最终得到建设工程总造价。工程造价计价程序如图3-2所示。

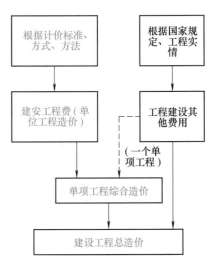

图3-2　工程造价计价程序

3.1.5 工程计价的基本方法和模式

1. 工程计价的基本方法

工程计价的形式和方法有多种，它们各不相同，但工程计价的基本过程和原理是相同的。工程计价的基本方法是成本加利润。无论是估算造价、概算造价、预算造价还是标底和投标报价，其基本方法都是成本加利润。但对于不同的计价主体，成本和利润的内涵是不同的。对于政府而言，成本反映的是社会平均水平，利润水平也是社会平均利润水平。对于业主而言，成本和利润则是考虑了建设工程的特点、建筑市场的竞争状况以及物价水平等因素确定的。业主的计价既反映了其投资期望，也反映了其在拟建项目上的质量目标和工期目标。对于承包商而言，成本则是其技术水平和管理水平的综合体现，承包商的成本属于个别成本，具有社会平均先进水平。

2. 工程计价的模式

工程造价计价有定额计价模式和工程量清单计价模式两种计价模式。

（1）定额计价模式 建设工程定额计价是我国长期以来在工程价格形成中采用的计价模式。在计价中以定额为依据，按定额规定的分部分项子目，逐项计算工程量，套用定额单价（或单位估价表）确定直接费，然后按规定的取费标准确定构成工程价格的其他费用和利税，获得建筑安装工程造价。

长期以来，我国发承包计价以工程概预算定额为主要依据。因为工程概预算定额是我国几十年计价实践的总结，具有一定的科学性和实践性，所以用这种方法计算和确定工程造价过程简单、快速、比较准确，有利于工程造价管理部门的管理。

（2）工程量清单计价模式 工程量清单计价模式，是在建设工程招标投标中，按照国家统一的工程量清单计价规范，招标人或其委托的有资质的咨询机构编制反映工程实体消耗和措施消耗的工程量清单，并作为招标文件的一部分提供给投标人，由投标人依据工程量清单，根据各种渠道所获得的工程造价信息和经验数据，结合企业定额自主报价的计价方式。

由于工程量清单计价模式需要比较完善的企业定额体系以及较好的市场化环境，短期内难以全面铺开。因此，目前我国建设工程造价实行"双轨制"计价管理办法，即定额计价法和工程量清单计价法同时实行。工程量清单计价作为一种市场价格的形成机制，主要适用于项目发承包及实施阶段。

3. 定额计价方法与清单计价方法

（1）定额计价的基本方法与程序 我国在很长一段时间内采用单一的工程定额计价模式形成工程价格，即按预算定额规定的分部分项子目，逐项计算工程量，套用预算定额单价（或单位估价表）确定直接工程费，然后按规定的取费标准确定措施费、间接费、利润和税金，加上材料调差系数和适当的不可预见费，经汇总后即为工程预算或控制价，工程控制价则作为评标定标的主要依据。

以预算定额单价法确定工程造价，是我国采用的一种与计划经济相适应的工程造价管理制度。工程定额计价模式实际上是国家通过颁布统一的计价定额或指标，对建筑产品价格进行有计划的管理。国家以假定的建筑安装产品为对象，制定统一的预算和概算定额，计算出每一个单元子项的费用后，再综合形成整个工程的价格。工程定额计价的基本程序如图 3-3 所示。

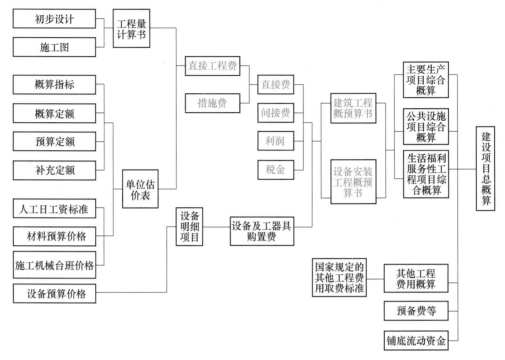

图 3-3 工程定额计价的基本程序

从图 3-3 中可以看出，编制建设工程造价最基本的过程有两个：工程量计算和工程计价。为统一口径，工程量计算均按照统一的项目划分和工程量计算规则进行，工程量确定以后，即可按照一定的方法确定工程的成本及盈利，最终就可以确定工程预算造价（或投标报价）。定额计价方法的特点就是量与价的结合。概预算单位价格的形成过程，就是依据概预算定额所确定的消耗量乘以定额单价或市场价，经过不同层次的计算达到量与价的最优结合过程。

确定建筑产品价格定额计价的基本方法和程序，还可用公式表示如下：

每一计量单位建筑产品的基本构造要素（假定建筑产品）的直接工程费单价

$$=人工费+材料费+施工机械使用费 \tag{3-1}$$

$$人工费 = \sum（人工工日数量 \times 人工日工资标准） \tag{3-2}$$

$$材料费 = \sum（材料用量 \times 材料基价）+ 检验试验费 \tag{3-3}$$

$$施工机械使用费 = \sum（机械台班用量 \times 台班单价） \tag{3-4}$$

$$单位工程直接费 = \sum（假定建筑产品工程量 \times 直接工程费单价）+ 措施费 \tag{3-5}$$

$$单位工程概预算造价 = 单位工程直接费 + 间接费 + 利润 + 税金 \tag{3-6}$$

$$单项工程概算造价 = \sum 单位工程概预算造价 + 设备、工器具购置费 \tag{3-7}$$

$$建设项目全部工程概算造价 = 单项工程的概算造价 + 预备费 + 有关的其他费用 \tag{3-8}$$

（2）工程量清单计价的基本方法与程序 工程量清单计价的基本方法是：在统一的工程量清单项目设置的基础上，制订工程量清单计量规则，根据具体工程的施工图计算出各个清单项目的工程量，再根据各种渠道所获得的工程造价信息和经验数据计算得到工程造价。工程造价工程量清单计价过程如图 3-4 所示。

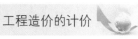

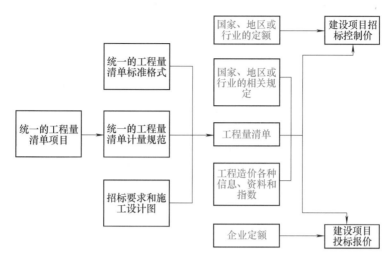

图 3-4　工程造价工程量清单计价过程

从工程量清单计价过程中可以看出，其编制过程可分为两个阶段：工程量清单的编制和利用工程量清单来编制投标报价（或招标控制价）。投标报价是在业主提供的工程量计算结果的基础上，根据企业自身所掌握的各种信息、资料，结合企业定额进行编制的。

确定建筑产品价格工程量清单计价的基本方法和程序，还可用公式表示如下

$$分部分项工程费 = \sum 分部分项工程量 × 相应分部分项综合单价 \tag{3-9}$$

$$措施项目费 = \sum 各措施项目费 \tag{3-10}$$

$$其他项目费 = 暂列金额 + 暂估价 + 计日工 + 总承包服务费 \tag{3-11}$$

$$单位工程报价 = 分部分项工程费 + 措施项目费 + 其他项目费 + 规费 + 税金 \tag{3-12}$$

$$单项工程报价 = \sum 单位工程报价 \tag{3-13}$$

$$建设项目总报价 = \sum 单项工程报价 \tag{3-14}$$

公式中，综合单价是指完成一个规定计量单位的分部分项工程量清单项目或措施清单项目所需的人工费、材料费、施工机械使用费和企业管理费与利润，以及一定范围内的风险费用。

4. 工程定额计价方法与工程量清单计价方法的联系

工程造价的计价就是指按照规定的计算程序和方法，用货币的数量表示建设项目（包括拟建、在建和已建的项目）的价值。无论是工程定额计价方法还是工程量清单计价方法，它们的工程造价计价原理是相同的，都是一种自下而上的分部组合计价方法。

工程造价计价的主要思路都是将建设项目细分至最基本的构成单位（如分项工程），用其工程量与相应单价相乘后汇总，即为整个建设工程的造价。

建筑安装工程造价 $= \sum [$单位工程基本构造要素工程量(分项工程) × 相应单价$]$

无论是定额计价还是清单计价，上述公式都同样有效，只是公式中的各要素有不同的含义：

1）单位工程基本构造要素即分项工程项目。定额计价时，是按工程定额划分的分项工程项目；清单计价时是指清单项目。

2）工程量是指根据工程项目的划分和工程量计算规则，按照施工图或其他设计文件计算的分项工程实物量。工程实物量是计价的基础，不同的计价依据有不同的计算规则。目

前，工程量计算规则包括两大类：国家标准《建设工程工程量清单计价规范》中规定的计算规则和各类工程定额规定的计算规则。

3）工程单价是指完成单位工程基本构造要素的工程量所需要的基本费用。

① 工程定额计价方法的分项工程单价是指概预算定额基价，通常是指工料单价，仅包括人工、材料、机械台班费用，是人工、材料、机械台班定额消耗量与其相应单价的乘积。用公式表示为

$$定额分项工程单价 = \sum (定额消耗量 \times 相应单价) \qquad (3\text{-}15)$$

② 工程量清单计价方法下的分项工程单价是指综合单价，包括人工费、材料费、机械台班费，还包括企业管理费、利润和风险因素。综合单价应该是根据企业定额和相应生产要素的市场价格来确定的。

3.2　工程定额

3.2.1　工程定额概述

工程定额是完成规定计量单位的合格建筑安装产品所消耗资源的数量标准。工程定额是一个综合概念，是建设工程造价计价和管理中各类定额的总称，包括许多种类的定额，可以按照不同的原则和方法对它进行分类。

1. 按定额反映的生产要素消耗内容分类

（1）劳动消耗定额　劳动消耗定额简称劳动定额（也称为人工定额），是在正常的施工技术和组织条件下，完成规定计量单位合格的建筑安装产品所消耗的人工工日的数量标准。劳动定额的主要表现形式是时间定额，但同时也表现为产量定额。时间定额与产量定额互为倒数。

（2）材料消耗定额　材料消耗定额简称材料定额，是指在正常的施工技术和组织条件下，完成规定计量单位合格的建筑安装产品所消耗的原材料、成品、半成品、构配件、燃料，以及水、电等动力资源的数量标准。

（3）机械消耗定额　机械消耗定额是以一台机械一个工作班为计量单位，所以又称为机械台班定额。机械消耗定额是指在正常的施工技术和组织条件下，完成规定计量单位合格的建筑安装产品所消耗的施工机械台班的数量标准。机械消耗定额的主要表现形式是时间定额，同时也以产量定额表现。

2. 按定额的编制程序和用途分类

（1）施工定额　施工定额是完成一定计量单位的某一施工过程或基本工序所需消耗的人工、材料和机械台班数量标准。施工定额是施工企业（建筑安装企业）组织生产和加强管理在企业内部使用的一种定额，属于企业定额的性质。施工定额是以某一施工过程或基本工序作为研究对象，表示生产产品数量与生产要素消耗综合关系编制的定额。为了适应组织生产和管理的需要，施工定额的项目划分很细，是工程定额中划分最细、定额子目最多的一种定额，也是工程定额中的基础性定额。

（2）预算定额　预算定额是完成单位合格扩大分项工程或扩大结构构件所需消耗的人工、材料、施工机械台班数量及其费用标准。预算定额是一种计价性定额，从编制程序上

看，预算定额是以施工定额为基础综合扩大编制的，同时它也是编制概算定额的基础。

（3）概算定额　概算定额是完成单位合格扩大分项工程或扩大结构构件所需消耗的人工、材料和施工机械台班的数量及其费用标准，是一种计价性定额。概算定额是编制扩大初步设计概算、确定建设项目投资额的依据。概算定额的项目划分粗细，与扩大初步设计的深度相适应，一般是在预算定额的基础上综合扩大而成的，每一综合分项概算定额都包含了数项预算定额。

（4）概算指标　概算指标是以单位工程为对象，反映完成一个规定计量单位建筑安装产品的经济消耗定额。概算指标是概算定额的扩大与合并，以更为扩大的计量单位来编制的。概算指标的内容包括人工、机械台班、材料定额三个基本部分，同时还列出了各结构分部的工程量及单位建筑工程（以体积计或面积计）的造价，是一种计价定额。

（5）投资估算指标　投资估算指标是以建设项目、单项工程、单位工程为对象，反映建设总投资及其各项费用构成的经济指标。它是在项目建议书和可行性研究阶段编制投资估算、计算投资需要量时使用的一种定额。它的概略程度与可行性研究阶段相适应，往往根据历史的预、决算资料和价格变动等资料编制，但其编制基础仍然离不开预算定额、概算定额。

3. 按照专业划分

由于工程建设涉及众多的专业，不同的专业所含的内容也不同，因此就确定人工、材料和机械台班消耗数量标准的工程定额来说，也需按不同的专业分别进行编制和执行。

1）建筑工程定额按专业对象分为建筑及装饰工程定额、房屋修缮工程定额、市政工程定额、铁路工程定额、公路工程定额、矿山井巷工程定额等。

2）安装工程定额按专业对象分为电气设备安装工程定额、机械设备安装工程定额、热力设备安装工程定额、通信设备安装工程定额、化学工业设备安装工程定额、工业管道安装工程定额、工艺金属结构安装工程定额等。

4. 按主编单位和管理权限分类

1）全国统一定额是由国家建设行政主管部门综合全国工程建设中技术和施工组织管理的情况编制，并在全国范围内适用的定额。

2）行业统一定额是考虑到各行业部门专业工程技术特点，以及施工生产和管理水平编制的。一般是只在本行业和相同专业性质的范围内使用。

3）地区统一定额包括省、自治区、直辖市定额。地区统一定额主要是考虑地区性特点和全国统一定额水平做适当调整和补充编制的。

4）企业定额是施工单位根据本企业的施工技术、机械装备和管理水平编制的人工、施工机械台班和材料等的消耗标准。企业定额在企业内部使用，是企业综合素质的一个标志。企业定额水平一般应高于国家现行定额，才能满足生产技术发展、企业管理和市场竞争的需要。在工程量清单计价方式下，企业定额作为施工企业进行建设工程投标报价的计价依据，正发挥着越来越大的作用。

5）补充定额是指随着设计、施工技术的发展，现行定额不能满足需要的情况下，为了补充缺陷所编制的定额。补充定额只能在指定的范围内使用，可以作为以后修订定额的基础。

上述各种定额虽然适用于不同的情况和用途，但是它们是一个互相联系的、有机的整体，在实际工作中配合使用。下面仅针对部分定额进行详细讲解。

3.2.2 施工定额

施工定额，是国家建设行政主管部门编制的建筑安装工人或劳动小组在合理的劳动组织与正常的施工条件下，完成一定计量单位值的合格建筑安装工程产品所必需的人工、材料和施工机械台班消耗量的标准。

施工定额是施工企业考核劳动生产率水平、管理水平的重要标尺和施工企业编制施工组织设计、组织施工、管理与控制施工成本等项工作的重要依据。施工定额现仍由国家建设行政主管部门统一编制，包括人工定额、材料消耗定额和机械台班使用定额三个分册。

1. 人工定额

（1）工时消耗研究　工作时间是指工作班的延续时间。研究施工中的工作时间最主要的目的是确定施工的时间定额或产量定额，其前提是按照时间消耗的性质对工作时间进行分类，以便研究工时消耗的数量及其特点。

1）工人工作时间分析。工人工作时间从定额编制的角度，按其消耗的性质，可以分为必须消耗的时间和损失时间（见表3-1）。

表3-1　工人工作时间分类表

时间性质		时间分类构成	
工人工作时间	必须消耗的时间	有效工作时间	基本工作时间
			辅助工作时间
			准备和结束工作时间
		不可避免的中断时间	不可避免的中断时间
		休息时间	休息时间
	损失时间	多余和偶然工作的工作时间	多余工作的工作时间
			偶然工作的工作时间
		停工时间	施工本身造成的停工时间
			非施工本身造成的停工时间
		违反劳动纪律损失的时间	违反劳动纪律损失的时间

① 必须消耗的时间。必须消耗的时间是指劳动者在正常施工条件下，完成单位合格产品所必须消耗的工作时间，它是制定定额的主要根据，包括有效工作时间、不可避免的中断时间和休息时间。

a. 有效工作时间。它是指与产品生产直接有关的工作时间消耗，包括基本工作时间、辅助工作时间、准备和结束工作时间。基本工作时间是直接完成产品的施工工艺过程所消耗的时间。通过这些工艺过程可以使产品材料直接发生变化，如钢筋煨弯、混凝土制品的养护干燥等。辅助工作时间是为保证基本工作能顺利完成所消耗的时间，它与作业过程中的技术作业没有直接关系。准备和结束工作时间是执行任务前或任务完成后所消耗的工作时间，如工作地点、劳动工具的准备工作时间；工作结束后的整理时间等。

b. 休息时间。它是工人在工作过程中为恢复体力所必需的短暂休息和生理需要的时间消耗。休息时间的长短和工作性质、劳动强度、劳动条件有关。

c. 不可避免的中断时间。它是由于施工工艺特点引起的工作中不可避免的中断时间，应尽量缩短此项时间的消耗。

② 损失时间。损失时间是与产品生产无关，而与施工组织和技术上的缺陷有关，与工人在施工过程的个人过失或某些偶然因素有关的时间消耗，包括多余和偶然工作的工作时、停工时间、违反劳动纪律损失的时间。

a. 多余和偶然工作的工作时间。它是不能增加产品数量的工作。其工时损失一般是由于工程技术人员和工人的差错引起的，因此，不应计入定额时间中。但偶然工作能够获得一定产品，拟定定额时要适当考虑其影响。

b. 停工时间。它是工作班内停止工作造成的工时损失。停工时间按其性质可分为施工本身造成的停工时间和非施工本身造成的停工时间两种。施工本身造成的停工时间是由于施工组织不善、材料供应不及时、工作面准备工作做得不好等情况引起的停工时间；而后者是由于水源、电源中断引起的停工时间。前一种情况在拟定定额时不能计算，后一种情况定额中则应给予合理考虑。

c. 违反劳动纪律损失的时间。它是指工人不遵守劳动纪律造成的工时损失以及个别工人违反劳动纪律而影响其他工人无法工作的时间损失。此项工时损失在定额中是不能考虑的。

2）机械工作时间分析。机械工作时间的消耗也分为必须消耗的时间和损失时间两大类（见表3-2）。

表 3-2 机械工作时间分类表

时间性质		时间分类构成
机械工作时间	必须消耗的时间	有效工作时间	正常负荷下的工作时间
			有根据地降低负荷下的工作时间
		不可避免的无负荷工作时间	不可避免的无负荷工作时间
		不可避免的中断时间	与工艺过程特点有关的中断时间
			与机械有关的中断时间
			工人休息时间
	损失时间	多余工作时间	多余工作时间
		停工时间	施工本身造成的停工时间
			非施工本身造成停工时间
		违反劳动纪律损失的时间	违反劳动纪律引起的机械停工时间
		低负荷下的工作时间	低负荷下的工作时间

① 必须消耗的时间。必须消耗的时间包括有效工作时间、不可避免的无负荷工作时间和不可避免的中断时间。

a. 有效工作时间消耗中包括正常负荷下的工作时间、有根据地降低负荷下的工作时间。正常负荷下的工作时间是与机器说明书规定的计算负荷相符的情况下机器进行工作的时间。有根据地降低负荷下的工作时间，是在个别情况下由于技术上的原因，机器在低于其计算负荷下的工作时间。

b. 不可避免的无负荷工作时间，是由施工过程的特点和机械结构的特点造成的机械无负荷工作时间。

c. 不可避免的中断时间又可以进一步分为三种。第一种是与工艺过程特点有关的中断时间，有循环的和定期的两种。循环的不可避免中断，是在机械工作的每一个循环中重复一次，如汽车装货和卸货时的停车定期的不可避免中断，是经过一定时期重复一次，如把机械由一个工作地点转移到另一个工作地点时的工作中断。第二种是与机械有关的中断时间，是由于工人进行准备与结束工作或辅助工作时，机械停止工作而引起的中断时间。它是与机械的使用与保养有关的不可避免中断时间。第三种是工人休息时间，是工人必需的休息时间，应尽量利用不可避免中断时间作为休息时间，以充分利用工作时间。

② 损失时间。损失时间包括多余工作时间，停工时间、违反劳动纪律损失的时间和低负荷下的工作时间。

a. 机械的多余工作时间是指机械进行任务内和工艺过程内未包括的工作而延续的时间。

b. 机械的停工时间，按性质可分为施工本身造成和非施工本身造成的停工。前者是由于施工组织不当而引起的停工现象，如未及时供给机械燃料而引起的停工；后者是由于气候条件所引起的停工现象，如遇暴雨使压路机停工。

c. 违反劳动纪律损失的时间，是指由于工人迟到、早退或擅离岗位等原因引起的机械停工时间。

d. 低负荷下的工作时间，是指由于工人或技术人员的过失所造成的施工机械在降低负荷的情况下工作的时间。此项工作时间不能作为计算时间定额的基础。

（2）人工定额消耗量的编制　人工定额，也称劳动定额。它是在正常的施工技术组织条件下，完成单位合格建筑安装工程产品所需的劳动消耗量标准。这个标准是国家和企业对工人在单位时间内完成产品数量、质量的综合要求。劳动定额有时间定额和产量定额两种表现形式。

1）时间定额。时间定额是某种专业、某种技术等级工人班组或个人，在合理的劳动组织与合理使用材料的条件下，完成单位合格产品所必需的工作时间，包括准备与结束时间、基本生产时间、辅助生产时间、不可避免的中断时间及工人必需的休息时间等。

$$单位产品时间定额 = 1/ 每工日产量$$

$$单位产品时间定额 = 小组成员工日数总和 / 机械台班产量$$

2）产量定额。产量定额是某种专业、技术等级的工人班组或个人在单位工作日中所应完成合格产品的数量。计量单位有米、平方米、立方米、吨、块、根、件、扇等。

$$每工日产量 = 1/ 单位产品时间定额 \qquad (3-16)$$

人工定额按标定对象的不同，又分为单项工序定额和综合定额两种。综合定额是完成同一产品中的各单项（工序或工种）定额的综合。按工序综合的用"综合"表示；按工种综合的一般用"合计"表示。人工定额计算公式为

$$综合时间定额 = \sum 各单项（工序）时间定额 \qquad (3-17)$$

$$综合产量定额 = 1/ 综合时间定额（工日） \qquad (3-18)$$

时间定额和产量定额都表示同一劳动定额项目，它们是同一劳动定额项目的两种不同的表现形式。时间定额以"工日"为单位，综合计算方便，时间概念明确。产量定额则以"产品数量"为单位表示，具体、形象，劳动者的奋斗目标一目了然，便于分配任务。人工定额采用复式表，横线上为时间定额，横线下为产量定额，便于选择使用。

（3）人工定额的编制　编制人工定额主要包括拟定正常的施工作业条件和拟定施工作业的定额时间两项工作。

1）拟定正常的施工作业条件，即规定执行定额时应该具备的条件。正常条件若不能满足，则无法达到定额中的劳动消耗量标准。正确拟定正常施工作业条件有利于定额的顺利实施。拟定施工作业正常条件包括施工作业的内容、施工作业的方法、施工作业地点的组织、施工作业人员的组织等。

2）拟定施工作业的定额时间，即通过时间测定方法，得出基本工作时间、辅助工作时间、准备与结束时间、不可避免的中断时间及休息时间等的观测数据，拟定施工作业的定额时间。得到时间定额后，再导出产量定额。计日时测定的方法主要包括测时法、写时记录法、工作日写实法等。

2. 材料定额

（1）材料消耗定额的概念　材料消耗定额，是在合理、节约使用材料的条件下，完成单位合格建筑安装工程产品所需消耗的一定规格的材料、成品、半成品和水、电等资源的数量标准。定额材料消耗指标针对主要材料和周转性材料编制。

（2）材料消耗定额的编制

1）主要材料消耗定额的编制。主要材料消耗定额应包括材料净用量和在施工中不可避免的合理损耗量。

① 材料净用量（理论量）的确定。材料净用量的确定，一般常用理论计算法、测定法、施工图计算法、经验法等方法。以砌筑墙体为例，材料净用量确定的理论计算公式如下

$$砖墙中标准砖净用量 = \frac{1}{墙厚 \times （砖长 + 灰缝）\times （砖厚 + 灰缝）} \times K \qquad (3\text{-}19)$$

$$K = 墙厚的砖数 \times 2$$

式中，"1"表示 1 立方米砌体。

$$砖墙中砂浆净用量 = 1 - 单砖块体积 \times 标准砖净用量 \qquad (3\text{-}20)$$

② 材料损耗量的确定。材料损耗量多采用材料的损耗率进行计算。

$$材料损耗量 = 材料净用量 \times 材料的损耗率 \qquad (3\text{-}21)$$

式中，"材料的损耗率"可通过观察法或统计法计算确定。

$$某种主要材料消耗量 = 材料净用量 \times （1 + 材料损耗率）\qquad (3\text{-}22)$$

2）周转性材料消耗定额的编制。影响周转性材料消耗的因素：制造时的材料消耗（一次使用量）；每周转使用一次材料的损耗（第二次使用时需要补充）；周转使用次数；周转材料的最终回收及其回收折价。

现浇混凝土结构木模板用量计算如下

$$一次使用量 = 净用量 \times （1 + 操作损耗率）\qquad (3\text{-}23)$$

$$周转使用量 = 一次使用量 \times [1 + （周转次数 - 1）\times 补损率] / 周转次数 \qquad (3\text{-}24)$$

$$回收量 = 一次使用量 \times （1 - 补损率）/ 周转次数 \qquad (3\text{-}25)$$

$$摊销量 = 周转使用量 - 回收量 \times 回收折价率 \qquad (3\text{-}26)$$

预制混凝土构件的模板用量计算如下

$$一次使用量 = 净用量 \times （1 + 操作损耗率）$$

$$摊销量 = 一次使用量 / 周转次数 \qquad (3\text{-}27)$$

3. 机械台班定额

（1）机械台班使用定额的概念　机械台班使用定额，是规定施工机械在正常的施工条件下，合理均衡地组织劳动和使用机械时，完成一定计量单位值的合格建筑安装工程产品所必需的该机械的台班数量标准。机械台班定额反映了某种施工机械在单位时间内的生产效率。机械台班使用定额按其表现形式不同，可分为时间定额和产量定额。机械时间定额和机械产量定额互为倒数关系。

1）机械时间定额，是指在合理劳动组织与合理使用机械条件下，完成单位合格产品所必需的工作时间，包括有效工作时间（正常负荷下的工作时间和降低负荷下的工作时间）、不可避免的中断时间、不可避免的无负荷工作时间等。机械时间定额以"台班"表示，即一台机械工作一个作业班的时间。一个作业班的时间为 8 小时。

2）机械产量定额，是指在合理劳动组织与合理使用机械条件下，机械在每个台班时间内应完成合格产品的数量。

（2）机械台班使用定额的编制

1）确定施工机械台班使用定额的主要工作内容：

① 拟定机械工作的正常施工条件，包括工作地点的合理组织，施工机械作业方法的拟定。

② 确定配合机械作业的施工小组的组织及机械工作班制度等。

③ 确定机械净工作率，即确定机械纯工作 1 小时的正常劳动生产率。

④ 确定机械利用系数。机械利用系数是指机械在施工作业班内对作业时间的利用率。机械利用系数以工作台班净工作时间除以机械工作台班时间计算。

⑤ 进行机械台班使用定额的计算。

⑥ 拟定工人小组的定额时间，工人小组的定额时间，是指配合施工机械作业的工人小组的工作时间总和，工人小组定额时间以施工机械时间定额乘以工人小组的人数计算。

2）计算机械台班使用定额。预算定额中的机械台班消耗量是指在正常施工条件下，生产单位合格产品（分部分项工程或结构构件）必需消耗的某种型号施工机械的台班数量。预算定额中的机械台班消耗量指标，通常是在施工定额的基础上，考虑机械幅度差后确定的，或根据现场测定资料为基础来确定。

① 根据施工定额确定机械台班消耗量。这种方法是指按施工定额或劳动定额机械台班产量加机械幅度差计算预算定额的机械台班消耗量。

机械台班幅度差一般包括正常施工组织条件下不可避免的机械空转时间；施工技术原因的中断及合理停滞时间；因供电供水故障及水电线路移动检修而发生的运转中断时间；因气候变化或机械本身故障影响工时利用的时间；施工机械转移及配套机械相互影响损失的时间；配合机械施工的工人因与其他工种交叉造成的间歇时间；因检查工程质量造成的机械停歇的时间；工程收尾和工作量不饱满造成的机械停歇时间等。大型机械幅度差系数为：土方机械25%，打桩机械33%，吊装机械30%。砂浆、混凝土搅拌机由于按小组配用，以小组产量计算机械台班产量，这类机械的消耗量不另增加机械幅度差。分部工程中如钢筋加工、木作、水磨石等各项专用机械的幅度差为10%。

预算定额机械台班消耗量 = 施工定额机械耗用台班 ×（1 + 机械幅度差系数）（3-28）

② 以现场测定资料为基础确定机械台班消耗量。遇到施工定额（劳动定额）缺项者，

则需要依据机械单位时间完成产量的测定资料，经过分析、处理后确定机械台班消耗量。

3.2.3 企业定额

1. 企业定额及其作用

（1）企业定额的概念 企业定额，是施工企业自主确定的，在企业正常的施工条件下，完成一定计量单位值的合格建筑安装工程的分项工程或结构构件所需人工、材料、施工机械台班消耗量的标准。

企业定额，是我国目前实行建设工程工程量清单计价规范进行工程招标投标时，投标单位编制、计算投标报价所使用的企业计价定额。

（2）企业定额的作用 企业定额作为具体施工企业的计价定额具有如下重要作用：

1）企业定额是实行工程量清单计价、完善与发展建设市场的重要手段。我国从2003年7月1日起实行《建设工程工程量清单计价规范》，标志着我国工程造价市场化的实质性突破。我国现行的工程量清单计价，是一种与市场经济相适应的、通过市场竞争确定建设工程造价的计价模式。同一项招标工程，同样的工程量数据，各投标单位以各自的企业定额为基础做出的投标报价必然不同，这就在工程造价上真实、充分地反映出企业之间个别成本的差异，切实形成企业之间整体实力的竞争。若没有企业定额，就无法做出反映企业实力的工程投标报价，就无法实现建设工程计价、定价的市场化，就难以真正实施竞争、优化市场环境。因此，企业定额是实行工程量清单计价，完善、发展建设市场的重要手段。

2）企业定额是施工企业制定建设工程投标报价的重要依据。企业定额是企业按照国家有关政策、法规，以及相应的施工技术标准、验收规范、施工方法等资料，根据自身的机械装备状况、生产工人技术操作水平、企业生产（施工）组织能力、管理水平、机构的设置形式和运作效率，以及企业的潜力情况进行编制的，它规定的完成合格工程产品过程中必须消耗的人工、材料和施工机械台班的数量标准，是本企业的真实生产力水平，反映着企业的实力与市场竞争力。企业定额是制定合理的工程投标报价的重要依据。

3）企业定额是施工企业经济核算的重要依据。在工程量清单计价模式下，企业完成某项建设工程收入取决于依据企业定额编制的投标报价。企业必须以企业定额为准绳进行经济核算，依据企业定额来严格控制完成建设工程的成本支出，尽量采用先进的施工技术和管理方法，以最大限度地降低成本、增加盈利。

4）企业定额是施工企业进行计划管理工作的重要依据。企业定额在企业计划管理方面的作用，表现在它既是企业编制施工组织设计的依据，也是企业编制施工作业计划的依据。由于施工组织设计包括的资源需用量、施工中实物工作量等，施工组织设计和施工作业计划的编制必须依据企业定额，需以企业定额的分项设置和计量单位为依据。企业定额是企业计划管理工作的重要依据。

2. 企业定额的编制方法

必须按照企业现实的生产力水平，国家规定的各种相关的标准、规范；典型的、有代表性的图样、图集等设计资料，现行的各类实物定额（包括企业定额），以及现行的《建设工程工程量清单计价规范》；其他相关资料、数据等依据，坚持"平均先进、简明适用、独立自主、以专家为主"等原则编制企业定额。

编制企业定额，确定企业定额计量单位值的建筑安装工程的分项工程或结构构件所需人工、材料、施工机械台班的消耗量标准的各种方法与预算定额的编制方法基本相同。但由于企业定额的实物消耗指标需要真实地反映企业现实的生产力水平，因此，企业定额实物消耗指标必须根据企业施工生产的实践经验进行必要的调整才能最终确定。

3.2.4 预算定额

1. 预算定额的概念

建筑安装工程预算定额，是国家建设行政主管部门统一规定的，在一定生产技术条件下，完成一定计量单位值的合格建筑安装工程产品（定额计量单位值的分项工程或结构构件）所必需的人工、材料、施工机械台班消耗指标，下面以表3-3为例进行说明。

表3-3　砌砖　　　　　　　　　　　　　　　　　（单位：每10m³砌体）

定额编号			4-1
项目			砖基础
名称		单位	数量
人工	综合工日	工日	12. 18
材料	M5 水泥砂浆	m³	2. 36
	普通黏土砖	千块	5. 236
	水	m³	1. 050
机械	灰浆搅拌机（200L）	台班	0. 390

注：工作内容：砖基础：调制和运输砂浆、铺砂浆、运转、清理基槽坑、砌砖等。

表3-3是以《全国统一建筑工程基础定额》为例，规定完成建筑工程的每10m³ M5水泥砂浆砖砌条形基础（分项工程）所需人工消耗指标是12.18工日，材料消耗指标为标准砖5.236千块、M5水泥砂浆2.36m³、施工用水1.05m³，（200L）灰浆搅拌机0.39台班。需完成的工作内容综合为调制及运输砂浆、铺砂浆、运转、清理基槽坑、砌砖等。这就构成一个完整的建筑工程的分项工程预算定额。

国家建设行政主管部门统一规定建筑安装工程预算定额，其目的在于为我国的建设工程产品提供一个能反映社会必要劳动时间的统一的核算尺度。

2. 预算人工定额消耗量的确定

（1）人工消耗量的概念　预算定额中的人工消耗量是用来计价的消耗量，是指正常施工条件下，完成单位合格产品所必需消耗的各种用工的工日数及用工量指标的平均技术等级。确定人工消耗量的方法有两种：一种是以施工定额中的劳动定额为基础确定；另一种是以现场观察测定资料为基础计算，主要用于遇到劳动定额缺项时，采用现场工作日写实等测时方法确定和计算定额的人工耗用量。用来计价的人工消耗量分为两部分：一是直接完成单位合格产品所必须消耗的技术用工的工日数，称为基本用工；二是辅助直接用工的其他用工数，称为其他用工。

（2）人工定额消耗量的内容　用来计价的人工消耗量分为两部分：一是直接完成单位合格产品所必须消耗的技术用工的工日数，称为基本用工；二是辅助基本用工的其他用工数，称为其他用工。

1）基本用工是完成某一分项工程所需的主要用工和加工用工量。例如，在砌墙中，砌筑墙体、调制砂浆、运输砖和砂浆等为主要用工。而其中特殊部位，如门窗洞口的立边，附墙的垃圾道、预留抗震拉孔等的砌筑，所需用工要多于同量的墙体砌筑用工，这部分需增加的用工称为"加工用工"，也属于基本用工的内容，须按相应的方法单独计算后，并入其中。

2）超运距用工是指对因材料、半成品等运输距离超过了劳动定额的规定，需要增加的用工量。

3）辅助用工是指应增加的对材料进行必要加工所需的用工量，如筛砂、淋石灰膏、洗石子等。

4）幅度差用工是确定人工消耗指标时，须按一定的比例增加的劳动定额中未包括的，由于工序搭接、交叉作业等因素降低工效的用工量，以及施工中不可避免的零星用工量。

（3）人工消耗指标的编制依据和方法

1）人工消耗指标的编制依据。现行的《全国建筑安装工程统一劳动定额》中的时间定额、综合测算的工程量数据。

2）人工消耗指标确定的步骤和方法

① 选定图样，据以计算工程量，并测算确定有关各种比例。

② 计算各种用工的工日数。计算公式如下

$$基本用工量 = \sum(时间定额 \times 相应工序综合取定的工程量) \tag{3-29}$$
$$超运距用工量 = \sum(时间定额 \times 超运距相应材料的数量) \tag{3-30}$$
$$辅助用工量 = \sum(时间定额 \times 相应的加工材料的数量) \tag{3-31}$$
$$人工幅度差用工量 = (基本用工量 + 超运距用工量 + 辅助用工量) \times 幅度差系数 \tag{3-32}$$

③ 计算分项定额用工的总工日数。

$$某分项工程的人工消耗指标 = 基本用工量 + 超运距用工量 + 辅助用工量 + \\ 人工幅度差用工量 \tag{3-33}$$

④ 编制定额项目劳动力计算表（见表3-4）。

表3-4　定额项目劳动力计算

项目名称	单位	计算量	劳动定额编号	时间定额（工日）	工日数量
砌一砖基础	m³	7	4-1-1（一）	0.89	6.020
砌一砖半基础	m³	2	4-1-2（一）	0.86	1.720
砌二砖基础	m³	1	4-1-3（一）	0.833	0.833
圆弧形基础加工	m³	0.5	4-2-加工表	0.100	0.050
红砖超运100m	m³	10	4-15-177（一）	0.109	1.090
砂浆超运100m	m³	10	4-15-177（二）	0.0408	0.408
筛砂	m³	2.41	1-4-83	0.196	0.472
人工幅度差			10.593×15%		1.589
定额工日合计	工日				12.18

3. 预算定额材料消耗量的确定

（1）预算定额材料消耗量的概念和内容　预算定额中的材料消耗量，是国家建设行政主管部门规定的完成预算定额中每一合格的建筑安装工程产品（定额计量单位值的分项工程或结构构件）所必需的各种主要材料和半成品的消耗量标准，由材料和半成品的净用量及其合理的损耗量所组成。

（2）材料消耗指标的编制方法　预算定额的材料消耗指标需综合应用理论计算法、施工图计算法、现场测定法、下料估算法、经验估算法等相关方法，依次计算并确定材料的理论用量、材料的净用量、材料的损耗量、材料的定额用量，最终编制出材料消耗定额计算表。

（3）计算材料净用量　以理论用量为基础，按比例扣除实际存在于砌体中的构件、接头重叠部分的体积、孔洞等应扣除的体积，增加附在砌体上的凸出、装饰部分砌体体积。

$$红砖净用量 = 红砖理论用量 × （1 - 应扣除体积比例 + 应增加体积比例）\quad(3\text{-}34)$$
$$砂浆净用量 = 砂浆理论用量 × （1 - 应扣除体积比例 + 应增加体积比例）\quad(3\text{-}35)$$

本例经测算，砖基础 T 形接头处重叠部分的体积比例为 0.785%；垛基础凸出部分的体积比例为 0.2575%。所以，本例中材料净用量确定为

$$红砖净用量 = 5237 块 × （1 - 0.785\% + 0.2575\%） = 5209.37 块$$
$$砂浆净用量 = 2.36m^3 × （1 - 0.785\% + 0.2575\%） = 2.34m^3$$

（4）计算材料损耗用量　在材料净用量的基础上增加材料，成品、半成品等在施工工地现场内（工地工作范围内）的运输、施工操作等过程中不可避免的合理损耗量。材料损耗量是以材料用量乘以相应的材料损耗率进行计算的。材料耗损率见表 3-5。

$$红砖损耗用量 = 红砖净用量 × 相应红砖损耗率\quad(3\text{-}36)$$
$$砂浆损耗用量 = 砂浆净用量 × 相应砂浆损耗率\quad(3\text{-}37)$$

本例中的红砖、砂浆的损耗用量计算如下

$$红砖损耗用量 = 5209.37 块 × 0.5\% = 26.05 块$$
$$砂浆损耗用量 = 2.34m^3 × 1\% = 0.023m^3$$

（5）确定材料定额用量（取定预算定额材料消耗量）

该例的材料定额用量确定为

$$红砖定额用量 = 5209.37 块 + 26.05 块 ≈ 5236 块$$
$$砂浆定额用量 = 2.34m^3 + 0.023m^3 = 2.36m^3$$

另外，砖基础湿砖所需用水量现场测定为每千块砖 0.20m^3。本例用水量计算如下

$$10m^3 砖基础的用水量 = 0.20m^3/千块 × 5.236 千块 ≈ 1.05m^3$$

$10m^3$ M5 水泥砂浆条形砖基础的材料消耗指标为红砖 5.236 千块；M5 水泥砂浆 $2.36m^3$；水 $1.05m^3$。

（6）编制定额项目材料消耗量表　材料消耗指标的确定是通过填列、编制定额项目材料计算表完成的。定额项目材料消耗指标表的格式及填列、编制方法见表 3-5。编制预算定额消耗量时，材料与施工机械台班共用一个计算表。表中的前两部分是供计算材料消耗量使用的。在"计算依据或说明"部分中，应详细填写计算过程中必须依据的各种比例等情况，并列出材料的理论用量和材料净用量的计算过程及计算结果。在表中间部分的"净用量"栏里，应填写各种主要材料的净用量。"使用量"栏的数据应据材料净用量增加损耗量，并按"备注"栏里填写的要求调整后填写。所以，使用量就是最终确定的材料定额用量，即材料消耗量。

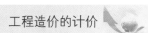

表3-5 定额项目材料及机械台班计算表 （定额单位：每10m³ 砌体）

计算依据 或说明	经测算，应扣除部分体积所占比例为：0.785%，应增加部分体积所占比例为：0.2575%；每10m³ 基础 中，2层等高式放脚一砖基础占70%；4层等高式放脚一砖半基础占20%；4层等高式放脚二砖基础占10%。 红砖的净用量 = （526.2 × 70% + 518.67 × 20% + 516.4 × 10%）× 10 × （1 − 0.785% + 0.2575%）块 = 5209.37 块 砂浆的净用量 = （0.230 × 70% + 0.2413 × 20% + 0.2446 × 10%）× 10 × （1 − 0.785% + 0.2575%）m³ = 2.34m³						
材料	名称		规格	单位	净用量	损耗率	使用量	备注
	水泥砂浆		M5	m³	2.34	1%	2.360	
	红砖		标准砖	千块	5.209	0.5%	5.236	
	水			m³			1.050	

机械 台班	施工操作			施工机械			劳动定额	数量÷ 台班产量	计算 系数	机械台班 使用量 （台班）	备注
	工序	数量	单位	名称	规格	编号	台班 产量				
	砂浆 搅拌	2.36	m³	灰浆 搅拌机	200L	6	0.393	0.393	1	0.39	

4. 预算定额施工机械台班消耗量的确定

预算定额中的机械台班消耗量是指在正常施工条件下，生产单位合格产品（分部分项工程或结构构件）必须消耗的某种型号施工机械的台班数量。预算定额中的机械台班消耗量，通常是在施工定额的基础上，考虑机械幅度差后确定的，或根据现场测定资料为基础来确定的。

1）根据施工定额确定机械台班消耗量这种方法是指按施工定额或劳动定额中机械台班产量加机械幅度差计算预算定额的机械台班消耗量。机械台班幅度差一般包括正常施工组织条件下不可避免的机械空转时间；施工技术原因的中断及合理停滞时间；因供电供水故障及水电线路移动检修而发生的运转中断时间；因气候变化或机械本身故障影响工时利用的时间；施工机械转移及配套机械相互影响损失的时间；配合机械施工的工人因与其他工种交叉造成的间歇时间；因检查工程质量造成的机械停歇的时间；工程收尾和工作量不饱满造成的机械停歇时间等。大型机械幅度差系数为：土方机械25%，打桩机械33%，吊装机械30%。砂浆、混凝土搅拌机由于按小组配用，以小组产量计算机械台班产量，这类机械的消耗量不另增加机械幅度差。分部工程中如钢筋加工、木作、水磨石等各项专用机械的幅度差为10%。综上所述，预算定额施工机械台班消耗量按下式计算

预算定额施工机械台班消耗量 = 施工定额机械耗用台班 × （1 + 机械幅度差系数）

(3-38)

2）以现场测定资料为基础确定机械台班消耗量遇到施工定额（劳动定额）缺项者，则需要依据机械单位时间完成产量的测定资料，经过分析、处理后确定机械台班消耗量。

3.2.5 概算定额

1. 建筑工程概算定额的概念、作用及其内容

（1）建筑工程概算定额的概念和作用 建筑工程概算定额是国家或其授权单位规定的

完成一定计量单位的建筑工程的扩大分项工程（或扩大结构构件）所必需的人工、材料、施工机械台班消耗量标准（见表3-6）。

表 3-6　砖基础概算定额项目表　　　　　　　（单位：每 1m³）

概算定额编号				1-2
概算定额名称				砖基础
	预算定额编号	工程名称	单位	数量
综合项目	4-1	M5 水泥砂浆砖基础	m³	1
	1-8	人工挖槽、坑（三类土、深 2m）	m³	2.15
	1-48	人工槽、坑回填土（200m 运距）	m³	1.22
	1-49	人工运土方（200m 运距）	m³	3.05
	8-9	水泥砂浆基础平面防潮层	m²	0.47
人工、材料、机械定额	人工		工日	3.394
	普通黏土砖		块	524
	M5 水泥砂浆		m³	0.236
	水		m³	0.123
	200L 灰浆搅拌机		台班	0.039
	自动打夯机		台班	0.102

建筑工程概算定额是确定建筑工程概算价格、比较选择设计方案、编制建筑工程劳动计划和主要材料计划、编制概算指标的重要依据。

（2）建筑工程概算定额的内容

1）文字说明。文字说明包括总说明和章节说明，是使用概算定额的指南。

2）定额项目表。概算定额项目表由下列内容组成：概算定额编号、名称及概算基价；综合的工程内容；人工及主要材料消耗指标。

概算定额项目表可采用"竖表竖排"和"竖表横排"两种形式，但无论哪种形式的概算定额项目表，都应由以上内容构成。

2. 建筑工程概算定额的编制方法

概算定额编制的具体步骤：选定图样并合理确定各类图样所占比例；用工程量计算表计算并综合取定工程量；用"工料分析表"计算人工、材料、施工机械台班消耗量；用计算得到的相关数据编制概算定额项目表。

3.2.6　概算指标

1. 概算指标的概念及其作用

建筑安装工程概算指标通常是以单位工程为对象，以建筑面积、体积或成套设备装置的台或组为计量单位而规定的人工、材料、机具台班的消耗量标准和造价指标。从上述概念中可以看出，建筑安装工程概算定额与概算指标的主要区别如下：

1）确定各种消耗量指标的对象不同。概算定额是以单位扩大分项工程或单位扩大结构构件为对象，而概算指标则是以单位工程为对象。因此，概算指标比概算定额更加综合与扩大。

2）确定各种消耗量指标的依据不同。概算定额以现行预算定额为基础，通过计算之后才综合确定出各种消耗量指标，而概算指标中各种消耗量指标的确定，则主要来自各种预算或结算资料。概算指标和概算定额、预算定额一样，都是与各个设计阶段相适应的多次性计价的产物，它主要用于初步设计阶段，其作用主要有：

1）概算指标可以作为编制投资估算的参考。

2）概算指标是初步设计阶段编制概算书，确定工程概算造价的依据。

3）概算指标中的主要材料指标可以作为匡算主要材料用量的依据。

4）概算指标是设计单位进行设计方案比较、设计技术经济分析的依据。

5）概算指标是编制固定资产投资计划，确定投资额和主要材料计划的主要依据。

2. 概算指标的分类

概算指标可分为两大类，一类是建筑工程概算指标，另一类是设备及安装工程概算指标，如图3-5所示。

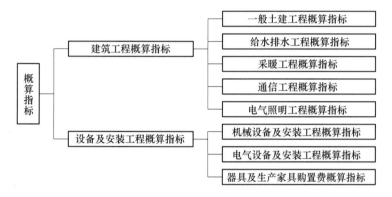

图3-5 概算指标分类

3. 建筑工程概算指标的内容

我国各省、市、自治区编制、使用的概算指标手册，一般都是由下列内容组成的：

（1）编制总说明 作为概算指标使用指南的编制总说明，通常列在概算指标手册的最前面，说明概算指标的编制依据、适用范围、使用方法及概算指标的作用等重要问题。

（2）概算指标项目 每个具体的概算指标都包括：示意图、经济指标表、结构特征及工程量指标表、主要材料消耗指标表和工日消耗指标表等内容。现以某单层砖木结构机械加工车间的建筑工程概算指标为例，介绍建筑工程概算指标的具体内容如下：

1）示意图。每个概算指标绘制的示意图必须反映建筑物的结构形式、跨度、高度、层数（工业厂房的起重机起重能力）等情况（见图3-6）。

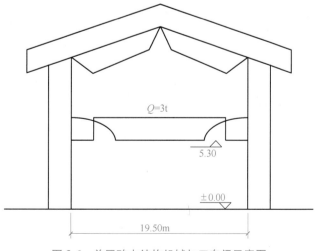

图3-6 单层砖木结构机械加工车间示意图

2）经济指标表（见表3-7）。

表3-7 经济指标表 （单位：每100m²）

结构特征	砖		平均高度		6.57m
层数	一层		建筑面积		500m²
项目			土建	给水排水	供暖	电器照明

经济指标（元）	104500	90170	2110	9260	2970
	其中：人工费	6600	100	430	110
	材料费	82210	2000	8760	2850
	机械费	1360	10	60	10
其他材料费占主财费的比例		17%	8%	15.5%	24%

3）结构特征及工程量指标表（见表3-8）

表3-8 结构特征及工程量指标表 （单位：每100m²）

主要构造内容		工程量	
		数量	单位
基础及埋深	毛石条形基础，1.80m	28	m³
外墙构造	双面清水墙，一砖厚	3	m³
内墙构造			
柱及间距			
梁	桥式钢筋混凝土吊车梁 Q = 3t		
地面构造	素土	92	m³
楼板及构造			
天棚构造	刨花板	107	m²
门窗	木制组合窗	36.12	m²
屋架及跨度	木屋架，19.50m	2.51	m³
屋面	黏土红瓦	116	m²
给水排水性质	生活及消防用水		
供暖方式	上行下给或蒸汽		
电器照明：供电方式	由车间动力配电箱引来		
用电量/（W/m²）	6.4		
配线方式	瓷瓶配线		
灯具种类	照明灯		
开关方式	埋入式板把开关		

4）工日指标表（见表3-9）

表3-9 工日指标表 （单位：每100m²）

工日指标（工日）		单位工程			
		土建	给水排水	供暖	电器照明
平均等级		3.2级	3.5级	3.5级	3.5级
工日数	310.90	284.90	3.90	17.80	4.30

5）主要材料消耗量指标表（见表3-10）

表3-10　主要材料消耗量指标表　　　　　　　（单位：每100m²）

名称及规格	单位	数量	名称及规格	单位	数量
1. 土建部分			3. 供暖部分		
钢筋10mm以内	t	0.20	散热器	片	18.42
钢筋10mm以外	t	0.56	焊接管 $G=15$	m	20.28
型钢	t		焊接管 $G=20$	m	9.79
水泥	t	6.33	焊接管 $G=25$	m	15.38
白灰	t	1.77	焊接管 $G=32$	m	8.29
红松成材	m³	2.97	焊接管 $G=40$	m	7.75
红松成材	m³	6.26	焊接管 $G=50$	m	1.55
模板材	m³	0.80	丝扣气门 $G=15$	个	6.54
板条	百根	1.40	丝扣气门 $G=20$	个	3.77
红砖	千块	15.8	丝扣气门 $G=25$	个	1.00
黏土瓦	千片	2.37	丝扣气门 $G=32$	个	0.20
卷材	m²	130	丝扣气门 $G=40$	个	0.40
玻璃	m²	48.36	法兰气门 $G=50$	个	0.20
砂子	m³	30.80	高压回水门 $G=15$	组	0.20
砾（碎）石	m³	7.23	高压回水门 $G=20$	组	0.40
毛石	m³	31.03	减压器 $G=32$	个	0.20
沥青	kg	0.79	4. 电器照明部分		
铁件	kg	66	绝缘导线 20mm²	m	38.10
2. 给水排水部分			绝缘导线 40mm²	m	67.50
镀锌管 $G=20$	m	1.63	焊接管 $G=15$	m	12.20
镀锌管 $G=50$	m	9.60	焊接管 $G=20$	m	2.10
镀锌管 $G=65$	m	1.02	主要灯具	套	3.21
法兰水门 $G=65$	个	0.20	其他灯具	套	1.00
水嘴 $G=15$	个	0.40	开关及插销	个	1.62
消火栓 $G=50$	组	0.40	配电箱（铁）	套	0.20

4. 概算指标的编制

必须按照国家颁发的建筑标准、设计规范及施工验收规范；标准设计图和各类工程的典型设计；现行的建筑工程概算定额、预算定额；现行的材料预算价格和其他价格资料；有代表性的、经济合理的工程造价资料；国家颁发的工程造价指标、有关部门测算的各类建筑物的单方造价指标等依据，采用如下步骤、方法进行编制。

1）选定有代表性的、经济合理的工程造价资料（略）。

2）取数据。从选定的工程造价资料中，取出土建、给水排水、供暖、电气照明等各单位工程的经济指标、主要结构的工程量、人工及主要材料（设备、器具）消耗指标等项相关数据。

3）计算经济指标。每100m²建筑面积的经济指标即各单位工程每100m²建筑面积的人工费、材料费、施工机械使用费指标。其计算公式如下

建筑物每100m²建筑面积经济指标 = $\sum$ [（各单位工程经济指标／建筑面积）× 100]

(3-39)

单位工程每100m²建筑面积的人工费、材料费、施工机械使用费指标 = [单位工程的人

工费(或材料费、机械费)/建筑面积]×100   (3-40)

4）计算主要结构的工程量指标。单位工程每 $100m^2$ 建筑面积的主要结构工程量指标按下列公式计算

每 $100m^2$ 建筑面积的主要结构工程量指标 = [某结构(或某分项工程)的总工程量/建筑面积]×100   (3-41)

例如，假定某建筑面积为 $500m^2$ 的单层砖木结构机械加工车间，采用埋深 1.8m 的毛石条形基础，根据施工图和土建工程概预算定额的相应规定，计算出工程全部毛石条形基础的总工程量为 $140m^3$，则根据上述计算公式有

每 $100m^2$ 建筑面积的毛石条形基础工程量指标 = $(140m^3/500m^2) \times 100m^2 = 28m^3$

5）计算实物消耗指标。各单位工程每 $100m^2$ 建筑面积的人工及主要材料（或设备）消耗指标按下列公式计算。计算后还需加总计算整个单项工程的人工消耗指标。

单位工程的每 $100m^2$ 建筑面积的工日(或材料、机械)指标 = [该单位工程的总工日(或材料、机械总用量)/建筑面积]×100   (3-42)

例如，该单层砖木结构机械加工车间的供暖工程，通过工料分析，计算出需用人工总计为 89 工日，则供暖工程的工日指标计算如下

供暖工程每百平方米建筑面积的工日指标 = $(89/500) \times 100$ 工日 = 17.80 工日

再例，该单层砖木结构机械加工车间土建工程，通过工料分析，得出该工程耗用水泥的总量为 31.65t，据以上公式计算土建单位工程每 $100m^2$ 建筑面积的水泥消耗指标为

土建工程每百平方米建筑面积的水泥消耗指标 = $(31.65/500) \times 100t = 6.33t$

6）填制概算指标各表并按要求绘制出示意图（略）。

5. 建筑工程概算指标的使用

使用概算指标编制工程概算的主要方法有：直接用概算指标中的经济指标编制概算；调整概算指标中的经济指标编制概算；用指标中的实物指标编制概算；用换算后的概算指标（即修正概算指标）编制概算。

3.2.7　投资估算指标

1. 投资估算指标及其作用

工程建设投资估算指标是编制建设项目建议书、可行性研究报告等前期工作阶段投资估算的依据，也可以作为编制固定资产计划投资额的参考。与概预算定额相比较，估算指标以独立的建设项目、单项工程或单位工程为对象，综合项目全过程投资和建设中的各类成本和费用，反映出其扩大的技术经济指标，既是定额的一种表现形式，但又不同于其他的计价定额。投资估算指标既具有宏观指导作用，又能为编制项目建议书和可行性研究阶段投资估算提供依据。

1）在编制项目建议书阶段，它是项目主管部门审批项目建议书的依据之一，并对项目的规划及规模起参考作用。

2）在可行性研究报告阶段，它是项目决策的重要依据，也是多方案比选、优化设计方案、正确编制投资估算、合理确定项目投资额的重要基础。

3）在建设项目评价及决策过程中，它是评价建设项目投资可行性、分析投资效益的主要经济指标。

4）在项目实施阶段，它是限额设计和工程造价确定与控制的依据。

5）是核算建设项目建设投资需要额和编制建设投资计划的重要依据。

6）合理准确地确定投资估算指标是进行工程造价管理改革，实现工程造价事前管理和主动控制的前提条件。

2. 投资估算指标编制原则和依据

（1）投资估算指标的编制原则 由于投资估算指标属于项目建设前期进行估算投资的技术经济指标，它不但要反映实施阶段的静态投资，还必须反映项目建设前期和交付使用期内发生的动态投资，以投资估算指标为依据编制的投资估算，包含项目建设的全部投资额。这就要求投资估算指标比其他各种计价定额具有更大的综合性和概括性。因此，投资估算指标的编制工作，除应遵循一般定额的编制原则外，还必须坚持以下原则：

1）投资估算指标项目的确定，应考虑以后几年编制建设项目建议书和可行性研究报告投资估算的需要。

2）投资估算指标的分类、项目划分、项目内容、表现形式等要结合各专业的特点，并且要与项目建议书、可行性研究报告的编制深度相适应。

3）投资估算指标的编制内容，典型工程的选择，必须遵循国家的有关建设方针政策，符合国家技术发展方向，贯彻国家发展方向原则，使指标的编制既能反映正常建设条件下的造价水平，也能适应今后若干年的科技发展水平。坚持技术上先进、可行和经济上的合理，力争以较少的投入求得最大的投资效益。

4）投资估算指标的编制要反映不同行业、不同项目和同工程的特点，投资估算指标要适应项目前期工作深度的需要，而且具有更大的综合性。投资估算指标要密切结合行业特点，项目建设的特定条件，在内容上既要贯彻指导性、准确性和可调性原则，又要有一定的深度和广度。

5）投资估算指标的编制要贯彻静态和动态相结合的原则。要充分考虑到在市场经济条件下，由于建设条件、实施时间、建设期限等因素的不同，考虑到建设期的动态因素，费用差等"动态"因素对投资估算的影响，对上述动态因素给予必要的调整办法和调整参数，尽可能减少这些动态因素对投资估算准确度的影响，使指标具有较强的实用性和可操作性。

（2）投资估算指标的编制依据

1）依照不同的产品方案、工艺流程和生产规模，确定建设项目主要生产、辅助生产、公用设施及生活福利设施等单项工程内容、规模、数量以及结构形式，选择相应具有代表性、符合技术发展方向、数量足够的已经建成或正在建设的并具有重复使用可能的设计图样及其工程量清册、设备清单、主要材料用量表和预算资料、决算资料，经过分类，筛选、整理出编制依据。

2）国家和主管部门制订颁发的建设项目用地定额、建设项目工期定额、单项工程施工工期定额及生产定员标准等。

3）编制年度现行全国统一、地区统一的各类工程概预算定额、各种费用标准。

4）编制年度的各类工资标准、材料单价、机具台班单价及各类工程造价指数，应以所处地区的标准为准。

5）设备价格。

3. 投资估算指标的内容

投资估算指标是确定和控制建设项目全过程各项投资支出的技术经济指标，其范围涉及建设前期、建设实施期和竣工验收交付使用期等各个阶段的费用支出，内容因行业不同而各异，一般可分为建设项目综合指标、单项工程指标和单位工程指标三个层次。

（1）建设项目综合指标　建设项目综合指标指按规定应列入建设项目总投资的从立项筹建开始至竣工验收交付使用的全部投资额，包括单项工程投资、工程建设其他费用和预备费等。建设项目综合指标一般以项目的综合生产能力单位投资表示，如"元/t"、"元/kW"，或以使用功能表示，如医院床位为"元/床"。

（2）单项工程指标　单项工程指标指按规定应列入能独立发挥生产能力或使用效益的单项工程内的全部投资额，包括建筑工程费，安装工程费，设备、工器具及生产家具购置费和可能包含的其他费用。单项工程一般划分原则如下：

1）主要生产设施。直接参加生产产品的工程项目，包括生产车间或生产装置。

2）辅助生产设施。为主要生产车间服务的工程项目，包括集中控制室、中央实验室、机修、电修、仪器仪表修理及木工（模）等车间，原材料、半成品、成品及危险品等仓库。

3）公用工程。公用工程包括给水排水系统（给水排水泵房、水塔、水池及全厂给水排水管网）、供热系统（锅炉房及水处理设施、全厂热力管网）、供电及通信系统（变配电所、开关所及全厂输电、电信线路）以及热电站、热力站、煤气站、空压站、冷冻站、冷却塔和全厂管网等。

4）环境保护工程，包括废气、废渣、废水等处理和综合利用设施及全厂性绿化。

5）总图运输工程，包括厂区防洪、围墙大门、传达及收发室、汽车库、消防车库、厂区道路、桥涵、厂区码头及厂区大型土石方工程。

6）厂区服务设施，包括厂部办公室、厂区食堂、医务室、浴室、哺乳室、自行车棚等。

7）生活福利设施，包括职工医院、住宅、生活区食堂、职工医院、俱乐部、托儿所、幼儿园、子弟学校、商业服务点以及与之配套的设施。

8）厂外工程，如水源工程、厂外输电、输水、排水、通信、输油等管线以及公路、铁路专用线等。

单项工程指标一般以单项工程生产能力单位投资，如"元/t"或其他单位表示。如：变配电站："元/（kV·A）"；锅炉房："元/蒸汽吨"；供水站："元/m^3"；办公室、仓库、宿舍、住宅等房屋则区别不同结构形式以"元/m^2"表示。

（3）单位工程指标　单位工程指标按规定应列入能独立设计、施工的工程项目的费用，即建筑安装工程费用。单位工程指标一般以如下方式表示：房屋区别不同结构形式以"元/m^2"表示；道路区别不同结构层、面层以"元/m^2"表示；水塔区别不同结构层、容积以"元/座"表示；管道区别不同材质、管径以"元/m"表示。

4. 投资估算指标的编制方法

投资估算的编制通常也分为准备阶段、定额初稿编制、征求意见、审查、批准发布五个通行步骤。但考虑到投资估算指标的编制涉及建设项目的产品规模、产品方案、工艺流程、设备选型、工程设计和技术经济等各个方面，既要考虑到现阶段技术状况，又要展望技术发展趋势和设计动向，通常编制人员应具备较高的专业素质。在各个工作阶段，针对投资估算指标的编制特点，具体工作具有特殊性。

（1）收集整理资料　收集整理已建成或正在建设的，符合现行技术政策和技术发展方向、有可能重复采用的、有代表性的工程设计施工图、标准设计以及相应的竣工决算或施工图预算资料等，这些资料是编制工作的基础，资料收集得越广泛，反映出的问题越多，编制工作考虑得越全面，就越有利于提高投资估算指标的实用性和覆盖面。同时，对调查收集到的资料要选择占投资比重大，相互关联多的项目进行认真的分析整理，由于已建成或正在建设的工程的设计意图、建设时间和地点、资料的基础等不同，相互之间的差异很大，需要去粗取精、去伪存真地加以整理，才能重复利用。将整理后的数据资料按项目划分栏目加以归类，按照编制年度的现行定额、费用标准和价格，调整成编制年度的造价水平及相互比例。由于调查收集的资料来源不同，虽然经过一定的分析整理，但难免会由于设计方案、建设条件和建设时间上的差异带来的某些影响，使数据失准或漏项等。必须对有关资料进行综合平衡调整。

（2）测算审查　测算是将新编的指标和选定工程的概预算，在同一价格条件下进行比较，检验其"量差"的偏离程度是否在允许偏差的范围之内，如偏差过大，则要查找原因，进行修正，以保证指标的确切、实用。测算也是对指标编制质量进行的一次系统检查，应由专人进行，以保持测算口径的统一，在此基础上组织有关专业人员予以全面审查定稿。

3.3 建筑安装工程单价

3.3.1 人工工日单价

1. 人工工日单价及其内容

人工工日单价（也称"人工工资单价""日工资单价"）是指施工企业平均技术熟练程度的生产工人在每工作日（国家法定工作时间内）按规定从事施工作业应得的日工资总额。它是平均用工等级的建筑安装工人一个工作日的人工费标准，即在每工作日中所能获得劳动报酬的计算尺度。人工工日单价是确定人工费的基础价格资料，包括计时或计件工资、奖金、津贴补贴、特殊情况下支付的工资等。

2. 影响人工工日单价的主要因素

影响建筑安装工人工工日单价的主要因素有：社会平均工资水平；消费指数；人工单价内容的变化；劳动力市场供求的变化；国家社会保障及社会福利政策的变化等。

3. 人工工日单价的编制方法

（1）企业自主确定的人工工日单价　这种人工工日单价，是由企业根据自身的劳动生产率水平、价格方面的经验资料、市场劳动力的供求状况、国家的相关政策与法规等因素，先分别工人的不同工种、不同技术等级、不同劳动熟练程度等，用加权平均方法测算出各类工人的平均月计时或计件工资、平均月奖金、平均月津贴补贴、平均月特殊情况下支付的工资，再按照下列公式自主确定各类建筑安装工人相应的人工工日单价。

$$人工工日单价 = （生产工人平均月计时、计件工资 + 平均月奖金 + 平均月津贴补贴 +$$
$$平均月特殊情况下支付的工资）/平均月工作日 \qquad (3\text{-}43)$$

（2）工程造价管理机构确定的人工工日单价　工程造价管理机构确定人工工日单价应通过市场调查、根据工程项目的技术要求，参考实物工程量等因素综合分析确定。最低人工工日单价不得低于工程所在地人力资源和社会保障部门发布的最低工资标准的相应倍数规定：普工 1.3 倍、一般技工 2 倍、高级技工 3 倍。在建筑安装工人的人工工日单价计算过程中，需要注意几点：

1）平均月工作日有三种，即每周休息 1、1.5、2 天，平均月工作天数分别为 25.17、23.00、20.83，[平均月工作日 =（365 - 星期日 - 法定节假日）÷12]

2）法定节假日须按国家的现行规定执行。

3）全年有效工作天数的确定公式为全年有效工作天数 = 365-星期日-法定节假日-非作业日。

【例 3-1】 根据下列资料为某企业编制人工工日单价。

资料：假定平均月有效施工天数为 23.00 天，平均年有效施工天数为 235 天，非生产工日为 41 天；经加权平均测算，构成工人计时计件工资的平均月岗位工资为人均 453.60元/月，技能工资为人均 1120.00 元/月，年功工资为人均 210.00 元/月；节约奖、劳动竞赛奖等奖金假定按计时工资额的 35% 计算；假定交通补贴为人均 115.00 元/月，流动施工补贴为人均 24.50 元/工日，住房补贴为计时工资的 15% 计算，物价补贴、高空作业津贴、高温高寒作业津贴、特殊地区施工津贴等共计为人均 283.46 元/月；特殊情况下支付的工资按计时工资和补贴津贴之和、非生产工日数计算。

解：平均月计时工资 = 453.60 元 + 1120.00 元 + 210.00 元 = 1783.60 元

平均月奖金 = 1783.60 元 × 35% = 624.26 元

平均月补贴津贴 = 115 元 + 24.50 × 23 元 + 1783.60 × 15% 元 + 283.46 元 = 1229.50 元

平均月特殊情况工资 =（1783.6/23 + 1229.5/23）× 41/12 元 ≈ 447.62 元

所求某等级技工的人工工日单价 =（1783.60 + 624.26 + 1229.50 + 447.62）元/23 ≈ 177.61 元

3.3.2　材料（工程设备）单价

在建筑工程中，材料费占总造价的 60%～70%，在金属结构工程中所占比重还要大，是直接费的主要组成部分。因此，合理确定材料预算价格构成，正确计算材料预算单价，有利于合理确定和有效控制工程造价。

材料（包括原材料、辅助材料、构配件、零件、半成品或成品）单价，是材料由来源地（供应者仓库或提货地点）运到工地仓库或施工现场存放材料地点后的出库价格。根据现行制度的规定，材料单价由材料基价（包括材料原价、包装费、运杂费、采购及保管费等）和单独列项计算的检验试验费组成。

1. 材料基价

材料基价是指材料在购买、运输、保管过程中形成的价格，其内容包括材料原价（或供应价格）、材料运杂费、运输损耗费、采购及保管费等。

（1）材料原价的确定　材料原价是指材料的出厂价格或销售部门的批发牌价和零售价，进口材料的抵岸价。在确定原价时，凡同一种材料因来源地、交货地、供货单位、生产厂家不同，而有几种价格（原价）时，根据不同来源地供货数量比例，采取加权平均的方法确定其综合原价。

$$\text{加权平均原价} = \frac{K_1 C_1 + K_2 C_2 + \cdots + K_n C_n}{K_1 + K_2 + \cdots + K_n} \tag{3-44}$$

式中 K_1，K_2，…，K_n——各不同供应地点的供应量或各不同使用地点的需要量；

　　　C_1，C_2，…，C_n——各不同供应地点的原价。

（2）包装费 包装费是指为了保护材料和便于材料运输进行包装需要的一切费用，将其列入材料的预算价格中，包括水运、陆运的支撑、篷布、包装箱、绑扎材料等费用。

材料包装费一般有两种情况：一种情况是生产厂负责包装，如袋装水泥、玻璃、铁钉、油漆、卫生瓷器等，包装费已计入材料原价中，不得另行计算包装费，但应考虑扣回包装品的回收价值；另一种是购买单位自行包装，回收价值可按当地旧、废包装器材出售价计算或按生产厂主管部门的规定计算，如无规定者，可根据实际情况确定。

（3）材料运杂费的确定 材料运杂费是指材料由采购地点或发货地点至施工现场的仓库或工地存放地点所发生的全部费用，含外埠中转运输过程中所发生的一切费用和过境过桥费用，包括调车和驳船费、装卸费、运输费及附加工作费等。材料运杂费的取费标准，应根据材料的来源地、运输里程、运输方法，并根据国家有关部门或地方政府交通运输管理部门规定的运价标准分别计算。运杂费中应考虑装卸费和运输损耗费。同一品种的材料有若干个来源地，应采用加权平均的方法计算材料运杂费。

（4）材料运输损耗费的计算 此费是材料在运输、装卸过程中发生合理损耗所需的费用。材料运输损耗费应以材料原价、材料运杂费之和为计费基数，乘以材料运输损耗费率进行计算。损耗费率由各地相关部门根据本地的具体情况，测算确定（见表3-11）。

材料运输损耗费 =（材料原价 + 包装费 + 材料运杂费）× 材料运输损耗费率

(3-45)

表 3-11　材料运输损耗费率表

序号	名称	包装方法	损耗费率（%）	序号	名称	包装方法	损耗费率（%）
1	砂		2	14	玻璃		1
2	碎石		1	15	毛石		1
3	河石		1	16	水泥管		4.2
4	水泥	散装	2.5	17	缸瓦管		2
5	水泥	纸袋	1.5	18	耐火砖		0.8
6	石灰	纸袋	2	19	沥青		0.3
7	红砖		2	20	矽藻土瓦		2
8	生石灰		2.5	21	耐火土	草袋	0.3
9	瓷砖		0.2	22	矿渣棉	纸皮	0.2
10	白石子		0.5	23	煤	木箱	1
11	水泥瓦		1	24	陶粒	草袋	2
12	黏土瓦		1	25	焦炭		1
13	石棉瓦		0.2	26	炉渣		5

（5）采购保管费的确定 采购保管费是指材料部门（包括工地以上各级管理部门）在组织采购、供应和保管材料过程中所需要的各种费用。

通过有关部门规定的材料采购保管费率（见表3-12）和规定的计费基数进行计算。

表 3-12　材料采购保管费率

材料种类	采购费率（%）	保管费率（%）	采购保管费（%）
木材、水泥	1	1.5	2.5
一般建材	1.2	1.8	3.0

材料采购保管费的计算基数为材料原价、包装费、材料运杂费、材料运输损耗费之和。

$$材料采购保管费 = （材料原价 + 包装费 + 材料运杂费 + 材料运输损耗费）\times$$
$$采购保管费率 \tag{3-46}$$

2. 检验试验费

检验试验费是指对建筑材料、构件和建筑安装物进行一般鉴定、检查所发生的费用，包括自设实验室进行试验所耗用的材料和化学药品等费用，不包括新结构、新材料的试验费和建单位对具有出厂合格证明的材料进行检验，对构件做破坏性试验及其他特殊要求检验试验的费用。

$$检验试验费 = \sum（单位材料检验试验费 \times 材料消耗量） \tag{3-47}$$

3. 工程设备单价及其编制

工程设备单价，是工程设备由来源地运到工地仓库或施工现场后的出库价格。根据现行制度的规定，工程设备单价由设备原价、设备运杂费、设备采购保管费等因素组成。

$$工程设备单价 = （设备原价 + 运杂费）\times [1 + 采购保管费率(\%)] \tag{3-48}$$

4. 材料（工程设备）单价的使用

1）使用材料（工程设备）单价计算工程所需的材料费、工程设备费。

2）应用材料单价进行分项工程计价标准的换算。计价标准换算涉及材料费部分时，应按规定将允许换算的材料量和材料单价相乘求出材料费金额进行单价换算，以利合理计价。

3）应用材料单价计算、调整材料费价格差额，正确进行工程结算中的材料费计算。

3.3.3　施工机械台班单价

施工机械使用费是根据施工中耗用的机械台班数量和机械台班单价确定的。施工机械台班耗用量按有关定额规定计算；施工机械台班单价是指一台施工机械，在正常运转条件下一个工作班中所发生的全部费用，每台班按 8 小时工作制计算。正确制定施工机械台班单价是合理确定和控制工程造价的重要方面。根据施工机械的获取方式不同，施工机械可分为自有施工机械和租赁施工机械，本节仅针对自有施工机械台班单价进行介绍。

根据《2001 年全国统一施工机械台班费用编制规则》的规定，施工机械台班单价由七项费用组成，包括折旧费、大修理费、经常修理费、安拆费及场外运费、人工费、燃料动力费、其他费用等。

1. 折旧费

折旧费是指施工机械在规定使用期限内，陆续收回其原值及购置资金的时间价值，计算公式如下

$$台班折旧费 = \frac{机械预算价格 \times（1 - 残值率）\times 时间价值系数}{耐用总台班} \tag{3-49}$$

（1）机械预算价格

1）国产机械的预算价格。国产机械预算价格按照机械原值、供销部门手续费和一次运杂费以及车辆购置税之和计算。

① 机械原值。国产机械原值应按下列途径询价、采集：

a. 编制期施工企业已购进施工机械的成交价格。

b. 编制期国内施工机械展销会发布的参考价格。

c. 编制期施工机械生产厂、经销商的销售价格。

② 供销部门手续费和一次运杂费可按机械原值的5%计算。

③ 车辆购置税的计算。车辆购置税应按下列公式计算

$$车辆购置税 = 计税价格 \times 车辆购置税率(\%) \tag{3-50}$$

$$计税价格 = 机械原值 + 供销部分手续费和一次运杂费 - 增值税 \tag{3-51}$$

车辆购置税应执行编制期间国家有关规定。

2）进口机械的预算价格。进口机械的预算价格按照机械原值、关税、增值税、消费税、外贸手续费和国内运杂费、财务费、车辆购置税之和计算。

① 进口机械的机械原值按其到岸价格取定。

② 关税、增值税、消费税及财务费应执行编制期国家有关规定，并参照实际发生的费用计算。

③ 外贸部门手续费和国内一次运杂费应按到岸价格的6.5%计算。

④ 车辆购置税的计税价格是到岸价格、关税和消费税之和。

（2）残值率　残值率是指机械报废时回收的残值占机械原值的百分比。残值率按目前有关规定执行：运输机械2%，掘进机械5%，特大型机械3%，中小型机械4%。

（3）时间价值系数　时间价值系数是指购置施工机械的资金在施工生产过程中随着时间的推移而产生的单位增值。其计算公式如下

$$时间价值系数 = 1 + (折旧年限 \pm 1) \times 年折现率(\%) \tag{3-52}$$

其中，年折现率应按编制期银行年贷款利率确定。

（4）耐用总台班　耐用总台班是指施工机械从开始投入使用至报废前使用的总台班数，应按施工机械的技术指标及寿命期等相关参数确定。

$$大修理次数 = 耐用总台班 \div 大修理间隔台班 - 1 = 大修理周期 - 1 \tag{3-53}$$

年工作台班是根据有关部门对各类主要机械最近3年的统计资料分析确定。

大修理间隔台班是指机械自投入使用起至第一次大修理止或自上一次大修理后投入使用起至下一次大修理止，应达到的使用台班数。大修理周期是指机械正常的施工作业条件下，将其寿命期（即耐用总台班）按规定的大修理次数划分为若干个周期，其计算公式为

$$大修理周期 = 寿命期大修理次数 + 1 \tag{3-54}$$

2. 大修理费

大修理费是指机械设备按规定的大修理间隔台班进行必要的大修理，以恢复机械正常功能所需的费用，台班大修理费是机械使用期限内全部大修理费之和在台班费用中的分摊额，取决于一次大修理费用、大修理次数和耐用总台班的数量。其计算公式为

$$台班大修理费 = \frac{一次大修理费 \times 寿命期内大修理次数}{耐用总台班} \tag{3-55}$$

1）一次大修理费是指施工机械一次大修理发生的工时费、配件费、轴料费、油燃料费

及送修运杂费。一次大修理费应以《全国统一施工机械保养修理技术经济定额》为基础，结合编制期市场价格综合确定。

2) 寿命期大修理次数是指施工机械在其寿命期（耐用总台班）内规定的大修理次数，应参照《全国统一施工机械保养修理技术经济定额》确定。

3. 经常修理费

经常修理费是指施工机械除大修理以外的各级保养和临时故障排除所需的费用，包括为保障机械正常运转所需替换与随机配备工具附具的推销和维护费用，机械运转及日常保养所需润滑与擦拭的材料费用及机械停滞期间的维护和保养费用等。各项费用分到台班中，即为台班经常修理费。其计算公式为

$$台班经常修理费 = \frac{\sum（各级保养一次费用 \times 寿命期各级保养总次数 + 临时故障排除费）}{耐用总台班} +$$

$$替换设备和工具附具台班摊销费 + 例保辅料费 \qquad (3\text{-}56)$$

当台班经常修理费计算公式中各项数值难以确定时，也可按下式计算

$$台班经常修理费 = 台班大修理费 \times K \qquad (3\text{-}57)$$

式中　K——台班经常修理费系数。

4. 安拆费及场外运费

安拆费是指施工机械在现场进行安装与拆卸所需的人工、材料、机械和试运转费用以及机械辅助设施的折旧、搭设、拆除等费用；场外运费是指施工机械整体或分体自停放地点运至施工现场或由一施工地点运至另一施工地点的运输、装卸、辅助材料及架线等费用。安拆费及场外运费根据施工机械不同分为计入台班单价、单独计算和不计算三种类型。

1) 工地间移动较为频繁的小型机械及部分中型机械，其安拆费及场外运费应计入台班单位，台班安拆费及场外运费应按下列规定计算：

① 一次安拆费应包括施工现场机械安装和拆卸一次所需的人工费、材料费、机械费及试运转费。

② 一次场外运费应包括运输、装卸、辅助材料和架线等费用。

③ 年平均安拆次数应以《全国统一施工机械保养修理技术经济定额》为基础，由各地区（部门）结合具体情况确定。

④ 运输距离均应按 25km 计算。

2) 移动有一定难度的特、大型（包括少数中型）机械，其安拆费及场外运费应单独计算。单独计算的安拆费及场外运费除应计算安拆费、场外运费外，还应计算辅助设施（包括基础、底座、固定锚桩、行走轨道枕木等）的折旧、搭设和拆除等费用。

3) 不需安装、拆卸且自身又能开行的机械和固定在车间不需安装、拆卸及运输的机械，其安拆费及场外运费不计算。

4) 自升式塔式起重机安装、拆卸费用的超高起点及其增加费，各地区（部门）可根据具体情况确定。

5. 人工费

人工费是指机上司机（司炉）和其他操作人员的工作日人工费及上述人员在施工机械规定的年工作台班以外的人工费。按下列公式计算

$$台班人工费 = 人工消耗量 \times \left(1 + \frac{年制度工作日 - 年工作台班}{年工作台班}\right) \times 人工日工资单价$$

$$(3-58)$$

1) 人工消耗量是指机上司机（司炉）和其他操作人员工日消耗量。

2) 年制度工作日应执行编制期国家有关规定。

3) 人工日工资单价应执行编制期工程造价管理部门的有关规定。

6. 燃料动力费

燃料动力费是指施工机械在运转作业中所耗用的固体燃料（煤、木柴）、液体燃料汽油、柴油）及水、电等费用。计算公式如下

$$台班燃料动力费 = 台班燃料动力消耗量 \times 相应单价 \qquad (3-59)$$

1) 燃料动力消耗量应根据施工机械技术指标及实测资料综合确定。可采用下列公式

$$台班燃料动力消耗量 = （实测数 \times 4 + 定额平均值 + 调查平均值）\div 6 \qquad (3-60)$$

2) 燃料动力单价应执行编制期工程造价管理部门的有关规定。

7. 其他费用

其他费用是指按照国家和有关部门规定应交纳的养路费、车船使用税、保险费及年检用等。其计算公式为

$$台班其他费用 = \frac{年养路费 + 年车船使用税 + 年保险费 + 年检费用}{年工作台班} \qquad (3-61)$$

1) 年养路费、年车船使用税、年检费用应执行编制期有关部门的规定。

2) 年保险费执行编制期有关部门强制性保险的规定，非强制性保险不应计算在内。

3.3.4 分项工程工料单价（定额基价）

（1）分项工程工料单价的概念 分项工程工料单价也称"定额基价"，是有关单位按照特定的编制依据规定的，完成定额计量单位值的分项工程所需的人工费、材料费、施工机械使用费的标准（表3-13）。

表3-13 分项工程工料单价表

定额编号及名称：4-4 一砖单面清水墙 定额单位：每 10m³ 砌体

项目		单位	单价（元）	数量	合价（元）
人工费		工日	16.75	18.87	316.07
材料费	红砖	千块	177.00	5.314	940.58
	M2.5 混合砂浆	m³	115.61	2.25	260.12
	水	m³	0.50	1.06	0.53
	小计				1201.23
施工机械使用费	200L 灰浆搅拌机	台班	37.64	0.38	14.30
合计（元）					1531.60

它是消耗量定额规定的完成一定计量单位值的分项工程所需人工、材料、施工机械台班消耗指标的货币表现，是计算分项工程人工费、材料费、施工机械使用费的单价标准。表 3-15 中每 $10m^3$ "实砌一砖单面清水墙"这一分项工程工料单价为 1531.60 元，是将基础定额规定的完成该分项工程所需的人工、材料、施工机械台班的实物消耗量指标以人工费、材料费、机械费的货币形式表现出来。因而，也称之为"定额基价"。

（2）分项工程工料单价的作用　分项工程工料单价是计算确定建设工程造价的基本依据，是调整建设工程造价的基本依据，是施工企业进行经济核算的基本依据。

3.3.5　工程综合单价

1. 工程综合单价的概念与内容

现阶段国内施行工程量清单计价招标投标中使用的分项工程综合单价，是投标人依据招标方提供的工程量清单数据编制的，完成清单计量单位值的分项工程、单价措施项目等的计价标准，由人工费、材料费、施工机具使用费、管理费、利润和一定的风险费构成，包括分项工程综合单价、措施项目综合单价、其他项目综合单价等几种，分别作为工程量清单计价中的分部分项工程费、单价措施项目费、其他项目费必需的重要计价依据。

2. 工程综合单价的编制依据

编制分项工程综合单价的主要依据是：业主工程量清单所列的分项工程项目、单价措施项目、其他项目及其数量；投标单位确定的相关项目数量数据；具体施工方案；企业定额；适用的基础单价、各种计价的百分率指标；有关合同条款的规定等。

3. 自主编制工程综合单价的程序和方法

（1）计算确定相关项目的工程量　根据企业定额及其工程量计算规则、具体施工方案等，慎重地计算、确定完成每个清单项目所需相关项目的实际工程量数据。

（2）计算确定相关项目的清单费用总额　以自行确定的工料单价与各相关项目的实际工程量相乘计算出人工费、材料费、施工机具使用费，再以此为基数乘以自行确定的管理费率、利润率计算出管理费和利润，酌情增加一定的风险费，即为清单费用总额。

相关项目工程清单费用总额 = [（相关项目工程的人工费 + 材料费 + 机具费）×

（1 + 管理费率）] × （1 + 利润率）+ 风险费　　　（3-62）

（3）计算确定工程综合单价　计算工程综合单价时，人工费、材料费、施工机具费均应根据企业定额中分项工程的实物消耗量及其相应的市场价格计算确定。为适应清单法作投标报价，企业应建立自己的计价标准数据库，并据此计算工程的投标报价。在应用数据库的数据对某一具体工程进行投标报价时，须对选用的计价标准进行认真的分析与调整，使其既能符合拟投标工程的实际情况，又能较好地反映当时当地市场行情。使企业的投标报价能更具竞争优势。

工程综合单价 = 相关项目清单费用总额／该项目的工程量清单数据

4. 招标控制价中工程综合单价的编制

招标控制价中的工程综合单价，需依据招标投标期间人工发布价及工程所在地材料市场信息价格资料，相应的企业管理费率、利润率，以及相应的实物消耗定额计算确定。

【例3-2】 某招标工程做"现浇C25混凝土有梁板"，招标期间当地人工发布价及工程所在地材料市场信息价表中的价格数据为：普工62.00元/工日（0.314工日）、技工95.00元/工日（0.257工日）、C25商品混凝土368.00元/m^3（1.015m^3）、水3.15元/m^3（0.88m^3）、电0.97元/kW·h（0.5kW·h）、草袋2.19元/m^2（1.35m^2）；有关单位规定的企业管理费率、利润率分别为人工费与机械费之和的23.84%、18.17%计算。据资料编制该项招标工程每立方米"现浇C25混凝土有梁板"的综合单价（按招标控制价要求，模板另计，暂不计风险费用）。

解：（1）人工费=62×0.314元+95×0.257元=43.89元

（2）材料费=368×1.015元+0.97×0.5元+3.15×0.88元+2.19×1.35元=379.74元

（3）机械费=0元

（4）企业管理费=（43.89+0）×23.84%元=10.46元

（5）利润=（43.89+0）×18.17%元=7.97元

（6）综合单价=（43.89+379.74+0+10.46+7.97）元/m^3=442.06元/m^3

即招标控制价中每"现浇C25混凝土有梁板"的综合单价为442.06元/m^3。

3.3.6 工程计价的百分率指标

1. 建筑安装工程费用定额

建筑安装工程费用定额的内容及分类

1）建筑安装工程费用定额的概念。建筑安装工程费用定额，是有关单位规定的计算除人工费、材料（工程设备）费、施工机具使用费之外的建筑安装工程其他成本额的取费标准。通常以百分率指标表示，故也称之为"费率"。建筑安装工程费用定额是合理确定工程造价的又一重要依据。

2）建筑安装工程费用定额的内容。现行的建筑安装工程费用定额包括措施费费率、企业管理费费率、规费费率。措施费费率是有关单位制定的总价措施费（不可计量的、属于组织措施的那部分措施费）所含费用项目的取费标准。一般须分别不同的费用项目以百分率指标的形式进行规定。总价措施费定额的主要项目包括：安全文明施工费定额、夜间施工费定额、二次搬运费定额、冬、雨期施工增加费定额、工程定位复测费定额等。其中，除安全文明施工费费率外，其余的统称为"其他总价措施费费率"。企业管理费费率是有关单位制定的企业管理费所含费用项目的取费标准。一般是以综合百分率指标的形式给予规定。规费费率是有关单位统一编制的规费计算的百分率标准。

3）建筑安装工程费用定额的编制程序。建筑安装工程费用定额的编制程序如下：确定典型、收集资料；分析整理资料，合理确定基础数据；计算费用定额；按一定的程序报送有关单位审查核准、颁发使用。

2. 利润率、税率

（1）利润率 利润率是有关单位规定的建筑安装工程造价中利润额的计算标准，一般是以百分率指标的形式予以规定。使用利润率计算建筑安装工程价格中的利润额时，须分别工程的不同性质、不同类别等具体情况，正确选择计算基数及相应的利润率。

（2）税率　目前，工程造价中的税金，主要包括按国家税法规定的应计入建筑安装工程造价内的增值税、城市维护建设税、教育费附加、地方教育费附加等内容。有关单位在编制税率时，通常分别各个单项测算税率，再汇总确定综合税率。建筑安装工程造价中税金额的计算式如下

$$税金 ＝（不含税的工程造价）× 相应的综合税率 \tag{3-63}$$

■ 3.4　工程量清单计价与计量规范

工程量清单是载明建设工程分部分项工程项目、措施项目和其他项目的名称和相应数量以及规费和税金项目等内容的明细清单。其中由招标人根据国家标准、招标文件、设计文件以及施工现场实际情况编制的称为招标工程量清单，而作为投标文件组成部分的已标明价格并经承包人确认的称为已标价工程量清单。招标工程量清单应由具有编制能力的招标人或受其委托，具有相应资质的工程造价咨询人或招标代理人编制。采用工程量清单方式招标，招标工程量清单必须作为招标文件的组成部分，其准确性和完整性由招标人负责。招标工程量清单应以单位（项）工程为单位编制，由分部分项工程项目清单，措施项目清单，其他项目清单，规费项目和税金项目清单组成。

3.4.1　工程量清单计价与计量规范概述

目前，工程量清单计价主要遵循的依据是工程量清单计价与工程量计算规范，由《建设工程工程量清单计价规范》（GB 50500—2013）、《房屋建筑与装饰工程工程量计算规范》（GB 50854—2013）、《仿古建筑工程工程量计算规范》（GB 50855—2013）、《通用安装工程工程量计算规范》（GB 50856—2013）、《市政工程工程量计算规范》（GB 50857—2013）、《园林绿化工程工程量计算规范》（GB 50858—2013）、《矿山工程工程量计算规范》（GB 50859—2013）、《构筑物工程工程量计算规范》（GB 50860—2013）、《城市轨道交通工程工程量计算规范》（GB 50861—2013）、《爆破工程工程量计算规范》（GB 50862—2013）等组成。

《建设工程工程量清单计价规范》包括总则、术语、一般规定、工程量清单编制、招标控制价、投标报价、合同价款约定、工程计量、合同价款调整、合同价款期中支付、竣工结算与支付、合同解除的价款结算与支付、合同价款争议的解决、工程造价鉴定、工程计价资料与档案、工程计价表格及附录。

各专业工程量计算规范包括总则、术语、工程计量、工程量清单编制和附录。

1. 工程量清单计价的使用范围

清单计价规范适用于建设工程发承包及其实施阶段的计价活动。使用国有资金投资的建设工程发承包，必须采用工程量清单计价；非国有资金投资的建设工程，宜采用工程量清单计价；不采用工程量清单计价的建设工程，应执行计价规范中除工程量清单等专门性规定外的其他规定。国有资金投资的项目包括全部使用国有资金（含国家融资资金）投资的工程建设项目和国有资金投资为主的工程建设项目。

1）国有资金投资的工程建设项目包括：

① 使用各级财政预算资金的项目。

② 使用纳入财政管理的各种政府性专项建设资金的项目。

③ 使用国有企事业单位自有资金，并且国有资产投资者实际拥有控制权的项目。

2）国家融资资金投资的工程建设项目包括：

① 使用国家发行债券所筹资金的项目。

② 使用国家对外借款或者担保所筹资金的项目。

③ 使用国家政策性贷款的项目。

④ 国家授权投资主体融资的项目。

⑤ 国家特许的融资项目。

3）国有资金（含国家融资资金）为主的工程建设项目是指国有资金占投资总额50%以上，或虽国有资金占投资总额不足50%但国有投资者实质上拥有控股权的工程建设项目。

2. 工程量清单计价的作用。

（1）提供一个平等的竞争条件 工程量清单报价就为投标者提供了一个平等竞争的条件，相同的工程量，由企业根据自身的实力来填报不同的单价。投标人的这种自主报价，使得企业的优势体现到投标报价中，可在一定程度上规范建筑市场秩序，确保工程质量。

（2）满足市场经济条件下竞争的需要 招标投标过程就是竞争的过程，招标人提供工程量清单，投标人根据自身情况确定综合单价，利用单价与工程量逐项计算每个项目的合价，再分别填入工程量清单表内，计算出投标总价。单价的高低直接取决于企业管理水平和技术水平的高低，这种局面促成了企业整体实力的竞争。

（3）有利于提高工程计价效率 采用工程量清单计价方式，避免了传统计价方式下招标人与投标人之间的在工程量计算上的重复工作。各投标人以招标人提供的工程量清单为统一平台，结合自身的管理水平和施工方案进行报价，促进了各投标人企业定额的完善和工程造价信息的积累与整理，体现了现代工程建设中快速报价的要求。

（4）有利于工程款的拨付和工程造价的最终结算 中标后，业主要与中标单位签订施工合同，中标价就是确定合同价的基础，投标清单上的单价就成了拨付工程款的依据。业主根据施工企业完成的工程量，可以很容易地确定进度款的拨付额。工程竣工后，根据设计变更、工程量增减等，业主也很容易确定工程的最终造价，可在某种程度上减少业主与施工单位之间的纠纷。

（5）有利于业主对投资的控制 采用现在的施工图预算形式，业主对因设计变更、工程量的增减引起的工程造价变化不敏感，往往等到竣工结算时才知道这些变化对项目投资的影响有多大，但此时常常是为时已晚。而采用工程量清单报价的方式则可对投资变化一目了然，在要进行设计变更时，能马上知道它对工程造价的影响，业主就能根据投资情况来决定是否变更或进行方案比较，以决定最恰当的处理方法。

3.4.2 分部分项工程项目清单

分部分项工程是分部工程和分项工程的总称。分部分项工程项目清单必须载明项目编码、项目名称、项目特征、计量单位和工程量。分部分项工程项目清单必须根据各专业工程量计算规范规定的项目编码、项目名称、项目特征、计量单位和工程量计算规则进行编制。其格式如表3-14所示，在分部分项工程项目清单的编制过程中，由招标人负责前六项内容填列，金额部分在编制招标控制价或投标报价时填列。

表 3-14 分部分项工程和单价措施项目清单与计价表

工程名称：　　　　　　　　　标段：　　　　　　　　　第　页共　页

序号	项目编码	项目名称	项目特征描述	计量单位	工程量	金额		
						综合单价	合价	其中：暂估价

注：为记取规费等的费用，可在表中增设"定额人工费"栏目。

（1）项目编码　项目编码是分部分项工程和措施项目清单名称的阿拉伯数字标识。清单项目编码以五级编码设置，用 12 位阿拉伯数字表示。一、二、三、四级编码为全国统一，即 1~9 位应按工程量计算规范附录的规定设置；第五级即 10~12 位为清单项目编码，应根据拟建工程的工程量清单项目名称设置，不得有重号，这三位清单项目编码由招标人针对招标工程项目具体编制，并应自 001 起顺序编制。

各级编码代表的含义如下：

1）第一级表示专业工程代码（分两位）。

2）第二级表示附录分类顺序码（分两位）。

3）第三级表示分部工程顺序码（分两位）。

4）第四级表示分项工程项目名称顺序码（分三位）。

5）第五级表示工程量清单项目名称顺序码（分三位）。

工程量清单项目编码结构图如图 3-7 所示（以房屋建筑与装饰工程为例）

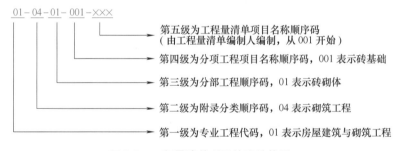

图 3-7　工程量清单项目编码结构图

当同一标段（或合同段）的一份工程量清单中含有多个单位工程且工程量清单是以单位工程为编制对象时，在编制工程量清单时应特别注意对项目编码 10~12 位的设置不得有重码。例如，一个标段（或合同段）的工程量清单中含有三个单位工程，每一单位工程中都有项目特征相同的实心砖墙砌体，在工程量清单中又需反映三个不同单位工程的实心砖墙砌体工程量时，则第一个单位工程的实心砖墙的项目编码应为 010401003001，第二个单位工程的实心砖墙的项目编码应为 010401003002，第三个单位工程的实心砖墙的项目编码应为 010401003003，并分别列出各单位工程实心砖墙的工程量。

（2）项目名称　分部分项工程项目清单的项目名称应按各专业工程量计算规范附录的项目名称结合拟建工程的实际确定。工程量计算规范附录表中的项目名称为分项工程项目名称，是形成分部分项工程项目清单项目名称的基础，即在编制分部分项工程项目清单时，以附录中的分项工程项目名称为基础，考虑该项目的规格、型号、材质等特征要求，结合拟建工程的实际情况，使其工程量清单项目名称具体化、细化，以反映影响工程造价的主要因素。例如，门窗工程中特种门应区分冷藏门、冷冻闸门、保温门、变电室门、隔音门、防射线门、人防门、金库门等。清单项目名称应表达详细、准确，各专业工程量计算规范中的分项工程项目名称若有缺陷，招标人可做补充，并报当地工程造价管理机构（省级）备案。

（3）项目特征　项目特征是构成分部分项工程项目、措施项目自身价值的本质特征。项目特征是对项目的准确描述，是确定一个清单项目综合单价不可缺少的重要依据，是区分清单项目的依据，是履行合同义务的基础。分部分项工程项目清单的项目特征应按各专业工程工程量计算规范附录中规定的项目特征，结合技术规范、标准图集、施工图，按照工程结构、使用材质及规格或安装位置等，予以详细而准确的表述和说明。凡项目特征中未描述到的其他独有特征，由清单编制人视项目具体情况确定，以准确描述清单项目为准。在各专业工程工程量计算规范附录中还有关于各清单项目工程内容的描述。工程内容是指完成清单项目可能发生的具体工作和操作程序，但应注意的是，在编制分部分项工程项目清单时，工程内容通常无须描述，因为在工程量计算规范中，工程量清单项目与工程量计算规则、工程内容有一一对应的关系，当采用工程量计算规范这一标准时，工程内容均有规定。

（4）计量单位　计量单位应采用基本单位，除各专业另有特殊规定外均按以下单位计量：

1）以重量计算的项目——t 或 kg（吨或千克）。

2）以体积计算的项目——m^3（立方米）。

3）以面积计算的项目——m^2（平方米）。

4）以长度计算的项目——m（米）。

5）以自然计量单位计算的项目——个、套、块、樘、组、台等。

6）没有具体数量的项目——宗、项等。

各专业有特殊计量单位的，应另外加以说明，当计量单位有两个或两个以上时，应根据所编工程量清单项目的特征要求，选择最适宜表现该项目特征并方便计量的单位。例如，门窗工程计量单位为樘和 m^2 两个计量单位，实际工作中，就应选择最适宜、最方便计量和组价的单位来表示。

计量单位的有效位数应遵守下列规定：

1）以 t 为单位，应保留三位小数，第四位小数四舍五入。

2）以 m^3、m^2、m、kg 为单位，应保留两位小数，第三位小数四舍五入。

3）以个、项等为单位，应取整数。

（5）工程数量的计算　工程数量主要通过工程量计算规则计算得到。工程量计算规则是指对清单项目工程量计算的规定。除另有说明外，所有清单项目的工程量应以实体工程量为准，并以完成后的净值计算；投标人投标报价时，应在单价中考虑施工中的各种损耗和需要增加的工程量。

根据工程量清单计价与工程量计算规范的规定，工程量计算规则可以分为房屋建筑与装饰工程、仿古建筑工程，通用安装工程、市政工程、园林绿化工程、构筑物工程、矿山工程、城市轨道交通工程、爆破工程等九大类。

随着工程建设中新材料、新技术、新工艺等的不断涌现，工程量计算规范附录所列的工程量清单项目不可能包含所有项目。在编制工程量清单时，当出现工程量计算规范附录中未包括的清单项目时，编制人应予以补充。

3.4.3 措施项目清单

1. 措施项目列项

措施项目是指为完成工程项目施工，发生于该工程施工准备和施工过程中的技术、生活、安全、环境保护等方面的项目。

措施项目清单应根据相关工程现行工程量计算规范的规定编制，并应根据拟建工程的实际情况列项。例如，《房屋建筑与装饰工程工程量计算规范》（GB 50854—2013）中规定的措施项目，包括脚手架工程，混凝土模板及支架（撑），超高施工增加，垂直运输，大型机械设备进出场及安拆，施工排水、施工降水，安全文明施工及其他措施项目。

2. 措施项目清单的格式

（1）措施项目清单的类别　措施项目费用的发生与使用时间、施工方法或者两个以上的工序相关，如安全文明施工费，夜间施工，非夜间施工照明，二次搬运，冬、雨期施工，地上、地下设施和建筑物的临时保护设施，已完工程及设备保护等。但是有些措施项目则是可以计算工程量的项目，如脚手架工程，混凝土模板及支架（撑），垂直运输，超高施工增加，大型机械设备进出场及安拆，施工排水、施工降水等，这类措施项目按照分部分项工程项目清单的方式采用综合单价计价，更有利于措施费的确定和调整。措施项目中可以计算工程量的项目（单价措施项目）宜采用分部分项工程项目清单的方式编制，列出项目编码、项目名称、项目特征、计量单位和工程量；不能计算工程量的项目（总价措施项目），以项为计量单位进行编制（见表3-15）。

表 3-15　总价措施项目清单与计价表

工程名称：　　　　　　　　　标段：　　　　　　　　　第　页共　页

序号	项目编码	项目名称	计算基础	费率（%）	金额（元）	调整费率（%）	调整后金额（元）	备注
		安全文明施工费						
		夜间施工增加费						
		二次搬运费						
		冬、雨期施工增加费						
		已完工程及设备保护费						
		…						
		合计						

编制人（造价人员）：　　　　　　　　　复核人（造价工程师）：

注：1. 计算基础中安全文明施工费可为定额基价、定额人工费或定额人工费+定额施工机具使用费，其他项目可为定额人工费或定额人工费+定额施工机具使用费。

　　2. 按施工方案计算的措施费，若无计算基础和费率的数值，也可只填金额数值，但应在备注栏说明施工方案出处或计算方法。

（2）措施项目清单的编制依据　措施项目清单的编制需考虑多种因素，除工程本身的因素外，还涉及水文、气象、环境、安全等因素。措施项目清单应根据拟建工程的实际情况列项。若出现工程量计算规范中未列的项目，可根据工程实际情况补充。

措施项目清单的编制依据主要有：

1）施工现场情况、地勘水文资料、工程特点。

2）常规施工方案。

3）与建设工程有关的标准、规范、技术资料。

4）拟定的招标文件。

5）建设工程设计文件及相关资料。

3.4.4 其他项目清单

其他项目清单是指分部分项工程项目清单、措施项目清单所包含的内容以外，因招标人的特殊要求而发生的与拟建工程有关的其他费用项目和相应数量的清单。工程建设的标准、工程的复杂程度、工程的工期、工程的组成内容、发包人对工程管理的要求等都直接影响其他项目清单的具体内容。其他项目清单包括暂列金额、暂估价（包括材料暂估单价、工程设备暂估单价、专业工程暂估价）、计日工、总承包服务费。

（1）暂列金额 暂列金额是指招标人在工程量清单中暂定并包含在合同价款中的一笔款项。它用于工程合同签订时尚未确定或者不可预见的材料、工程设备、服务的采购，施工中可能发生的工程变更、合同约定调整因素出现时的合同价款调整，以及发生的索赔、现场签证确认等的费用。设立暂列金额并不能保证合同结算价格不再出现超过合同价格的情况，是否超出合同价格完全取决于工程量清单编制人对暂列金额预测的准确性，以及工程建设过程是否出现了其他事先未预测到的事件。暂列金额应根据工程特点，按有关计价规定估算。

（2）暂估价 暂估价是指招标人在工程量清单中提供的用于支付必然发生但暂时不能确定价格的材料、工程设备的单价以及专业工程的金额，包括材料暂估单价、工程设备暂估单价和专业工程暂估价。专业工程的暂估价一般应是综合暂估价，包括人工费、材料费、施工机具使用费、企业管理费和利润，不包括规费和税金。暂估价中的材料、工程设备暂估单价应根据工程造价信息或参照市场价格估算，列出明细表；专业工程暂估价应分不同专业，按有关计价规定估算，列出明细表。

（3）计日工 在施工过程中，承包人完成发包人提出的工程合同范围以外的零星项目或工作，按合同中约定的单价计价的一种方式。计日工是为了解决现场发生的零星工作的计价而设立的。国际上常见的标准合同条款中，大多数都设立了计日工（Daywork）计价机制。计日工对完成零星工作所消耗的人工工日、材料数量、施工机具台班进行计量，并按照计日工表中填报的适用项目的单价进行计价支付。计日工适用的零星项目或工作一般是指合同约定之外的或者因变更而产生的、工程量清单中没有相应项目的额外工作，尤其是那些难以事先商定价格的额外工作。计日工应列出项目名称、计量单位和暂估数量。

（4）总承包服务费 总承包服务费是指总承包人为配合协调发包人进行的专业工程发包，对发包人自行采购的材料、工程设备等进行保管以及施工现场管理、竣工资料汇总整理等服务所需的费用。招标人应预计该项费用并按投标人的投标报价向投标人支付该项费用。总承包服务费应列出服务项目及其内容等。

3.4.5 规费、税金项目清单

规费项目清单应按照下列内容列项：社会保险费，包括养老保险费、失业保险费、医疗保险费、工伤保险费、生育保险费；住房公积金；工程排污费；出现计价规范中未列的项目，应根据省级政府或省级有关部门的规定列项。税金项目清单应包括增值税。出现计价规范未列的项目，应根据税务部门的规定列项。

■ 3.5 工程造价信息

信息是现代社会使用最多、最广、最频繁的一个词，不仅在人类社会生活的各个方面和各个领域被广泛使用，也在自然界的生命现象与非生命现象研究中被广泛采用。按狭义理解，信息是一种消息、信号、数据或资料；按广义理解，信息是物质的某种属性，是物质存在方式和运动规律与特点的表现形式。进入现代社会以后，信息逐渐被人们认识，其内涵越来越丰富，外延越来越广。在工程造价管理领域，信息也有它自己的定义。

3.5.1 工程造价信息的概念及分类

1. 工程造价信息的概念

工程造价信息是一切有关工程造价的特征、状态及其变动的消息的组合，在工程承发包市场和工程建设过程中，工程造价总是在不停地运动着、变化着，并呈现出种种不同特征。人们对工程承发包市场和工程建设过程中工程造价运动的变化，是通过工程造价信息来认识和掌握的。

在工程承发包市场和工程建设中，工程造价是最灵敏的调节器和指示器，无论是政府工程造价主管部门还是工程承发包双方，都要通过接收工程造价信息来了解工程建设市场动态，预测工程造价发展，决定政府的工程造价政策和工程承发包价。因此，工程造价主管部门和工程承发包双方都要接收、加工、传递和利用工程造价信息，工程造价信息作为一种社会资源在工程建设中的地位日趋明显，特别是随着我国开始推行工程量清单计价制度，工程价格从政府计划的指令性价格向市场定价转化，而在市场定价的过程中，信息起着举足轻重的作用，因此工程造价信息资源开发的意义更为重要。

2. 工程造价信息的分类

为便于对信息的管理，有必要将各种信息按一定的原则和方法进行区分和归集，并建立起一定的分类系统和排列顺序。因此，在工程造价管理领域，也应该按照不同的标准对信息进行分类。

（1）工程造价信息分类的基本原则

1）稳定性。信息分类应选择分类对象最稳定的本质属性或特征作为信息分类的基础和标准。信息分类体系应建立在对基本概念和划分对象的透彻理解和准确把握基础上。

2）兼容性。信息的分类体系必须考虑到项目各参与方所应用的编码体系的情况，应能满足不同参与方高效信息交换的需要。同时，还应考虑与有关国际、国内标准的一致性。

3）可拓展性。信息分类体系应具备较强的灵活性，可以在使用过程中方便地扩展，以保证增加新的信息类型时不至于打乱已建立的分类体系。同时，一个通用的信息分类体系还应为具体环境中信息分类体系的拓展和细化创造条件。

4）综合实用性。信息分类应从系统工程的角度出发，放在具体的应用环境中进行整体考虑。这体现在信息分类的标准与方法的选择上，应综合考虑项目的实施环境和信息技术工具。

（2）工程造价信息的具体分类

1）按管理组织的角度可分为系统化工程造价信息和非系统化工程造价信息。

2）按信息的形式可分为文件式工程造价信息和非文件式工程造价信息。

3）按信息的来源可分为横向的工程造价信息和纵向的工程造价信息。

4）按反映的经济层面可分为宏观工程造价信息和微观工程造价信息。

5）按信息的动态性可分为过去的工程造价信息、现在的工程造价信息和未来的工程造价信息。

6）按信息的稳定程度可分为固定工程造价信息和流动工程造价信息。

3.5.2 工程造价信息包括的主要内容

从广义上说，所有对工程造价的计价和控制过程起作用的资料都可以称为是工程造价信息，如各种定额资料、标准规范、政策文件等。但最能体现信息动态性变化特征，并且在工程价格的市场机制中起重要作用的工程造价信息主要包括价格信息、工程造价指数和已完工程信息三类。

1. 价格信息

价格信息包括各种建筑材料、装修材料、安装材料、人工工资、施工机械等的最新市场价格。这些信息是比较初级的，一般没有经过系统的加工处理，也可以称其为数据。

（1）人工价格信息　根据《关于开展建筑工程实物工程量与建筑工种人工成本信息测和发布工作的通知》（建办标函〔2006〕765号），我国自2007年起开展建筑工程实物工程量与建筑工种人工成本信息（也称人工价格信息）的测算和发布工作。其成果是引导建筑劳务合同双方合理确定建筑工人工资水平的基础，是建筑业企业合理支付工人劳动报酬和调解、处理建筑工人劳动工资纠纷的依据，也是工程招标投标中评定成本的依据。

1）建筑工程实物工程量人工价格信息。这种价格信息以建筑工程的不同划分标准为对象，反映了单位实物工程量的人工价格。根据工程不同部位，体现作业的难易，结合不同工种作业情况将建筑工程划分为土石方工程、架子工程、砌筑工程、模板工程、钢筋工程、混凝土工程、防水工程、抹灰工程、木作与木装饰工程、油漆工程、玻璃工程、金属制品制作及安装、其他工程。

2）建筑工种人工成本信息。这种价格信息以建筑工人的工种分类为对象，反映不同工种的单位人工日工资单价。建筑工种是根据《劳动法》和《职业教育法》的有关规定，对从事技术复杂、通用性广、涉及国家财产、人民生命安全和消费者利益的职业（工种）的劳动者实行就业准入的规定，结合建筑行业实际情况确定的。

（2）材料价格信息　在材料价格信息的发布中，应包括材料类别、规格、单价、供货地区、供货单位及发布日期等。

（3）机械价格信息　机械价格信息包括设备市场价格信息和设备租赁市场价格信息两部分。相对而言，后者对于工程计价更为重要，发布的机械价格信息应包括机械种类，规格型号、供货厂商名称、租赁单价、发布日期等。

2. 工程造价指数

工程造价指数是反映一定时期价格变化对工程造价影响程度的指数，包括各种单项价格指数，设备、工器具价格指数，建筑安装工程造价指数，建设项目或单项工程造价指数。

（1）各种单项价格指数 各种单项价格指数是反映各类工程的人工费、材料费、施工机具使用费报告期对基期价格的变化程度的指标。各种单项价格指数属于个体指数（个体指数是反映个别现象变动情况的指数），编制比较简单。例如，直接费指数、间接费指数、工程建设其他费用指数等的编制可以直接用报告期的费用（率）与基期的费用（率）之比求得。

1）人工费、材料费、施工机具使用费价格指数。人工费、材料费、施工机具使用费等价格指数可以直接用报告期价格与基期价格相比后得到。

$$人工费（材料费、施工机具使用费）价格指数 = \frac{P_n}{P_0} \qquad (3-64)$$

式中　P_n——基期人工日工资单价或材料价格、机械台班单价；

　　　P_0——报告期人工日工资单价或材料价格、机械台班单价。

2）措施费、间接费及工程建设其他费等费率指数。计算公式为

$$措施费、间接费、工程建设其他费费率指数 = \frac{P_n}{P_0} \qquad (3-65)$$

式中　P_n——基期措施费、间接费、工程建设其他费费率；

　　　P_0——报告期措施费、间接费、工程建设其他费费率。

（2）设备、工器具价格指数 总指数是用来反映不同度量单位的许多商品或产品所组成的复杂现象总体方面的总动态。综合指数是总指数的基本形式，可以把各种不能直接相加的现象还原为价值形态，先综合（相加），再对比（相除），从而反映观测对象的变化趋势。设备、工器具由不同规格、不同品种组成，因此设备、工器具价格指数属于总指数。由于采购数量和采购价格的数据无论是基期还是报告期都很容易获得，因此，设备、工器具价格指数可以用综合指数的形式。设备、工器具价格指数的计算公式为

$$设备、工器具价格指数 = \frac{\sum（报告期设备工器具单价 \times 报告期购置数量）}{\sum（基期设备工器具单价 \times 报告期购置数量）} \qquad (3-66)$$

（3）建筑安装工程造价指数 建筑安装工程造价指数是一种综合指数，包括人工费指数、材料费指数、施工机具使用费指数、措施费指数、间接费指数等各项个体指数。建筑安装工程造价指数的特点是既复杂又涉及面广，利用综合指数计算分析难度大，可以用各项个体指数加权平均后的平均指数表示。建筑安装工程价格指数的计算公式为

建筑安装工程造价指数 = 人工费指数 × 基期人工费占建安工程造价比例 + ∑（单项材料价格指数 × 基期该单项材料费占建安工程造价比例）+ ∑（单项机械台班指数 × 基期该单项

机械费占建安工程造价比例）+ 措施费、间接费综合指数 × 基期措施费、间接费占建安工程
造价比例 (3-67)

（4）建设项目或单项工程造价指数　建设项目或单项工程造价指数是由设备、工器具
价格指数，建筑安装工程造价指数，工程建设其他费用指数综合得到的。建设项目或单项工
程造价指数是一种总指数，用平均指数表示。建设项目或单项工程综合造价指数的计算公
式为

综合造价指数 = 建安工程造价指数 × 基期建安工程费占总造价比例 + ∑（单项设备价格
指数 × 基期设备费占总造价比例）+ 工程建设其他费指数 × 基期工程建设其他费占总造价比
例 (3-68)

3. 已完工程信息

已完或在建工程的各种造价信息，可以为拟建工程或在建工程造价提供依据。这种信息
也可称为工程造价资料。

3.5.3　工程造价资料分类及内容

1. 工程造价资料及其分类

工程造价资料是指已竣工和在建的有关工程可行性研究估算、设计概算、施工图预算、
招标投标价格、工程竣工结算、竣工决算、单位工程施工成本，以及新材料、新结构、新设
备、新施工工艺等建筑安装工程分部分项的单价分析等资料。

工程造价资料可以按以下方式分类：

1）工程造价资料按照其不同工程类型（如厂房、铁路、住宅、公建、市政工程等）进
行划分，并分别列出其包含的单项工程和单位工程。

2）工程造价资料按照其不同阶段，一般分为项目可行性研究投资估算、初步设计概
算、施工图预算、招标控制价、投标报价、竣工结算、竣工决算等。

3）工程造价资料按照其组成特点，一般分为建设项目、单项工程和单位工程造价资
料，同时也包括有关新材料、新工艺、新设备、新技术的分部分项工程造价资料。

2. 工程造价资料积累的内容

工程造价资料积累的内容应包括"量"和"价"，还要包括对工程造价有重要影响的技
术经济条件，如工程的概况、建设条件等。

（1）建设项目和单项工程造价资料

1）对造价有主要影响的技术经济条件，如项目建设标准、建设工期、建设地点等。

2）主要的工程量、主要的材料量和主要设备的名称、型号、规格、数量等。

3）投资估算、概算、预算、竣工决算及造价指数等。

（2）单位工程造价资料　单位工程造价资料包括工程的内容、建筑结构特征、主要工
程量、主要材料的用量和单价、人工工日用量和人工费、机械台班用量和机械费，以及相应
的造价等。

（3）其他　主要包括有关新材料、新工艺、新设备、新技术分部分项工程的人工工日、
主要材料用量、机械台班用量。

课后拓展 装配式建筑

1. 装配式建筑的定义

装配式建筑是指将工厂化生产的部品部件，在施工现场通过组装和连接而成的建筑。相对于现在仍然在施工当中占主流的现浇建筑来说，装配式建筑就是把一部分原来通过现浇成型的构配件，比如梁、柱、板，拿到工厂去生产，生产之后再运到工地来组装，把它的节点做好，然后采用一部分的现场浇筑将这两部分结合起来，形成一个完整的建筑。

2. 装配式建筑与传统现浇混凝土建筑相比的优点

（1）设计优势　装配式建筑可实现设计模块化、标准化。在相同地域、气候和环境条件下，通过优选户型，可以进行标准化、模块化复制设计和构件加工生产，这样不仅效率更高，而且前期通过 BIM 软件综合考虑设备管网一次性设计、预留，后期相同户型拼装组合，能够减少重复设计。

（2）成本优势　装配式建筑施工时现场湿作业人员减少，仅需要拼接安装施工人员，减少了人员成本。装配式建筑预制构件在工厂进行流水线作业生产，技术人员单一化作业，长时间重复工作，不仅可以提高技术人员的熟练程度，还通过固定作业模式的集中培训，提升了构件加工人员的素质。由于施工由现场作业转移到工厂作业，改善了工作环境，降低了施工期作业人员的安全隐患，提高了构件大批量工业化生产的效率，节省建造成本。

（3）工期优势　装配式建筑由于施工期间，湿作业环节减少，受到环境的影响较小，施工周期可控。传统的建筑施工周期因为多方面的影响，常导致工期延后，且因为赶进度造成的施工质量隐患较多，造成施工后期投入成本增加，实际建设成本往往高于预算成本。装配式建筑由于构件成品化生产，现场仅进行拼接安装，施工现场工作强度减少，从而保证了施工进度。由此可见，装配式建筑可以有效地减少建设工期成本，节省人力、物力和财力。

（4）质量优势　装配式建筑由于工厂化生产，构件生产质量可控。预制构件流水化生产避免了现浇构件人为因素的不利影响，并且预制构件出厂时可以进行单一构件的质量检查，只有合格的产品构件才能参与建筑的组装，这就保证了建筑施工过程中预制构件的产品质量，从而保证了建筑的施工质量。

由此我们可以看到，装配式建筑技术充分展现了建筑设计施工阶段质量可控、成本可控、安全可控的"三控"原则，实现了建筑建设期间节约能源、节约成本、节约人员的"三节"优势。装配式建筑符合我国目前的可持续发展的经济思路，同时也满足了我国居住环境改善的迫切希望。装配式建筑技术充分体现了未来建筑产业化的发展方向，也是近年来国家推广城镇化建设的必然结果。随着科学技术的进步，装配式建筑构件会越来越多地实现工厂预制化，解放出更多的劳动力。我国大力推进装配式建筑产业现代化的政策机制，极大地促进了建筑行业向高效管理、高效能源利用方向发展。

3. 装配式建筑对工程造价的影响

预制装配式建筑由现场生产柱、墙、梁、楼板、楼梯、屋盖、阳台等转变成交易购买

（或者自行工厂制作）成品混凝土构件，原有的套取相应的定额子目来计算柱、墙、梁、楼板、楼梯、屋盖、阳台等造价的做法不再适用，集成为单一构件部品的商品价格。现场建造变为构件工厂制作，原有的工、料、机消耗量对造价的影响程度降低，市场询价与竞价显得尤为重要。现场手工作业变为机械装配施工，随着建筑装配率的提高，装配式建筑越发体现安装工程计价的特点，生产计价方式向安装计价方式转变。工程造价管理由"消耗量定额与价格信息并重"向"价格信息为主、消耗量定额为辅"转变，造价管理的信息化水平需提高、市场化程度需增强。

随着建筑部品的集成化，整体卫生间、整体厨房以整套价格交易，价格中包含了设计、制作、运输、组装等费用，不再以施工内容分列清单、依次计量、分项计价再汇总得到其价格，仅需区分不同规格或等级实现所需的完备功能。对于部品而言，造价管理的重心应由关注现场生产转向比较其功能质量。随着建筑构件部品社会化、专业化生产、运输与安装，造价管理模式由现场生产计价方式向市场竞争计价方式转变，更加需要关注合同交易与市场价格。

4. 清单计价模式下装配式建筑造价管理要点

（1）前期策划阶段造价管理

1）重视建筑工程建设标准，合理选择装配率大小。现阶段装配式建筑仍然不成熟，导致 PC 构件预制率越高，装配式建筑成本就越高。但是，我国正大力推行装配式建筑，在税收、金融和信贷等政策上给予了很多优惠条件，可以减免部分税费、低利率贷款，降低建造成本。因此，企业必须重视工程建设标准和规模效益，在两者平衡中确定合适的装配率和预制率。

2）做好施工组织设计和组织管理工作。企业需提前整合资源、做好规划，了解施工现场条件或基础设施情况；制定科学合理的总平面图，做好材料堆放、施工机械合理布置，减少不必要的材料、机械的浪费，避免装配式建筑构件的二次搬运；选择合理的施工机具并确定施工方案尤其是吊装方案，确定合理的工期以便安排后期生产、运输计划，优化管理。

（2）设计阶段造价管理 设计阶段是最为关键的环节，既要提升项目的精细化管理和集约化经营能力，又要提高资源使用效率、降低成本、提升工程设计与施工质量水平。为了能够批量生产而降低生产成本，最为关键的是实现预制构件的科学拆分。预制构件的科学拆分，便于生产标准化，这就需要构建一套具有适应新的互相嵌套的模具，优化各功能模块的尺寸和类别，使得各模具之间能够实现互通和互换等的基本功能，以便在质量、结构、功能等方面实现最优的基础上使得工程造价成本最低化，从而提升建筑的整体性和美观性。此外，还需充分考虑预制构件的生产和安装阶段可能出现的难题，对预制构件进行优化，减小预制构件的规格和重量等属性，实现现场施工难度的降低，连接节点的标准化，实现建筑的整体性和优美性，从而减低预制构件的计价最小化。

（3）生产阶段造价管理

1）提高人工生产效率。装配式建筑生产阶段是传统现浇模式所没有的，因此需要考虑工种的变化，装配式建筑生产阶段应增设 PC 放样员、模具设计师、质量品管员、计划员、RFID（无线射频识别）系统技术员等新兴岗位，生产岗位设置时要考虑的主要工种有钢筋工、模板工、混凝土振捣工、冲洗工、吊车工、转运工、修补工等。企业应该对新兴岗位和重点岗位人员进行培训，要求掌握预制构件质量验收标准、混凝土浇筑施工操作要领、模板安装及拆除操作要领、预制件养护及存储运输要求等，同时要求预制构件生产培训理论培训与实操训练相结合，以保证工厂人员兼具理论基础与操作能力。

2）使用新技术降低材、机费。改进构件生产工艺，提高智能化、机械化水平，使用流水线生产，降低工人的劳动强度，提高生产效率，降低人工成本。控制 PC 构件及部品部件的材料费，就要做好询价和定价工作，根据实际情况对一些项目进行暂定价；加强 PC 构件新工艺新材料的研究，提高 PC 构件的各种性能和制作精细程度。

（4）运输阶段造价管理　从工厂运输到现场，需要对构件进行科学拆分，从而制定一个能够高效配合现场施工的运输方案。例如，可以从首层安装的第一批构件进行着手，选择最优运输方案，使施工现场少存放和工厂少堆放，减少构件存放及管理费用。为了保证装配式建筑部件的高效运输，设计阶段需要对构件重量、规格和形状进行充分的设计和拆分，实现装配式建筑部件的可运输性，如控制在 5t 之内和 5m 以内等属性。总体而言，根据装配式建筑部件的重量、规格和形状等属性，以及装卸车现场和运输道路情况，选择合适的运输车辆、装卸机械，同时考虑各方所能提供的装备供应条件等，拟定合理的运输方案，从而降低运输阶段的成本。

（5）施工阶段造价管理

1）降低人工费用。装配式建筑生产阶段与传统现浇模式不同，涉及人员除了包括正常的质量、安全、成本和施工人员外，还应包括工艺设计、方案设计、吊装、运输、施工等环节的专业技术人员，专项质检和检测人员，并且应增设施工工装设计师、施工方案设计师、吊装施工员等岗位。企业应该对管理人员和作业人员进行技术培训，与劳务企业和相关职业教育机构进行合作，加大培训力度，培养职业技术工人，提高工人和机械工作效率。

2）减少措施费和材料费。施工阶段是整个项目的核心阶段，是将工程项目从图样上转化为现实产物的阶段。对于预制装配建筑方式而言，施工现场需要模板、脚手架用量减少等优势，可降低直接费和减少措施费，是控制装配式建筑造价的关键，即提高预制率，最大限度地使用起重机进行水平构件吊装，必须发挥起重机的使用效率，结合现场布置情况，减少构件的存储和二次搬运；采用分段流水施工方式实现同步施工，即分成多个流线形式多个工序一起作业，提高安装效率，缩短工期，降低成本；优化预制构件安装工艺，采用现场综合拼装技术和适当的工法，最大限度地避免水平构件现浇，减少模板和脚手架的使用。

总体上，施工阶段需要针对不同建筑特点对关键性安装技术和方法进行改进和优化，实现分层流水施工和工序优化，这有利于提高安装效率、降低安装成本。

5. 结语

装配式建筑的发展需要科学的造价管理，科学的造价管理是装配式建筑项目顺利推进的基础和投资控制的重要保障。装配式建筑的造价管理将由现场生产计价方式转向市场竞争计价方式，造价管理的市场化程度将逐步增强。本拓展篇主要分析了装配式建筑存在的优势，从整体上提出各阶段工程造价管理的控制要点。它有望能调动市场积极性，在一定程度上推动装配式建筑的前进，促进我国装配式建筑行业蓬勃发展。

习　题

一、单项选择题

1. 在建设项目中，凡具有独立的设计文件，竣工后可以独立发挥生产能力或投资效益的工程称为（　　）。

    A. 建设项目　　　　B. 单项工程　　　　C. 单位工程　　　　D. 分部工程

2. 项目建设全过程的各个阶段（决策、初步设计、技术设计、施工图设计、招标投标、合同实施及竣工验收等阶段），都进行相应的计价，分别对应形成投资估算、设计概算、修正概算、施工图预算、合同价、结算价及决算价等。这体现了工程造价（　　）的计价特征。

    A. 复杂性　　　　B. 多次性　　　　C. 组合性　　　　D. 方法多样性

3. 对工程量清单概念表述不正确的是（　　）。

    A. 工程量清单是包括工程数量的明细列表

    B. 工程量清单也包括工程数量相应的单价

    C. 工程量清单由招标人提供

    D. 工程量清单是招标文件的组成部分

4. 采用工程量清单计价方式，业主对设计变更而导致的工程造价的变化一目了然，业主可以根据投资情况来决定是否进行设计变更。这反映了工程量清单计价方法（　　）的特点。

    A. 满足竞争的需要　　　　　　B. 有利于实现风险合理分担

    C. 有利于标底的管理与控制　　D. 有利于业主对投资的控制

5. 某土方施工机械一次循环的正常时间为 2.2min，每循环工作一次挖土 $0.5m^3$，工作班的延续时间为8h，机械正常利用系数为 0.85，则该土方施工机械的产量定额为（　　）m^3/台班。

    A. 7.01　　　　B. 7.48　　　　C. 92.73　　　　D. 448.80

6. 通过计时观察资料得知：人工挖二类土 $1m^3$ 的基本工作时间为6h，辅助工作时间占工序作业时间的2%。准备与结束工作时间、不可避免的中断时间、休息时间分别占工作日的3%、2%、18%。则该人工挖二类土的时间定额是（　　）。

    A. 0.765 工日/m^3　　　　　　B. 0.994 工日/m^3

    C. 1.006 工日/m^3　　　　　　D. 1.307 工日/m^3

7. 下列有关计日工的表述，正确的是（　　）。

    A. 为了解决现场发生的零星工作的计价而设立

    B. 适用的所谓零星工作一般是指合同约定之类的或者因变更而产生的

    C. 国际上常见的标准合同条款中，大多数都未设立计日工计价机制

    D. 计日工适用的零星工作是指工程量清单中相应项目的额外工作

8. 总承包服务费计价表中的服务内容应由（　　）填写。

    A. 投标人　　　　B. 招标人　　　　C. 项目经理　　　　D. 监理人

9. 根据《建设工程工程量清单计价规范》的规定，分部分项工程工程量清单项目编码为020601003004，其中01表示（　　）。

A. 工程分类顺序码   B. 分部工程顺序码

C. 分项工程项目名称顺序码   D. 专业工程顺序码

10. 工程量清单计价模式所采用的综合单价不含（　　　　）。

    A. 管理费   B. 利润   C. 措施费   D. 风险费

二、多项选择题

1. 工程造价计价特征有（　　　　）。

    A. 单件性   B. 批量性   C. 多次性

    D. 一次性   E. 组合性

2. 在工程造价的组合性特征中涉及（　　　　）。

    A. 分部分项工程造价   B. 分部分项工程单价

    C. 单位工程造价   D. 单项工程造价

    E. 建设项目总造价

3. 按照生产要素内容分类，建设工程定额可以分为（　　　　）。

    A. 人工定额   B. 施工定额   C. 材料消耗定额

    D. 预算定额   E. 机械台班定额

4. 下列属于计价性定额的有（　　　　）。

    A. 施工定额   B. 预算定额   C. 概算定额

    D. 概算指标   E. 投资估算指标

5. 采用工程量清单报价，下列计算公式正确的是（　　　　）。

    A. 分部分项工程费 = ∑分部分项工程量 × 分部分项工程综合单价

    B. 措施项目费 = ∑各措施项目工程量 × 措施项目综合单价

    C. 单位工程报价 = ∑分部分项工程费

    D. 单项工程报价 = ∑单位工程报价

    E. 建设项目总报价 = ∑单项工程报价

6. 下列选项中，工程量清单计价方法和定额计价方法的区别包括（　　　　）。

    A. 两种规模的主体计价依据及其性质不同

    B. 编制工程量的主体不同

    C. 工程量清单计价方法下的分项工程单价指综合单价

    D. 适用阶段不同

    E. 合同价格的调整方式不同

7. 招标工程量清单是招标人依据（　　　　）编制的，随招标文件发布供投标报价的工程量清单，包括对其的说明和表格。

    A. 设计文件   B. 招标文件   C. 投标文件

    D. 国家标准   E. 施工现场实际情况

8. 根据《建设工程工程量清单计价规范》的规定，分部分项工程量清单中的综合单价包括（　　　　）。

    A. 人工费   B. 材料费   C. 措施费

D. 利润   E. 风险费

  9. 措施项目中可以计算工程量的项目清单宜采用分部分项工程量清单的方式编制，需列出（   ）。

    A. 计算基础   B. 项目名称   C. 费率

    D. 项目特征   E. 工程量

  10. 工程量清单计价中税金项目包括（   ）。

    A. 增值税   B. 教育费附加   C. 企业所得税

    D. 城市维护建设税   E. 消费税

第4章

建设项目决策阶段的工程造价管理

■ 4.1 概述

建设项目一般都要经历投资前期、建设期、生产运营期三个阶段。投资前期即决策阶段是决定建设项目经济效果的关键时期，是研究和控制的重点。

4.1.1 建设项目前期的阶段划分

建设项目前期工作是一个由粗到细的分析过程，主要包括四个阶段：机会研究、预可行性研究、可行性研究、评估和决策阶段。机会研究证明效果不佳的项目，就不再进行预可行性研究；同样，如果预可行性研究结论为不可行，则不必再进行可行性研究。

1. 机会研究（项目建议书）

投资机会研究又称投资机会论证。其主要任务是提出建设项目投资方向建议，即在一个确定的地区和部门内，根据自然资源、市场需求、国家产业政策和国际贸易情况，通过调查、预测和分析研究，选择建设项目，寻找投资的有利机会。

机会研究主要解决两个方面的问题：一是社会是否需要；二是有没有可以开展项目的基本条件。该阶段的工作成果为项目建议书，项目建议书的内容视项目的不同情况而有繁有简，一般应包括以下几个方面：

1）建设项目提出的必要性和依据。引进技术和进口设备的，还要说明国内外技术差距概况及进口的理由。

2）产品方案、拟建规模和建设地点的初步设想。

3）资源情况、建设条件、协作关系等的初步分析。

4）投资估算和资金筹措设想。利用外资项目要说明利用外资的可能性，以及偿还贷款能力的大体测算。

5）项目的进度安排。

6）经济效益和社会效益的估计。

2. 预可行性研究

项目建议书经国家有关部门（如计划部门）审定同意后，对于投资规模大、技术工艺又比较复杂的大中型骨干建设项目，为进一步判断这个项目是否具有生命力，是否有较高的经济效益，需要做预可行性研究。若经过预可行性研究，认为该项目具有一定的可行性，便可转入可行性研究阶段。否则，就终止该项目的前期研究工作。

预可行性研究也称为初步可行性研究，其研究内容和结构与可行性研究基本相同，主要区别是所获得资料的详尽程度和研究深度不同。

3. 可行性研究

可行性研究又称技术经济可行性研究，是项目前期的主要阶段，是建设项目投资决策的基础。它为项目决策提供技术、经济、社会、商业方面的评价依据，为项目的具体实施提供科学依据。其核心是资源研究、市场研究、技术研究、效益研究。这一阶段的主要目标有：

1）提出项目建设方案。

2）效益分析和最终方案选择。

3）确定项目投资的最终可行性和选择依据标准。

4. 评估和决策阶段

项目评估是由投资决策部门组织和授权有关咨询公司或有关专家，代表项目业主和出资人对建设项目可行性研究报告进行全面的审核和再评价。其主要任务是对拟建项目的可行性研究报告提出评价意见，最终决策该项目投资是否可行，确定最佳投资方案。项目评估与决策是在可行性研究报告基础上进行的，其内容包括：

1）全面审核项目可行性研究报告中反映的各项情况是否属实。

2）分析项目可行性研究报告中各项指标计算是否正确，包括各种参数、基础数据、定额费率的选择。

3）从企业、国家和社会等方面综合分析和判断工程项目的经济效益和社会效益。

4）分析判断项目可行性研究的可靠性、真实性和客观性，对项目做出最终的投资决策。

5）写出项目评估报告。

由于基础资料的占有程度、研究深度与可靠程度的要求不同，项目前期各个工作阶段的研究性质、工作目标、工作要求、工作时间与费用各不相同。一般来说，各阶段的研究内容由浅入深，项目投资和成本估算的精度要求由粗到细，研究工作量由小到大，研究目标和作用逐步提高，因此工作时间和费用也逐渐增加。建设前期各阶段要求见表4-1。

表4-1　建设前期各阶段要求

工作阶段	机会研究	预可行性研究	可行性研究	评估和决策阶段
工作性质	项目设想	项目初步选择	项目拟定	项目评估
工作内容	鉴别投资方向，寻求投资机会（含地区、行业、资源和项目的机会研究），选择项目，提出项目投资建议	对项目初步评价做专题辅助研究，广泛分析、筛选方案，鉴定项目的选择依据和标准，研究项目的初步可行性，决定是否需要进一步做可行性究或否定项目	对项目进行细致的技术经济论证，重点对技术方案和经济效益进行分析评价，进行多方案比选，提出结论性意见，确定项目投资的可行性和选择依据标准	综合分析各种效益，对可行性研究报告进行评估和审查，分析判断项目可行性研究的可靠性和真实性，对项目做最终决定
工作成果及作用	编制项目建议书作为判定经济计划的基础，为初步选择投资项目提供依据	编制初步可行性报告，判定是否有必要进行下一步的可行性研究，进一步判明建设项目的生命力	编制可行性研究报告，作为项目投资决策的基础和重要依据	提出项目评估报告，为投资决策提供最后的决策依据，决定项目取舍和选择最佳投资方案

（续）

工作阶段	机会研究	预可行性研究	可行性研究	评估和决策阶段
估算精度（%）	±30	±20	±10	±10
研究费用占总投资的百分比（%）	0.2~1.0	0.25~1.25	大项目 0.2~1.0 小项目 1.0~3.0	—
需要时间（月）	1~3	4~6	8~12	—

4.1.2 建设项目投资决策的含义

建设项目投资决策是选择和决定投资行动方案的过程，是指建设项目投资者按照自己的目的，在调查、分析、研究的基础上，对投资规模、投资方向、投资结构、投资分配以及投资项目的选择和布局等方面进行分析研究，在一定的约束条件下，对拟建项目的必要性和可行性进行技术经济论证，对不同建设方案进行技术经济分析、比较，以及做出判断和决定的过程。

4.1.3 建设项目投资决策的意义

在现代激烈的市场竞争条件下，任何选择都具有一定的风险，投资决策过程中任何一项决策的失误，都有可能导致投资项目的失败。而且建设项目一般周期较长、投资较大、风险也较大。建设项目具有不可逆转性，一旦投资下去，工程建起来了，设备安装起来了，即使发现错了，也很难更改，损失很难挽回。因此，项目投资决策是投资行动的前提和准则。正确的项目投资来源于正确的项目投资决策。项目决策正确与否，是能否合理确定与控制工程造价的前提，它关系到工程造价的高低及投资效果的好坏，并直接影响项目建设的成败。因此，加强建设项目决策阶段的工程造价管理意义重大。

4.1.4 建设项目决策与工程造价的关系

1. 项目决策的正确性是工程造价合理性的前提

项目决策正确，意味着对项目建设做出科学的决断，优选出最佳投资行动方案，达到资源的合理配置。这样才能合理地估计和计算工程造价，并且在实施最优投资方案过程中，有效地控制工程造价。项目决策失误主要体现在对不该建设的项目进行投资建设，项目建设地点的选择错误，或者投资方案的确定不合理等，诸如此类的决策失误会直接带来不必要的资金投入和人力、物力及财力的浪费，甚至造成不可弥补的损失。在这种情况下，合理地进行工程造价的计价与控制就毫无意义了。因此，要使工程造价合理，就要事先保证项目决策的正确性，避免决策失误。

2. 项目决策的内容是决定工程造价的基础

工程造价的确定与控制贯穿于项目建设全过程，但决策阶段各项技术经济决策，对该项目的工程造价有重大影响，特别是建设标准的确定、建设地点的选择、工艺的评选、设备选用等，直接关系到工程造价的数额。在项目建设各阶段中，投资决策阶段直接影响决策阶段之后各个建设阶段的工程造价的确定与控制是否科学、合理。

3. 造价高低、投资多少影响项目决策

决策阶段的投资估算是进行投资方案选择的重要依据之一，也是决定项目是否可行及主

管部门进行项目审批的参考依据。

4. 项目决策的深度影响投资估算的精确度，也影响工程造价的控制效果

投资决策过程是一个由浅入深、不断深化的过程，依次分为若干工作阶段，不同阶段决策的深度不同，投资估算的精确度也不同。例如，投资机会及项目建议书阶段是初步决策的阶段，投资估算的误差率在±30%左右；详细可行性研究阶段是最终决策阶段，投资估算误差率在±10%以内。另外，由于在项目建设各阶段（决策阶段、初步设计阶段、技术设计阶段、施工图设计阶段、工程招标投标及发包承包阶段、施工阶段及竣工验收阶段）中，通过工程造价的确定与控制，相应形成投资估算、设计概算、修正概算、施工图预算、承包合同价、结算价及竣工决算。这些造价形式之间存在着前者控制后者，后者补充前者的相互作用关系。"前者控制后者"的制约关系意味着投资估算作为限额目标，对其后面的各种形式的造价起着制约作用。由此可见，只有加强项目决策的深度，采用科学的估算方法和可靠的数据资料，合理地计算投资估算，保证投资估算的精度，才能保证其他阶段的造价被控制在合理范围内，使投资控制目标能够实现，避免"三超"现象的发生。

4.1.5 项目决策阶段影响工程造价的主要因素

1. 项目合理建设规模的确定

每一个建设项目都存在着合理规模的确定问题。生产规模过小，资源得不到有效配置，单位产品成本高，经济效益低下；生产规模过大，超过了市场需求量，则会导致产品积压或降价销售，致使项目经济效益低下。必须充分考虑规模效益，综合市场、技术及环境等主要因素，合理确定项目建设规模。

2. 建设标准水平的确定

建设标准的主要内容有：建设规模、占地面积、工艺装备、建筑标准、配套工程、劳动定员等方面的标准或指标。建设标准能否起到控制工程造价、指导建设的作用，关键在于标准水平的确定是否合理，建设标准水平应从经济发展水平出发，区别不同地区、不同规模、不同等级、不同功能合理确定。对于大多数工业交通项目，应采用中等适用的标准，对少数引进国外技术和设备或有特殊要求的项目，标准可适当高些。在建筑方面，应坚持适用、经济、安全、朴实的原则，建设标准水平的高低将直接关系到项目投资的多少。

3. 建设地区及建设地点的选择

建设地区的合理与否，在很大程度上决定着拟建项目的命运，影响着工程造价的高低、建设工期的长短、建设质量的好坏，还影响到项目建成后的经营状况。因此建设地区的选择应在充分考虑经济发展战略规划的要求、资源条件、运输条件、水文地质等自然条件和环境等因素的基础上，本着靠近原料、燃料提供地和产品消费地以及同类项目适当聚集的原则进行。

建设地点的选择是在已选定建设地区的基础上，具体确定项目所在的建设地段，坐落位置和东、西、南、北四邻。其要求有两点：一是从保证拟建项目直接经济效益出发，满足该项目生产建设和职工生活的要求；二是从保证间接的、有利于社会的效益出发，有利于所在地区总体规划的实现，不造成四邻和所在地区、流域景观与环境生态平衡的破坏。具体地讲，建设地点的选择除了应满足节约土地，工程地质和水文地质条件可靠，建设时期水、电、运输等条件能保证供应，建成后的原材料、燃料等均能满足使用的要求，更重要的是建

设地点选择的费用分析，包括土地费用、土石方工程费、运输设施费、排水及污水处理设施费、动力设施费、生活设施费等。另外，还要进行项目投产后经营费用的比较，包括原材料、燃料及产品运输、给水排水、污水处理费用，动力供应费用等，这些费用将直接影响项目的投资和控制。

4. 生产工艺和平面布置方案的确定

生产工艺方案的确定是指生产性项目生产产品所采用的工艺流程和制作方法。其评价及确定主要有两项标准：先进适用和经济合理。先进与适用是评价工艺最基本的标准，二者是对立统一的。工艺的先进性是首要满足的，它能带来产品质量、生产成本的优势，但也不能单独强调先进而忽视适用，还要考察工艺是否符合国情和地区经济及技术发展政策。经济合理是指所用的工艺应能以最小的消耗获得最大的经济效果，要求综合考虑所用工艺所能产生的经济效益和国家、地区及部门的经济承受能力。平面布置方案的设计，是根据拟建项目的生产性质、规模和生产工艺等要求，结合建厂地区、地点的具体条件，按照生产工艺等技术要求，对项目的建筑物、构筑物及交通运输进行经济合理布置的规划及设计工作。生产工艺和平面布置方案是否先进、合理，不仅关系到项目建设阶段的投资额，而且对使用阶段的年使用费有很大的影响。

5. 设备的选用

设备费用在生产性建设项目总投资中所占的比例较大，因而应特别注重设备的选用，以控制投资成本。在设备选用中，还应注意处理好以下几个问题：尽量选用国产设备，凡是只引进关键设备就能配套使用的，就不要成套引进；注意进口设备之间及国内外设备间的衔接问题；注意进口设备与原有国产设备、厂房之间的配套问题；注意进口设备与原材料、备件及维修能力间的配套问题；注意引进技术资料，即所谓"软件"的问题。

综上所述，建设项目决策阶段的造价控制，是对投资经济活动的事前控制，对项目造价的构成及控制有着极其重要的作用，是项目投资控制的最主要和最直接有效的阶段。据国内外有关资料统计，在项目建设各阶段中，投资决策阶段影响造价的程度最高，可达80%~90%，而且直接影响着决策阶段之后的各个建设阶段工程造价的确定与控制的科学与合理性。

4.1.6 项目决策阶段的工作内容

项目投资决策阶段工程造价管理，主要从整体上把握项目的投资，分析确定建设项目工程造价的主要影响因素，编制建设项目的投资估算，对建设项目进行经济财务分析，考察建设项目的国民经济评价与社会效益评价，结合建设项目的决策阶段的不确定性因素对建设项目进行风险管理等。

1. 确定影响建设项目决策的主要因素

（1）确定建设项目的资金来源　目前，我国建设项目的资金来源有多种渠道，一般从国内资金和国外资金两大渠道来筹集。国内资金来源一般包括国内贷款、国内证券市场筹集、国内外汇资金和其他投资等。国外资金来源一般包括国外直接投资、国外贷款、融资性贸易、国外证券市场筹集等。不同的资金来源筹集资金的成本不同，应根据建设项目的实际情况和所处环境选择恰当的资金来源。

（2）选择资金筹集方法　从全社会来看，筹资方法主要有利用财政预算投资、利用自筹资金安排的投资、利用银行贷款安排的投资、利用外资、利用债券和股票等资金筹集方法。各种筹资方法的筹资成本不尽相同，它们对建设项目工程造价均有影响。应选择适当的几种筹资方法进行组合，使得建设项目的资金筹集不仅可行，而且经济。

（3）合理处理影响建设项目工程造价的主要因素 在建设项目投资决策阶段，应合理地确定项目的建设规模、建设地区和厂址，科学地选定项目的建设标准并适当地选择项目生产工艺和设备，这些都直接关系到项目的工程造价和全寿命成本。

2. 建设项目决策阶段的投资估算

投资估算是一个项目决策阶段的主要造价文件，它是项目可行性研究报告和项目建议书的组成部分，投资估算对于项目的决策及投资十分重要。编制工程项目的投资估算时，应根据项目的具体内容及国家有关规定和估算指标等，以估算编制时的价格进行，并应按照有关规定，合理地预测估算编制后至竣工期间的价格、利率、汇率等动态因素的变化对投资的影响，确保投资估算的编制质量。

提高投资估算的准确性，可以从以下几点做起：认真收集整理各种建设项目竣工决算的实际造价资料；不能生搬硬套工程造价数据，要结合时间、物价及现场条件和装备水平等因素做出充分的调查研究；提高造价专业人员和设计人员的技术水平；提高计算机的应用水平；合理估算工程预备费；对引进设备和技术项目要考虑每年的价格浮动和外汇的折算变化等。

3. 建设项目决策阶段的经济评价

建设项目的经济评价是指以建设工程和技术方案为对象的经济方面的研究。它是可行性研究的核心内容，是建设项目决策的主要依据。其主要内容是对建设项目的经济效果和投资效益进行分析。进行项目经济评价就是在项目决策的可行性研究和评价过程中，采用现代化经济分析方法，对拟建项目计算期（包括建设期和生产期）内投入产出等诸多经济因素进行调查、预测、研究、计算和论证，做出全面的经济评价，提出投资决策的经济依据，确定最佳投资方案。

（1）现阶段建设项目经济评价的基本要求

1）动态分析与静态分析相结合，以动态分析为主。

2）定量分析与定性分析相结合，以定量分析为主。

3）全过程经济效益分析与阶段性经济效益分析相结合，以全过程分析为主。

4）宏观效益分析与微观效益分析相结合，以宏观效益分析为主。

5）价值量分析与实物量分析相结合，以价值量分析为主。

6）预测分析与统计分析相结合，以预测分析为主。

（2）财务评价 财务评价是项目可行性研究中经济评价的重要组成部分，它是根据国家现行财税制度和价格体系，分析、计算项目直接发生的财务效益和费用，编制财务报表，计算评价指标，考察项目的盈利能力、清偿能力以及外汇平衡等财务状况，据以判别项目的财务可行性。其评价结果是决定项目取舍的重要决策依据。

1）财务盈利能力分析。财务评价的盈利能力分析主要是考察项目投资的盈利水平，主要指标有：

① 财务内部收益率（FIRR），这是考察项目盈利能力的主要动态评价指标。

② 投资回收期（P_1），这是考察项目在财务上投资回收能力的主要静态评价指标。

③ 财务净现值（FNPV），这是考察项目在计算期内盈利能力的动态评价指标。

④ 投资利润率，这是考察项目单位投资盈利能力的静态指标。

⑤ 投资利税率，这是判别单位投资对国家积累的贡献水平高低的指标。

⑥ 资本金利润率，这是反映投入项目的资本金盈利能力的指标。

2）项目清偿能力分析。项目清偿能力分析主要是考察计算期内各年的财务状况及偿债能力，主要指标有：

① 固定资产投资国内借款偿还期。

② 利息备付率，表示使用项目利润偿付利息的保证倍率。

③ 偿债备付率，表示可用于还本付息的资金偿还借款本息的保证倍率。

3）财务外汇效果分析。建设项目涉及产品出口创汇及替代进口节汇时，应进行项目的外汇效果分析。在分析时，计算财务外汇净现值、财务换汇成本、财务节汇成本等指标。

（3）国民经济评价　国民经济评价是按照资源合理配置的原则，从国家整体角度考虑项目的效益和费用，用货物影子价格、影子工资、影子汇率和社会折现率等经济参数分析、计算项目对国民经济的净贡献，评价项目的经济合理性。

1）国民经济评价指标。国民经济评价的主要指标是经济内部收益率。另外，根据建设项目的特点和实际需要，可计算经济净现值和经济净现值率指标。在初选建设项目时，可计算静态指标投资净效益率。经济内部收益率（EIRR）是反映建设项目对国民经济贡献程度的相对指标；经济净现值（ENPV）是反映建设项目对国民经济所做贡献的绝对指标；经济净现值率（ENPVR）是反映建设项目单位投资为国民经济所做净贡献的相对指标；投资净效益率是反映建设项目投产后单位投资对国民经济所做年净贡献的静态指标。

2）国民经济评价外汇分析。涉及产品出口创汇及替代进口节汇的建设项目，应进行外汇分析，计算经济外汇净现值、经济换汇成本、经济节汇成本等指标。

（4）社会效益评价　我国现行的建设项目经济评价指标体系中，还没有规定出社会效益评价指标。社会效益评价以定性分析为主，主要分析项目建成投产后，对环境保护和生态平衡的影响，对提高地区和部门科学技术水平的影响，对提供就业机会的影响，对产品用户的影响，对提高人民物质文化生活水平及社会福利生活水平的影响，对城市整体改造的影响，对提高资源利用率的影响等。

4. 建设项目决策阶段的风险管理

风险通常是指产生不良后果的可能性。在工程项目的整个建设过程中，决策阶段是进行造价控制的重点阶段，也是风险最大的阶段，因而风险管理的重点也在建设项目投资决策阶段。所以在该阶段，要及时通过风险辨识和风险分析，提出建设投资决策阶段的风险防范措施，提高建设项目的抗风险能力。

■ 4.2　建设项目可行性研究

4.2.1　可行性研究的概念

可行性研究是指在投资决策之前，对与拟建项目有关的技术、经济、社会、环境等所有方面进行深入细致的调查研究，对各种可能采用的技术方案和建设方案进行认真的技术经济分析和比较论证，对项目建成后的经济效益、社会效益、环境效益等进行科学的预测和评价。在此基础上，对拟建项目的技术先进性和适用性、经济合理性和有效性，以及建设必要性和可行性进行全面分析、系统论证、多方案比较和综合评价，由此提出该项目是否应该投资和如何投资等结论性意见，为投资决策提供科学的依据。

在建设项目投资决策之前，通过项目的可行性研究，使项目的投资决策工作建立在科学、可靠的基础之上，从而实现项目投资决策科学化，减少和避免投资决策的失误，提高项目投资的经济效益。

4.2.2　可行性研究的作用

可行性研究作为项目前期工作的重要组成部分，其作用主要有以下几点：

（1）作为建设项目投资决策的依据　可行性研究作为一种投资决策方法，从市场、技术、工程建设、经济及社会等多方面对建设工程项目进行全面综合的分析和论证，依据其结论进行投资决策可大幅提高投资决策的科学性。

（2）作为编制设计文件的依据　可行性研究报告一经审批通过，意味着该项目正式批准立项，可以进行初步设计。在可行性研究工作中，对项目选址、建设规模、主要生产流程、设备选型等方面都进行了比较详细的分析和研究，设计文件的编制应以可行性研究报告为依据。

（3）作为筹集资金和向金融机构申请贷款的依据　可行性研究报告详细预测了建设工程项目的财务效益、经济效益和社会效益。金融机构只有通过审查项目可行性研究报告，确认项目的经济效益水平和偿债能力及风险水平，才可做出是否贷款的决策。

（4）作为建设单位与各协作单位签订合同及有关协议的依据　在可行性研究工作中，对建筑规模、主要生产流程、设备选型等都进行了充分的论证。建设单位在与有关协作单位签订原材料、燃料、动力、工程建筑、设备采购等方面的协议时，应以批准的可行性研究报告为基础，保证预定建设目标的实现。

（5）作为向当地政府和有关部门审批的依据　工程建设需要获得当地政府及有关部门的审批并取得相关证书，如国有土地使用证、建设用地规划许可证、建设工程规划许可证、建设工程施工许可证等。建设项目在建设过程中和建成后的运营过程中对市政建设、环境及生态都有影响，因此项目的开工建设还需要经过当地市政、环保部门的审批和认可。在可行性研究报告中，对项目选址、总图布置、环境及生态保护方案等诸方面都进行了论证，为申请和批准建设执照提供了依据。

（6）作为施工组织、工程进度安排及竣工验收的依据　可行性研究报告对以上工作都有明确的要求，所以可行性研究又是检验施工进度及工程质量的依据。

（7）作为项目后评估的依据　建设工程项目后评估是在项目建成运营一段时间后，评价项目实际运营效果是否达到预期目标。建设工程项目的预期目标是在可行性研究报告中确定的，因此项目后评估应以可行性研究报告为依据，评价项目目标的实现程度。

4.2.3　可行性研究的内容

项目可行性研究是在对项目进行深入细致的技术经济论证的基础上，对多种方案进行比较和优选，就项目投资最后决策提出结论性意见。因此，在内容上应能满足作为项目投资决

工程造价管理 第2版

策的基础和重要依据的基本要求。可行性研究的基本内容和深度应符合国家的有关规定。一般工业建设项目的可行性研究包括以下几个方面的内容：

（1）总论 它主要说明项目提出的背景、项目概况、可行性研究报告编制的依据、项目建设条件及问题和建议。

（2）市场调查与市场预测 市场分析包括市场调查和市场预测，是可行性研究的重要环节。其主要内容包括市场现状调查、产品供需预测、价格预测、竞争力分析和市场风险分析。

（3）资源条件评价 它的主要内容包括资源可利用量、资源品质情况、资源储存条件和资源开发价值。

（4）建设规模与产品方案 它的主要内容包括建设规模与产品方案构成、建设规模与产品方案比选、推荐的建设规模与产品方案及技术改造项目与原有设施利用情况。

（5）场（厂）址选择 它的主要内容包括场址现状、场址方案比选、推荐的场址方案及技术改造项目现有场址的利用情况。

（6）技术方案、设备方案和工程方案 它的主要内容包括技术方案选择、主要设备方案选择、工程方案选择和技术改造项目改造前后的比较。

（7）原材料和燃料及动力供应 它的主要内容包括主要原材料供应方案、燃料供应方案和动力供应方案。

（8）总图、运输与公用辅助工程 它的主要内容包括总图布置方案、场内运输方案、公用工程与辅助工程方案，以及技术改造项目现有公用辅助设施利用情况。

（9）节能措施 它的主要内容包括节能措施和能耗指标分析。

（10）节水措施 它的主要内容包括节水措施和水耗指标分析。

（11）环境影响评价 它的主要内容包括环境条件调查、影响环境因素分析、环境保护措施。

（12）劳动、安全、卫生与消防 它的主要内容包括危险因素与危害程度分析、安全防范措施、卫生保健措施和消防设施。

（13）组织机构与人力资源配置 它的主要内容包括组织机构设置及其适应性分析、人力资源配置、员工培训。

（14）项目实施进度 它的主要内容包括建设工期、实施进度安排、技术改造项目建设与生产的衔接。

（15）投资估算 它的主要内容包括建设投资估算、流动资金估算和投资估算。

（16）融资方案 它的主要内容包括融资组织形式、资本金筹措、债务资金筹措和融资方案分析。

（17）财务评价 它的主要内容包括财务评价基础数据与参数选取、销售收入与成本费用估算、财务评价报表、盈利能力分析、偿债能力分析、不确定分析、财务评价结论。

（18）国民经济评价 它的主要内容包括影子价格及评价参数选取、效益费用范围与数值调整、国民经济评价报表、国民经济评价结论。

（19）社会评价 它的主要内容包括项目对社会的影响分析、项目所在地互适性分析、社会风险分析和社会评价结论。

（20）风险分析 它的主要内容包括项目主要风险识别、风险程度分析和防范风险

122

对策。

（21）研究结论与建议　它的主要内容包括推荐方案总体描述、推荐方案优缺点描述、主要对比方案及结论与建议。

4.2.4　可行性研究报告的编制

（1）编制程序　根据我国现行的工程项目建设程序和相关规定，可行性研究的工作程序如下：

1）建设单位提出项目建议书和预可行性研究报告。投资单位在广泛调查研究、收集资料、踏勘建设地点、初步分析投资效果的基础上，提出需要进行可行性研究的项目建议书和预可行性研究报告。跨地区、跨行业的建设工程项目，以及对国计民生有重大影响的大型项目，由有关部门和地区联合提出项目建议书和预可行性研究报告。

2）项目业主、承办单位委托有资格的单位进行可行性研究。当项目建议书经国家计划部门、贷款部门审定批准后，该项目即可立项。项目业主或承办单位可以通过签订合同的方式，委托有关资格的工程咨询公司（或设计单位）编制拟建项目可行性研究报告。双方签订的合同中，应规定研究工作的依据、研究范围和内容、前提条件、质量和进度安排、费用支付办法、协作方式及合同双方的责任和关于违约处理的方法等。

3）设计或咨询单位进行可行性研究工作，编制完整的可行性研究报告。可行性研究工作一般按以下五个步骤开展：

① 了解有关部门与委托单位对建设工程项目的意图，并组建工作小组，制订工作计划。

② 调查研究与收集资料。可行性研究小组在了解委托单位对项目建设的意图和要求后，即可拟订调研提纲，组织人员进行实地调查，收集、整理数据与资料，从市场和资源两方面着手分析论证研究项目建设的必要性。

③ 方案设计和优选。结合市场和资源调查，在收集基础资料和基准数据的基础上，建立几种可供选择的技术方案和建设方案，并进行论证和比较，从中选出最优方案。

④ 经济分析和评价。项目经济分析人员根据调查资料和上级管理部门的有关规定，选定与本项目有关的经济评价基础数据和定额指标参数，对选定的最佳建设方案进行详细的财务预测、财务效益分析、国民经济评价和社会效益评价。

⑤ 编写可行性研究报告。项目可行性研究的各专业方案，经过技术经济论证和优化后，由各专业组分工编写，经项目负责人衔接协调、综合汇总，提出可行性研究报告初稿，与委托单位交换意见后定稿。

（2）编制依据

1）项目建议书（预可行性研究报告）及其批复文件。

2）国家和地方的经济和社会发展规划，行业部门发展规划。

3）国家有关法律、法规和政策。

4）对于大中型骨干项目，必须具有国家批准的资源报告、国土开发整治规划、区域规划、江河流域规划、工业基地规划等有关文件。

5）有关机构发布的工程建设方面的标准、规范和定额。

6）合资、合作项目各方签订的协议书或意向书。

7）委托单位的委托合同。

8）经国家统一颁布的有关项目评价的基本参数和指标。

9）有关的基础数据。

（3）编制要求

1）编制单位必须具备承担可行性研究的条件。可行性研究报告的质量取决于编制单位的资质和编写人员的素质。因此，编制单位必须具有经国家有关部门审批登记的资质等级证明，并且具有承担编制可行性研究报告的能力和经验。

2）确保可行性研究报告的真实性和科学性。可行性研究报告是投资者进行项目最终决策的重要依据，其质量如何影响重大。报告编制单位和人员应坚持独立、客观、公正、科学、可靠的原则，实事求是，对提供的可行性研究报告的质量负完全责任。

3）可行性研究的深度要规范化和标准化。可行性研究报告的内容要完整、文件要齐全、结论要明确、数据要准确、论据要充分，能满足决策者确定方案的要求。

4）可行性研究报告必须经签证和审批。可行性研究报告编制完成后，应由编制单位的行政、技术、经济方面的负责人签字，并对研究报告质量负责。另外，还需上报主管部门审批。

4.2.5 可行性研究报告的审批、核准或备案

1. 预审

咨询或设计单位编制和上报的可行性研究报告及有关文件，按项目大小应在预审前1~3个月提交预审主持单位。预审单位认为有必要时，可委托有关方面提出咨询意见，报告提出单位应向咨询单位提供必要的资料并积极配合。预审主持单位组织有关设计单位、科研机构，企业和有关方面的专家参加，广泛听取意见，对可行性研究报告提出预审意见。当发现可行性研究报告有原则性错误或报告的基础数据与社会环境条件有重大的变化时，应对可行性研究报告进行修改和复审。可行性研究报告的修改和复审工作仍由原编制单位和预审主持单位按照规定进行。

2. 审批、核准或备案

依据2004年发布的《国务院关于投资体制改革的决定》，对于政府投资项目实行审批制，对于企业不使用政府投资建设的项目，一律不再实行审批制，区别不同情况实行核准制和备案制，以贯彻"谁投资、谁决策、谁收益、谁承担风险"的基本原则，落实企业投资自主权，改变了过去不分投资主体、不分资金来源、不分项目性质，一律按投资规模大小分别由各级政府及有关部门审批的投资管理办法。

政府投资建设的项目，简化和规范政府投资项目审批程序，合理划分审批权限。按照项目性质、资金来源和事权划分，合理确定中央政府与地方政府之间、国务院投资主管部门与有关部门之间的项目审批权限。对于政府投资项目，采用直接投资和资本金注入方式的，从投资决策角度只审批项目建议书和可行性研究报告，除特殊情况外不再审批开工报告。

对于社会投资建设的项目，政府仅对重大项目和限制类项目从维护社会公共利益的角度进行核准。其他项目无论规模大小，均改为备案制，项目的市场前景、经济效益、资金来源和产品技术方案等均由企业自主决策、自担风险，并依法办理环境保护、土地使用、资源利用、安全生产、城市规划等许可手续和减免税确认手续。对于企业使用政府补助、转贷、贴息投资建设的项目，政府只审批资金申请报告。

企业投资建设实行核准制的项目，仅需向政府提交项目申请报告，不再经过批准项目建设书、可行性研究报告和开工报告的程序。政府对企业提交的项目申请报告，主要从维护经济安全、合理开发利用资源、保护生态环境、优化重大布局、保障公共利益、防止出现垄断等方面进行核准。对于外商投资项目，政府还要从市场准入、资本项目管理等方面进行核准。

4.3　建设项目投资估算

4.3.1　投资估算的含义

投资估算是在投资决策阶段，以方案设计或可行性研究文件为依据，按照规定的程序、方法和依据，对拟建项目所需总投资及其构成进行的预测和估计；它是在研究并确定项目的建设规模、产品方案、技术方案、工艺技术、设备方案、厂址方案、工程建设方案以及项目进度计划等的基础上，依据特定的方法，估算项目从筹建、施工直至建成投产所需全部建设资金总额并测算建设期各年资金使用计划的过程。投资估算的成果文件称作投资估算书，也简称投资估算。投资估算书是项目建议书或可行性研究报告的重要组成部分，是项目决策的重要依据之一。

投资估算的准确性不仅影响到可行性研究工作的质量和经济评价结果，而且直接关系到下一阶段设计概算和施工图预算的编制，以及建设项目的资金筹措方案。因此，全面准确地估算建设项目的工程造价，是可行性研究乃至整个决策阶段造价管理的重要任务。

4.3.2　投资估算的作用

投资估算作为论证拟建项目的重要经济文件，它既是建设项目技术经济评价和投资决策的重要依据，又是该项目实施阶段投资控制的目标值。投资估算在建设工程的投资决策、造价控制、筹集资金等方面都有重要的作用。

1）项目建议书阶段的投资估算，是项目主管部门审批项目建议书的依据之一，也是编制项目规划、确定建设规模的参考依据。

2）项目可行性研究阶段的投资估算，是项目投资决策的重要依据，也是研究、分析、计算项目投资经济效果的重要条件，当可行性研究报告被批准之后，其投资估算额就作为设计任务书中下达的投资限额，即建设项目投资的最高限额，不得随意突破。

3）项目投资估算是设计阶段造价控制的依据，投资估算一经确定，即成为限额设计的依据，用以对各设计专业实行投资切块分配，作为控制和指导设计的尺度。

4）项目投资估算可作为项目资金筹措及制订建设贷款计划的依据，建设单位可根据批准的项目投资估算额，进行资金筹措和向银行申请贷款。

5）项目投资估算是核算建设项目固定资产投资需要额和编制固定资产投资计划的重要依据。

6）投资估算是建设工程设计招标、优选设计单位和设计方案的重要依据。在工程设计招标阶段，投标单位报送的投标书中包括项目设计方案、项目的投资估算和经济性分析，招标单位根据投资估算对设计方案的经济合理性进行分析、衡量、比较，在此基础上，择优确定设计单位和设计方案。

4.3.3 投资估算的编制依据与内容

1. 投资估算的编制依据

投资估算的编制依据是指在编制投资估算时需要计量、价格确定、工程计价有关参数确定的基础资料。投资估算的编制依据主要有以下几个方面：

1）国家、行业和地方政府的有关规定。

2）工程勘察与设计文件，图示计量或有关专业提供的主要工程量和主要设备清单。

3）行业部门、项目所在地工程造价管理机构或行业协会等编制的投资估算指标、概算指标（定额）、工程建设其他费用定额（规定）、综合单价、价格指数和有关造价文件等。

4）类似工程的各种技术经济指标和参数。

5）工程所在地同期的工、料、机的市场价格，建筑、工艺及附属设备的市场价格和有关费用。

6）政府有关部门、金融机构等部门发布的价格指数、利率、汇率、税率等有关参数。

7）与建设项目相关的工程地质资料、设计文件、图样等。

8）委托人提供的其他技术经济资料，如项目建议书、可行性研究报告，政府批文等。

在编制投资估算时，上述资料越具体、越完备，编制的投资估算就越准确、越全面。投资估算编制时除应符合国家法律、行政法规及有关强制性文件的规定外，尚应遵循《建设项目投资估算编审规程》（CECA/GCI—2015）的规定。

2. 投资估算的内容

根据《建设项目投资估算编审规程》的规定，投资估算按照编制估算的工程对象划分，包括建设项目投资估算、单项工程投资估算和单位工程投资估算等。投资估算文件一般由封面、签署页、编制说明、投资估算分析、总投资估算、单项工程投资估算、工程建设其他费估算、主要技术经济指标等内容组成。

（1）编制说明 投资估算的编制说明一般包括以下内容：

1）工程概况。

2）编制范围，说明建设项目总投资估算中包含的和不包含的工程项目和费用，当有多个单位共同编制时，应说明分工编制的情况。

3）编制方法。

4）编制依据。

5）主要技术经济指标，包括投资、用地和主要材料用量指标。当设计规模有远期、近期的不同考虑时，或者土建与安装的规模不同时，应分别计算后再综合。

6）有关参数选定的说明，如土地拆迁、供电供水、考察咨询等费用的费率标准选用情况。

7）特殊问题的说明，包括采用新技术、新材料、新设备、新工艺；必须说明的价格的确定；进口材料、设备、技术费用的构成与技术参数；不包括项目或费用的必要说明等。

8）采用限额设计的工程还应对投资限额和投资分析作进一步说明。

9）采用方案比选的工程还应对方案比选的估算和经济指标做进一步说明。

（2）投资估算分析 投资估算分析应包括以下内容：

1）工程投资比例分析。

2）分析设备及工器具购置费、建筑工程费、安装工程费、工程建设其他费用、预备费、建设期利息占建设总投资的比例；分析引进设备费用占全部设备费用的比例等。

3）分析影响投资的主要因素。

4）与国内类似工程项目的比较，分析说明投资高低的原因。

（3）总投资估算　总投资估算包括汇总单项工程投资估算、工程建设其他费、基本预备费、价差预备费、建设期贷款利息等。建设项目总投资估算构成如图4-1所示。

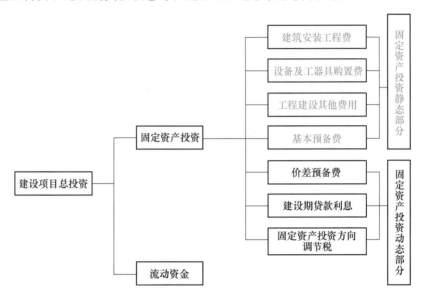

图4-1　建设项目总投资估算构成

（4）单项工程投资估算　单项工程投资估算中，应按建设项目划分的各个单项工程分别计算组成工程费用的建筑工程费、设备及工器具购置费和安装工程费。

（5）工程建设其他费用估算　工程建设其他费用估算应按预期将要发生的工程建设其他各类费用，逐项详细估算其费用金额。

（6）主要技术经济指标　估算人员应根据项目特点，计算并分析整个建设项目、各个单项工程和主要单位工程的主要技术经济指标。

3. 投资估算的编制步骤

根据投资的不同阶段，投资估算主要包括项目建议书阶段的投资估算及可行性研究阶段的投资估算。可行性研究阶段的投资估算编制一般包含静态投资部分、动态投资部分与流动资金估算三部分，主要包括以下步骤：

1）分别估算各单项工程所需建筑工程费、设备及工器具购置费、安装工程费，在汇总各个单项工程费用的基础上，估算工程建设其他费用和基本预备费，完成工程项目静态投资部分的估算。

2）在静态投资部分估算的基础上，估算价差预备费和建设期利息，完成工程项目动态投资部分的估算。

3）估算流动资金。

4）估算建设项目总投资。

4.3.4 投资估算的方法

1. 静态投资部分的估算方法

固定资产静态部分的投资估算，要按某一确定的时间来进行。一般以开工的前一年为基准年，以这一年的价格为依据估算，否则就会失去基准作用。

静态投资部分估算的方法很多，各有其适用的条件和范围，而且误差程度也不相同。一般情况下，应根据项目的性质、占有的技术经济资料和数据的具体情况，选用适宜的估算方法。在项目规划和建议书阶段，投资估算的精度较低，可采取简单的计算法，如单位生产能力估算法、生产能力指数法、系数估算法、比例估算法等，在条件允许时，也可采用指标估算法；在可行性研究阶段，投资估算精度要求高，需采用相对详细的投资估算方法，即指标估算法。

（1）项目规划和建议书阶段投资的估算方法

1）单位生产能力估算法。单位生产能力估算法是根据已建成的、性质类似的建设项目的单位生产能力投资乘以建设规模，即得到拟建项目的静态投资额的方法。其计算公式为

$$C_2 = \left(\frac{C_1}{Q_1}\right) Q_2 f \tag{4-1}$$

式中 C_1——已建类似项目的静态投资额；

C_2——拟建项目的静态投资额；

Q_1——已建类似项目的生产能力；

Q_2——报建项目的生产能力；

f——不同时期、不同地点的定额、单价、费用变更等的综合调整系数。

这种方法将项目的建设投资与其生产能力的关系视为简单的线性关系，估算简便迅速。而事实上单位生产能力的投资会随生产规模的增加而减少，因此这种方法一般只适用于与已建项目在规模和时间上相近的拟建项目，一般两者间的生产能力比值为 0.2~2。

另外，由于在实际工作中不易找到与拟建项目完全类似的项目，通常是把项目按其构成的车间、设施和装置进行分解，分别套用类似车间、设施和装置的单位生产能力投资指标计算，然后加总求得项目总投资，或根据拟建项目的规模和建设条件，将投资进行适当调整后估算项目的投资额。

【例 4-1】 某地 2010 年拟建污水处理能力为 15 万 m^3/日的污水处理厂一座。根据调查，该地区 2006 年建设污水处理能力 10 万 m^3/日的污水处理厂的投资额为 16000 万元。拟建污水处理厂的工程条件与 2006 年已建项目类似，调整系数为 1.5。估算该项目的建设投资。

解：拟建项目的建设投资 =（16000 万元/10 万 m^3）×15 万 m^3×1.5 = 36000 万元

单位生产能力估算法估算误差较大，可达±30%，应用该估算法时需要小心，注意以下几点：

① 地区性。建设地点不同，地区性差异主要表现为：两地经济情况不同，土壤、地质、水文情况不同，气候、自然条件的差异，材料、设备的来源、运输状况不同等。

② 配套性。一个工程项目或装置，均有许多配套装置和设施，也可能产生差异。例如，

公用工程、辅助工程、厂外工程和生活福利工程等，均随地方差异和工程规模的变化而各不相同，它们并不与主体工程的变化呈线性关系。

③ 时间性。工程建设项目的兴建，不一定是在同一时间建设，时间差异或多或少存在，在这段时间内可能在技术、标准、价格等方面发生变化。

2）生产能力指数法。生产能力指数法又称指数估算法，它是根据已建成的、性质类似的建设项目的投资额和生产能力及拟建项目的生产能力估算拟建项目静态投资额的方法，是对单位生产能力估算法的改进。其计算公式为

$$C_2 = C_1\left(\frac{Q_2}{Q_1}\right)^x f \tag{4-2}$$

式中　x——生产能力指数；

其他符号含义同上述公式。

式（4-2）表明，造价与规模（或容量）呈非线性关系，且单位造价随工程规模（或容量）的增大而减小。生产能力指数法的关键是生产能力指数的确定，一般要结合行业特点确定，并应有可靠的例证。正常情况下，$0 \leqslant x \leqslant 1$。不同生产率水平的国家和不同性质的项目中，$x$ 的取值是不同的。当已建类似项目或装置的规模和拟建项目或装置的规模相差不大，Q_1/Q_2 在 0.5～2 时，则 x 的取值近似为 1。当已建类似项目或装置的规模和拟建项目或装置的规模的比值 Q_1/Q_2 在 2～50 时，如拟建项目生产规模的扩大仅靠增大设备规模来达到，则 x 取值在 0.6～0.7；如是靠增加相同规格设备的数量达到，则 x 的取值在0.8～0.9。

生产能力指数法与单位生产能力估算法相比精确度略高，其误差可控制在±20%以内。生产能力指数法主要应用于设计深度不足，拟建建设项目与类似建设项目的规模不同，设计定型并系列化，行业内相关指数和系数等基础资料完备的情况。一般拟建项目与已建类似项目生产能力比值不宜大于50，在10倍内效果较好，否则误差就会增大。另外，尽管该办法估价误差仍较大，但有它独特的好处：这种估价方法不需要详细的工程设计资料，只需要知道工艺流程及规模。在总承包工程报价时，承包商大都采用这种方法。

【例 4-2】 已知年产 25 万 t 乙烯装置的投资额为 45000 元，估算拟建年产 60 万 t 乙烯装置的投资额。若将拟建项目的生产能力提高两倍，投资额将增加多少？（设生产能力指数为 0.7，综合调整系数为 1.1）

解：（1）拟建年产 60 万 t 乙烯装置的投资额为

$$C_2 = C_1\left(\frac{Q_2}{Q_1}\right)^x f = 45000 \text{ 元} \times \left(\frac{60 \text{ 万 t}}{25 \text{ 万 t}}\right)^{0.7} \times 1.1 = 91359.36 \text{ 万元}$$

（2）拟建项目的生产能力提高两倍，投资额将增加：

$$45000 \text{ 元} \times \left(\frac{3 \times 60 \text{ 万 t}}{25 \text{ 万 t}}\right)^{0.7} \times 1.1 - 45000 \text{ 元} \times \left(\frac{60 \text{ 万 t}}{25 \text{ 万 t}}\right)^{0.7} \times 1.1 = 105763.93 \text{ 万元}$$

3）系数估算法。系数估算法也称因子估算法，它是以拟建项目的主要设备费或主体工程费为基数，以其他工程费占主要设备费或主体工程费的百分比为系数估算项目静态投资的方法。在我国常用的方法有设备系数法和主体专业系数法，世行项目投资估算常用的方法是朗格系数法。

① 设备系数法。设备系数法以拟建项目的设备费为基数,根据已建成的同类项目的建筑安装工程费和其他工程费占设备购置费的百分比,求出拟建项目建筑安装工程费和其他工程费,进而求出项目的静态投资。其计算公式为

$$C = E(1 + f_1 P_1 + f_2 P_2 + f_3 P_3 + \cdots) + I \tag{4-3}$$

式中　　　　C——拟建项目的静态投资;

　　　　　　E——拟建项目根据当时当地价格计算的设备购置费;

　$P_1, P_2, P_3 \cdots$——已建项目中建筑、安装及其他工程费用等占设备购置费的百分比;

　$f, f_1, f_2, f_3 \cdots$——因时间因素引起的定额,价格、费用标准等变化的综合调整系数;

　　　　　　I——拟建项目的其他费用。

【例4-3】 A地于2010年8月拟兴建一年产40万t甲产品的工厂,现获得B地2009年10月投产的年产30万t甲产品类似厂的建设投资资料。B地类似厂的设备购置费为12400万元,建筑工程费为6000万元,安装工程费为4000万元,工程建设其他费为2800万元。若拟建项目的其他费用为2500万元,考虑因2009年至2010年时间因素导致的对设备购置费、建筑工程费、安装工程费、工程建设其他费的综合调整系数分别为1.15,1.25,1.05,1.1,生产能力指数为0.6,估算拟建项目的静态投资。

解:(1) 求建筑工程费、安装工程费、工程建设其他费占设备购置费比例

建筑工程费占设备购置费比例:6000万元÷12400万元 = 0.4839

安装工程费占设备购置费比例:4000万元÷12400万元 = 0.3226

工程建设其他费占设备购置费比例:2800万元÷12400万元 = 0.2258

(2) 估算拟建项目的静态投资

$C = E(1 + f_1 P_1 + f_2 P_2 + f_3 P_3 + \cdots) + I$

$= 12400\ 万元 \times \left(\dfrac{40\ 万\ t}{30\ 万\ t}\right)^{0.6} \times 1.15 \times (1 + 1.25 \times 0.4839 + 1.05 \times 0.3226 + 1.1 \times 0.2258) +$

$2500\ 万元$

$= 39646.7083\ 万元$

② 主体专业系数法。主体专业系数法是以拟建项目中投资比重较大,并与生产能力直接相关的工艺设备的投资(包括运杂费和安装费)为基数,根据已建同类项目的有关统计资料,计算出拟建项目各专业工程(总图、土建、暖通、给水排水、管道、电气、自控等)费用占工艺设备投资的百分比,据此求出拟建项目各专业的投资,然后把各部分投资费用(包括工艺设备费用)相加求和,最后加上拟建项目的其他费用,即拟建项目的静态投资。其计算公式为

$$C = E(1 + f_1 P'_1 + f_2 P'_2 + f_3 P'_3 + \cdots) + I \tag{4-4}$$

式中　　　　C——拟建项目的静态投资;

　　　　　　E——拟建项目根据当时当地价格计算的设备购置费;

　$P'_1, P'_2, P'_3 \cdots$——已建项目中各专业工程费用占工艺设备投资的百分比;

　$f, f_1, f_2, f_3 \cdots$——因时间因素引起的定额、价格、费用标准等变化的综合调整系数;

　　　　　　I——拟建项目的其他费用。

③ 朗格系数法。这种方法是以设备购置费为基数，乘以适当系数来推算项目的静态投资。这种方法在国内不常见，是世行项目投资估算常采用的方法。该方法的基本原理是将项目建设中的总成本费用中的直接成本和间接成本分别计算，再组合为项目的静态投资。其计算公式为

$$C = E(1 + \sum K_i)K_c \tag{4-5}$$

式中　C——拟建项目静态投资；

　　　E——拟建项目根据当时当地价格计算的设备购置费；

　　　K_i——管线、仪表、建筑物等项费用的估算系数；

　　　K_c——管理费、合同费、应急费等项目费用的总估算系数。

静态投资与设备费用之比为朗格系数。

$$K_L = (1 + \sum K_i)K_c \tag{4-6}$$

朗格系数包含的内容见表4-2。

表 4-2　朗格系数包含的内容

项目		固体流程	固流流程	液体流程
朗格系数 K_L		3.1	3.63	4.74
内容	(a) 包括基础、设备、绝热、油漆及设备安装费	$E \times 1.43$		
	(b) 包括上述在内和配管工程费	(a) ×1.1	(a) ×1.25	(a) ×1.6
	(c) 装置直接费	(b) ×1.5		
	(d) 包括上述在内和间接费	(c) ×1.31	(c) ×1.35	(c) ×1.38

朗格系数法是国际上估算一个工程项目或一套装置的费用时，采用较为广泛的方法。但是应用朗格系数法进行工程项目或装置估价的精度仍不是很高，主要原因：一是装置规模大小发生变化；二是不同地区自然地理条件的差异；三是不同地区经济地理条件的差异；四是不同地区气候条件的差异；五是主要设备材质发生变化时，设备费用变化较大而安装费变化不大。

尽管如此，由于朗格系数法是以设备购置费为计算基础，而设备费用在一项工程中所占的比重对于石油、石化、化工工程而言占45%~55%，同时一项工程中每台设备含有的管道、电气、自控仪表、绝热、油漆等，都有一定的规律。所以，只要对各种不同类型工程的朗格系数掌握得准确，估算精度仍可较高。朗格系数法估算误差为10%~15%。

【例4-4】　某地拟建一年产30万套汽车轮胎的工厂，已知该工厂的设备到达工地的费用为22040万元，计算各阶段费用并估算工厂的静态投资。

解：轮胎工厂的生产流程基本属于固体流程，因此采用朗格系数法时，全部数据应采用固体流程的数据。

（1）设备到达现场的费用22040万元

（2）根据表4-2计算费用（a）：

（a）= $E \times 1.43 = 31517.2$ 万元

则设备基础、绝热、油漆及设备安装费用为：31527.2 万元−22040 万元＝9477.20 万元

（3）计算费用（b）：

（b）＝E×1.43×1.1＝22040 万元×1.43×1.1＝34668.92 万元

则其中配管（管道工程）费用为：34668.92 万元−31517.2 万元＝3151.72 万元

（4）计算费用（c），即装置直接费：

（c）＝E×1.43×1.1×1.5＝52003.38 万元

（5）计算投资（d），即工厂的静态投资：

（d）＝E×1.43×1.1×1.5×1.31＝68124.43 万元

则间接费用为：68124.43−52003.38＝16121.05 万元

由此估算出该工厂的静态投资为 68124.43 万元，其中间接费用为 16121.05 万元。

4）比例估算法。比例估算法是根据已知的同类建设项目主要生产工艺设备占整个建设项目的投资比例，先逐项估算出拟建主要生产工艺设备投资，再按比例估算拟建项目的静态投资的方法。其计算公式为

$$I = \frac{1}{K}\sum_{i=1}^{n} Q_i P_i \tag{4-7}$$

式中　I——拟建项目的静态投资；

　　　K——已建项目主要设备投资占拟建项目投资的比例；

　　　n——设备种类数；

　　　Q_i——第 i 种设备的数量；

　　　P_i——第 i 种设备的单价（到厂价格）。

比例估算法主要应用于设计深度不足，拟建建设项目与类似建设项目的主要生产工艺设备投资比重较大，行业内相关系数等基础资料完备的情况。

（2）可行性研究阶段投资估算方法　指标估算法是投资估算的主要方法。为了保证编制精度，可行性研究阶段建设项目投资估算原则上应采用指标估算法。指标估算法是指依据投资估算指标，对各单位工程或单项工程费用进行估算，进而估算建设项目总投资的方法。首先把拟建建设项目以单项工程或单位工程，按建设内容纵向划分为各个主要生产设施建设费用、辅助及公用设施建设费用、行政及福利设施建设费用以及各项其他基本建设费用，按费用性质横向划分为建筑工程、设备及工器具购置、安装工程等费用；然后，根据各种具体的投资估算指标，进行各单位工程或单项工程投资的估算；在此基础上汇编形成拟建建设项目的各个单项工程费用和拟建项目的工程费用投资估算；再按相关规定估算工程建设其他费、基本预备费等，形成拟建建设项目静态投资。

在条件具备时，对于对投资有重大影响的主体工程应估算出分部分项工程量，套用相关综合定额（概算指标）或概算定额进行编制。对于子项单一的大型民用公共建筑，主要单项工程估算应细化到单位工程估算书。无论如何，可行性研究阶段的投资估算应满足项目的可行性研究与评估，并最终满足国家和地方相关部门批复或备案的要求。预可行性研究阶段项目建设投资估算宜视设计深度，参照可行性研究阶段的编制办法进行。

1）建筑工程费用估算。

建筑工程费用是指为建造永久性建筑物和构筑物所需要的费用。总的来看，建筑工程费的估算方法有单位建筑工程投资估算法、单位实物工程量投资估算法和概算指标投资估算法。前两种方法比较简单，适合有适当估算指标或类似工程造价资料时使用，当不具备上述条件时，可采用计算主体实物工程量套用相关综合定额或概算定额进行估算。这种方法需要较为详细的工程资料，工作量较大，在实际工作中可根据具体条件和要求选用。

　　① 单位建筑工程投资估算法。单位建筑工程投资估算法是以单位建筑工程费用乘以建筑工程总量来估算建筑工程费的方法。根据所选建筑单位的不同，这种方法可以进一步分为单位长度价格法、单位面积价格法、单位容积价格法和单位功能价格法等。

　　A. 单位长度价格法。此方法是利用每单位长度的成本价格进行估算。首先要用已知的项目建筑工程费用除以该项目的长度，得到单位长度价格，然后将结果应用到未来的项目中，以估算拟建项目的建筑工程费，如下式所示。例如，水库以水单位长度（m）的投资，公路、铁路、地铁以单位长度（km）的投资，矿山掘进以单位长度（m）的投资，乘以相应的建筑工程量计算建筑工程费。

$$建筑工程费 = 单位长度建筑工程费指标 × 建筑工程长度$$

　　B. 单位面积价格法。此方法首先要用已知的项目建筑工程费用除以该项目的建筑总面积，得到单位面积价格，然后将结果应用到未来的项目中，以估算拟建项目的建筑工程费，如下式所示。工业与民用建筑物和构筑物的一般土建及装修、给水排水、供暖、通风、照明工程，建筑物以建筑面积为单位，套用规模相当、结构形式和建筑标准相适应的投资估算指标或类似工程造价资料进行估算。

$$建筑工程费 = 单位面积建筑工程费指标 × 建筑工程面积$$

　　C. 单位容积价格法。此方法首先要用已完工程总的建筑工程费用除以建筑容积，即可得到单位容积价格，然后将结果应用到未来的项目中，以估算拟建项目的建筑工程费，如下式所示。在一些项目中，楼层高度是影响成本的重要因素。工业与民用建筑物和构筑物的一般土建及装修、给水排水、供暖、通风、照明工程，以建筑体积为单位的，套用规模相当、结构形式和建筑标准相适应的投资估算指标或类似工程造价资料进行估算。例如，仓库、工业窑炉砌筑的高度根据需要会有很大的变化，显然这时不再适用单位面积价格，而单位容积价格则成为确定初步估算的方法。

$$建筑工程费 = 单位容积建筑工程费指标 × 建筑工程容积$$

　　D. 单位功能价格法。此方法是利用每个功能单位的成本价格进行估算，选出所有此类项目中共有的单位，并计算每个项目中该单位的数量，如下式所示。例如，可以用医院里的病床数量为功能单位，新建一所医院的成本被细分为其可提供的病床数量，估算时首先给出每张床的单价，然后乘以该医院病床的总数量，从而确定该医院项目的金额。

$$建筑工程费 = 单位功能建筑工程费指标 × 建筑工程功能总量$$

　　② 单位实物工程量投资估算法。单位实物工程量投资估算法是以单位实物工程量的建筑工程费乘以实物工程总量来估算建筑工程费的方法，如下式所示。大型土方、总平面竖向布置、道路及场地铺砌、厂区综合管网和线路、围墙大门等，分别以 m³、m²、延长米或座为单位，套用技术标准、结构形式相适应的投资估算指标或类似工程造价资料进行建筑工程费估算。矿山井巷开拓、露天剥离工程、坝体堆砌等，分别以 m³、延长米为单位，套用技术标准、结构形式、施工方法相适应的投资估算指标或类似工程造价资料进行建筑工程费估

算。桥梁、隧道、涵洞设施等，分别以 $100m^2$ 桥面（桥梁）、$100m^2$ 断面（隧道）、道（涵洞）为单位，套用技术标准、结构形式、施工方法相适应的投资估算指标或类似工程造价资料进行估算。

$$建筑工程费＝单位实物工程量建筑工程费指标×实物工程量$$

③ 概算指标投资估算法。对于没有上述估算指标，或者建筑工程费占总投资比例较大的项目，可采用概算指标估算法。采用此种方法，应拥有较为详细的工程资料、建筑材料价格和工程费用指标信息，投入的时间和工作量较大，如下式所示。

$$建筑工程费＝\sum 分部分项实物工程量×概算指标$$

2）设备及工器具购置费估算。设备购置费根据项目主要设备表及价格、费用资料编制，工器具购置费按设备费的一定比例计取。对于价值高的设备应按台（套）估算购置费，价值较小的设备可按类估算，国内设备和进口设备应分别估算。

3）安装工程费估算。安装工程费一般以设备费为基数区分不同类型进行估算。

① 工艺设备安装费估算。以单项工程为单元，根据单项工程的专业特点和各种具体的投资估算指标，采用按设备费百分比估算指标进行估算；或根据单项工程设备总重，采用元/t 估算指标进行估算。即

$$安装工程费＝设备原价×设备安装费率（％）$$
$$安装工程费＝设备吨重×单位重量（t）安装费指标$$

② 工艺金属结构、工艺管道估算。以单项工程为单元，根据设计选用的材质、规格，以 t 为单位；工业炉窑砌筑和工艺保温或绝热估算，以单项工程为单元，以 t、m^3 或 m^2 为单位，套用技术标准、材质和规格、施工方法相适应的投资估算指标或类似工程造价资料进行估算。即

$$安装工程费＝重量（体积、面积）总量×单位重量（m^3、m^2）安装费指标$$

③ 变配电、自控仪表安装工程估算。以单项工程为单元，根据该专业设计的具体内容，一般先按材料费占设备费百分比投资估算指标计算出安装材料费，再分别根据相适应的占设备百分比（或按自控仪表设备台数，用台/元指标估算）或占材料百分比的投资估算指标或类似工程造价资料计算设备安装费和材料安装费。即

$$材料费＝设备原价×材料费占设备费百分比$$
$$材料安装费＝材料费×材料安装费率（％）$$

4）工程建设其他费用估算。工程建设其他费用的计算应结合拟建项目的具体情况，有合同或协议明确的费用按合同或协议列入；无合同或协议明确的费用，根据国家和各行业部门、工程所在地地方政府的有关工程建设其他费用定额（规定）和计算办法估算。

5）基本预备费估算。基本预备费的估算一般是以建设项目的工程费用和工程建设其他费用之和为基础，乘以基本预备费率进行计算，如下式所示。基本预备费率的大小，应根据建设项目的设计阶段和具体的设计深度、在估算中采用的各项估算指标与设计内容的贴近度，以及项目所属行业主管部门的具体规定确定。

$$基本预备费＝（工程费用+工程建设其他费用）×基本预备费率（％）$$

6）指标估算法注意事项。使用指标估算法，应注意以下事项：

① 影响投资估算精度的因素主要包括价格变化、现场施工条件、项目特征的变化等。因此，在应用指标估算法时，应根据不同地区、建设年代、条件等进行调整。因为地区、年

代不同，人工、材料与设备的价格均有差异，调整方法可以以人工、主要材料消耗量或工程量为计算依据，也可以按不同的工程项目的万元工料消耗定额确定不同的系数。在有关部门颁布定额或人工、材料价差系数（物价指数）时，可以据其调整。

② 使用估算指标法进行投资估算绝不能生搬硬套，必须对工艺流程、定额、价格及费用标准进行分析、经过实事求是的调整与换算后，才能提高其精确度。

2. 动态投资部分的估算方法

建设项目的动态投资包括价格变动可能增加的投资额、建设期利息等，如果是涉外项目，还应计算汇率的影响。在实际估算时，主要考虑价差预备费、建设期贷款利息、投资方向调节税、汇率变化四个方面。

汇率变化对涉外建设项目动态投资的影响主要体现在升值与贬值上。外币对人民币升值会导致从国外市场上购买材料设备所支付的外币金额不变，但换算成人民币的金额增加。估计汇率的变化对建设项目投资的影响，是通过预测汇率在项目建设期内的变动程度，以估算年份的投资额为基数计算求得。

3. 流动资金投资估算的编制

流动资金是指生产经营性项目投产后，为保证正常生产运营，用于购买原材料、燃料，支付工资及其他经营费用等所用的周转资金。

在工业项目决策阶段，为了保证项目投产后能正常生产经营，往往需要有一笔最基本的周转资金，这笔最基本的周转资金被称为铺底流动资金。铺底流动资金一般为流动资金总额的30%，其在项目正式建设前就应该落实。

流动资金估算一般采用分项详细结算法，个别情况或小型项目可采用扩大指标法。

（1）分项详细估算法　流动资金的显著特点是在生产过程中不断周转，其周转额的大小与生产规模及周转速度直接相关。分项详细估算法是根据周转额与周转速度之间的关系，对构成流动资金的各项流动资产和流动负债分别进行估算。在可行性研究中，为简化计算，仅对存货、现金、应收账款和应付账款四项内容进行估算，其计算公式为

$$流动资金 = 流动资产 - 流动负债$$

$$流动资产 = 现金 + 应收账款 + 存货 + 预付账款$$

$$流动负债 = 应付账款 + 预收账款$$

1）现金估算。项目流动资金中的现金是指货币资金，即企业生产运营活动中停留于货币形态的那部分资金，包括企业库存现金和银行存款。

$$现金 = \frac{年工资及福利费 + 年其他费用}{现金周转次数}$$

年其他费用 = 制造费用 + 管理费用 + 财务费用 - （以上三项费用中所含的工资及福利费、折旧费、维简费、摊销费、修理费）

$$现金周转次数 = \frac{360 天}{最低周转天数}$$

2）应收账款估算。应收账款是指企业对外赊销商品、劳务而占用的资金。应收账款的周转额应为全年赊销销售收入。在可行性研究时，用销售收入代替赊销收入。

$$应收账款 = \frac{销售收入}{应收账款周转次数}$$

3）存货估算。存货是企业为销售或生产而储备的各种物资，主要有原材料、辅助材料、燃料、低值易耗品、维修备件、包装物、在产品、自制半成品和产成品等。为简化计算，仅考虑外购原材料、外购燃料、在产品和产成品，并分项进行计算。

$$存货 = 外购原材料 + 外购燃料 + 在产品 + 产成品$$

$$外购原材料 = \frac{年外购原材料总成本}{原材料周转次数}$$

$$外购燃料 = \frac{年外购燃料}{按种类分项周转次数}$$

$$在产品 = \frac{年外购原材料、燃料 + 年工资及福利 + 年修理费 + 年其他制造费}{在产品周转次数}$$

$$产成品 = \frac{年经营成本}{产成品周转次数}$$

4）流动负债估算。流动负债是指在一年或超过一年的一个营业周期内，需要偿还的各种债务。在可行性研究中，流动负债的估算仅考虑应付账款一项。

$$应付账款 = \frac{年外购原材料 + 年外购燃料}{应付账款周转次数}$$

根据流动资金各项估算结果，编制流动资金估算表，如表4-3所示。

表4-3　流动资金估算表

序号	项目	最低周转天数	周转次数	投产期			达产期		
				3	4	5	6	...	n
1	流动资产								
1.1	应收账款								
1.2	存货								
1.2.1	原材料								
1.2.2	燃料								
1.2.3	在产品								
1.2.4	产成品								
1.3	现金								
2	流动负债								
2.1	应付账款								
3	流动资金（1-2）								
4	流动资金本年增加额								

（2）扩大指标估算法　扩大指标估算法是根据现有同类企业的实际资料，求得各种流动资金率指标，亦可依据行业或部门给定的参考值或经验确定比率。将各类流动资金率乘以相应的费用基数来估算流动资金。一般常用的基数有销售收入、经营成本、总成本费用和固定资产投资等，究竟采用何种基数，可依行业习惯而定。扩大指标估算法简便易行，但准确度不高，可用于项目建议书阶段的估算。采用扩大指标估算法计算流动资金的公式为

$$年流动资金额 = 年费用基数 \times 各类流动资金率$$

$$年流动资金额 = 年产量 \times 单位产品产量占用流动资金额$$

【例4-5】　某项目投产后的年产值为1.5亿元，其同类企业的百元产值流动资金占用额为17.5元，求该项目的流动资金估算额。

解：

$$该项目的流动资金估算额 = 15000 \, 万元 \times \frac{17.5 \, 元}{100 \, 元} = 2625 \, 万元$$

（3）铺底流动资金的估算　一般按上述流动资金的30%估算。

（4）流动资金投资估算中应注意的问题

1）在采用分项详细估算法时，应根据项目实际情况分别确定现金、应收账款、存货、应付账款的最低周转天数，并考虑一定的保险系数。对于存货中的外购原材料、燃料要根据不同品种和来源，考虑运输方式和运输距离等因素确定。

2）不同生产负荷下的流动资金是按相应负荷时的各项费用金额和给定的公式计算出来的，不能按100%负荷下的流动资金乘以负荷百分数求得。

3）流动资金属于长期性（永久性）资金，流动资金的筹措可通过长期负债和资本金（权益融资）的方式解决。流动资金借款部分的利息应计入财务费用，项目计算期末收回全部流动资金。

4.3.5　投资估算文件的组成

投资估算文件一般由封面、签署页、编制说明、投资估算分析、总投资估算表、单项工程估算表、主要技术经济指标等内容组成。

1. 编制说明

投资估算编制说明一般阐述以下内容：

1）工程概况。

2）编制范围。

3）编制方法。

4）编制依据。

5）主要技术经济指标。

6）有关参数选定的说明。

7）特殊问题的说明（包括采用新技术、新材料、新设备、新工艺）；必须说明的价格的确定；进口材料、设备、技术费用的构成与计算参数；采用巨形结构、异形结构的费用估算方法；环保（不限于）投资占总投资的比重；未包括项目或费用的必要说明等。

8）采用方案比选的工程还应对方案比选的估算和经济指标做进一步说明。

2. 投资估算分析

投资估算分析应包括以下内容：

1）工程投资比例分析。一般建筑工程要分析土建、装饰、给水排水、电气、暖通、空调、动力等主体工程和道路、广场、围墙、大门、室外管线、绿化等室外附属工程占总投资的比例；一般工业项目要分析主要生产项目（列出各生产装置）、辅助生产项目、公用工程项目（给水排水、供电和电信、供气、总图运输及外管）、服务性工程、生活福利设施、厂外工程占建设总投资的比例。

2）分析设备购置费、建筑工程费、安装工程费、工程建设其他费用、预备费占建设总投资的比例；分析引进设备费用占全部设备费用的比例等。

3）分析影响投资的主要因素。

4）与国内类似工程项目的比较，分析说明投资高低的原因。

3. 投资估算汇总表

总投资估算包括汇总单项工程估算、工程建设其他费用，估算基本预备费、价差预备费，计算建设期利息等。

4. 单项工程投资估算汇总表

单项工程投资估算，应按建设项目划分的各个单项工程分别计算组成工程费用的建筑工程费、设备购置费、安装工程费。

5. 工程建设其他费用估算表

工程建设其他费用估算，应按预期将要发生的工程建设其他费用种类，逐项详细估算其费用金额。

6. 主要技术经济指标

投资估算人员应根据项目特点，计算并分析整个建设项目、各单项工程和主要单位工程的主要技术经济指标。

4.3.6　投资估算的审查

为了保证建设项目投资估算的准确性和估算质量，以便确保其应有的作用，必须加强对项目投资估算的审查工作。项目投资估算的审查部门和单位，在审查投资估算时，应注意审查以下几点：

1. 编制依据的时效性、准确性

投资估算依据的数据资料很多，如有关的定额、指标、标准和有关规定，以及已建同类型项目的投资、设备和材料价格、运杂费费率等，依据这些资料时要注意它们的时效性和准确性，必要时要进行调整。

2. 投资估算方法的科学性、适用性

投资估算方法有多种，每种估算方法都有各自的适用条件和范围，并具有不同的精确度。选用的投资估算方法要与项目的客观条件和情况相适应，不能超出该方法的适用范围，保证投资估算的质量。

3. 编制内容与规划要求的一致性

1）审查投资估算包括的工程内容与规划要求是否一致，是否漏掉了某些辅助工程、室外工程等的建设费用。

2）审查项目投资估算中生产装置的技术水平和自动化程度是否符合规划要求的先进程度。

4. 费用项目、费用数额的真实性

1）审查费用项目与规划要求、实际情况是否相符，是否有漏项或重项，估算的费用项目是否符合国家规定,是否针对具体情况做了适当的增减。

2)审查"三废"处理所需投资是否进行了估算,估算数额是否符合实际。

3)审查是否考虑了物价上涨和汇率变动对投资额的影响,考虑的波动变化幅度是否合适。

4)审查项目投资主体自有的稀缺资源是否考虑了机会成本,沉没成本是否剔除。

5)审查是否考虑了采用新技术、新材料以及现行标准和规范比已运行项目的要求提高所需增加的投资额,考虑的额度是否合适。

■ 4.4 建设项目财务评价与国民经济评价

4.4.1 建设项目财务评价

项目评价是对拟建项目进行的环境影响评价、财务评价、国民经济评价、社会评价及风险分析,以判别项目的环境可行性、经济可行性、社会可行性和抗风险能力。其中财务评价是项目评价的核心内容。

1. 财务评价的概念

财务评价也称财务分析,是在国家现行会计制度、税收法规和市场价格体系下,预测估计项目的财务效益和费用,编制财务报表,计算评价指标,进行财务盈利能力、偿债能力和财务生存能力分析,考察拟建项目的获利能力和偿债能力等财务状况,据此判断项目的财务可行性。财务评价应在初步确定的建设方案、投资估算和融资方案的基础上进行。财务评价结果又可以反馈到方案设计中,用于方案比选,优化方案设计。

财务评价是建设项目经济评价中的微观层次,它主要从微观投资主体的角度分析项目可以给投资主体带来的效益及投资风险。作为市场经济微观主体的企业进行投资时,一般都进行项目财务评价。建设项目经济评价中的另一个层次是国民经济评价,它是一种宏观层次的评价,一般只对某些在国民经济中有重要作用和影响的大中型重点建设项目及特殊行业和交通运输、水利等基础性、公益性建设项目展开国民经济评价。

财务评价的内容应根据项目的性质和目标确定。对于经营性项目,财务评价应通过编制财务分析报表,计算财务指标,分析项目的盈利能力、偿债能力和财务生存能力,判断项目的财务可接受性,明确项目对财务主体及投资者的价值贡献,为项目决策提供依据;对于非经营性项目,财务分析应主要分析项目的财务生存能力。

2. 财务评价的程序

财务评价分为融资前分析和融资后分析两个层次。它是在项目市场研究、生产条件及技术研究的基础上进行的,它主要利用有关的基础数据,通过编制财务报表,计算财务评价指标,进行财务分析,得出评价结论。财务分析的内容和步骤及与财务效益与费用估算的关系可用财务分析图表示,具体见图4-2。

(1)收集、整理和计算有关财务基础数据资料 根据项目市场研究和技术研究的结果、现行价格体系及财税制度进行财务预测,获得项目投资、销售收入、生产成本、利润、税金及项目计算期等一系列财务基础数据,并将所得的数据编制成辅助财务报表。

(2)编制财务基本报表 由上述财务预测数据及辅助报表,分别编制反映项目财务盈

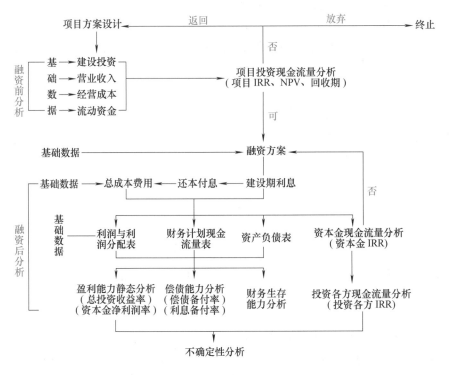

图 4-2 财务分析图

利能力、偿债能力及财务生存能力的基本财务报表。

（3）财务评价指标的计算与评价　根据财务基本报表计算各财务评价指标，并分别与对应的评价标准或基准值进行对比，对项目的各项财务状况做出评价，得出结论。

（4）进行不确定性分析　通过盈亏平衡分析、敏感性分析、概率分析等不确定性分析方法，分析项目可能面临的风险及项目在不确定情况下的抗风险能力，得出项目在不确定情况下的财务评价结论或建议。

（5）做出项目财务评价的最终结论　由上述确定性分析和不确定性分析的结果，对项目的财务可行性做出最终结论。

3. 财务评价基本报表

财务分析可分为融资前分析和融资后分析，一般宜先进行融资前分析，在融资前分析结论满足要求的情况下，初步设定融资方案，再进行融资后分析。

（1）融资前分析　融资前分析是排除融资方案变化的影响，从项目投资总获利能力的角度，考察项目是否有投资价值。融资前分析应以动态分析（折现现金流量）为主，静态分析（非折现现金流量分析）为辅。

融资前动态分析应以营业收入、建设投资、经营成本和流动资金的估算为基础，考察整个计算期内的现金流入和现金流出，编制项目投资现金流量表，利用资金时间价值的原理进行折现，计算项目投资内部收益率和净现值等动态盈利能力分析指标；计算项目静态投资回收期。

项目投资现金流量表见表 4-4。

表 4-4　项目投资现金流量表　　　　　　　　　（单位：万元）

序号	项　　目	合计	计　算　期					
			1	2	3	4	…	n
1	现金流入							
1.1	营业收入（不含销项税额）							
1.2	增值税销项税额							
1.3	补贴收入							
1.4	回收固定资产余值							
1.5	回收流动资金							
2	现金流出							
2.1	建设投资							
2.2	流动资金							
2.3	经营成本							
2.4	增值税进项税额							
2.5	增值税及附加							
2.6	维持运营投资							
3	所得税前净现金流量（1−2）							
4	累计所得税前净现金流量							
5	调整所得税							
6	所得税后净现金流量（3−5）							
7	累计所得税后净现金流量							

计算指标：

项目投资财务内部收益率（%）（所得税前）

项目投资财务内部收益率（%）（所得税后）

项目投资财务净现值（所得税前）（$i_c =$ 　%）

项目投资财务净现值（所得税后）（$i_c =$ 　%）

项目投资回收期（年）（所得税前）

项目投资回收期（年）（所得税后）

注：1. 本表适用于新设法人项目与既有法人项目的增量和"有项目"的现金流量分析。

　　2. 调整所得税是以息税前利润为基数计算的所得税，区别于"利润与利润分配表""项目资本金现金流量表"
　　和"财务计划现金流量表"中的所得税。

1）现金流入为营业（产品销售）收入、补贴收入、回收固定资产余值、回收流动资金
四项之和。其中，营业（产品销售）收入是项目建成投产后对外销售产品或提供劳务所取
得的收入，是项目生产经营成果的货币表现。计算销售收入时，假设生产出来的产品全部售
出，销售量等于生产量，即

销售收入=销售量×销售单价=生产量×销售单价

销售价格一般采用出厂价格，也可根据需要采用送达用户的价格或离岸价格。产品营业
（产品销售）收入的各年数据取自营业收入、增值税及附加估算表。另外，固定资产余值和
流动资金均在计算期最后一年回收。固定资产余值回收额为固定资产折旧费估算表中固定资

产期末净值合计，流动资金回收额为项目全部流动资金。

2）现金流出包含有建设投资、流动资金、经营成本、增值税进项税额、增值税及附加、维持运营投资。建设投资和流动资金的数额取自建设投资估算表（形成资产法）中有关项目。经营成本是指总成本费用扣除固定资产折旧费、无形资产及递延资产摊销费和财务费用（利息支出）以后的余额。其计算公式为

$$经营成本=总成本费用-折旧费-摊销费-财务费用（利息支出）$$

经营成本取自总成本费用表（生产成本加期间费用法）。增值税及附加包含增值税、城市维护建设税和教育费附加等，它们取自营业收入、增值税及附加估算表。

3）项目资金现金流量表中的所得税应根据息税前利润（EBIT）乘以所得税率计算，称为调整所得税。

$$息税前利润=利润总额+利息支出$$

或　　　　$$息税前利润=年营业收入-增值税及附加-息税前总成本（不含利息支出）$$

$$息税前总成本=经营成本+折旧费+摊销费$$

原则上，息税前利润的计算应完全不受融资方案变动的影响，即不受利息多少的影响，包括建设期利息对折旧的影响（因为这些变化会对利润总额产生影响，进而影响息税前利润）。但如此将会出现两个折旧和两个息税前利润（用于计算融资前所得税的息税前利润和利润表中的息税前利润）。为简化起见，当建设期利息占总投资比例不是很大时，也可按利润与利润分配表中的息税前利润计算调整所得税。

4）项目计算期各年的所得税前净现金流量为各年现金流入量减对应年份的现金流出量，累计所得税前净现金流量为本年及以前各年所得税前净现金流量之和。

5）所得税后累计净现金流量的计算方法与上述所得前累计净现金流量的方法相同。

（2）融资后分析　融资后分析应以融资前分析和考虑融资方案为基础，考察项目在拟定融资条件下的盈利能力、偿债能力和财务生存能力，判断项目方案在融资条件下的可行性。融资后分析用于比选融资方案，帮助投资者做出融资决策。

1）融资后的盈利能力分析应包括动态分析和静态分析两种。

① 动态分析。动态分析是通过编制财务现金流量表，根据资金时间价值原理，计算财务内部收益率、财务净现值等指标，分析项目的获利能力。融资后的动态分析包括下列两个层次：

A. 项目资本金现金流量分析。项目资本金现金流量分析是从项目权益投资者整体的角度，考虑项目给项目权益投资者带来的收益水平。它是在拟定的融资方案下进行的息税后分析，依据的报表是项目资本金现金流量表（见表4-5）。

表4-5　项目资本金现金流量表　　　　　　　　　（单位：万元）

序号	项　　目	合计	计　算　期					
			1	2	3	4	…	n
1	现金流入							
1.1	营业收入（不含销项税额）							
1.2	增值税销项税额							
1.3	补贴收入							

（续）

序号	项 目	合计	计 算 期					
			1	2	3	4	…	n
1.4	回收固定资产余值							
1.5	回收流动资金							
2	现金流出							
2.1	项目资本金							
2.2	借款本金偿还							
2.3	借款利息支付							
2.4	经营成本							
2.5	增值税进项税额							
2.6	增值税及附加							
2.7	所得税							
2.8	维持运营投资							
3	净现金流量（1-2）							

计算指标：

资本金财务内部收益率（%）

注：1. 项目资本金包括用于建设投资、建设期利息和流动资金的资金。

2. 对外商投资项目，现金流出中应增加职工奖励及福利基金科目。

3. 本表适用于新设法人项目与既有法人项目"有项目"的现金流量分析。

B. 投资各方现金流量分析。应从投资各方实际收入和支出的角度，确定其现金流入和现金流出，分别编制投资各方现金流量表（见表4-6），计算投资各方的财务内部收益率指标，考察投资各方可能获得的收益水平。

表4-6　投资各方现金流量表　　　　　　　　　　　　（单位：万元）

序号	项 目	合计	计 算 期					
			1	2	3	4	…	n
1	现金流入							
1.1	实分利润							
1.2	资产处置收益分配							
1.3	租赁费收入							
1.4	技术转让或使用收入							
1.5	其他现金流入							
2	现金流出							
2.1	实缴资本							

（续）

序号	项　目	合计	计　算　期					
			1	2	3	4	…	n
2.2	租赁资产支出							
2.3	其他现金流出							
3	净现金流量（1-2）							

计算指标：

投资各方财务内部收益率（%）

注：1. 本表可按不同投资方分别编制。

2. 投资各方现金流量表既适用于内资企业也适用于外商投资企业；既适用于合资企业也适用于合作企业。

3. 投资各方现金流量表中的现金流入是指出资方因该项目的实施将实际获得的各种收入；现金流出是指出资方因该项目的实施将实际投入的各种支出。表中科目应根据项目具体情况调整。

（1）实分利润是指投资者由项目获取的利润。

（2）资产处置收益分配是指对有明确的合营期限成合资期限的项目，在期满时对资产余值按股比约定比例的分配。

（3）租赁费收入是指出资方将自己的资产租赁给项目使用所获得的收入，此时应将资产价值作为现金流出，列为租赁资产支出科目。

（4）技术转让收入是指出资方将专利或专有技术转让或允许该项目使用所获得的收入。

② 静态分析。静态分析是不采取折现方式处理数据，主要依据利润与利润分配表（见表4-7），并借助现金流量表计算相关盈利能力指标。

表4-7　利润与利润分配表　　　　　　　　（单位：万元）

序号	项　目	合计	计　算　期					
			1	2	3	4	…	n
1	营业收入							
2	增值税及附加							
3	总成本费用							
4	补贴收入							
5	利润总额（1-2-3+4）							
6	弥补以前年度亏损							
7	应纳税所得额（5-6）							
8	所得税							
9	净利润（5-8）							
10	期初未分配利润							
11	可供分配的利润（9+10-6）							
12	提取法定盈余公积金							
13	可供投资者分配的利润（11-12）							
14	应付优先股股利							
15	提取任意盈余公积金							

（续）

序号	项　目	合计	计　算　期					
			1	2	3	4	…	n
16	应付普通股股利（13−14−15）							
17	各投资方利润分配 其中：××方 ××方							
18	未分配利润（13−14−15−16−17）							
19	息税前利润（利润总额+利息支出）							
20	息税前折旧摊销利润（息税前利润+折旧+摊销）							

注：1. 对于外商出资项目由第 11 项减去储备基金、职工奖励与福利基金和企业发展基金后，得出可供投资者分配的利润。

2. 第 14~16 项根据企业性质和具体情况选择填列。

3. 法定盈余公积金按净利润计提。

A. 营业收入、增值税及附加各年度数据取自营业收入、增值税附加估算表，总成本费用各年度数据取自总成本费用表。

B. 利润总额＝营业收入−增值税及附加−总成本费用+补贴收入

C. 所得税＝应纳税所得额×所得税税率。应纳税所得额为该年利润总额减以前年度亏损。即以前年度亏损不缴纳所得税，企业发生的年度亏损，可以用下一年度的税前利润等弥补，下一年度利润不足弥补的，可以在 5 年内延续弥补，5 年内不足弥补的，用税后利润弥补。

D. 净利润＝利润总额−所得税

E. 可供分配利润＝净利润−上年度亏损+期初未分配利润

期初未分配利润＝上年度剩余的未分配利润（LR）

LR＝上年可供投资者分配的利润−上年应付投资者各方股利−上年还款未分配利润

F. 可供投资者分配利润＝可供分配利润−法定盈余公积金

G. 法定盈余公积金＝净利润×10%

可供投资者分配利润按借款合同规定的还款方式，编制等额还本利息照付的利润与利润分配表时，可能会出现以下两种情况：

可供投资者分配的利润+折旧费+摊销费≤该年应还本金，则该年的可供投资者分配的利润全部作为还款未分配利润，不足部分为该年的资金亏损，不提取应付投资者各方的股利，并需用临时借款来弥补偿还本金的不足部分。

可供投资者分配的利润+折旧费+摊销费>该年应还本金，则该年为资金盈余年份，还款未分配利润按以下公式计算：

该年还款未分配利润＝该年应还本金−折旧费−摊销费

H. 应付各投资方的股利＝可供投资者分配利润×约定的分配利率（经营亏损或资金亏损年份均不得提取股利）。

2）偿债能力分析。主要需编制借款还本付息计划表和资产负债表。

① 借款还本付息计划表（见表 4-8）。该表反映项目计算期内各年借款本金偿还和利息

支付情况。

表 4-8 借款还本付息计划表   （单位：万元）

序号	项　　目	合计	计　算　期					
			1	2	3	4	…	n
1	借款 1							
1.1	期初借款余额							
1.2	当期还本付息							
	其中：还本							
	付息							
1.3	期末借款余额							
2	借款 2							
2.1	期初借款余额							
2.2	当期还本付息							
	其中：还本							
	付息							
2.3	期末借款余额							
3	借款 3							
3.1	期初借款余额							
3.2	当期还本付息							
	其中：还本							
	付息							
3.3	期末借款余额							
4	借款合计							
4.1	期初借款余额							
4.2	当期还本付息							
	其中：还本							
	付息							
4.3	期末借款余额							
计算指标	利息备付率（%）							
	偿债备付率（%）							

注：1. 本表与财务分析辅助表"建设期利息估算表"可合二为一。

    2. 本表直接适用于新设法人项目，若有多种借款或债券，必要时应分别列出。

    3. 对于既有法人项目，在按"有项目"范围进行计算时，可根据需要增加项目范围内原有借款的还本付息计算；在计算企业层次的还本付息时，可根据需要增加项目范围外借款的还本付息计算；当简化直接进行项目层次新增借款还本付息计算时，可直接新增数据进行计算。

    4. 本表可另加流动资金借款的还本付息计算。

    ② 资产负债表（见表 4-9），资产负债表用于综合反映项目计算期内各年年末资产、负债和所有者权益的增减变化及对应关系，用以考察项目资产、负债、所有者权益的结构是否

合理，进行偿债能力分析，资产负债表的编制依据是：资产＝负债＋所有者权益。

表 4-9　资产负债表　　　　　　　　　　　（单位：万元）

序号	项　目	合计	计算期					
			1	2	3	4	…	n
1	资产							
1.1	流动资产总额							
1.1.1	货币资金							
1.1.2	应收账款							
1.1.3	预付账款							
1.1.4	存货							
1.1.5	其他							
1.2	在建工程							
1.3	固定资产净值							
1.4	无形及其他资产净值							
2	负债及所有者权益（2.4+2.5）							
2.1	流动负债总额							
2.1.1	短期借款							
2.1.2	应付账款							
2.1.3	预收账款							
2.1.4	其他							
2.2	建设投资借款							
2.3	流动资金借款							
2.4	负债小计（2.1+2.2+2.3）							
2.5	所有者权益							
2.5.1	资本金							
2.5.2	资本公积							
2.5.3	累计盈余公积金							
2.5.4	累计未分配利润							
计算指标	资产负债率（%）							

注：1. 对外商投资项目，第 2.5.3 项改为累计储备基金和企业发展基金。

　　2. 对既有法人项目，一般只针对法人编制，可按需要增加科目，此时表中资本金是指企业全部实收资本，包括原有和新增的实收资本。必要时，也可针对"有项目"范围编制，此时表中资本金仅指"有项目"范围的对应数值。

　　3. 货币资金包括现金和累计盈余资金。

A. 资产由流动资产、在建工程、固定资产净值、无形及递延资产净值四项组成。其中：流动资产总额为应收账款、预付账款、存货、现金、其他之和。前三项数据来自流动资金估算表。

在建工程是指项目总投资使用计划与资金筹措表中的年固定资产投资额，其中包括建设期利息。

固定资产净值、无形及递延资产净值分别从固定资产折旧费估算表及无形资产和其他资产摊销估算表取得。

B. 负债包括流动负债和长期负债。流动负债为应付账款与预收账款之和。应付账款、预收账款数据可由流动资金估算表直接取得。流动资金借款和其他短期借款、两项流动负债及长期借款均指借款余额，需根据项目总投资使用计划与资金筹措表中的对应项及相应的本金偿还项进行计算。

a. 长期借款及其他短期借款余额的计算按下式进行

$$第\ T\ 年借款余额 = \sum_{t=1}^{T}（借款 - 本金偿还）_t \qquad (4-8)$$

式中 （借款-本金偿还）——资金来源与运用表中第 t 年借款与同一年度本金偿还之差。

b. 按照流动资金借款本金在项目计算期末用回收流动资金一次偿还的一般假设，流动资金借款余额的计算按下式进行

$$第\ T\ 年借款余额 = \sum_{t=1}^{T}（借款）_t \qquad (4-9)$$

c. 所有者权益包括资本金、资本公积金、累计盈余公积金及累计未分配利润。其中，累计未分配利润可直接取自利润与利润分配表，累计盈余公积金也可由利润与利润分配表中盈余公积金项计算各年份的累计值，但应根据有无用盈余公积金弥补亏损或转增资本金的情况进行相应调整。资产负债表应满足下式

资产=负债+所有者权益

3）财务生存能力分析。针对非营利性项目的特点，在项目（企业）运营期间，确保从各项经济活动中得到足够的净现金流量是项目能够持续生存的条件。财务分析中应根据财务计划现金流量表（见表4-10），综合考虑项目计算期内各年的投资活动、融资活动和经营活动所产生的各项现金流入和流出，计算净现金流量和累计盈余资金，分析项目是否有足够的净现金流量维持正常运营。为此，财务生存能力分析又可称为资金平衡分析。

表4-10 财务计划现金流量表 （单位：万元）

序号	项 目	合计	计 算 期					
			1	2	3	4	…	n
1	经营活动净现金流量（1.1-1.2）							
1.1	现金流入							
1.1.1	营业收入（不含销项税额）							
1.1.2	增值税销项税额							
1.1.3	补贴收入							
1.1.4	其他流入							
1.2	现金流出							
1.2.1	经营成本							
1.2.2	增值税进项税额							
1.2.3	增值税							

（续）

序号	项　目	合计	计　算　期					
			1	2	3	4	…	n
1.2.4	增值税附加							
1.2.5	所得税							
1.2.6	其他流出							
2	投资活动净现金流量（2.1-2.2）							
2.1	现金流入							
2.2	现金流出							
2.2.1	建设投资							
2.2.2	维持运营投资							
2.2.3	流动资金							
2.2.4	其他流出							
3	筹资活动净现金流量（3.1-3.2）							
3.1	现金流入							
3.1.1	项目资本金投入							
3.1.2	建设投资借款							
3.1.3	流动资金借款							
3.1.4	债券							
3.1.5	短期借款							
3.1.6	其他流入							
3.2	现金流出							
3.2.1	各种利息支出							
3.2.2	偿还债务本金							
3.2.3	应付利润（股利分配）							
3.2.4	其他流出							
4	净现金流量（1+2+3）							
5	累计盈余资金							

注：1. 对于新设法人项目，本表投资活动的现金流入为零。

2. 对于既有法人项目，可适当增加科目。

3. 必要时，现金流出中可增加应付优先股股利科目。

4. 对外商投资项目应将职工奖励与福利基金作为经营活动现金流出。

财务生存能力分析应结合偿债能力分析进行，如果拟安排的还款期过短，致使还本付息负担过重，导致为维持资金平衡必须筹措的短期借款过多，可以调整还款期，减轻各年还款负担。

通常因运营期前期的还本付息负担过重，故应特别注重运营期前期的财务生存能力分析。

通过以下相辅相成的两个方面可具体判断项目的财务生存能力：

① 拥有足够的经营净现金流量是财务可持续的基本条件，特别是在运营初期。一个项

目具有较大的经营净现金流量，说明项目方案比较合理，实现自身资金平衡的可能性大，不会过分依赖融资来维持运营；反之，一个项目不能产生足够的经营净现金流量，或经营净现金流量为负值，说明维持项目正常运行会遇到财务上的困难，项目方案缺乏合理性，实现自身资金平衡的可能性小，有可能要靠短期融资来维持运营；或者是非经营项目本身无能力实现自身资金平衡，提示要靠政府补贴。

② 各年累计盈余资金不出现负值是财务生存的必要条件。在整个运营期间，允许个别年份的净现金流量出现负值，但不能容许任一年份的累计盈余资金出现负值。一旦出现负值时应适时进行短期融资，该短期融资应体现在财务计划现金流量表中，同时短期融资的利息也应纳入成本费用和其后的计算。较大的或较频繁的短期融资，有可能导致以后的累计盈余资金无法实现正值，致使项目难以持续经营。

财务计划现金流量表是项目财务生存能力分析的基本报表，其编制基础是财务分析辅助报表和利润与利润分配表。

4. 财务评价指标体系及评价目的

财务评价指标体系见表 4-11。

表 4-11　财务评价指标体系

评价内容	基 本 报 表		评 价 指 标	
			静态指标	动态指标
盈利能力分析	融资前分析	项目投资现金流量表	项目投资回收期	项目投资财务内部收益率 项目投资财务净现值
	融资后分析	项目资本金现金流量表	—	项目资本金财务内部收益率
		投资各方现金流量表	—	投资各方财务内部收益率
		利润与利润分配表	总投资收益率 项目资本金净利润率	—
偿债能力分析	借款还本付息计划表		偿债备付率 利息备付率	—
	资产负债率		累计盈余资金	—
财务生存能力分析	财务计划现金流量表			
外汇平衡分析	财务外汇平衡表		—	—
不确定性分析	盈亏平衡分析		盈亏平衡产量 盈亏平衡生产能力 利用率	—
	敏感性分析		灵敏度 不确定因素的临界值	—
风险分析	概率分析		NPV≥0 的累计概率	—
			定性分析	—

1）财务盈利能力分析主要考察投资项目的盈利水平。为此目的，需要编制项目投资现金流量表、项目资本金现金流量表、利润与利润分配表三个基本财务报表。计算财务内部收益率、财务净现值、投资回收期、总投资收益率、项目资本金净利润率等指标。

2）项目偿债能力可在编制借款还本付息计划表、资产负债表的基础上进行。计算偿债备付率、利息备付率、资产负债率等指标。为了表明项目的偿债能力，可按尽早还款的方法计算。在计算中，贷款利息一般做如下假设：长期借款，当年贷款按半年计息，当年还款按全年计息。

3）财务的生存能力分析，是通过考察项目计算期内的投资、融资和经营活动所产生的各项现金流入和流出，计算净现金流量和累计盈余资金，分析项目是否有足够的净现金流量维持正常运营，以实现财务可持续性。而财务可持续性应首先体现在有足够大的经营活动净现金流量，其次各年累计盈余资金不应出现负值。若出现负值，应进行短期借款，同时分析该短期借款的期限长短和数额大小，进一步判断项目的财务生存能力。短期借款应体现在财务计划现金流量表中，其利息应计入财务费用。为维持项目正常运营，还应分析短期借款的可靠性。

4）外汇平衡分析主要是考察涉及外汇收支的项目在计算期内各年的外汇余缺程度，在编制外汇平衡表的基础上，了解各年的外汇余缺状况，对外汇不能平衡的年份，应根据外汇短缺程度提出切实可行的解决方案。

5）不确定性分析包括盈亏平衡分析和敏感性分析。

6）风险分析主要包括概率分析定量法和定性分析，并依此来判断风险的大小，给出合适的风险管理措施。

5. 评价指标的计算与分析

（1）财务盈利能力评价指标

1）财务净现值（FNPV）。根据项目投资现金流量表计算的项目投资财务净现值，是指按照一个给定的标准折现率（i_c）或行业基准收益率将项目计算期内各年财务净现金流量折现到建设期初（项目计算期第 1 年年初）的现值之和。它是考察项目在计算期内盈利能力的主要动态评价指标，其表达式为

$$FNPV = \sum_{t=1}^{n} (CI - CO)_t (1 + i_c)^{-t} \qquad (4-10)$$

式中　FNPV——财务净现值；

　　　　CI——现金流入；

　　　　CO——现金流出；

$(CI - CO)_t$——第 t 年的净现金的流量；

　　　　n——项目计算期；

　　　　i_c——基准折现率。

算出的项目投资财务净现值大于或等于零时，表明项目在计算期内的盈利能力大于或等于基准收益率或折现率水平。因此，当财务净现值 FNPV ≥ 0 时，则项目在财务上可以考虑被接受。

2）财务内部收益率（FIRR）。财务内部收益率是使项目整个计算期内各年净现金流量现值累计等于零时的折现率，也就是使项目的财务净现值等于零时的折现率。它反映项目所占用资金的盈利率，是考察项目盈利能力的主要动态评价指标，其表达式为

$$\sum_{t=1}^{n} (CI - CO)_t \times (1 + FIRR)^{-t} = 0 \qquad (4-11)$$

财务内部收益率可根据现金流量表中折现净现金流量用插值法进行求解。插值法计算财务内部收益率如图4-3所示。具体计算公式为

$$\text{FIRR} = i_1 + \frac{\text{FNPV}_1}{\text{FNPV}_1 + |\text{FNPV}_2|}(i_2 - i_1) \tag{4-12}$$

$$\text{FNPV}_1 = \sum_{t=1}^{n} (\text{CI} - \text{CO})_t (1 + i_1)^{-t}$$

$$\text{FNPV}_2 = \sum_{t=1}^{n} (\text{CI} - \text{CO})_t (1 + i_2)^{-t}$$

式中　i_1——较低的试算折现率，使 $\text{FNPV}_1 > 0$；

　　　i_2——较高的试算折现率，使 $\text{FNPV}_2 < 0$。

由此计算出的财务内部收益率通常为近似值，计算值比理论值偏大，为控制的误差，一般要求 $i_2 - i_1 \leq 5\%$。

基于项目投资现金流量表计算的全部投资所得税前及所得税后的财务内部收益率，是反映项目在设定的计算期内全部投资的盈利能力指标。将求出的项目投资财务内部收益率（所得税前、所得税后）与行业的基准收益率或设定的折现率（i_c）比较，当 $\text{FIRR} \geq i_c$ 时，则认为从项目投资角度，项目盈利能力已满足最低要求，在财务上可以考虑被接受。

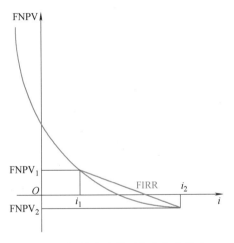

图4-3　插值法计算财务内部收益率

3）投资回收期（P_t）。投资回收期是指以项目的净收益抵偿全部投资（固定资产投资、流动资金）所得的时间。它是考察项目在财务上的投资回收能力的主要静态评价指标。投资回收期以年表示，一般从建设开始年算起，其表达式为

$$\sum_{t=1}^{P_t} (\text{CI} - \text{CO})_t = 0 \tag{4-13}$$

可根据全部投资的现金流量表，分别计算出项目所得税前及所得税后的全部投资回收期。计算公式为

$$P_t = (\text{累计净现金流量开始出现正值的年份数} - 1) + \frac{\text{上年累计净现金流量的绝对值}}{\text{当年净现金流量}}$$

求出的投资回收期（P_t）与行业的基准投资回收期（P_c）比较，当 $P_t < P_c$ 时，表明项目投资能在规定的时间内收回，则项目在财务上可以考虑被接受。

4）总投资收益率（ROI）。总投资收益率表示总投资的盈利水平，是指项目达到设计能力后正常年份的年息税前利润或运营期内年平均息税前利润（EBIT）与项目总投资（TI）的比率，总投资收益率应按下式计算：

$$\text{ROI} = \frac{\text{EBIT}}{\text{TI}} \times 100\% \tag{4-14}$$

总投资收益率高于同行业的收益率参考值，表明用总投资收益率表示的盈利能力满足

要求。

5）项目资本金净利润率（ROE）。项目资本金净利润率表示项目资本金的盈利水平，是指项目达到设计能力后正常年份的年净利润或运营期内年平均净利润（NP）与项目资本金（EC）的比率；项目资本金净利润率应按下式计算：

$$ROE = \frac{NP}{EC} \times 100\% \tag{4-15}$$

项目资本金净利率高于同行业的净利率参考值，表明用项目资本金净利润率表示的盈利能力满足要求。

（2）财务偿债能力评价指标

1）利息备付率（ICR）。利息备付率是指在借款偿还期内的息税前利润（EBIT）与应付利息（PI）的比值，它从付息资金来源的充裕性角度反映项目偿付债务利息的保障程度，利息备付率应按下式计算：

$$ICR = \frac{EBIT}{PI} \times 100\% \tag{4-16}$$

利息备付率应分年计算。利息备付率高，表明利息偿付的保障程度高。

利息备付率应当大于1，并结合债权人的要求确定。

2）偿债备付率（DSCR）。偿债备付率是指在借款偿还期内，用于计算还本付息的资金（$EBITDA - T_{AX}$）与应还本息金额（PD）的比值，它表示可用于还本付息的资金偿还借款本息的保障程度，偿债备付率应按下式计算：

$$DSCR = \frac{EBITDA - T_{AX}}{PD} \times 100\% \tag{4-17}$$

式中 EBITDA——息税前利润加折旧和摊销；

T_{AX} ——企业所得税。

如果项目在运行期内有维持运营的投资，可用于还本付息的资金应扣除维持运营的投资。

偿债备付率应分年计算，偿债备付率高，表明可用于还本付息的资金保障程度高。

偿债备付率应大于1，并结合债权人的要求确定。

3）资产负债率。根据资产负债表可计算资产负债率，以分析项目的偿债能力，资产负债率是负债总额与资产总额之比，是反映项目各年面临的财务风险程度及偿债能力的指标。资产负债率应按下式计算：

$$资产负债率 = \frac{负债总额}{资产总额} \times 100\% \tag{4-18}$$

（3）不确定性分析

1）盈亏平衡分析。盈亏平衡分析的目的是寻找盈亏平衡点（BEP），据此判断项目风险大小及对风险的承受能力，为投资决策提供科学依据。盈亏平衡点就是盈利与亏损的分界点，在这一点"项目总收益＝项目总成本"。项目总收益（TR）及项目总成本（TC）都是产量（Q）的函数，根据TC、TR与Q的关系不同，盈亏平衡分析分为线性盈亏平衡分析和非线性盈亏平衡分析。如图4-4所示，在线性盈亏平衡分析中：

$$TR = P(1 - t)Q$$

$$TC = F + VQ$$

式中   TR——项目总收益；

        P——产品销售单价；

        t——销售税率；

      TC——项目总成本；

        F——固定成本；

        V——单位产品可变成本；

        Q——产量或销售量。

令 TR = TC 即可分别求出盈亏平衡产量、盈亏平衡价格、盈亏平衡单位产品可变成本、盈亏平衡生产能力利用率。它们的表达式分别为

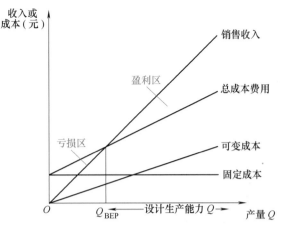

图 4-4   线性盈亏平衡分析图

$$盈亏平衡产量 Q^* = \frac{F}{P(1-t)-V}$$

$$盈亏平衡单价 P^* = \frac{F + VQ_c}{(1-t)Q_c}$$

$$盈亏平衡单位产品可变成本 V^* = P(1-t) - \frac{F}{Q_c}$$

$$盈亏平衡生产能力利用率 \alpha^* = \frac{Q^*}{Q_c} \times 100\%$$

式中 Q_c——设计生产能力。

盈亏平衡产量表示项目的保本产量。盈亏平衡点产量越低，项目保本越容易，则项目风险越低；盈亏平衡价格表示项目可接受的最低价格，该价格仅能收回成本，该价格水平越低，表示单位产品成本越低，项目的抗风险能力就越强；盈亏平衡单位产品可变成本表示单位产品可变成本的最高上限，实际单位产品可变成本低于 V^* 时，项目盈利。因此 V^* 越大，项目的抗风险能力越强。

2）敏感性分析。敏感性分析是指通过分析、预测项目主要影响因素发生变化时对项目经济评价指标（如 NPV、IRR 等）的影响，从中找出敏感因素，并确定其影响程度的一种分析方法。敏感性分析的核心是寻找敏感因素，并将其按影响程度大小排序。敏感性分析根据同时分析敏感因素数量的多少分为单因素敏感性分析和多因素敏感性分析。单因素敏感性分析的步骤为：

① 确定敏感性分析的对象，也就是确定要分析的评价指标。

② 选择需要分析的不确定性因素。

③ 分别计算单个不确定因素变化百分率为±5%、±10%、±15%、±20%时对评价指标的影响程度。

④ 确定敏感因素。敏感因素是指对评价指标产生较大影响的因素。

⑤ 风险评价。通过分析和计算敏感因素的影响程度，确定项目可能存在风险的大小及风险影响因素。

单因素敏感性分析中敏感因素的确定方法有相对测定法和绝对测定法。

① 相对测定法。即设定要分析的因素均从初始值开始变动，且假设各个因素每次均变动相同的幅度，然后计算在相同变动幅度下各因素对经济评价指标的影响程度，即灵敏度 β，灵敏度越大的因素越敏感。在单因素敏感性分析图上，表现为变量因素的变化曲线与横坐标相交的角度（锐角）越大的因素越敏感，即

$$\beta = \frac{\text{评价指标变化幅度}}{\text{变量因素变化幅度}} = \frac{\left|\dfrac{Y_1 - Y_0}{Y_0}\right|}{\Delta X_i} \tag{4-19}$$

② 绝对测定法。让经济评价指标等于其临界值，然后计算变量因素的取值，假设为 X_1，变量因素原来的取值为 X_0，则该变量因素最大允许变化范围为 $\left|\dfrac{X_1 - X_0}{X_0}\right|$，最大允许变化范围越小的因素越敏感。在单因素敏感性分析图上，表现为变量因素的变化曲线与评价指标临界值曲线相交的横截距越小的因素越敏感。

4.4.2　建设项目国民经济评价

1. 建设项目国民经济原理

（1）国民经济评价的含义　建设项目国民经济评价是指项目经济费用和效益分析，它是按合理配置资源的原则，采用影子价格、影子工资、影子汇率、社会折现率等经济评价参数，分析项目投资的经济效率和社会福利所做出的贡献，评价项目的经济合理性。对于财务现金流量不能全面、真实地反映其经济价值，需要进行经济费用效益分析的项目，应将经济费用效益分析的结论作为项目决策的主要依据之一。

（2）需要进行经济费用效益分析的项目范围　在现实经济中，由于市场本身的原因及政府不恰当的干预，都可能导致市场配置资源失灵，市场价格难以反映建设项目的真实经济价值，客观上需要通过经济费用效益分析来反映建设项目的真实经济价值，判断投资的经济合理性，为投资决策提供依据。因此，当某类项目依靠市场无法进行资源合理配置时，就需要进行经济费用效益分析。

1）需要进行经济费用效益分析的项目。

① 自然垄断项目。对于电力、电信、交通运输等行业的项目，存在着规模效益递增的产业特征，企业一般不会按照帕累托最优规则进行运作，从而导致市场配置资源失效。

② 公共产品项目。该项目提供的产品或服务在同一时间内可以被共同消费，具有消费的非排他性（未花钱购买公共产品的人不能被排除在此产品或服务的消费之外）和消费的非竞争性（一个人消费一种公共产品并不以牺牲其他人的消费为代价）特征。由于市场价格机制只有通过将那些不愿意付费的消费者排除在该物品的消费之外才能得以有效运作，因此市场机制对公共产品项目的资源配置失灵。

③ 具有明显外部效果的项目。外部效果是指一个个体或厂商的行为对另一个个体或厂商产生了影响，而该影响的行为主体又没有负相应的责任或没有获得应有报酬的现象。产生外部效果的行为主体由于不受预算约束，因此常常不考虑外部效果承受者的损益情况。这样，这类行为主体在其行为过程中常常会低效率甚至无效率地使用资源，造成消费者剩余与生产者剩余的损失及市场失灵。

④ 涉及国家控制的战略性资源及涉及国家经济安全的项目。这类项目往往具有公共性、外部效果等综合特征，不能完全依靠市场配置资源。

⑤ 受过度行政干预的项目。政府对经济活动的干预，如果干扰了正常的经济活动效率，也是导致市场失灵的重要因素。

2）需要进行经济费用效益分析的项目类别。从投资管理角度，现阶段需要进行经济费用效益分析的项目可以分为以下几类：

① 政府预算内投资（包括国债资金）的用于关系国家安全、国土开发和市场不能有效配置资源的公益性项目和公共基础设施建设项目、保护和改善生态环境项目、重大战略性资源开发项目。

② 政府各类专项建设基金投资的用于交通运输、农林水利等基础设施、基础产业建设项目。

③ 利用国际金融组织和外国政府贷款，需要政府主权信用担保的建设项目，法律、法规规定的其他政府性资金投资的建设项目。

④ 企业投资建设的涉及国家经济安全，影响环境资源、公共利益，可能出现垄断，涉及整体布局等公共性问题，需要政府核准的建设项目。

2. 国民经济评价的费用和效益划分

（1）国民经济评价中经济费用和经济效益的内容

1）经济费用。项目的经济费用是指项目耗用社会经济资源的经济价值，即按经济学原理估算出的被耗用经济资源的经济价值。

项目经济费用包括三个层次的内容，即项目实体直接承担的费用，受项目影响的利益群体支付的费用，以及整个社会承担的环境费用。第二项和第三项一般称为间接费用，但更多地称为外部效果。

2）经济效益。项目的经济效益是指项目为社会创造的社会福利的经济价值，即按经济学原理估算出的社会福利的经济价值。

与经济费用相同，项目的经济效益也包括三个层次的内容，即项目实体直接获得的效益，受项目影响的利益群体获得的效益，以及项目可能产生的环境效益。

（2）国民经济评价中费用和效益的识别与计算　项目经济效益和费用的识别应符合下列要求：

1）遵循有无对比的原则。

2）对项目所涉及的所有成员及群体的费用和效益进行全面分析。

3）正确识别正面和负面外部效果，防止误算、漏算或重复计算。

4）合理确定效益和费用的空间范围和时间跨度。

5）正确识别和调整转移支付，根据不同情况区别对待。

经济效益的计算应遵循支付意愿（WTP）原则和（或）接受补偿意愿（WTA）原则；经济费用的计算应遵循机会成本原则。经济效益和经济费用可直接识别，也可通过调整财务效益和财务费用得到。经济效益和经济费用应采用影子价格计算，具体包括货物影子价格、影子工资、影子汇率等。

效益表现为费用节约的项目，应根据有无对比分析，计算节约的经济费用，计入项目相应的经济效益。

对于表现为时间节约的运输项目，其经济价值应采用有无对比分析方法，根据不同人群、货物、出行目的等，区别情况分别计算时间节约价值；根据不同人群及不同出行目的对时间的敏感程度，分析受益者为得到这种节约所愿意支付的货币数值，测算出行时间节约的价值。根据不同货物对时间的敏感程度，分析受益者为了得到这种节约所愿意支付的价格，测算其时间节约的价值。

外部效果是指项目的产出或投入无意识地给他人带来费用或效益，而项目并没有为此付出代价或为此获得收益。为防止外部效果计算扩大化，一般只应计算一次相关效果。

环境及生态影响的外部效果是经济费用效益分析必须考虑的一种特殊形式的外部效果，应尽可能对项目所带来的环境影响的效益和费用（损失）进行量化和货币化，将其列入经济现金流。环境及生态影响的效益和费用，应根据项目的时间范围和空间范围、具体特点、评价的深度要求及资料占有情况，采用适当的评估方法与技术对环境影响的外部效果进行识别、量化和货币化。

（3）国民经济评价中费用和效益的分类

1）直接效益与直接费用——内部效果。直接效益是项目产出物直接生成，并在项目范围内计算的经济效益。一般表现为：

① 增加项目产出物或者服务的数量以满足国内需求的效益。

② 替代效益较低的相同或类似企业的产出物或者服务，使被替代企业减产（停产）从而减少国家有用资源耗费或者损失的效益。

③ 增加出口或者减少进口从而增加或者节支的外汇等。

直接费用是项目使用投入物所形成，并在项目范围内计算的费用。一般表现为：

① 其他部门为本项目提供投入物，需要扩大生产规模所耗费的资源费用。

② 减少对其他项目或者最终消费投入物的供应而放弃的效益。

③ 增加进口或者减少出口从而耗用或者减少的外汇等。

2）间接效益与间接费用——外部效果。外部效果是指项目对国民经济做出的贡献与国民经济为项目付出的代价中，在直接效益与间接费用中未得到反映的那部分效益（间接效益）与费用（间接费用）。外部效果应包括以下几个方面：

① 产业关联效果。例如，建设一座水电站，一般除发电、防洪灌溉和供水等直接效果外，还必然带来养殖业和水上运动的发展，以及旅游业的增进等间接效益。此外，农牧业还会因土地淹没而遭受一定损失（间接费用）。

② 环境和生态效果。例如，发电厂排放的烟尘可使附近田园的作物产量减少、质量下降；化工厂排出的污水可使附近江河的鱼类资源骤减。

③ 技术扩散效果。技术扩散和示范效果是由于建设技术先进的项目会培养和造就大量的技术人员和管理人员。他们除了为本项目服务外，人员流动、技术交流对整个社会经济发展也会带来好处。

3）转移支付。项目的某些财务收益和支出，从国民经济角度看，并没有造成资源的实际增加或减少，而是国民经济内部的转移支付（不计项目的国民经济效益与费用）。转移支付的主要内容包括以下四个方面：

① 税金，将企业的货币收入转移到政府手中，是收入的再分配。

② 补贴，不过是使资源的支配权从政府转移给了企业而已。

③ 国内贷款的还本付息，仅代表资源支配权的转移。

④ 国外贷款的还本付息。处理分以下三种情况。第一，评价国内投资经济效益的处理办法。在分析时，由于还本付息意味着国内资源流入国外，因而应当视作费用。第二，国外贷款不指定用途时的处理办法。这种情况下，与贷款对应的实际资源虽然来自国外，但受贷国在如何有效利用这些资源的问题上，面临着与国内资源同样的优化配置任务，因而应当对包括国外贷款在内的全部资源的利用效果做出评价。在这种评价中，国外贷款还本付息不视作收益，也不视作费用。第三，国外贷款指定用途的处理办法。如果不启动拟建项目，就不能得到国外贷款，这时便无须进行全投资的经济效益评价，可只进行国内投资资金的经济评价。这是因为全投资经济效益评价的目的在于对包括国外贷款在内的全部资源多种用途进行比较选优，既然国外贷款的用途已经唯一限定，别无其他选择，也就没有必要对其利用效果做出评价了。

3. 国民经济评价中的参数

国民经济评价参数是国民经济评价的基础。正确理解和使用评价参数，对正确计算费用、效益和评价指标，以及比选优化方案具有重要作用。国民经济评价参数体系有两类：一类是通用参数，如社会折现率、影子汇率和影子工资等，这些通用参数由有关专门机构组织测算和发布；另一类是货物影子价格等一般参数，由行业或者项目评价人员测定。

（1）影子汇率 影子汇率是指能反映外汇真实价值的汇率。在国民经济评价中，影子汇率通过影子汇率换算系数计算，影子汇率换算系数是影子汇率与国家外汇牌价的比值。工程项目投入物和产出物涉及进出口的，应采用影子汇率换算系数计算影子汇率。目前我国的影子汇率换算系数取值为 1.08。

（2）社会折现率（i_s） 社会折现率是用以衡量资金时间价值的重要参数，代表社会资金被占用应获得的最低收益率，可作为经济内部收益率的判别标准，并用作不同年份价值换算的折现率。其取值根据对我国国民经济运行的实际情况、投资收益水平、资金供求情况、资金机会成本以及国家宏观调控等因素综合确定。目前社会折现率取值为 10%。

（3）市场定价货物的影子价格

1）外贸货物的影子价格。外贸货物是指生产和使用会直接或间接影响国家进出口水平的货物。外贸货物中的进口品应满足（否则不应进口）：国内生产成本>到岸价；外贸货物中的出口品应满足（否则不应出口）：国内生产成本<离岸价。外贸货物影子价格的确定基础是国际市场价格。

2）非外贸货物的影子价格。非外贸货物是指生产和使用不影响国家进出口水平的货物。它根据不能外贸的原因可分为：

① 天然非外贸货物：使用和服务天然地限于国内。

② 非天然非外贸货物：由于经济或政策原因不能外贸的货物（国内生产成本>离岸价，不应出口；国内生产成本<到岸价，不应进口）。

（4）政府调控价格货物的影子价格 考虑到效率优先兼顾公平的原则，市场经济条件下有些货物或者服务不能完全由市场机制形成价格，而需由政府调控价格。例如，政府为了帮助城市中低收入家庭解决住房问题，对经济适用房和廉租房制定指导价和最高限价。政府调控的货物或者服务的价格不能完全反映其真实价值，确定这些货物或者服务的影子价格的原则是：投入物按机会成本分解定价，产出物按对经济增长的边际贡献率或消费支付意愿定价。下面是政府主要调控的水、电、铁路运输等作为投入物和产出物时的影子价格的确定方法。

1）水作为项目投入物时的影子价格按后备水源的边际成本分解定价，或者按恢复水资源存量的成本计算。水作为项目产出物时的影子价格，按消费者支付意愿或者消费者承受能力加政府补贴计算。

2）电力作为项目投入物时的影子价格，一般按完全成本分解定价，电力过剩时的影子价格按可变成本分解定价。电力作为项目产出物时的影子价格，可按电力对当地经济边际贡献率定价。

3）铁路运输作为项目投入物时的影子价格，按完全成本分解定价，对运能富余的地区，按可变成本分解定价。铁路运输作为产出物时的影子价格，可按铁路运输对国民经济的边际贡献率定价。

（5）特殊投入物的影子价格

1）影子工资。影子工资及劳动力的影子价格，包括：劳动力的机会成本；社会为劳动力就业付出的，而职工又未得到的其他代价，如搬迁、培训费等。其计算公式为

$$影子工资 = 名义工资 × 工资换算系数$$

式中　名义工资——财务评价中的工资及职工福利费之和。

2）土地的影子价格。土地的影子价格包括：土地的机会成本；土地用于拟建项目而使社会增加的资源消耗，如拆迁费、劳动力安置费等。

土地影子价格的确定原则：

① 若项目占用的土地是没有用处的荒山野岭，其机会成本可视为零。

② 若项目占用的土地是农业用地，其机会成本为原来的农业净收益和拆迁费用及劳动力安置费。

③ 若项目占用的土地是城市用地，应以土地市场价格计算土地的影子价格，主要包括土地出让金、基础设施建设费、拆迁安置补偿费等。

3）资源影子价格。各种自然资源是一种特殊的投入物，项目使用的矿产资源、水资源、森林资源等都是对国家资源的占用和消耗。矿产等不可再生资源的影子价格按资源的机会成本计算，水和森林等可再生资源的影子价格按资源再生费计算。

4. 国民经济评价中费用和效益分析指标

建设项目经济费用与经济效益估算出来后，可编制经济费用效益流量表，计算经济净现值、经济内部收益率与经济效益费用比等经济费用效益分析指标。

（1）经济费用效益流量表的编制方法　经济费用效益流量表的编制可以在项目投资现金流量表的基础上，按照经济费用效益识别和计算的原则和方法直接进行，也可以在财务分析的基础上将财务现金流量转化为反映真正资源变动状况的经济费用效益流量。项目投资经济费用效益流量表见表4-12。

1）直接经济费用效益流量的识别和计算。

① 对于项目的各种投入物，应按照机会成本的原则计算其经济价值。

② 识别项目产出物可能带来的各种影响效果。

③ 对于具有市场价值的产出物，以市场价格为基础计算其经济价值。

④ 对于没有市场价值的产出效果，应按照支付意愿及接受补偿意愿的原则计算其经济价值。

⑤ 对于难以进行货币量化的产出效果，应尽可能地采用其他量纲进行量化。难以量化的，进行定性描述，以全面反映项目的产出效果。

表 4-12　项目投资经济费用效益流量表

序号	项　　目	合计	计算期					
			1	2	3	4	…	n
1	效益流量							
1.1	项目直接收益							
1.2	资产余值回收							
1.3	项目间接效益							
2	费用流量							
2.1	建设投资							
2.2	维持运营投资							
2.3	流动资金							
2.4	经营费用							
2.5	项目间接费用							
3	净效益流量（1）-（2）							

计算指标：

经济内部收益率（EIRR）

经济净现值 ENPV（$i_s =$　）

2）在财务分析基础上进行经济费用效益流量的识别和计算。

① 提出财务现金流量表中的通货膨胀因素，得到以实价表示的财务现金流量。

② 提出运营期财务现金流量中不反映真实资源流量变动情况的转移支付因素。

③ 用影子价格和影子汇率调整建设投资各项组成，并提出其费用中的转移支付项目。

④ 调整流动资金，将流动资产和流动负债中不反映实际资源耗费的有关现金、应收款项、应付款项、预收款项、预付款项，从流动资金中剔除。

⑤ 调整经营费用，用影子价格调整主要原材料、燃料及动力费用、工资及福利费等。

⑥ 调整营业收入，对于具有市场价格的产出物，以市场价格为基础计算其影子价格；对于没有市场价格的产出效果，以支付意愿或接受补偿意愿的原则计算其影子价格。

⑦ 对于可货币化的外部效果，应将货币化的外部效果计入经济效益费用流量；对于难以进行货币化的外部效果，应尽可能地采用其他量纲进行量化。难以量化的，进行定性描述，以全面反映项目的产出效果。

（2）国民经济评价中经济费用和效益分析主要指标

1）经济净现值（ENPV）。经济净现值是项目按照社会折现率 i_s，将计算期内各年的经济净效益流量折现到建设期初的现值之和，是经济费用效益分析的主要评价指标。其计算公式为

$$ENVP = \sum_{t=1}^{n} (B - C)_t (1 + i_s)^{-t} \qquad (4-20)$$

式中 ENPV——经济净现值；

B——经济效益流量；

C——经济费用流量；

$(B - C)_t$——第 t 期的经济净效益流量；

n——项目计算期；

i_s——社会折现率。

经济净现值等于或大于零表示国家拟建项目付出代价后，可以得到符合社会折现率的社会盈余，或除了得到符合社会折现率的社会盈余外，还可以得到以现值计算的超额社会盈余，这说明项目可以达到社会折现率要求的效率水平。可以认为项目从经济资源配置的角度是可以接受的。

按分析效益费用的口径不同，可分为整个项目的全投资经济内部收益率和经济净现值，国内投资经济内部收益率和经济净现值。如果项目没有国外投资和国外借款，全投资指标与国内投资指标相同；如果项目有国外资金流入与流出，应以国内投资的经济内部收益率和经济净现值作为项目的国民经济评价指标。

2）经济内部收益率（EIRR）。经济内部收益率是项目在计算期内经济净效益流量的现值累计等于零时的折现率，是经济费用效益分析的辅助评价指标。其计算公式为

$$\sum_{t=1}^{n} (B - C)_t (1 + EIRR)^{-t} = 0 \qquad (4-21)$$

式中 B——经济效益流量；

C——经济费用流量；

$(B - C)_t$——第 t 期的经济净效益流量；

n——项目计算期；

EIRR——经济内部收益率。

如果经济内部收益率等于或者大于社会折现率 i_s，表明项目资源配置的经济效率达到了可以被接受的水平。

3）效益费用比（RBC）。效益费用比是项目在计算期内效益流量的现值与费用流量的现值的比率，是经济费用效益分析的辅助评价指标。其计算公式为

$$RBC = \frac{\sum_{t=1}^{n} B_t (1 + i_s)^{-t}}{\sum_{t=1}^{n} C_t (1 + i_s)^{-t}} \qquad (4-22)$$

式中 RBC——效益费用比；

B_t——第 t 期的经济效益流量；

C_t——第 t 期的经济费用流量。

如果效益费用比大于1，表明项目资源配置的经济效率达到了可以被接受的水平。

5. 财务评价和国民经济评价的区别与联系

（1）两种评价的区别

1）分析的角度与基本出发点不同。与传统的国民经济评价是从国家的角度考察项目不完全相同的是，经济费用效益分析更关注从利益群体各方的角度来分析项目，解决项目可持续发展的问题；财务分析是站在项目的层次，从项目的投资者、债权人、经营者的角度分析项目在财务上能够生存的可能性，分析各方的实际收益和损失，分析投资或贷款的风险及收益。

2）项目的费用和效益的含义和范围划分不同。经济费用效益分析是对项目涉及的所有成员或群体的费用和效益做全面分析，考察项目消耗的有用社会资源和对社会提供的有用产品，不仅考虑直接的费用和效益，还考虑了间接的费用和效益，某些转移支付项目，如流转税等，应视情况判断是否计入费用和效益；财务分析指根据项目直接发生的财务收支，计算项目的直接费用和效益。

3）所使用的价格体系不同。经济费用效益分析使用影子价格体系；而财务分析使用预测的财务收支价格。

4）分析的内容不同。经济费用效益分析通常只有盈利性分析，没有偿债能力分析；而财务分析通常包括盈利能力分析、偿债能力分析和财务生存能力分析等。

（2）两种评价的联系

1）财务评价是国民经济评价的基础，没有财务评价就不能进行国民经济评价。

2）两种经济评价结论一致，可以对项目做出肯定或否定判断。

3）国民经济评价方法仍然保留了财务评价中用现金流折现的方法，费用和效益也用货币单位计量，并采用折现的手段，最后计算若干个评价指标，如经济净现值和经济内部收益率等。

（3）财务评价和国民经济评价的决策结果　根据财务评价和国民经济评价的结果来判断一个工程项目的取舍，可能有四种情况：

1）如果一个工程项目不但能给企业带来可观的商业利润，而且可以明显地促进国民经济的增长，实施这样的工程项目是十分理想的投资资源配置方式，从经济角度看，该工程项目是可行的。

2）如果一个工程项目只能给企业创造可观的商业利润，而没有增加国民经济正的净效益，甚至给国民经济带来了负效益，这就违背了经济学的有效益原则，从宏观经济的角度，该项目是不可行的，如果由政府进行决策，该项目是不能实施的。

3）如果一个工程项目没有给企业带来理想的商业利润，但增加了国民经济正的净效益，这说明现行的价格和税收政策有偏差，还没有满足有效益的原则，这种信息的反馈对政府制定政策和进行长远规划都是有帮助的，如果由政府进行决策，该项目是可以实施的，但要通过价格和（或）税收手段给企业进行补偿，使其获得比较理想的投资回报。

4）如果一个工程项目不但不能使企业取得合理的商业利润，而且没有增加国民经济正的净效益，那么这样的项目肯定是不可行的。

课后拓展 *PPP 项目的发展现状及应用*

1. PPP 的概念及基本特征

（1）PPP 的概念　PPP 在不同国家和地区的发展程度不同，对 PPP 的定义也有所不同。广义上，PPP 泛指公共部门与私营部门为提供公共产品或服务而建立的长期合作关系。狭义上，PPP 更加强调政府通过商业而非行政的方法，如在项目公司中占股份来加强对项目的控制，以及与企业合作过程中的优势互补、风险共担和利益共享。根据《关于公共服务领域推广政府和社会资本合作模式的指导意见》（国办发〔2015〕42 号）对 PPP 的定义可知，我国目前采用的是狭义的 PPP 定义。无论广义定义还是狭义定义，其本质可归纳为政府公共部门、社会资本、合作关系、风险分担、利益共享等关键词。

根据国办发〔2015〕42 号文对于 PPP 模式的定义可知，PPP 是政府方和社会资本方以平等的身份进行协商并订立合同，从而达到双方共赢的目的。对政府方而言，通过与社会资本合作，有利于加快转变政府职能，实现政企分开、政事分开，同时引入社会资本后有利于提升公共服务的供给质量和效率，实现公共利益最大化。对社会资本方而言，通过参与政府基础设施及公共服务项目，有利于盘活社会存量资本，同时通过全生命周期的有效管理，实现投资、设计、建设、运营等环节的有机整合，从而降低总体投入，提高社会资本的盈利水平。

（2）PPP 模式的基本特征　结合当下财政部相继出台的规范文件，与传统的投融资模式相比，PPP 模式具备以下基本特征：

1）平等合作。PPP 模式下，政府方与社会资本方是以在平等协商的基础上签署合同的方式确立彼此的合作关系，该平等合作的合同关系的显著特征之一就是有着共同的合作目标即政府方和社会资本方在具体 PPP 项目上，以彼此协商确定的合同为媒介，社会资本方借此实现对自身利益的追求，而政府方则借此实现高效地向社会公众提供公共产品或服务。

2）利益共享。PPP 项目属于平等合作关系，对于经营性 PPP 项目，由于项目自身能够产生稳定的现金流由此产生的利益属于双方共享范畴。但需要明确的是，PPP 模式中政府方与社会资本方之间并不仅仅是分享利润，还需要对社会资本方可能获取的高额利润进行控制，不允许社会资本方在 PPP 项目执行过程中获取暴利。其主要原因在于，任何 PPP 项目都具有一定的公益性或准公益性，不以利润最大化为目的，不得不合理地增加政府方债务或使公众/使用者承受负担。

3）风险共担。PPP 项目中，政府方和社会资本方合理分担项目实施过程中涉及的风险，是 PPP 模式区别于传统政府投资模式的显著特征。在 PPP 模式中，实现风险共担并不是在确定风险承担主体时"一边倒"或平摊，而是合作各方需要根据自己是否对项目实施过程中产生的风险更具有控制能力、优势或更能够提高效率，而让对方承担的风险尽可能小，减少项目实施过程中出现的不确定性，科学的风险分摊是 PPP 项目成功的重要保障。例如，在隧道、桥梁、高速公路 PPP 项目中，若因车流量不够而导致社会资本方得不到基本的预期收益，政府方可以对其进行现金流量补贴，这种做法可以在分担框架下有效控制社会资本因车流量不足而引起的经营风险。

4）物有所值（Value for Money，VIM）。根据《关于印发政府和社会资本合作模式操作指南（试行）的通知》（财金〔2014〕113号）规定，政府财政主管部门（政府和社会资本合作中心）应当负责对PPP项目实施方案进行物有所值和财政承受能力论证及验证的工作，通过验证的，由项目实施机构报政府审核；未通过验证的，可在实施方案调整后重新验证；经重新验证仍不能通过的，不再采用政府和社会资本合作模式。在基础设施和公用事业服务领域，之所以需要通过物有所值和财政承受能力论证及验证程序，就是为检验该项目是否能够实现物有所值，即通过与政府传统投资运营方式提供公共服务项目进行定量及定性评价，论证该项目采用PPP模式能够高效、经济地实现提供公共服务或基础设施。

5）全生命周期。PPP模式涵盖项目识别、项目准备、项目采购、项目执行和项目移交的全生命周期的范畴，合作期间可能涉及设计、投融资、建设、运营、维护和移交等内容。它区别于传统政府投资建设项目将项目各环节割裂以及规划、设计、融资、建设和后期的运营维护的脱节问题，实现项目从前期的设计规划阶段开始予以统筹考虑，实现项目效益的最大化。

另外，PPP模式通过该种全生命周期合作机制的设置，特别是对政府付费或政府提供缺口补助的PPP项目，能够平衡项目所在地政府年度财政支出、降低政府负债、提供政府的财政可承受能力。

2. PPP在中国的发展现状

历经改革开放以来经济高速发展的旧时期，我国进入了经济"新常态"时期。"新常态"下，国内建筑市场环境不断变化，我国GDP增速趋于平缓、产业结构不断优化升级、城镇化率迅猛提高，由此带来的是基础设施的需求剧增，地方政府财政压力增大，建筑业传统发展模式与竞争模式备受挑战等一系列问题。

十八届三中全会提出，允许社会资本通过特许经营等方式参与到城市基础设施投资和运营，让市场在资源配置中发挥决定作用。同年财政工作会议中，财政部部长做了PPP专题报告，提出用PPP化解地方政府债务危机，促进基础设施和公用事业的稳定发展，并对PPP在国家治理现代化等方面的作用给予了高度期待。2014年下半年以来，国务院、财政部、发改委及各地政府密集出台了一系列关于PPP的文件，为PPP项目的实施制定框架，给予指导意见，从而保障了其高效有序地开展。

根据财政部PPP综合信息平台项目库季报第9期数据，截至2017年12月末，从全国情况来看，地方PPP项目需求继续增长，全国政府和社会资本合作（PPP）综合信息平台收录管理库和储备清单PPP项目共14424个，总投资额18.2万亿元，同比上年度末分别增加3164个、4.7万亿元，增幅分别为28.1%、34.8%；其中，管理库项目7137个，储备清单项目7287个。这表明PPP项目需求不断加大。随着国家PPP政策的明朗和落地，金融机构观念的转变，PPP项目融资难的问题将进一步化解，PPP项目落地率将稳步提升。

PPP项目不仅市场份额巨大，而且市场范围更加广阔。根据财政部PPP综合信息平台项目库的行业划分标准，PPP所涉及的一级行业共有19个，包含：能源、交通运输、水利建设、生态建设和环境保护、市政工程、片区开发、农业、林业、科技、保障性安居工程、旅游、医疗卫生、养老、教育、文化、体育、社会保障、政府基础设施和其他。在国家大力推进PPP的背景下，建筑企业进入能源、科技、教育等非传统建筑市场的门槛也大大降低。

PPP为建筑企业提供了进入工程建设上游和下游领域的机会，有力促进了建筑企业转型升级。在PPP项目中，建筑企业作为社会资本要参与项目的立项、可研、融资、建设及运营等全生命周期的管理工作，使得建筑企业由原来的施工总承包的单纯角色，向投资、建设、运营一体化的综合角色转变。这不仅使企业利润来源多元化，还有助于企业向工程建设领域的上游和下游发展，促进企业转型升级。

3. PPP项目实践案例

北京地铁四号线项目是国内轨道交通领域的首个PPP项目，运营较为成功，其运作经验已在各地广泛推广，堪称是教科书式的轨道交通PPP项目案例。近年来，北京地铁十四号线、杭州地铁一号线也成功复制了北京四号线的模式。

（1）模式基本运作结构　北京地铁四号线PPP项目建设总投资约153亿元。按建设责任主体，将全部建设内容划分为A、B两部分：A部分主要为土建工程部分，投资额约为107亿元，约占项目总投资的70%，由已成立的北京地铁四号线投资有限责任公司（以下简称四号线公司）负责投资建设；B部分主要包括车辆信号、自动售检票系统等机电设备，投资额约为46亿元，约占项目总投资的30%，由PPP项目公司负责投资建设。

PPP项目公司即北京地铁四号线特许经营PPP项目公司——京港地铁公司（以下简称项目公司）由中选社会资本联合体香港地铁有限公司（以下简称"港铁公司"）、北京首创集团有限公司（以下简称首创公司）与北京市政府的出资代表北京基础设施投资有限公司（以下简称京投公司）共同组建而成，三家公司的持股比例分别为49%、49%和2%。

北京地铁四号线项目竣工验收后，项目公司根据与四号线公司签订的《资产租赁协议》，取得A部分资产的使用权，并负责地铁四号线的运营管理、全部设施（包括A和B两部分）的维护和除洞体外的资产更新以及站内的商业经营，通过地铁票款收入及站内商业经营收入回收投资。特许经营期结束后，项目公司将B部分项目设施完好、无偿地移交给市政府指定部门，将A部分项目设施归还给四号线公司。

北京地铁四号线PPP项目交易运作过程，详见北京地铁四号线后交易结构图，如图4-5所示。

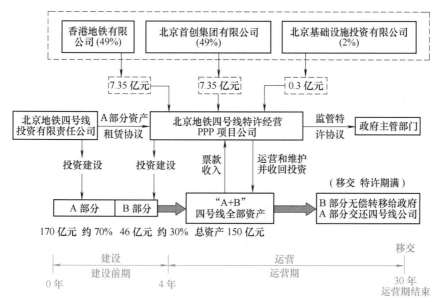

图4-5　北京地铁四号线后交易结构图

（2）"A+B"模式亮点

1）优良的合作伙伴。在北京地铁四号线PPP项目中选择港铁公司作为合作伙伴不仅是引入资金上的考虑，更是为了引进先进的运营经验和PPP理念。港铁公司使得社会资本和政府更加合理地分摊项目风险，使得项目在之后的实施运营过程中更加顺畅。通过引入港铁公司的先进的管理模式和先进的技术规范，特别是优秀的管理人才，大大加快了地铁四号线经营管理的升级换代，以及与城轨行业的国际先进水平接轨。

2）合理的项目公司组织结构。按照国内当时的外资企业法等有关规定，在轨道交通领域外资企业持股数量不可超过50%，因此港股公司占比49%，而国有股东控股合计达51%，通过这样的股权结构保障了社会公共利益，因此，项目公司的三个股东持股占比为49%：49%：2%，这一安排不存在绝对的控股一方，可以同时发挥各个股东的作用。例如，京投公司是政府的实施主体，其本身作为股东可以参与公司内部决策，同时特许经营期结束也有利于项目的交接；而首创公司的参与有利于港铁公司在境内的运作，帮助港铁公司尽快实现本土化。

3）合理的风险分担机制。项目公司的收入来源首先依靠的是地铁票价的收入，在对客流量做出预期测算的基础上建立了票价调整机制。北京地铁四号线《特许权协议》中约定了开通年的初始票价，以及随着CPI、工资、电价等因素变化而进行调整的测算票价。具体而言，若实际票价低于测算票价，政府就其差额向项目公司进行补偿；反之，若实际票价高于测算票价，政府与项目公司进行分成。当实际客流量低于预测客流量时，项目公司自行承担经营损失。当然，如果触发极端情况，则启动重新协商机制，如当实际客流量连续3年均低于预测客流量的80%。这种灵活的价格机制有利于北京地铁四号线在长时间段内的运营，也能有效改善项目公司的盈利状况。

除了灵活的价格保障机制外，北京地铁四号线PPP项目还设置了合理的社会资本退出机制——当不可预见事件发生且影响严重时，为保障政策系统安全运营投资者需要退出的，政府有义务介入以保证公众的利益不受损害。

总之，北京地铁四号线PPP项目的成功所带来的影响是非常深远的，它不仅是其本身的高效运营，更重要的是其背后的运营理念的创新。北京地铁四号线PPP项目的成功激活了本土的北京地铁运营公司，大大提升了其管理水准与市场竞争力。可以说，北京地铁四号线PPP项目为我国地铁行业的发展掀开了新的篇章。

习　题

一、单项选择题

1. 关于项目决策与工程造价的关系，下列说法中不正确的是（　　）。

    A. 项目决策的深度影响投资决策估算的精确度

    B. 工程造价合理性是项目决策正确性的前提

    C. 项目决策的深度影响工程造价的控制效果

    D. 项目决策的内容是决定工程造价的基础

2. 项目可行性研究的前提和基础是（　　）。

    A. 市场调查和预测研究

B. 建设条件研究

    C. 设计方案研究

    D. 经济评价

3. 建设项目可行性研究报告可作为（　　　）的依据。

    A. 调整合同价　　　B. 编制标底和投标报价　　　C. 工程结算　　　D. 项目后评估

4. 项目可行性研究报告的内容可以概括成几大部分，其核心部分是（　　　）。

    A. 市场研究　　　　　B. 技术研究　　　　　　　C. 效益研究　　　D. 环境研究

5. 关于生产能力指数法，以下叙述正确的是（　　　）。

    A. 这种方法是指标估算法

    B. 这种方法也称为因子估算法

    C. 这种方法将项目的建设投资与其生产能力的关系视为简单的线性关系

    D. 这种方法表明，造价与规模成非线性关系

6. 朗格系数是指（　　　）。

    A. 总建设费用与建筑安装费用之比

    B. 静态投资与设备费用之比

    C. 建筑安装费用与总建设费用之比

    D. 设备费用与总建设费用之比

7. 关于流动资金估算的计算公式，正确的有（　　　）。

    A. 流动资产＝现金+应收账款+存货

    B. 应收账款＝（在产品+产成品）/应收账款周转次数

    C. 存货＝外购原材料、燃料+在产品+产成品

    D. 现金＝（年工资及福利费+年其他费用）/现金周转次数

8. 下列各项中，可以反映企业偿债能力的指标是（　　　）。

    A. 投资利润率　　　　　　　　　　B. 速动比率

    C. 净现值率　　　　　　　　　　　D. 内部收益率

9. 现金流量表的现金流入中有一项是流动资金回收，该项现金流入发生在（　　　）。

    A. 计算期每一年　　　　　　　　　B. 生产期每一年

    C. 计算期最后一年　　　　　　　　D. 投产期第一年

10. 投资决策阶段，建设项目投资方案选择的重要依据之一是（　　　）。

    A. 工程预算　　　B. 投资估算　　　C. 设计概算　　　D. 工程投标报价

二、多项选择题

1. 财务评价指标体系中，反映盈利能力的指标有（　　　）。

    A. 流动比率　　　　B. 速动比率　　　　C. 财务净现值　　　D. 投资回收期

    E. 资产负债率

2. 财务评价的动态指标有（　　　）。

    A. 投资利润率　　　B. 借款偿还期　　　C. 财务净现值　　　D. 财务内部收益率

    E. 资产负债率

3. 建设项目可行性研究报告的内容可概括为（　　　）。

    A. 市场研究　　　　B. 确定拟建规模　　C. 厂址选择　　　　D. 技术研究

  E. 效益研究

4. 选择建设地点的基本要求包括（　　）。

  A. 靠近原料、燃料提供地和产品消费地

  B. 减少拆迁移民

  C. 要有利于厂区合理布置和安全运行

  D. 工业项目适当聚集

  E. 应尽量减少对环境的污染

5. 按照编制现金流量表的要求，列入现金流入的项目是（　　）。

  A. 回收流动资金　　　　　　　B. 回收固定资产余额

  C. 利润总额　　　　　　　　　D. 产品销售收入

6. 项目投资现金流量表中的现金流出范围包括（　　）。

  A. 建设投资　　　　　　　　　B. 流动资金

  C. 固定资产折旧费　　　　　　D. 经营成本

  E. 利息支出

7. 在下列项目中，包含在项目资本金现金流量表中而不包含在项目投资现金流量表中的有（　　）。

  A. 营业税金及附加　　　　　　B. 建设投资

  C. 借款本金偿还　　　　　　　D. 借款利息支出

  E. 所得税

8. 固定资产投资项目投资负债表中，资产包括（　　）。

  A. 固定资产净值　　　　　　　B. 在建工程

  C. 长期借款　　　　　　　　　D. 无形及递延资产净值

  E. 应付账款

9. 国民经济评价中费用和效益的识别应符合下列要求的有（　　）。

  A. 遵循有无对比的原则

  B. 对项目所涉及的所有成员及群体的费用和效益进行全面分析

  C. 正确识别正面和负面外部效果，防止误算、漏算或重复计算

  D. 合理确定效益和费用的空间范围和时间跨度

  E. 正确识别和调整转移支付，根据不同情况区别对待

10. 下列属于国民经济评价参数的是（　　）。

  A. 影子价格　　　　　　　　　B. 影子汇率

  C. 社会折现率　　　　　　　　D. 经济内部收益率

  E. 经济净现值

第 5 章

建设项目设计阶段的工程造价管理

■ 5.1 概述

建设项目设计阶段是决定建筑产品价值形成的关键阶段，它对建设项目的建设工期、工程造价、工程质量及建成后能否产生较好的经济效益和使用效益，起到决定性的作用。

5.1.1 建设项目设计阶段的划分

1. 工程设计的含义

工程设计是建设程序的一个环节，是指在可行性研究批准之后、工程开始施工之前，根据已批准的设计任务书，为具体实现拟建项目的技术、经济要求，拟定建筑、安装及设备制造等所需的规划、图样、数据等技术文件的工作。工程设计是建设项目由计划变为现实的具有决定意义的工作阶段。设计文件是建筑安装施工的依据。拟建工程在建设过程中能否保证进度、质量和节约投资，在很大程度上取决于设计质量的优劣。工程建成后，能否获得满意的经济效果，除了项目决策之外，设计工作起着决定性的作用。

建筑设计是工程设计中重要的组成部分。广义的建筑设计是指设计一个建筑物（群）要做的全部工作，包括场地、建筑、结构、设备、室内环境、室内外装修、园林景观等设计和工程概预算。建筑设计是全面规划和具体描述工程项目实施意图的过程，是建设项目由计划变为现实具有决定意义的工作阶段，它是工程建设的灵魂，是处理技术与经济关系的关键性环节，是工程造价管理的重点阶段。

2. 建设项目设计阶段的划分

设计工作的重要原则之一是保证设计的整体性，为此，设计工作必须按一定的程序分阶段进行。我国基本建设工作的设计程序一般分为初步设计、技术设计和施工图设计三个阶段，或初步设计（或称扩大初步设计）、施工图设计两个阶段。不同专业类型的工业建设项目规定有所不同，如工业建设项目中建材工厂的设计可分为初步设计和施工图设计两个阶段（对于技术简单、方案明确的小型规模的项目，可直接采用一阶段施工图设计）。根据《建筑工程设计文件编制深度规定》（2016 年版），民用建筑工程的设计程序一般分为方案设计、初步设计和施工图设计三个阶段。下面以民用建筑工程为例讲述。

（1）方案设计　方案设计是对拟建的项目按设计依据的规定进行建筑设计创作的过程。对拟建项目的总体布局、功能安排、建筑造型等提出可能且可行的技术文件，是建筑工程设计全过程的最初阶段。方案设计文件用于办理工程建设的有关手续。

（2）初步设计　初步设计是在方案设计文件的基础上进行的深化设计，解决总体、使用功能、建筑用材、工艺、系统、设备选型等工程技术方面的问题，符合环保、节能、防火、人防等技术要求，并提交工程概算，以满足编制施工图设计文件的需要。初步设计文件用于审批（包括政府主管部门和/或建设单位对初步设计文件的审批）。

（3）施工图设计　施工图设计是在已批准的初步设计文件基础上进行的深化设计，提出各有关专业详细的设计图，以满足设备材料采购、非标准设备制作和施工的需要。施工图设计文件用于施工。

对于技术要求相对简单的民用建筑工程，经有关主管部门同意，且合同中没有做初步设计约定时，可在方案设计审批后直接进入施工图设计。

设计单位在施工阶段还要做好设计交底、配合施工、参加试运转和竣工验收、投产及进行全面的工程设计总结工作。

5.1.2　设计阶段造价管理的内容及意义

1. 设计阶段造价管理的内容

设计阶段的造价管理贯穿于设计程序全过程，包含了资金（投资）规划与控制两方面的内容。

（1）设计阶段的资金规划　项目管理的核心任务是项目的目标控制。设计阶段的资金规划是设计阶段及其后续阶段进行造价控制与管理的目标与基础。设计阶段的资金规划包括两个方面的内容：一是以工程设计费用为对象编制的设计阶段的资金使用计划；二是以工程建设费用为对象编制的建设项目投资计划。

1）设计阶段的资金使用计划。设计费用的管理属于建设单位设计阶段造价管理的主要内容之一。一般来说，设计费用占建筑安装工程造价的5%左右，一些大型工程项目的设计费用达到数百万元，甚至上千万元。设计费用的支付和管理与设计阶段的设计质量控制、进度控制密切相关。因此，建设单位应当根据设计周期的长短、设计费用的高低和对设计质量的审核要求编制设计阶段的资金使用计划，对设计费用的使用支出做出合理安排，并在设计实施过程中予以跟踪审查。

2）建设项目的投资计划。工程设计对建设项目的工程造价具有重要影响。设计阶段应当根据决策阶段确定的项目总投资编制项目的投资计划，确定设计阶段的投资控制目标，并按照专业、内容等进行分解，用以指导设计工作的开展，进行设计方案的技术经济分析比较。设计阶段的投资计划根据设计阶段的进展变化进行动态的变化调整。

（2）设计阶段的造价控制　设计阶段的造价控制贯穿于设计各阶段，通过对设计过程中形成的设计概算、施工图预算的层层控制，实现拟建项目的投资控制目标。设计各阶段造价控制目标及控制程序如图5-1所示。

1）方案设计阶段编制投资估算，作为初步设计的投资控制目标。对投资估算进行合理分解，用以控制初步设计的各项工作。

2）初步设计阶段编制设计概算，控制设计概算不超过项目投资估算。

3）设计概算是项目施工图设计的投资控制目标。对设计概算进行合理分解，通过限额设计、设计方案比选与优化控制施工图设计的各项工作。

4）施工图设计阶段编制施工图预算，控制施工图预算不超过项目设计概算。

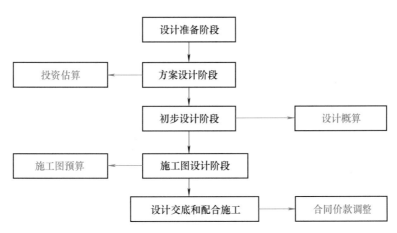

图 5-1 设计各阶段造价控制目标及控制程序

（3）设计阶段的造价控制措施 设计阶段造价控制措施包括组织、技术、经济、合同等，主要措施如下：

1）组织措施。

① 建立并完善业主的设计管理组织，落实设计管理人员，加强设计管理中的审查、参与、组织、协调和监督职能。

② 实行设计招标或方案竞赛。

③ 加强对设计单位自控系统的监控，监督设计单位完善自控系统，如督促设计单位严格执行专业会签制度，方案审核制度。

2）技术措施。

① 正确处理技术经济关系。

② 注重设计方案优选及设备选型。

③ 运用价值工程优化设计。

3）经济措施。

① 编制设计阶段资金使用计划。

② 进行设计进度款的支付。

③ 在设计过程中进行设计资金使用的跟踪检查。

4）合同措施。

① 参与合同的签订与修改。

② 实施合同管理，跟踪合同执行，防止合同纠纷。

③ 做好与设计阶段相关的设计文件、管理文件的收集与整理等。

上述设计阶段的控制措施中，技术措施或方法极为重要，如设计方案技术经济分析、限额设计、价值工程等。

2. 设计阶段造价管理的意义

在拟建项目经过投资决策阶段后，设计阶段就成为项目工程造价控制的关键环节。它对建设项目的建设工期、工程造价、工程质量及建成后发挥的经济效益，起着决定性的作用。

1）设计阶段对投资的影响度最大（见图 1-8），控制效果显著。由于设计阶段的设计工作具有很大的创造性和灵活性，设计结果随设计师的不同可能会产生较大的差别。因此，充分发挥设计人员的主动性和创造性，综合运用具有高科技含量的设计技术和理论，进行多方案的技术经济分析与比选，设计出最大限度地满足各种要求的设计方案，可以产生很大的经济效益。

2）在设计阶段进行工程造价的计价分析可以提高投资控制效率。编制设计概算并进行分析，可以了解工程各组成部分的投资比例。对于投资比例大的部分应作为投资控制的重点，这样可以提高投资控制效率。

3）在设计阶段控制工程造价便于技术与经济相结合。建筑师等专业技术人员在设计过程中往往更关注工程的使用功能，力求采用比较先进的技术方法实现项目所需功能，而对经济因素考虑较少。技术与经济关系密切，是不可分割的统一体，存在着既对立又统一的关系。如果在设计阶段让造价工程师参与全过程设计，使设计从一开始就建立在健全的经济基础之上，在制订和选择设计方案时充分考虑经济的合理性，就可以确保设计方案能较好地体现技术与经济的结合。

4）在设计阶段控制工程造价会使控制工作更主动。由于建筑产品具有单件性、价值大的特点，因此在造价控制中单纯采用被动控制方法只能发现差异，不能消除差异，也不能预防差异的发生，差异一旦发生，损失往往很大。如果在设计阶段采用如设计方案的技术经济分析、价值分析、限额设计等控制手段，与投资估算、设计概算和施工图预算相结合，就可实现项目造价控制的主动性。

5）在设计阶段进行工程造价的计价分析可以使造价构成更合理，提高资金利用效率。设计阶段工程造价的计价形式是编制设计概预算，通过设计概预算可以了解工程造价的构成，并可以利用价值工程理论分析项目各个组成部分的功能与成本的匹配程度，调整项目的功能与成本，使其更趋于合理。

5.1.3 建设项目设计与工程造价的关系

设计质量、深度是否达到国家标准，功能是否满足使用要求，不仅关系到建设项目一次性投资的多少，而且影响到建成交付使用后经济效益的发挥，如产品成本、经营费、日常维修费、使用年限内的大修费和部分更新费用，还关系到国家有限资源的合理利用和国家财产以及人民群众生命财产安全等重大问题。工程设计是具体实现技术与经济的对立统一的过程。拟建项目一经决策确定后，设计就成了工程建设和控制工程造价的关键。初步设计基本上决定了工程建设的规模、产品方案、结构形式和建筑标准及使用功能，形成了设计概算，确定了投资的最高限额；施工图设计完成后，编制出了施工图预算，准确地计算出工程造价。因此，工程设计是影响和控制工程造价的关键环节。

设计图上的一切内容都需要投资来实现，所以工程师在此阶段控制造价能起到事半功倍的作用。长期以来，我国普遍忽视工程建设项目设计阶段的造价控制，结果出现有些设计粗糙，初步设计深度不够，设计概算质量不高的现象，有些项目甚至不要概算，概算审批走过场，造成"三超"现象（概算超估算，预算超概算，结算超预算）严重。要有效地控制建设工程造价，就要坚决地把控制重点转到设计阶段，从源头上控制工程造价。总之，设计阶段控制造价既是必需的又是行之有效的，它体现了事前控制的思想。

在一定经济约束条件下，就一个建设项目而言，应尽可能减少次要辅助项目的投资，以保证和提高主要项目设计标准或适用程度。也就是说，工程造价对设计也有很大的制约作用。在市场经济条件下，归根结底还是经济决定技术，财力决定工程规模、建设标准和技术水平。总之，要加强工程设计与工程造价的关系的研究分析，正确处理好两者的相互制约关系，从而使设计产品技术先进、稳妥可靠、经济合理，使工程造价得到合理确定和有效控制。

5.1.4 设计阶段影响工程造价的因素

1. 总平面设计

总平面设计是指总图运输设计和总平面配置。主要包括的内容有厂址方案、占地面积和土地利用情况；总图运输、主要建筑物和构筑物及公用设施的配置；外部运输、水、电、气及其他外部协作条件等。

正确合理的总平面设计可以大大减少建筑工程量，节约建设用地，节省建设投资，降低工程造价。

总平面设计中影响工程造价的因素有：

（1）占地面积 占地面积的大小不但影响征地费用的高低，而且影响管线布置成本及项目建成运营的运输成本。

（2）功能分区 功能分区是指将空间按不同功能要求进行分类，并根据它们之间联系的密切程度加以组合、划分。合理的功能分区既可以使建筑物的各项功能充分发挥，又可以使总平面布置紧凑、安全，避免大挖大填，减少土石方量和节约用地，降低工程造价。同时合理的功能分区能使生产工艺流程顺畅、运输简便，降低项目建成后的运营成本。

（3）运输方式的选择 运输方式分为有轨运输和无轨运输。有轨运输运量大、运输安全，需要一次性投入大量资金；无轨运输运量小、运输安全性差，无须一次性大规模投资。不同的运输方式其运输效率及成本不同，从降低工程造价的角度来看，应尽可能选择无轨运输，可以减少占地，节约投资。

2. 工艺设计

工艺设计部分要确定企业的技术水平。它主要包括建设规模、标准和产品方案，工艺流程和主要设备的选型，主要原材料，燃料供应，"三废"治理及环保措施，以及生产组织和生产过程中的劳动定员情况等。

3. 建筑设计

建筑设计部分，要在考虑施工过程的合理组织和施工条件的基础上，决定工程的立体平面设计和结构方案的工艺要求。在建筑设计阶段影响工程造价的主要因素有：

（1）平面形状 一般地说，建筑物平面形状越简单，它的单位面积造价就越低。因为不规则的建筑物将导致室外工程、排水工程、砌砖工程及屋面工程等的复杂化，从而增加工程费用。一般情况下，建筑物周长与建筑面积比 $K_{周}$（单位建筑面积所占外墙长度）越低，设计越经济。$K_{周}$按圆形、正方形、矩形、T 形、L 形的次序依次增大。相对于施工复杂、施工费用较高的圆形建筑，建筑设计和施工较经济但受自然采光和通风限制的方形建筑，矩形建筑能较好地满足各方面要求。所以，建筑物平面形状的设计应在满足建筑物功能要求的前提下，降低建筑物周长与建筑面积之比，实现建筑物寿命周期成本最低的要求。

（2）流通空间 建筑物的经济平面布置的主要目标之一是在满足建筑物使用要求的前

提下，将流通空间（门厅、过道、走廊、楼梯及电梯井等）减少到最小。

（3）层高　在建筑面积不变的情况下，建筑层高增加会引起各项费用的增加。如墙体及有关粉刷、装饰费用提高，供暖费用增加等。

据有关资料分析，住宅层高每降低10cm，可降低造价1.2%～1.5%。单层厂房层高每增加1m，单位面积造价增加1.8%～3.6%，年度供暖费用增加约3%；多层厂房的层高每增加0.6m，单位面积造价提高8.3%左右。由此可见，随着层高的增加，单位建筑面积造价也在不断增加。

（4）建筑物层数　建筑工程总造价是随着建筑物的层数增加而提高的。建筑物层数对造价的影响，因建筑类型、形式和结构不同而不同。如果增加一个楼层不影响建筑物的结构形式，单位建筑面积的造价可能会降低。

多层住宅具有降低工程造价和使用费用以及节约用地等优点。如砖混结构的多层住宅，单方造价随着层数的增加而降低。层数设为6层最经济；若超过6层需要增加电梯费用和补充设备（供水、供电等），尤其是高层住宅，要考虑较强的风力荷载，需要提高结构强度、改变结构形式，工程造价会大幅度上升。因此，中小城市建造多层住宅较为经济，大城市可沿主要街道建设一部分高层建筑，以合理利用空间，美化城市。

工业厂房层数的选择应该重点考虑生产性质和生产工艺的要求。需要大跨度、拥有大型设备和起重设备、生产时有较大振动和散发大量热气、烟尘的重型工业建筑，采用单层厂房最为经济合理。工艺紧凑、设备和产量重量不大，并要求恒温、恒湿条件的各种轻型车间，为充分利用场地，减少基础工程量，降低单方造价，可采用多层厂房。确定多层厂房的经济层数主要有两个因素：一是厂房展开面积的大小，展开面积越大，层数越可提高；二是厂房宽度和长度，宽度和长度越大，则经济层数越高，造价也随之降低。

（5）柱网布置　柱网布置是确定柱子的行距（跨度）和间距（每行柱子中相邻两个柱子间的距离）的依据。柱网布置对工程造价和厂房面积的利用效率都有较大的影响。

对于单跨厂房，当柱间距不变时，跨度越大单位面积造价越低。对于多跨厂房，当跨度不变时，中跨数量越多越经济。

（6）建筑物的体积与面积　随着建筑物体积和面积的增加，工程总造价会提高。对于工业建筑，在不影响生产能力的条件下，厂房、设备布置力求紧凑合理；要采用先进工艺和高效能的设备，节省厂房面积；要采用大跨度、大柱距的大厂房平面设计形式，提高平面利用系数。对于民用建筑，尽量减少结构面积比例，增加有效面积。住宅结构面积与建筑面积之比称为结构面积系数。这个系数越小，设计越经济。

（7）建筑结构　建筑结构是指建筑工程中由基础、梁、板、柱、墙、屋架等构件所组成的起骨架作用的、能承受直接和间接作用的体系。建筑结构按所用材料可分为砌体结构、钢筋混凝土结构、钢结构和木结构等。砌体结构由砌墙砖或砌块等块材通过砂浆砌筑而成，具有就地取材、造价低廉、耐火性能好及易砌筑等优点；钢筋混凝土结构坚固耐久、强度刚度较大、抗震和耐火性能好，广泛应用于高层民用建筑等；钢结构由钢板和型钢等通过铆、焊、螺栓等连接而成，具有重量轻、强度高、施工方便、造价高等特点。

建筑材料和建筑结构选择不仅直接影响到工程质量、使用寿命、耐火抗震性能，而且对施工费用、工程造价有很大的影响。尤其是建筑材料费用，一般占直接费用的70%，降低材料费用，不仅可以降低直接费用，而且会降低间接费用。

5.2 设计阶段工程造价控制的措施——限额设计

5.2.1 限额设计的概念

所谓限额设计就是按照批准的可行性研究报告及投资估算，控制初步设计；按照批准的初步设计总概算控制技术设计和施工图设计；同时各专业在保证达到使用功能的前提下按照分配的投资限额控制设计，并严格控制不合理的设计变更，保证不突破总投资限额的工程设计过程。

限额设计中，工程使用功能不能减少，技术标准不能降低，工程规模也不能削减。因此，限额设计需要在投资额度不变的情况下，实现使用功能和建设规模的最大化。限额设计是工程造价控制系统中的一个重要环节，是设计阶段进行技术经济分析，实施工程造价控制的一项重要措施。

5.2.2 限额设计的实施程序

限额设计强调技术与经济的统一，需要工程设计人员和工程造价管理专业人员密切合作。工程设计人员进行设计时，应基于建设工程全寿命期，充分考虑工程造价的影响因素，对方案进行比较，优化设计。工程造价管理专业人员要及时进行投资估算，在设计过程中协助工程设计人员进行技术经济分析和论证，从而达到有效控制工程造价的目的。

限额设计的实施是建设工程造价目标的动态反馈和管理过程，可分为目标制定、目标分解、目标推进和成果评价四个阶段。

（1）目标制定 限额设计的目标包括：造价目标、质量目标、进度目标、安全目标及环境目标。工程项目各目标之间既相互关联又相互制约，因此，在分析论证限额设计目标时，应统筹兼顾，全面考虑，追求技术经济合理的最佳整体目标。

（2）目标分解 分解工程造价目标是实行限额设计的一个有效途径和主要方法。首先，将上一阶段确定的投资额分解到建筑、结构、电气、给水排水和暖通等设计部门的各个专业。其次，将投资限额再分解到各个单项工程、单位工程、分部工程及分项工程。在目标分解过程中，要对设计方案进行综合分析与评价。最后，将各细化的目标明确到相应的设计人员，制定明确的限额设计方案。通过目标分解和限额设计，实现对投资限额的有效控制。

（3）目标推进 目标推进通常包括限额初步设计和限额施工图设计两个阶段。

1）限额初步设计阶段。应严格按照分配的工程造价控制目标进行方案的规划和设计。在初步设计方案完成后，由工程造价管理专业人员及时编制初步设计概算，并进行初步设计方案的技术经济分析，直至满足限额要求。初步设计只有在满足各项功能要求并符合限额设计目标的情况下，才能作为下一阶段的限额目标予以批准。

2）限额施工图设计阶段。遵循各目标协调并进的原则，做到各目标之间的有机结合和统一，防止偏废其中任何一个。在施工图设计完成后，进行施工图设计的技术经济论证，分析施工图预算是否满足设计限额要求，以供设计决策者参考。

（4）成果评价 成果评价是目标管理的总结阶段。通过对设计成果的评价，总结经验和教训,作为指导和开展后续工作的重要依据。

值得注意的是,当考虑建设工程全寿命期成本时,按照限额要求设计出的方案不一定具有最佳的经济性,此时也可考虑突破原有限额,重新选择设计方案。

5.2.3 限额设计的全过程

投资分解和工程量控制是实行限额设计的有效途径和主要方法。投资分解就是把投资限额合理地分配到单项工程、单位工程,甚至分部工程中去,通过层层限额设计,实现对投资限额的控制与管理。工程量控制是实现限额设计的主要途径,工程量的大小直接影响工程造价,但是工程量的控制应以设计方案的优选为手段,不应牺牲质量和安全。

限额设计过程是一个目标分解与计划、目标实施、目标实施检查、信息反馈的控制循环过程。限额设计流程图如图 5-2 所示。

限额设计体现了设计标准、规模、原则的合理确定,体现了有关概预算基础资料的合理确定,通过层层限额设计,实现了对投资限额的控制。

5.2.4 限额设计的造价控制

限额设计控制工程造价可以从两个角度入手:一种是按照限额设计过程从前往后依次进行控制,称为纵向控制;另外一种是对设计单位及其内部各专业、科室及设计人员进行考核,实施奖惩,进而保证设计质量,称为横向控制。

横向控制首先必须明确各设计单位,以及设计单位内部各专业科室对限额设计所负的责任,并赋予责任者履行责任的权利。将工程投资按专业进行分配,并分段考核,下段指标不得突破上段指标,责任落实越接近于个人,效果就越明显。其次,要建立健全奖惩制度。设计单位在保证工程安全和不降低工程功能的前提下,采

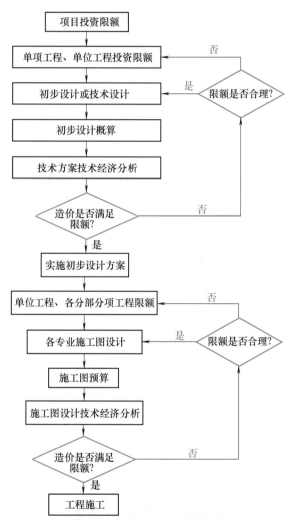

图 5-2 限额设计流程图

用新材料、新工艺、新设备、新方案节约了投资的,应根据节约投资额的大小,对设计单位给予奖励;因设计单位设计错误,漏项或扩大规模和提高标准而导致工程静态投资超支,要视其超支比例扣减相应比例的设计费。

5.3　设计方案的评价与优化

5.3.1　设计方案的评价原则与基本程序

1. 设计方案评价的原则

为了提高工程建设投资效果，从选择场地和工程总平面布置开始，直到最后结构零件的设计，都应进行多方案比选，从中选取技术先进、经济合理的最佳方案。设计方案优选应遵循以下原则：

（1）设计方案经济合理性与技术先进性相统一的原则　经济合理性要求工程造价尽可能低，如果一味地追求经济效果，可能会导致项目的功能水平偏低，无法满足使用者的要求；技术先进性追求技术的尽善尽美，项目功能水平先进，但可能会导致工程造价偏高。因此，技术先进性与经济合理性是一对矛盾，设计者应妥善处理好两者的关系。一般情况下，要在满足使用者要求的前提下，尽可能降低工程造价。但是，如果资金有限制，也可以在资金限制范围内，尽可能提高项目功能水平。

（2）项目全寿命费用最低的原则　工程在建设过程中，控制造价是一个非常重要的目标。但是造价水平的变化，又会影响到项目将来的使用成本。如果单纯降低造价，建造质量得不到保障，就会导致使用过程中的维修费用很高，甚至有可能发生重大事故，给社会财产和人民安全带来严重损害。一般情况下，费用与工程造价、使用成本和项目功能水平之间的关系如图5-3所示。在设计过程中应兼顾建设过程和使用过程，力求项目全寿命费用最低。即做到成本低、维护少、使用费用省。

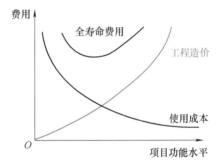

图 5-3　费用与工程造价、使用成本和项目功能水平之间的关系

（3）设计方案经济评价的动态性原则　设计方案经济评价的动态性是指在经济评价时考虑资金的时间价值，即资金在不同时点存在实际价值的差异。这一原则不仅对有着经营性的工业建筑适用，也适用于使用费用呈增加趋势的民用建筑。资金的时间价值反映了资金在不同时间的分配及其相关的成本，对于经营性项目，影响到投资回收期的时间长短；对于民用建设项目，则影响到项目在使用过程中各种费用在远期与近期的分配。动态性原则是工程经济中的一个基本原则。

（4）设计必须兼顾近期投入与远期发展相统一的原则　一项工程建成后，往往会在很长的时间内发挥作用。如果按照目前的要求设计工程，在不远的将来，可能会出现由于项目功能水平无法满足需要而重新建造的情况。但是，如果按照未来的需要设计工程，又会出现由于功能水平高而资源闲置浪费的现象。所以，设计者要兼顾近期和远期的要求，选择项目合理的功能水平。同时，也要根据远景发展需要，适当留有发展余地。

（5）设计方案应符合可持续发展的原则　可持续发展原则反映在工程设计方面即设计应符合"科学发展观""坚持以人为本，树立全面、协调、可持续的发展观，促进经济社会和人的全面发展"。科学发展观体现在投资控制领域，要求从单纯、粗放的原始扩大投资和简单建设转向提高科技含量、减少环境污染、绿色、节能、环保等可持续发展型投资。目前我国大力推广和提倡的环保型建筑、绿色建筑等都是科学发展观的具体体现。绿色建筑遵循可持续发展原则，以高新技术为主导，针对建设工程全寿命的各个环节，通过科学的整体设计，全方位体现"节约能源、节省资源、保护环境、以人为本"的基本理念，创造高效低耗、无废无污、健康舒适、生态平衡的建筑环境，提高建筑的功能、效率与舒适性水平。这将成为我国将来一段时期内建筑业发展的方向。这一点首先要在设计中体现出来。

2. 设计方案评价的基本程序

设计方案评价与优化的基本程序如下：

1）按照使用功能、技术标准、投资限额的要求，结合工程所在地实际情况，探讨和建立可能的设计方案。

2）从所有可能的设计方案中初步筛选出各方面都较为满意的方案作为比选方案。

3）根据设计方案的评价目的，明确评价的任务和范围。

4）确定能反映方案特征并能满足评价目的的指标体系。

5）根据设计方案计算各项指标及对比参数。

6）根据方案评价的目的，将方案的分析评价指标分为基本指标和主要指标，通过评价指标的分析计算，根据方案的优劣排序，并提出推荐方案。

7）综合分析，进行方案选择或提出技术优化建议。

8）对技术优化建议进行组合搭配，确定优化方案。

9）实施优化方案并总结备案。

设计方案评价与优化的基本程序如图5-4所示。

3. 设计方案评价的方法

设计方案评价的方法需要采用技术与经济比较的方法，按照工程项目经济效果，针对不同的设计方案，分析其技术经济指标，从中选出经济效果最优的方法。在设计方案评价比较中一般采用多指标法、单指标法和多因素评分法。

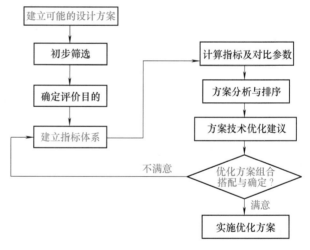

图5-4 设计方案评价与优化的基本程序

（1）多指标法 多指标法就是采用多个指标，对各个对比方案的相应指标值逐一进行分析比较，按照各种指标数值的高低对其做出评价。其评价指标包括：

1）工程造价指标。工程造价指标是指反映建设工程一次性投资的综合货币指标，根据分析和评价工程项目所处的时间段，可依据设计概（预）算予以确定。例如：每建筑造价、给水排水工程造价、供暖工程造价、通风工程造价、设备安装工程造价等。

2）主要材料消耗指标。该指标从实物形态的角度反映主要材料的消耗数量，如钢材消耗量指标、水泥消耗量指标、木材消耗量指标等。

3）劳动消耗指标。该指标反映的劳动消耗量，包括现场施工的劳动消耗和预制加工厂的劳动消耗。

4）工期指标。工期指标是指建设工程从开工到竣工所耗费的时间，可用来评价不同方案对工期的影响。

以上四类指标可以根据工程的具体特点来选择。从建设工程全面造价管理的角度考虑，仅利用这四类指标还不能完全满足设计方案的评价，还需要考虑建设工程全寿命期成本，并考虑工期成本、质量成本、安全成本及环保成本等诸多因素。

在采用多指标法对不同设计方案进行分析和评价时，如果某一方案的所有指标都优于其他方案，则为最佳方案；如果各个方案的其他指标都相同，只有一个指标有差异，则该指标最优的方案就是最佳方案。这两种情况对于优选决策来说都比较简单，但实际中很少有这样的情况。在大多数情况下，不同方案之间往往是各有所长，有些指标较优，有些指标较差，而且各种指标对方案经济效果的影响也不相同。这时，若采用加权求和的方法，各指标的权重又很难确定，因而需要采用其他分析评价方法，如单指标法。

（2）单指标法　单指标法是以单一指标为基础对建设工程技术方案进行综合分析与评价的方法。单指标法有很多种类，各种方法的使用条件也不尽相同，较常用的有以下几种：

1）综合费用法。这里的费用包括方案投产后的年度使用费、方案的建设投资以及由于工期提前或延误而产生的收益或亏损等。该方法的基本出发点在于将建设投资和使用费结合起来考虑，同时考虑建设周期对投资效益的影响，以综合费用最小为最佳方案。综合费用法是一种静态价值指标评价方法，没有考虑资金的时间价值，只适用于建设周期较短的工程。此外，由于综合费用法只考虑费用，未能反映功能、质量、安全、环保等方面的差异，因而只有在方案的功能、建设标准等条件相同或基本相同时才能采用。

2）全寿命期费用法。建设工程全寿命期费用除包括筹建、征地拆迁、咨询、勘察设计、施工、设备购置以及贷款支付利息等与工程建设有关的一次性投资费用之外，还包括工程完成后交付使用期内经常发生的费用支出，如维修费、设施更新费、供暖费、电梯费、空调费、保险费等。这些费用统称为使用费，按年计算时称为年度使用费。全寿命期费用评价法考虑了资金的时间价值，是一种动态的价值指标评价方法。由于不同技术方案的寿命期不同，因此应用全寿命期费用评价法计算费用时，不用净现值法，而用年度等值法，以年度费用最小者为最优方案。

3）价值工程法。价值工程法主要是对产品进行功能分析，研究如何以最低的全寿命期成本实现产品的必要功能，从而提高产品价值。在建设工程施工阶段应用该方法来提高建设工程价值的作用是有限的。要使建设工程的价值能够大幅提高，获得较高的经济效益，必须首先在设计阶段应用价值工程法，使建设工程的功能与成本合理匹配。也就是说，在设计中应用价值工程的原理和方法，在保证建设工程功能不变或功能改善的情况下，力求节约成本，以设计出更加符合用户要求的产品。

（3）多因素评分法　多因素评分法是将多指标法与单指标法相结合的一种方法。对需要进行分析评价的设计方案设定若干个评价指标，按重要程度分配权重，然后按照评价标准给各项指标打分，将各项指标所得分数与其权重采用综合方法整合，得出各设计方案的评价总分，以获总分最高者为最佳方案。多因素评分优选法综合了定量分析评价与定性分析评价的优点，可靠性高，应用较广泛。

5.3.2 设计方案的优化途径

优化设计方案是设计阶段的重要步骤。在设计阶段实行设计招标和设计方案竞选，推行标准化设计，运用价值工程都可以对设计方案进行优化，有效地控制工程造价。

1. 通过设计招标和设计方案竞选优化设计方案

建筑工程设计招标依法可以采用公开招标方式或邀请招标方式。采用公开招标的，招标人应当发布招标公告；采用邀请招标的，招标人应当向三个以上设计单位发出投标邀请书。

设计方案竞选与设计招标是有区别的，设计方案竞选可以吸取未中标候选方案的优点，并以中标候选方案作为新设计方案的基础，把其他方案的优点加以吸收综合，取长补短，使设计更完美，达到集思广益、博采众长的优点。招标人、中标人使用未中标方案的，应当征得提交方案的投标人同意并支付使用费，或者在招标公告或投标邀请书中加以明确。

采用设计招标和设计方案竞选优化设计方案，有利于控制建设工程造价，因为选中的方案设计概算一般能控制在投资者限定的投资范围之内。

2. 执行设计标准，推行标准化设计

1）设计标准是国家经济建设的重要技术规范，是进行工程建设勘察、设计、施工及验收的重要依据。各类建设的设计部门制定与执行相应的不同层次的设计标准、规范，对于提高工程设计阶段的投资控制水平是十分必要的。

2）工程标准设计通常是指工程设计中，可在一定范围内通用的标准图、通用图和复用图，一般统称为标准图。

标准设计根据适应范围分为国家标准设计、部级标准设计、省市自治区标准设计、设计单位自行制定的标准等。

① 国家标准设计是指在全国范围内需要统一的标准设计。

② 部级标准设计是指在全国各行业范围内需要统一的标准设计，应由主编单位提出并报告主管部门审批颁发。

③ 省、市、自治区标准设计是指在本地区范围内需要统一的标准设计，由主编单位提出并报省、市、自治区主管基建的综合部门审批颁发。

④ 设计单位自行制定的标准，是指在本单位范围内需要统一，在本单位内部使用的设计技术原则和设计技术规定，由设计单位批准执行，并报上一级主管部门备案。

标准设计覆盖范围很广，重复建造的建筑类型及生产能力相同的企业、单独的房屋构筑物均应采用标准设计或通用设计。在设计阶段投资控制工作中，对不同用途和要求的建筑物，应按统一的建筑模数、建筑标准、设计规范、技术规定等进行设计。若房屋或构筑物整体不便定型化时，应将其中重复出现的建筑单元、房间和主要结构的节点构造，在构配件标准化的基础上定型化。建筑物和构筑物的柱网、层高及其他构件参数尺寸应力求统一化，在基本满足使用要求和修建条件的情况下，尽可能具有通用互换性。

在工程设计中采用标准设计可促进工业化水平、加快工程进度、节约材料、降低建设投资。据统计，采用标准设计一般可加快设计进度 1~2 倍，至少节约建设投资 10%~15%。

3. 价值工程优化设计方案

价值工程（Value Engineering，简称 VE），也称为价值分析（Value Analysis，简称 VA），是当前广泛应用的一种技术经济分析方法，是一门显著降低成本、提高效率、提升价值的资源节约型管理技术。价值工程从技术和经济相结合的角度，以独有的多学科团队的工作方式，注重功能分析和评价，通过持续创新活动优化方案，降低项目、产品或服务的全生命期费用，提升各利益相关方的价值。

（1）价值工程的基本原理　价值工程是通过各相关领域的协作，对所研究对象的功能与费用进行系统分析，不断创新，旨在提高研究对象价值的思想方法和管理技术。其目的是以对象的最低生命周期成本，可靠地实现使用者所需的功能，以获取最佳的综合效益。

$$价值 = 功能 / 成本$$

或

$$V = F / C \tag{5-1}$$

其中功能（Functions）是指价值工程研究对象具有的能够满足某种需要的一种属性，即某种特定效能、功用或效用。成本（Total Cost）是指生命周期成本，即产品在生命期内所花费的全部费用，包括产品的生产成本和使用费用。价值（Value Index）是指功能对成本的比值，接近人们日常生活常用的"合算不合算""值得不值得"的意思，是指事物的有益程度。

（2）提升产品价值的基本途径　价值的提高取决于功能与成本两个要素，所以可以通过以下五种途径来提高价值：

1）降低成本，功能保持不变。例如，重庆某电影院的空调制冷系统，若采用机械制冷系统（氟利昂制冷）需要资金 50 万元；若结合项目本身具体情况改为利用人防地道风降温，功能不变，造价可以大大降低（所需资金约 5 万元，而且运行费、耗电量、维修费也大大降低）。

2）成本保持不变，提高功能。例如，当前工程建设中的人防工程，是为了备战需要而投资建设的。若设计时考虑平战结合，将部分人防工程平时利用为地下商场、地下城、地下招待所等，在投资不变的情况下，将大大提高人防工程的功能，增加经济效益。

3）成本略有增加，功能提高很多。例如，某省对现有部分住宅进行节能改造，增加外墙外保温系统、采用双层断桥铝合金窗，虽然增加了一些投资，但是从使用期节能保暖、调节房屋的温度及舒适度角度来说，功能提高了很多。

4）功能减少一部分，成本大幅度下降。例如，某市地铁五号线，原计划在 A 地和 B 地之间修建甲、乙、丙三个地铁站，每个地铁站的成本在一亿元左右。价值工程小组对该段线路进行价值工程研究，通过调整甲和丙两个地铁站的位置，就可不必建设乙地铁站。虽然这样调整使得 AB 段之间的乘客出入地铁的方便程度比原方案差了一些，但是仍然在设计标准允许的范围内，而整个工程的建设成本大幅度下降了。

5）成本降低的同时，功能有所提高。例如，当前在 20 层左右的高层住宅项目建设中广泛采用的短肢剪力墙结构体系，相对于传统的框架-剪力墙、全剪力墙结构体系而言，既提高了项目功能，又降低了项目成本。

（3）价值工程的特点　价值工程涉及价值、功能和生命周期成本三个基本要素。价值工程具有以下特点：

1）价值工程的目标是以最低的生命期成本，使产品具备其必须具备的功能。简而言之，就是以提高对象的价值为目标。产品的生命期成本由生产成本和使用及维护成本组成。产品的生产成本是指用户购买产品的费用，包括产品的科研、实验、设计、试制、生产、销售等费用及税收和利润等；而产品的使用及维护成本是指用户在使用过程中支付的各种费用的总和，包括使用过程中的能耗费用、维修费用、人工费用、管理费用等，有时还包括报废拆除所需费用（扣除残值）。

在一定范围内，产品的生产成本和使用成本存在此消彼长的关系。随着产品功能水平的提高，产品的生产成本 C_1 增加，使用及维护成本 C_2 降低；反之，产品功能水平降低，其生产成本降低，但使用及维护成本会增加。因此，当功能水平逐步提高时，生命期成本 $C=C_1+C_2$ 呈马鞍形变化，生命期成本为最小值 $C_{\min}$ 时，所对应的功能水平是从成本考虑的最适宜功能水平。产品功能与成本的关系图如图 5-5 所示。

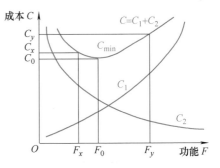

图 5-5　产品功能与成本的关系图

2）价值工程的核心是对产品进行功能分析。价值工程中的功能是指对象能够满足某种要求的一种属性，具体讲，功能就是效用。如住宅的功能是提供居住空间，建筑物基础的功能是承受荷载等。用户向生产企业购买产品，是要求生产企业提供这种产品的功能，而不是产品的具体结构（或零部件）。企业生产的目的，也是通过生产获得用户所期望的功能，而结构、材质等是实现这些功能的手段。目的是主要的，手段可以广泛地选择。因此，价值工程分析产品，首先不是分析其结构，而是分析其功能。在分析功能的基础之上，再去研究结构、材质等问题。

3）价值工程将产品价值、功能和成本作为一个整体来考虑。也就是说，价值工程中对价值、功能、成本的考虑，不是片面和孤立的，而是在确保产品功能的基础上综合考虑生产成本和使用成本，兼顾生产者和用户的利益，从而创造出总体价值最高的产品。

4）价值工程强调不断改革和创新，开拓新构思和新途径，获得新方案，创造新功能载体，从而简化产品结构，节约原材料，节约能源，绿色环保，提高产品的技术经济效益。

5）价值工程要求将功能定量化，即将功能转化为能够与成本直接相比较的量化值。

6）价值工程是以集体的智慧开展的有计划、有组织的管理活动。开展价值工程，要组织科研、设计、制造、管理、采购、供销、财务等各方面有经验的人员参加，组成一个智力结构合理的集体。发挥各方面、各环节人员的知识、经验和积极性，博采众长地进行产品设计，以达到提高产品价值的目的。

（4）价值工程在设计方案评价中的应用

1）功能分析。建筑功能是指建筑产品满足社会需要的各种性能的总和，不同的建筑产品有不同的使用功能，它们通过一系列建筑因素体现出来，反映建筑物的使用要求。建筑产品的功能一般分为社会性功能、适用性功能、技术性功能、物理性功能和美学功能五类。功能分析应明确研究对象的功能，哪些是主要功能，哪些是辅助功能，并对功能进行定义和整理，分析功能之间的关系，绘制功能系统图。

2）功能评价。功能评价主要是比较各项功能的重要程度，运用 0—1 评分法、0—4 评分法、环比评分法等方法，计算各项功能的功能评价系数，作为该项功能的重要度权数。

3）方案创新。根据功能分析的结果，提出各种实现功能的方案。

4）方案评价。根据上一步方案创新提出的各种方案对各项功能的满足程度打分，然后用功能重要度权数计算各方案的功能评价系数，结合成本评价系数计算各个方案的价值系数，以价值系数最大者为最优。

（5）价值工程在设计方案优化中的应用

1）对象选择。设计方案优化应以对造价影响较大的项目作为应用价值工程优化的对象。因此，可以用 ABC 分析法，将设计方案的成本分解，分成 A、B、C 三类，将成本比重大、品种数量少的 A 类作为实施价值工程的重点。

2）功能分析。分析研究对象具有哪些功能，各项功能之间的关系如何。

3）功能评价。评价各项功能，确定功能评价系数，并计算实现各项功能的现实成本，以计算价值系数。价值系数小于 1 的，应该在功能水平不变的条件下降低成本，或在成本不变的条件下提高功能水平；价值系数大于 1 的，如果是重要的功能，应该提高成本，保证重要功能的实现，如果该项功能不重要，可以不做改变。

4）分配目标成本。根据限额设计的要求，确定研究对象的目标成本，并以功能评价系数为基础，将目标成本分摊到各项功能上，与各项功能的现实成本进行对比，确定成本改进期望值，成本改进期望值大的，应首先重点改进。

5）方案优化。根据价值分析结果及目标成本分配结果的要求，使设计方案更加合理。

【例 5-1】　某工程项目设计人员根据业主的使用要求，提出了三个设计方案。有关专家决定从五个方面（分别以 F1~F5 表示）对不同方案的功能进行评价，并对功能的重要性分析如下：F3 相对于 F4 很重要，F3 相对于 F1 较重要，F2 和 F5 同样重要，F4 和 F5 同样重要。各方案单位面积造价及专家对三个方案满足程度的评分结果见表 5-1。

表 5-1　各方案评分结果

功　能	方　案		
	A	B	C
F1	9	8	9
F2	8	7	8
F3	8	10	10
F4	7	6	8
F5	10	9	8
单位面积造价（元/m²）	1680	1720	1590

问题：

（1）试用 0—4 评分法计算各功能的权重。

（2）用价值分析选择最佳设计方案。

（3）在确定某一个设计方案后，设计人员按限额设计要求确定建安工程目标成本为 14000 万元。然后以主要分部工程为对象进一步开展价值工程分析。各分部工程评分值及目前成本见表 5-2。试分析各功能项目的功能指数、目标成本及成本改进期望值，并确定功能改进顺序（注意：计算结果保留小数点后 3 位）。

表5-2 各分部工程评分值及目前成本

功能项目	功能得分	目前成本（万元）
A. 基础工程	21	3854
B. 主体结构工程	35	4633
C. 装饰装修工程	28	4364
D. 水电安装工程	32	3219

解：（1）各功能权重计算见表5-3。

表5-3 各功能权重计算表

功能	F1	F2	F3	F4	F5	得分	权重
F1	×	3	1	3	3	10	0.250
F2	1	×	0	2	2	5	0.125
F3	3	4	×	4	4	15	0.375
F4	1	2	0	×	2	5	0.125
F5	1	2	0	2	×	5	0.125
合计						40	1

（2）价值系数计算见表5-4。

表5-4 价值系数计算表

项目功能	权重系数	A		B		C	
		功能得分	功能加权得分	功能得分	功能加权得分	功能得分	功能加权得分
F1	0.250	9	2.250	8	2.000	9	2.250
F2	0.125	8	1.000	7	0.875	8	1.000
F3	0.375	8	3.000	10	3.750	10	3.750
F4	0.125	7	0.875	6	0.750	8	1.000
F5	0.125	10	1.250	9	1.125	8	1.000
方案加权得分		8.375		8.500		9.000	
方案功能评价系数		8.375/25.875 = 0.324		8.500/25.875 = 0.328		9.000/25.875 = 0.348	
方案成本评价系数		1680/4990 = 0.337		1720/4990 = 0.345		1590/4990 = 0.319	
方案价值系数		0.324/0.337 = 0.961		0.328/0.345 = 0.951		0.348/0.319 = 1.091	

由表中数据可知，C方案的价值系数最大，所以C方案为最优方案。

（3）功能改进分析计算见表5-5。

表5-5 功能改进分析计算表

功能项目	功能指数	目前成本（万元）	目标成本（万元）	成本改进期望值（万元）	功能改进顺序
A. 基础工程	21/116 = 0.181	3854	0.181×14000 = 2534	1320	1
B. 主体结构工程	35/116 = 0.302	4633	0.302×14000 = 4228	405	3
C. 装饰装修工程	28/116 = 0.241	4364	0.241×14000 = 3374	990	2
D. 水电安装工程	32/116 = 0.276	3219	0.276×14000 = 3864	−645	4

5.4　设计概算

5.4.1　设计概算的概念与作用

1. 设计概算的概念

设计概算是以初步设计文件为依据，按照规定的程序、方法和依据，对建设项目总投资及其构成进行的概略计算。具体而言，设计概算是在投资估算的控制下由设计单位根据初步设计或扩大初步设计的图样及说明，利用国家或地区颁发的概算指标、概算定额、综合指标预算定额、各项费用定额或取费标准（指标）、建设地区自然、技术经济条件和设备、材料预算价格等资料，按照设计要求，对建设项目从筹建至竣工交付使用所需全部费用进行的预计。设计概算的成果文件称作设计概算书，也简称设计概算。设计概算书是初步设计文件的重要组成部分，其特点是编制工作相对简略，无须达到施工图预算的准确程度。采用两阶段设计的建设项目，初步设计阶段必须编制设计概算；采用三阶段设计的，扩大初步设计阶段必须编制修正概算。

2. 设计概算的作用

1）设计概算是编制固定资产投资计划，确定和控制建设项目投资的依据。设计概算投资应包括建设项目从立项、可行性研究、设计、施工、试运行到竣工验收等的全部建设资金。按照国家有关规定，编制年度固定资产投资计划，确定计划投资总额及其构成数额，要以批准的初步设计概算为依据，没有批准的初步设计文件及其概算，建设工程不能列入年度固定资产投资计划。

政府投资项目设计概算一经批准，将作为控制建设项目投资的最高限额。在工程建设过程中，年度固定资产投资计划安排、银行拨款或贷款、施工图设计及其预算、竣工决算等，未经规定程序批准，都不能突破这一限额，确保对国家固定资产投资计划的严格执行和有效控制。

2）设计概算是控制施工图设计和施工图预算的依据。经批准的设计概算是建设工程项目投资的最高限额。设计单位必须按批准的初步设计和总概算进行施工图设计，施工图预算不得突破设计概算，设计概算批准后不得任意修改和调整；当需要修改或调整时，须经原批准部门重新审批。竣工结算不能突破施工图预算，施工图预算不能突破设计概算。

3）设计概算是衡量设计方案技术经济合理性和选择最佳设计方案的依据。设计部门在初步设计阶段要选择最佳设计方案，设计概算是从经济角度衡量设计方案经济合理性的重要依据。因此，设计概算是衡量设计方案技术经济合理性和选择最佳设计方案的依据。

4）设计概算是编制招标控制价（招标标底）和投标报价的依据。以设计概算进行招投标的工程，招标单位以设计概算作为编制招标控制价（标底）及评标定标的依据。承包单位也必须以设计概算为依据，编制合适的投标报价，以便在投标竞争中取胜。

5）设计概算是签订建设工程合同和贷款合同的依据。合同法中明确规定，建设工程合同价款是以设计概预算价为依据，且总承包合同不得超过设计总概算的投资额。银行贷款或各单项工程的拨款累计总额不能超过设计概算。当项目投资计划所列支投资额与贷款突破设计概算时，必须查明原因，之后由建设单位报请上级主管部门调整或追加设计概算总投资。凡未获批准之前，银行对其超支部分不予拨付。

6）设计概算是考核建设项目投资效果的依据。通过设计概算与竣工决算对比，可以分析和考核建设工程项目投资效果的好坏，同时还可以验证设计概算的准确性，有利于加强设计概算管理和建设项目的造价管理工作。

5.4.2 设计概算的编制内容和依据及要求

1. 设计概算的编制内容

设计概算的编制应采用单位工程概算、单项工程综合概算、建设项目总概算三级概算编制形式。当建设项目为一个单项工程时，可采用单位工程概算、总概算两级概算编制形式。设计概算的三级概算关系如图5-6所示。

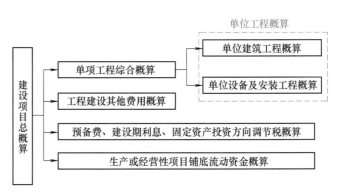

图5-6 设计概算的三级概算关系图

（1）单位工程概算 单位工程是指具有独立的设计文件，能够独立组织施工，但不能独立发挥生产能力或使用功能的工程项目，是单项工程的组成部分。单位工程概算是以初步设计文件为依据，按照规定的程序、方法和依据，计算单位工程费用的成果文件，是编制单项工程综合概算（或项目总概算）的依据，是单项工程综合概算的组成部分。单位工程概算按其工程性质可分为建筑工程概算和设备及安装工程概算两大类。建筑工程概算包括一般土建工程概算，给水排水、供暖工程概算，通风、空调工程概算，电气照明工程概算，弱电工程概算，特殊构筑物工程概算等；设备及安装工程概算包括机械设备及安装工程概算，电气设备及安装工程概算，热力设备及安装工程概算，工器具及生产家具购置费用概算等。

（2）单项工程概算 单项工程是指在一个建设项目中，具有独立的设计文件，建成后能够独立发挥生产能力或使用功能的工程项目。它是建设项目的组成部分，如生产车间、办公楼、食堂、图书馆、学生宿舍、住宅楼、配水厂等。单项工程概算是以初步设计文件为依据，在单位工程概算的基础上汇总单项工程费用的成果文件，由单项工程中的各单位工程概算汇总编制而成，是建设项目总概算的组成部分。单项工程综合概算的组成内容如图5-7所示。

（3）建设项目总概算 建设项目总概算是以初步设计文件为依据，在单项工程综合概算的基础上计算建设项目概算总投资的成果文件，它是由各单项工程综合概算、工程建设其他费用概算、预备费概算、建设期利息概算和生产或经营性项目铺底流动资金概算汇总编制而成的，如图5-8所示。

若干个单位工程概算汇总后成为单项工程概算，若干个单项工程综合概算和工程建设其他费用概算、预备费概算、建设期利息概算、生产或经营性项目铺底流动资金等概算文件汇总后成为建设项目总概算。单项工程概算和建设项目总概算仅是一种归纳、汇总性文件，因此最基本的计算文件是单位工程概算书。若建设项目为一个独立单项工程，则单项工程综合

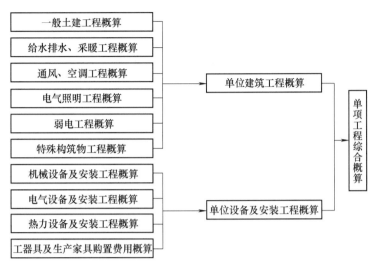

图 5-7　单项工程综合概算的组成内容

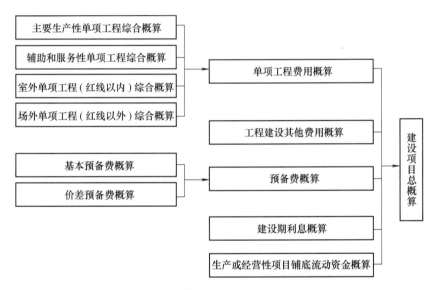

图 5-8　建设项目总概算的组成内容

概算书与建设项目总概算书可合并编制，并以总概算书的形式出具。

2. 设计概算的编制依据及要求

（1）设计概算的编制依据

1）国家、行业和地方的有关规定。

2）相应工程造价管理机构发布的概算定额（或指标）。

3）工程勘察与设计文件。

4）拟定或常规的施工组织设计和施工方案。

5）建设项目资金筹措方案。

6）工程所在地编制同期的人工、材料、机具台班市场价格，以及设备供应方式及供应价格。

7）建设项目的技术复杂程度，新技术、新材料、新工艺以及专利使用情况等。

8）建设项目批准的相关文件、合同、协议等。

9）政府有关部门、金融机构等发布的价格指数、利率、汇率、税率以及工程建设其他费用等。

10）委托单位提供的其他技术经济资料。

（2）设计概算的编制要求

1）设计概算应按编制时项目所在地的价格水平编制，总投资应完整地反映编制时建设项目的实际投资。

2）设计概算应考虑建设项目施工条件等因素对投资的影响。

3）设计概算应按项目合理建设期限预测建设期价格水平，以及资产租赁和贷款的时间价值等动态因素对投资的影响。

5.4.3 设计概算的编制

1. 单位工程概算的编制方法

（1）概算指标法 概算指标法是采用直接工程费指标，用拟建的厂房、住房的建筑面积（或体积）乘以技术条件相同或基本相同工程的概算指标，得出直接工程费，然后按照有关的取费标准计算出措施费、间接费、利润和税金等，编制出单位工程概算的方法。

当初步设计深度不够，不能准确计算出工程量，但工程设计技术比较成熟而又有类似工程概算指标可以利用时，可采用概算指标法。概算指标法的编制步骤如下：

1）根据拟建工程的具体情况，选择恰当的概算指标。

2）根据选定的概算指标计算拟建工程概算造价。

3）根据选定的概算指标计算拟建工程主要材料用量。

由于拟建工程往往与类似工程的概算指标的技术条件不尽相同，编制对象在结构特征上与原概算指标中规定的结构特征有部分出入，必须对概算指标进行调整后方可套用。调整方法如下所述：

1）调整概算指标中的每平方米（立方米）造价。这种调整方法是对原概算指标中的单位造价进行调整（仍使用直接工程费指标），使其成为与拟建工程结构相同的工程单位直接工程费造价。其计算公式为

$$结构变化修正概算指标（元/m^3）= J+Q_1P_1-Q_2P_2 \qquad (5-2)$$

式中　J——原概算指标；

　　Q_1——换入新结构的含量；

　　Q_2——换出旧结构的含量；

　　P_1——换入新结构的单价；

　　P_2——换出旧结构的单价。

2）调整概算指标中的人工、材料、机械数量。这种调整方法是对原概算指标中每 $100m^2（1000m^3）$ 建筑面积（体积）中的人工、材料、机械数量进行调整，使其成为与拟建工程结构相同的每 $100m^2（1000m^3）$ 建筑面积（体积）中的人工、材料、机械数量。其计算公式为

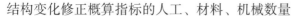

结构变化修正概算指标的人工、材料、机械数量

＝原概算指标的人工、材料、机械数量＋换入结构件工程量×相应定额人工、材料、

机械消耗量−换出结构件工程量×相应定额人工、材料、机械消耗量　　　　　（5-3）

以上两种方法，前者是直接修正概算指标的单价，后者是修正概算指标的人工、材料、机械数量。

（2）概算定额法　概算定额法也称为扩大单价法，它是根据概算定额编制扩大单位估价表（概算定额单价），用算出的扩大分部分项工程的工程量乘以概算定额单价，进行具体计算。其中工程量的计算，必须根据定额中规定的各个扩大分部分项工程内容遵守定额中规定的计量单位、工程量计算规则及方法来进行。

概算定额法的适用范围是初步设计达到一定深度，建筑结构比较明确，能按照初步设计的平面、立面、剖面图计算出楼地面、墙身、门窗和屋面等概算定额子目所要求的扩大分项工程的工程量的单位工程。概算定额法的编制步骤如下：

1）收集基础资料，最基本的资料即前面所提到的编制依据。

2）熟悉设计文件，了解施工现场情况。

3）计算扩大分项工程或扩大结构构件的工程量。

4）套用概算定额单价计算直接工程费。

5）计算其他成本额和利润、税金，汇总得到单位工程概算价格。

（3）类似工程预算法　类似工程预算法是利用技术条件与编制对象类似的已完工程或在建工程的预算造价资料来编制拟建工程设计概算的方法。即以原有的相似工程的预算为基础，按编制概算指标的方法，求出单位工程的概算指标，再按概算指标法编制建筑工程概算。

类似工程预算法适用于拟建工程初步设计与已完工程或在建工程的设计相近又无概算指标可用者的概算编制。但应用此方法必须对建筑结构差异和价差进行调整。

1）建筑结构差异的调整。调整方法与概算指标法的调整方法相同。即先确定有差别的项目，然后分别按每一项目算出结构构件的工程量和单位价格（按编制概算工程所在地区的单价），然后以类似预算中相应（有差别）的结构构件的工程数量和单价为基础，算出总差价。将类似预算的直接工程费总额减去（或加上）这部分差价，就得到结构差异换算后的直接工程费，再取费得到结构差异换算后的造价。

2）价差调整。类似工程价差调整方法通常有两种：一是类似工程造价资料有具体的人工、材料、机械台班的用量时，可按类似工程造价资料中的工日数量、主要材料用量、机械台班用量乘以拟建工程所在地的人工工日单价、主要材料预算价格、机械台班单价，计算出直接工程费，再取费即可得出所需的造价指标；二是类似工程造价资料只有人工费、材料费、机械台班费用和其他费用时，可按下式调整。

$$\begin{cases} D = A \times K \\ K = a\% K_1 + b\% K_2 + c\% K_3 + d\% K_4 + e\% K_5 \end{cases} \tag{5-4}$$

式中　D——拟建工程单方概算造价；

A——类似工程单方预算造价；

K——综合调整系数；

$a\%$、$b\%$、$c\%$、$d\%$、$e\%$——类似工程预算的人工费、材料费、机械台班费、措施费、间接费占预算造价的比重；

K_1、K_2、K_3、K_4、K_5——拟建工程地区与类似工程地区人工费、材料费、机械台班费、措施费、间接费价差系数，K_1 =（拟建工程的概算的人工费（或工资标准））/（类似工程预算人工费（或工资标准）），K_2、K_3、K_3、K_4、K_5类同。

（4）单位设备及安装工程概算的编制方法　设备及安装工程概算包括设备购置费用和设备安装工程概算两部分。

1）设备购置费概算编制方法。设备购置费由设备原价和设备运杂费加总得到，其中设备原价的确定，具体见第2章的设备及工器具购置费的论述。

2）设备安装工程概算编制方法。根据初步设计的深度和要求明确程度，一般有预算单价法、扩大单价法、设备价值百分比法和综合吨位指标法。

① 预算单价法。当初步设计或扩大初步设计文件具有一定深度，要求比较明确，有详细的设备清单，基本上能计算工程量时，可根据各类安装工程概算定额编制设备安装工程概算。

② 扩大单价法。当初步设计的设备清单不完备，或仅有成套设备的数（质）量时，要采用主体设备、成套设备或工艺线的综合扩大安装单价编制概算。

③ 设备价值百分比法。设备价值百分比法，又称为安装设备百分比法。当初步设计深度不够，只有设备出厂价而无详细规格、重量时，安装费可按占设备费的百分比计算。其计算公式为

$$设备安装费 = 设备原价 \times 设备安装费率(\%) \tag{5-5}$$

④ 综合吨位指标法。当初步设计提供的设备清单有规格和设备重量时，可采用综合吨位指标编制概算，其综合吨位指标由相关主管部门或由设计院根据已完类似工程资料确定。该法常用于设备价格波动较大的非标准设备和引进设备的安装工程概算。其计算公式为

$$设备安装费 = 设备吨重 \times 每吨设备安装费指标(元/t) \tag{5-6}$$

2. 单项工程综合概算的编制方法

单项工程综合概算是确定一个单项工程所需建设费用的文件，它是由单项工程中的各单位工程概算汇总编制而成的，是建设项目总概算的组成部分。当工程项目只有一个单项工程时，单项工程综合概算（实为总概算）还应包括工程建设其他费用（包括建设期贷款利息、预备费和固定资产投资方向调节税）。

单项工程综合概算文件一般包括编制说明（不编制总概算时列入）和综合概算表两部分。

（1）编制说明　主要包括工程概况、编制依据、编制方法、主要设备和材料的数量及其他有关问题的说明。

（2）综合概算表　综合概算表是根据单项工程所辖范围内的各单位工程概算等基础资料，按照国家或部委规定的统一表格编制的。项目综合概算表由建筑工程和设备及安装工程两部分组成，民用工程项目综合概算表只有建筑工程一项。

3. 建设工程项目总概算的编制方法

建设工程项目总概算是确定整个建设项目从筹建到竣工验收预计花费的全部费用的文件，是设计文件的重要组成部分。建设项目总概算是由各单项工程综合概算、工程建设其他费用概算、建设期贷款利息、预备费、固定资产投资方向调节税和经营性项目的铺底流动资

金概算组成，按照主管部门规定的统一表格编制而成的。设计概算文件一般包括以下部分：

1）封面、签署页及目录。

2）编制说明。其内容应包括工程概况、资金来源及投资方式、编制依据及原则、编制方法、投资分析、其他需要说明的问题。

① 工程概况。简要描述项目的性质、特点、生产规模、建设周期、建设地点等事项。对于引进项目还需说明引进的内容以及与国内配套工程等主要情况。

② 编制依据及原则。编制依据应说明可行性研究报告及其上级主管机构的批复文件号；与概算有关的协议；会议纪要及内容摘要；概算定额或概算指标等；设备及材料价格和取费标准；采用的税率、费率、汇率等依据；工程建设其他费用的计算标准；编制中遵循的主要原则等。

③ 编制范围和编制方法。编制范围应说明总概算中所包括的具体工程项目内容及费用项目内容；编制方法则需要说明是采用概算定额法还是概算指标法。

④ 资金来源及投资方式。

⑤ 投资分析。投资分析要说明各项工程占建设项目总投资额的比例以及各项费用构成占建设项目总投资额的比例，并且需要和经批准的可行性研究报告中的控制数据做对比，分析其投资效果。

⑥ 主要设备和材料数量。说明主要机械设备、电气设备及建筑安装工程主要建筑材料（钢材、木材、水泥等）的总数量。

⑦ 其他需要说明的问题。

3）总概算表。总概算表应反映静态投资和动态投资两个部分。

4）工程建设其他费用概算表。工程建设其他费用概算按国家或地区或部委所规定的项目和标准确定，并按统一表式编制。

5）单项工程综合概算表和单位工程概算表。

6）工程量计算表和人工、材料数量汇总表。

5.4.4 设计概算的审查

设计概预算文件是确定建设工程造价的文件，是工程建设全过程造价控制、考核工程项目经济合理性的重要依据，因此，对概预算文件的审查在工程造价管理中具有非常重要的作用。

设计概算审查是确定建设工程造价的一个重要环节。通过审查，能使概算更加完整准确，促进工程设计的技术先进性和经济合理性。

1. 设计概算的审查内容

设计概算审查是确定建设工程造价的一个重要环节。通过审查，能使概算更加完整准确，促进工程设计的技术先进性和经济合理性。

（1）对设计概算编制依据的审查

1）审查编制依据的合法性。设计概算采用的编制依据必须经过国家和授权机关的批准，符合概算编制的有关规定。同时不得擅自提高概算定额、指标或费用标准。

2）审查编制依据的时效性。设计概算文件所使用的各类依据，如定额、指标、价格、取费标准等，都应根据国家有关部门的规定进行。

3）审查编制依据的适用范围。各主管部门规定的各类专业定额及其取费标准，仅适用于该部门的专业工程；各地区规定的各种定额及其取费标准，只适用于该地区范围内，特别是地区的材料预算价格应按工程所在地区的具体规定执行。

（2）对设计概算编制深度的审查

1）审查编制说明。审查设计概算的编制方法、深度和编制依据等重大原则性问题。

2）审查设计概算编制的完整性。对于一般大中型项目的设计概算，审查是否具有完整的编制说明和三级设计概算（总概算、综合概算、单位工程概算）文件，是否达到规定的深度。

3）审查设计概算的编制范围。审查设计概算的编制范围包括：设计概算编制范围和内容是否与批准的工程项目范围一致；各项费用应列的项目是否符合法律法规及工程建设标准；是否存在多列或遗漏的取费项目等。

（3）对设计概算主要内容的审查

1）概算编制是否符合法律、法规及相关规定。

2）概算所编制工程项目的建设规模和建设标准、配套工程等是否符合批准的可行性研究报告或立项批文的标准。对总概算投资超过批准投资估算10%以上的，应进行技术经济论证，并需要重新上报审批。

3）概算所采用的编制方法、计价依据和程序是否符合相关规定。

4）概算工程量是否准确。应将工程量较大、造价较高、对整体造价影响较大的项目作为审查重点。

5）概算中主要材料用量的正确性和材料价格是否符合工程所在地的价格水平，材料价差调整是否符合相关规定等。

6）概算中设备规格、数量、配置是否符合设计要求，设备原价和运杂费是否正确；非标准设备原价的计价方法是否符合规定；进口设备的各项费用的组成及其计算程序、方法是否符合规定。

7）概算中各项费用的计取程序和取费标准是否符合国家或地方有关部门的规定。

8）总概算文件的组成内容是否完整地包括了工程项目从筹建至竣工投产的全部费用组成。

9）综合概算、总概算的编制内容、方法是否符合国家相关规定和设计文件的要求。

10）概算中工程建设其他费用中的费率和计取标准是否符合国家、行业的有关规定。

2. 设计概算的审查方法

采用适当方法对设计概算进行审查，是确保审查质量、提高审查效率的关键。常用的审查方法有以下五种：

（1）对比分析法 通过对比分析建设规模，建设标准，概算编制内容和编制方法，人工、材料、机械单价等，发现设计概算存在的主要问题和偏差。

（2）主要问题复核法 对审查中发现的主要问题以及有较大偏差的设计进行复核，对重要、关键设备和生产装置或投资较大的项目进行复查。

（3）查询核实法 对一些关键设备和设施、重要装置以及图样不全、难以核算的较大投资进行多方查询核对，逐项落实。

（4）分类整理法 对审查中发现的问题和偏差，对照单项工程、单位工程的顺序目录分类整理，汇总核增或核减的项目及金额，最后汇总审核后的总投资及增减投资额。

（5）联合会审法　在设计单位自审、承包单位初审、咨询单位评审、邀请专家预审、审批部门复审层层把关后，由有关单位和专家共同审核。

5.5　施工图预算

5.5.1　施工图预算的概念和作用

1. 施工图预算的概念

施工图预算是施工图设计预算的简称，又称设计预算。它是由设计单位在施工图设计完成后，根据施工图设计图、现行预算定额、费用定额，以及地区设备、材料、人工、施工机械台班等预算价格编制和确定的，在工程施工前对工程项目的工程费用进行测算的建筑安装工程造价文件。

2. 施工图预算的作用

（1）施工图预算对投资方的作用

1）施工图预算是控制造价及资金合理使用的依据。施工图预算确定的预算造价是工程的计划成本，投资方按施工图预算造价筹集建设资金，并控制资金的合理使用。

2）施工图预算是确定工程招标控制价的依据。在设置招标控制价的情况下，建筑安装工程的招标控制价可按照施工图预算来确定。

3）施工图预算是拨付工程款及办理工程结算的依据。

（2）施工图预算对施工企业的作用

1）施工图预算是建筑施工企业投标时报价的参考依据。在激烈的建筑市场竞争中，建筑施工企业需要根据施工图预算造价，结合企业的投标策略，确定投标报价。

2）施工图预算是建筑工程预算包干的依据和签订施工合同的主要内容。在采用总价合同的情况下，施工单位通过与建设单位的协商，可在施工图预算的基础上，考虑设计或施工变更后可能发生的费用与其他风险因素，增加一定系数作为工程造价一次性包干。

3）施工图预算是施工企业安排调配施工力量，组织材料供应的依据。施工单位各职能部门可根据施工图预算编制劳动力供应计划和材料供应计划，并由此做好施工前的准备工作。

4）施工图预算是施工企业控制工程成本的依据。企业只有合理利用各项资源，采取先进技术和管理方法，将成本控制在施工图预算价格以内，才会获得良好的经济效益。

5）施工图预算是进行"两算"对比的依据。施工企业可以通过施工图预算和施工预算的对比分析，找出差距，采取必要的措施。

（3）施工图预算对其他方面的作用

1）对于工程咨询单位来说，可以客观、准确地为委托方做出施工图预算，以强化投资方对工程造价的控制，有利于节省投资，提高建设项目的投资效益。

2）对于工程造价管理部门来说，施工图预算是其监督检查执行定额标准、合理确定工程造价、测算造价指数及审定工程招标控制价的重要依据。

5.5.2 施工图预算的内容

施工图预算由建设项目总预算、单项工程综合预算和单位工程预算组成，根据预算文件的不同，施工图预算的内容有所差异，具体见表5-6。

表5-6 施工图预算的内容

施工图预算	组 成 内 容
单位工程预算	单位建筑工程预算和单位设备及安装工程预算
单项工程综合预算	各单项工程的建筑安装工程费和设备及工器具购置费的总和
建设项目总预算	建筑安装工程费、设备及工器具购置费、工程建设其他费用、预备费、建设期利息及铺底流动资金

按照预算文件的不同，施工图预算的内容有所不同。建设项目总预算是反映施工图设计阶段建设项目投资总额的造价文件，是施工图预算文件的主要组成部分，由组成该建设项目的各个单项工程综合预算和相关费用组成。具体包括建筑安装工程费、设备及工器具购置费、工程建设其他费用、预备费、建设期利息及铺底流动资金。施工图总预算应控制在已批准的设计总概算投资范围以内。

单项工程综合预算是反映施工图设计阶段一个单项工程（设计单元）造价的文件，是总预算的组成部分，由构成该单项工程的各个单位工程施工图预算组成。其编制的费用项目是各单项工程的建筑安装工程费和设备及工器具购置费的总和。

单位工程预算是依据单位工程施工图设计文件、现行预算定额以及人工、材料和施工机具台班价格等，按照规定的计价方法编制的工程造价文件。包括单位建筑工程预算和单位设备及安装工程预算。单位建筑工程预算是建筑工程各专业单位工程施工图预算的总称，按其工程性质分为一般土建工程预算，给水排水工程预算，供暖通风工程预算，燃气工程预算，电气照明工程预算，弱电工程预算，特殊构筑物（如烟窗、水塔等）工程预算以及工业管道工程预算等。安装工程预算是安装工程各专业单位工程预算的总称，安装工程预算按其工程性质分为机械设备安装工程预算、电气设备安装工程预算、工业管道工程预算和热力设备安装工程预算等。

5.5.3 施工图预算的编制依据和方法

1. 施工图预算的编制依据

1）国家、行业和地方的有关规定。

2）相应工程造价管理机构发布的预算定额。

3）施工图设计文件及相关标准图集和规范。

4）项目相关文件、合同、协议等。

5）工程所在地的人工、材料、设备、施工机具预算价格。

6）施工组织设计和施工方案。

7）项目的管理模式、发包模式及施工条件。

8）其他应提供的资料。

2. 施工图预算的编制方法

（1）以分项工程单价的综合程度分类　施工图预算的编制可采用工料单价法和全费用

综合单价法。

1）工料单价法。工料单价法是指以分部分项工程及措施项目的单价为工料单价，将子项工程量乘以对应工料单价后的合计作为直接费，直接费汇总后，再根据规定的计算方法计取企业管理费、利润、规费和税金，将上述费用汇总后得到该单位工程的施工图预算造价的方法。工料单价法中的单价一般采用地区统一单位估价表中的各子目工料单价（定额基价）。

工料单价法计算公式如下式所示。

$$建筑安装工程预算造价 = \sum (子目工程量 \times 子目工料单价) + \qquad (5\text{-}7)$$
$$企业管理费 + 利润 + 税金 + 规费$$

① 准备工作。准备工作阶段应主要完成以下工作内容：

A. 收集编制施工图预算的编制依据。其中主要包括现行建筑安装定额、取费标准、工程量计算规则、地区材料预算价格以及市场材料价格等各种资料。

B. 详细了解施工图，全面分析工程各分部分项工程，充分了解施工组织设计和施工方案，注意影响费用的关键因素。

② 计算工程量。工程量计算一般按如下步骤进行：

A. 根据工程内容和定额项目，列出需计算工程量的分部分项工程。

B. 根据一定的计算顺序和计算规则，列出分部分项工程量的计算式。

C. 根据施工图上的设计尺寸及有关数据，代入计算式进行数值计算。

D. 对计算结果的计量单位进行调整，使之与定额中相应的分部分项工程的计量单位保持一致。

③ 套用定额预算单价。核对工程量计算结果后，将定额子项中的基价填入预算表单价栏，并将单价乘以工程量得出合价，将结果填入合价栏，汇总求出分部分项工程人、材、机费合计。计算分部分项工程人、材、机费时需要注意以下几个问题：

A. 分项工程的名称、规格、计量单位与预算单价或单位估价表中所列内容完全一致时，可以直接套用预算单价。

B. 分项工程的主要材料品种与预算单价或单位估价表中规定的材料不一致时，不可以直接套用预算单价，需要按实际使用材料价格换算预算单价。

C. 分项工程施工工艺条件与预算单价或单位估价表不一致而造成人工、机具的数量增减时，一般调量不调价。

④ 计算直接费。直接费为分部分项工程人、材、机费与措施项目人、材、机费之和。措施项目人、材、机费应按下列规定计算：

A. 可以计量的措施项目人、材、机费与分部分项工程人、材、机费的计算方法相同。

B. 综合计取的措施项目人、材、机费应以该单位工程的分部分项工程人、材、机费和可以计量的措施项目人、材、机费之和为基数乘以相应费率计算。

⑤ 编制工料分析表。工料分析是按照各分项工程或措施项目，依据定额或单位估价表，首先从定额项目表中分别将各子目消耗的每项材料和人工的定额消耗量查出；再分别乘以该工程项目的工程量，得到各分项工程或措施项目工料消耗量，最后将各类工料消耗量加以汇总，得出单位工程人工、材料的消耗数量。

⑥ 计算主材费并调整直接费。许多定额项目基价为不完全价格，即未包括主材费用在内。因此还应单独计算出主材费，计算完成后将主材费的价差加入直接费。主材费计算的依

据是当时当地的市场价格。

⑦ 按计价程序计取其他费用，并汇总造价。根据规定的税率、费率和相应的计取基础，分别计算企业管理费、利润、规费和税金。将上述费用累计后与直接费进行汇总，求出建筑安装工程预算造价。与此同时，计算工程的技术经济指标，如单方造价等。

⑧ 复核。对项目填列、工程量计算公式、计算结果、套用单价、取费费率、数字计算结果、数据精确度等进行全面复核，及时发现差错并修改，以保证预算的准确性。

⑨ 填写封面、编制说明。封面应写明工程编号、工程名称、预算总造价和单方造价等；编制说明；将封面、编制说明、预算费用汇总表、材料汇总表、工程预算分析表，按顺序编排并装订成册，便完成了单位施工图预算的编制工作。

2）全费用综合单价法。采用全费用综合单价法编制建筑安装工程预算的程序与工料单价法大体相同，只是直接采用包含全部费用和税金等项在内的综合单价进行计算，过程更加简单，其目的是适应目前推行的全过程全费用单价计价的需要。

① 分部分项工程费的计算。建筑安装工程预算的分部分项工程费应由各子目的工程量乘以各子目的综合单价汇总而成。各子目的工程量应按预算定额的项目划分及其工程量计算规则计算。各子目的综合单价应包括人工费、材料费、施工机具使用费、管理费、利润、规费和税金。

② 综合单价的计算。各子目综合单价的计算可通过预算定额及其配套的费用定额确定。其中人工费、材料费、机具费应根据相应的预算定额子目的人、材、机要素消耗量，以及报告编制期人、材、机的市场价格（不含增值税进项税额）等因素确定；管理费、利润、规费、税金等应依据预算定额配套的费用定额或取费标准，并依据报告编制期拟建项目的实际情况、市场水平等因素确定。编制建筑安装工程预算时应同时编制综合单价分析表。

③ 措施项目费的计算。建筑安装工程预算的措施项目费应按下列规定计算：

A. 可以计量的措施项目费与分部分项工程费的计算方法相同。

B. 综合计取的措施项目费应以该单位工程的分部分项工程费和可以计量的措施项目费之和为基数乘以相应费率计算。

④ 分部分项工程费与措施项目费之和即为建筑安装工程施工图预算费用。

（2）按计算程序的不同分类　可分为单价法和实物法。

1）单价法编制施工图预算。

① 单价法是指用事先编制好的分项工程的单位估价表来编制施工图预算的方法。按施工图计算的各分项工程的工程量，并乘以相应单价，汇总相加，得到单位工程的人工费、材料费、机械使用费之和；再加上按规定程序计算出来的措施费、间接费、利润和税金，便可得出单位工程的施工图预算造价。单价法编制施工图预算的计算公式为

$$单位工程预算直接工程费 = \sum (工程量 \times 预算定额单价) \qquad (5\text{-}8)$$

② 单价法编制施工图预算的步骤。单价法编制施工图预算的步骤如图 5-9 所示。

2）实物法编制施工图预算。

① 实物法编制施工图预算，首先根据施工图分别计算出分项工程量，然后套用相应预算人工、材料、机械台班的定额用量，再分别乘以工程所在地当时的人工、材料、机械台班的实际单价，求出单位工程的人工费、材料费和施工机械使用费，并汇总求和，进而求得直接工程费，并按规定计取其他各项费用，最后汇总就可得出单位工程施工图预算造价。

图 5-9 单价法编制施工图预算的步骤

实物法编制施工图预算，其中直接工程费的计算公式为

单位工程预算直接工程费 = $\sum$（工程量×人工预算定额用量×当时当地人工费单价）+

$\sum$（工程量×材料预算定额用量×当时当地材料费单价）+

$\sum$（工程量×机械预算定额用量×当时当地机械费单价）

（5-9）

② 实物法编制施工图预算的步骤。实物法编制施工图预算的步骤如图 5-10 所示。

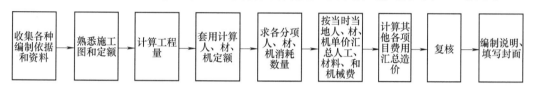

图 5-10 实物法编制施工图预算的步骤

由图 5-11 可见，实物法与单价法首尾部分的步骤是相同的，所不同的主要是中间的三个步骤，即：

A. 计算工程量后，套用相应预算人工、材料、机械台班定额用量。建设部 1995 年颁发的《全国统一建筑工程基础定额》（土建部分，是一部量价分离定额）和现行的全国统一安装定额、专业统一和地区统一的计价定额的实物消耗量，是完全符合国家技术规范、质量标准的，并反映一定时期施工工艺水平的分项工程计价所需的人工、材料、施工机械消耗量的标准。这个消耗量标准，在建材产品、标准、设计、施工技术及其相关规范和工艺水平等没有突破性变化之前，是相对稳定的，因此，它是合理确定和有效控制造价的依据；这个定额消耗量标准，是由工程造价主管部门按照定额管理分工统一制定的，并根据技术发展适时地补充修改。

B. 求出各分项工程人工、材料、机械台班消耗数量并汇总单位工程所需各类人工工日、材料和机械台班的消耗量。各分项工程人工、材料、机械台班消耗数量由分项工程的工程量分别乘以预算人工定额用量、材料定额用量和机械台班定额用量而得出的，然后汇总便可得出单位工程各类人工、材料和机械台班的消耗量。

C. 用当时当地的各类人工、材料和机械台班的实际单价分别乘以相应的人工、材料和机械台班的消耗量，并汇总便得出单位工程的人工费、材料费和机械台班使用费。在市场经济条件下，人工、材料和机械台班单价是随市场而变化的，而且它们是影响工程造价最活跃、最主要的因素。用实物法编制施工图预算，采用工程所在地的当时人工、材料、机械台班价格，可较好地反映实际价格水平，工程造价的准确性高。虽然计算过程较单价法烦琐，但用计算机来计算也就快捷了。因此，实物法是与市场经济体制相适应的预算编制方法。

5.5.4 施工图预算的审查

对施工图预算进行审查，有利于核实工程实际成本，更有针对性地控制工程造价。

（1）施工图预算的审查内容　重点应审查：工程量的计算；定额的使用；人工、材料及机械设备价格的确定；相关费用的选取和确定。

1）工程量计算的审查。工程量计算是编制施工图预算的基础性工作之一，对施工图预算的审查，应首先从审查工程量开始。

2）定额使用的审查。应重点审查定额子目的套用是否正确。同时，对于补充的定额子目，要对其各项指标消耗量的合理性进行审查，并按程序进行报批，及时补充到定额当中。

3）人工、材料及机械设备价格的审查。人工、材料及机械设备价格受时间、资金和市场行情等因素的影响较大，且在工程总造价中所占比例较高，因此，应作为施工图预算审查的重点。

4）相关费用的审查。审查各项费用的选取是否符合国家和地方有关规定，审查费用的计算和计取基数是否正确、合理。

（2）施工图预算审查的方法　通常可采用以下方法对施工图预算进行审查：

1）全面审查法。全面审查法又称逐项审查法，是指按预算定额顺序或施工的先后顺序，逐一进行全部审查的方法。其优点是全面、细致，审查的质量高；缺点是工作量大，审查时间较长。

2）标准预算审查法。标准预算审查法是指对于利用标准图或通用图施工的工程，先集中力量编制标准预算，然后以此为标准对施工图预算进行审查的方法。其优点是审查时间较短，审查效果好；缺点是应用范围较小。

3）分组计算审查法。分组计算审查法是指将相邻且有一定内在联系的项目编为一组，审查某个分量，并利用不同量之间的相互关系判断其他几个分项工程量的准确性的方法。其优点是可加快工程量审查的速度；缺点是审查的精度较差。

4）对比审查法。对比审查法是指用已完工程的预结算或虽未建成但已审查修正的工程预结算对比审查拟建类似工程施工图预算的方法。其优点是审查速度快，但同时需要较为丰富的相关工程数据库作为开展工作的基础。

5）筛选审查法。筛选审查法也属于一种对比方法，是指对数据加以汇集、优选、归纳，建立基本值，并以基本值为准进行筛选，对于未被筛下去的，即不在基本值范围内的数据进行较为详尽的审查的方法。其优点是便于掌握，审查速度较快；缺点是有局限性，较适用于住宅工程或不具备全面审查条件的工程项目。

6）重点抽查法。重点抽查法是指抓住工程预算中的重点环节和部分进行审查的方法。其优点是重点突出，审查时间较短，审查效果较好；不足之处是对审查人员的专业素质要求较高，在审查人员经验不足或了解情况不够的情况下，极易造成判断失误，严重影响审查结论的准确性。

7）利用手册审查法。利用手册审查法是指将工程常用的构配件事先整理成预算手册，按手册对照审查的方法。

8）分解对比审查法。分解对比审查法是将一个单位工程按直接费和间接费进行分解，然后再将直接费按工种和分部工程进行分解，分别与审定的标准预结算进行对比分析的方法。

总之，设计概预算的审查作为设计阶段造价管理的重要组成部分，需要有关各方积极配合，强化管理，从而实现基于建设工程全寿命期的全要素集成管理。

课后拓展　美丽乡村建设评价

1. 美丽乡村的内涵

美丽乡村是指经济、政治、文化、社会和生态文明协调发展，符合科学规划，布局美、村容整洁环境美、创业增收生活美、乡风文明身心美，且宜居、宜业、宜游的可持续发展乡村（包括建制村和自然村）。

2. 美丽乡村建设模式

农业部于 2013 年启动了"美丽乡村"创建活动，于 2014 年 2 月正式对外发布美丽乡村建设十大模式，为全国的美丽乡村建设提供范本和借鉴。具体而言，这十大模式分别为：产业发展型、生态保护型、城郊集约型、社会综治型、文化传承型、渔业开发型、草原牧场型、环境整治型、休闲旅游型、高效农业型。

（1）产业发展型模式　该模式主要在东部沿海等经济相对发达地区。其特点是产业优势和特色明显，农民专业合作社、龙头企业发展基础好，产业化水平高，初步形成"一村一品""一乡一业"，实现了农业生产聚集、农业规模经营，农业产业链条不断延伸，产业带动效果明显。

典型：江苏省张家港市南丰镇永联村。

（2）生态保护型模式　该模式主要在生态优美、环境污染少的地区。其特点是自然条件优越，水资源和森林资源丰富，具有传统的田园风光和乡村特色，生态环境优势明显，把生态环境优势变为经济优势的潜力大，适宜发展生态旅游。

典型：浙江省安吉县山川乡高家堂村。

（3）城郊集约型模式　该模式主要在大中型城市郊区。其特点是经济条件较好，公共设施和基础设施较完善，交通便捷，农业集约化、规模化经营水平高，土地产出率高，农民收入水平相对较高，是大中型城市重要的"菜篮子"基地。

典型：上海市松江区泖港镇。

（4）社会综治型模式　该模式主要在人数较多，规模较大，居住较集中的村镇。其特点是区位条件好，经济基础强，带动作用大，基础设施相对完善。

典型：吉林省松原市扶余市弓棚子镇广发村。

（5）文化传承型模式　该模式主要在具有特殊人文景观（包括古村落、古建筑、古民居以及传统文化）的地区。其特点是乡村文化资源丰富，具有优秀民俗文化以及非物质文化，文化展示和传承的潜力大。

典型：河南省洛阳市孟津县平乐镇平乐村。

（6）渔业开发型模式　该模式主要在沿海和水网地区的传统渔区。其特点是产业以渔业为主，通过发展渔业促进就业，增加渔民收入，繁荣农村经济，渔业在农业产业中占主导地位。

典型：广东省广州市南沙区横沥镇冯马三村。

（7）草原牧场型模式　该模式主要在我国牧区和半牧区的县（旗、市），占全国国土面积的 40% 以上。其特点是草原畜牧业是牧区经济发展的基础产业，是牧民收入的主要来源。

典型：内蒙古自治区锡林郭勒盟西乌珠穆沁旗浩勒图高勒镇脑干宝力格嘎查。

（8）环境整治型模式 该模式主要在农村脏乱差问题突出的地区。其特点是农村环境基础设施建设滞后，环境污染问题，当地农民群众对环境整治的呼声高、反应强烈。

典型：广西壮族自治区桂林市恭城瑶族自治县莲花镇红岩村。

（9）休闲旅游型模式 休闲旅游型美丽乡村模式主要在适宜发展乡村旅游的地区。其特点是旅游资源丰富，住宿、餐饮、休闲娱乐设施完善齐备，交通便捷，距离城市较近，适合休闲度假，发展乡村旅游潜力大。

典型：江西省上饶市婺源县江湾镇。

（10）高效农业型模式 该模式主要在我国的农业主产区。其特点是以发展农业作物生产为主，农田水利等农业基础设施相对完善，农产品商品化率和农业机械化水平高，人均耕地资源丰富，农作物秸秆产量大。

典型：福建省漳州市平和县三坪村。

3. 美丽乡村评价标准体系框架构建

（1）评价标准构建作用 标准化在美丽乡村建设中的作用，可以概括为六条，实现了六大保障。

1）保障美丽乡村规划更合理。通过制定美丽乡村建设规划方面的标准或规范，能够有效保证美丽乡村建设方向明确、要求科学、配置合理，真正起到引领和约束作用。如国家标准《镇规划标准》（GB 50188—2007）中对中心镇和一般镇在公共设施项目的配置方面提出了明确具体的要求：中心镇在文体科技方面应配置文化站、老年之家、体育场馆、科技站、图书馆、博物馆、影剧院、游乐健身场、广播电视台（站）等，而一般镇只需要配置文化站和老年之家。

2）保障美丽乡村建设高质量。通过制定建设方面的标准或指南，明确提出建设的目标、内容及达到的指标，使得美丽乡村建设有更加清晰的技术指导及质量参考。如福建省地方标准《美丽乡村建设指南》（DB 35/T 1460—2014）中规定了村庄规划、村庄建设、生态环境、产业发展、公共服务、文体建设、乡风文明、基层建设、长效管理九个方面33项量化指标，明确规定了"进村主干道路面硬化率100%""生活垃圾无害化处理率100%""建成区绿化覆盖率大于30%"等技术指标，为全省开展美丽乡村建设提供了非常明确和具体的考核依据和可操作的实践指导。

3）保障美丽乡村管理高效率。浙江省湖州市安吉县在我国率先提出将标准作为指导美丽乡村建设的重要手段。通过制定实施《中国美丽乡村村务管理规范》，使美丽乡村建设中村级制度、村务运作、村级组织体系、指标考核等要求得到了有效规范，将农村事务的各个环节、各项内容以及各自承担的责任用标准的形式加以确定，提升了农村民主法制建设和党建规范化水平，彻底改变了以前农村工作布置随意、考核软散、过程不透明的问题。通过实行农村"三务"的标准化和规范化管理，全村村民对村班子的满意率达到98%以上，村务财务公开满意度为100%。

4）保障美丽乡村维护可持续。广西壮族自治区南宁市全面推进"美丽南宁·清洁乡村"活动，将标准化作为实现环境保洁长效维护，保美丽乡村"不老容颜"的重要抓手。全市12862个村屯制定和实施了《环境卫生村规民约》技术规范，涉及清扫保洁、垃圾转运、责任考评等方面，明确规定建立村镇保洁队伍，各个镇配备5名以上环卫人员，每300

人配一名保洁员等要求，建立起了乡村清洁管护长效机制，为确保美丽乡村建设的长效持久开展起到了推动作用。

5）保障美丽乡村服务有依据。浙江省丽水市遂昌县以村级便民服务中心标准化建设为抓手，打造运行规范、流程简洁、服务高效的便民服务平台。在全省率先制定市级地方标准《乡、村便民服务中心服务与管理规范》，对服务事项（如行政服务、公共服务、其他社会服务等）、服务模式（如全程代办便民热线、预约上门等）、服务要求（如服务礼仪、服务规程、服务质量等）提出具体要求，明确规定村级便民中心"行政服务事项整合率100%""服务事项办结率≥90%"等要求，为美丽乡村社会管理和公共服务创新提供了技术依据。

6）保障美丽乡村评价更科学。江苏省为确保高质量完成美丽乡村村庄环境整治任务，指导各地有力有序推进村庄环境整治工作，制定发布了《江苏省村庄环境整治考核标准》，针对环境整洁村及康居乡村（一星级、二星级、三星级），实行百分制考核，从村庄风貌、环境卫生、配套设施三方面，分别提出了具体的考核指标要求及分值。如环境整洁村环境卫生指标达标要求为"生活垃圾及时清扫保洁、收集、转运"，分值为15分。通过制定分类细化的考核标准，为保障美丽乡村建设工作的科学评价提供了重要的技术支撑。

（2）评价标准构建原则

1）以人为本，全面支撑。美丽乡村建设内容的覆盖面广，标准化对象复杂，与农业生产、农民生活和农村行发展息息相关。因此标准体系应体现"以人为本，服务农民"的原则，在美丽乡村的建设、管理、运行、维护、服务、评价等各个环节，发挥标准化全面支撑作用，保证美丽乡村建设工作过程更加科学、民主和有效，固化和推广美丽乡村建设所取得的成果和经验。

2）全面系统，重点突出。评价标准应涵盖美丽乡村建设的各建设领域，充分考虑当前和今后一段时期内美丽乡村建设的重点任务和关键环节，将各领域的重点工作编入标准体系中，确保美丽乡村建设标准体系的内容完整和重点突出。

3）层次清晰，避免交叉。基于美丽乡村建设标准化对象的科学分类，充分体现各要素的逻辑关系，按照体系协调、职责明确、管理有序的原则编制美丽乡村建设标准体系，确保总体系与子体系之间、各子体系之间、标准之间的相互协调，避免交叉与重复。

4）开放兼容，动态优化。保持标准体系的开放性和可扩充性，为新标准项目预留空间。同时，结合美丽乡村建设的发展形势需求，定期对标准体系进行修改完善，提高美丽乡村建设标准体系的适用性。

5）基于现实，适度超前。立足美丽乡村建设的实际，着眼于当地标准化的现实需求。同时，要考虑未来发展的趋势和其对标准的需求，建立适度超前、具有可操作性的标准体系。

（3）评价标准构建框架

从建设内容、建设环节和标准类型等三个方面确定美丽乡村标准体系的结构要素。根据体系的结构要素构建出我国美丽乡村标准体系的基本框架。其中，建设内容要素为美丽乡村建设标准化的基础要素，应包括农村生活基础设施、农村公共基础设施、农村生活环境治理、休闲农业与旅游服务和农村资源综合利用五个标准子体系。每个子体系都包括规划与建设、运行与维护、管理与服务、考核与评估四个部分，每个部分又分为技术标准、管理标准、工作标准、服务标准四个标准类别。

具体构造的美丽乡村评价标准框架如图 5-11 所示。

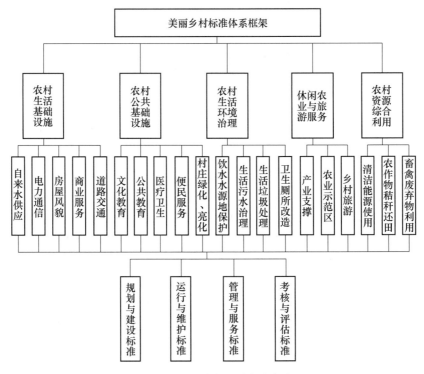

图 5-11 美丽乡村评价标准框架

4. 结语

标准体系是一定范围内的标准按其内在联系形成的有机整体。美丽乡村建设标准体系是一项基础且重要的工作，是指导美丽乡村建设标准化工作开展的重要依据。通过制定和实施针对美丽乡村的建设、生产、生活、公共事业等方面的标准，有效支撑和规范农业、农村健康发展，优化村镇化布局和形态，提高农村可持续发展能力。

美丽乡村的建设是一项任重道远的工作，美丽乡村建设标准也只是对美丽乡村的建设起到一定的指导作用。美丽乡村的建设不能机械地模仿参照，需要因地制宜，具体情况具体分析，在最大限度地保留本色原味的乡土文化的基础上，深入挖掘自身优势，找到最适合自身发展的建设路径，这才是美丽乡村最佳的建设模式。

习　题

一、单项选择题

1. 决定建筑产品价值形成的关键阶段是（　　）。

　　A. 项目施工阶段　　　B. 项目设计阶段　　　C. 项目决策阶段　　　D. 项目竣工阶段

2. 建筑安装施工的依据是（　　）。

　　A. 项目施工文件　　　B. 项目投标文件　　　C. 项目设计文件　　　D. 项目决策文件

3. 某公司打算采用甲工艺进行施工，但经过广泛的市场调整和技术论证后，决定用乙工艺代替甲工艺，用乙工艺能达到同样的施工质量，且成本降低了20%。根据价值工程原理，该公司采用了（　　）途径提高价值。

  A. 功能提高，成本降低

  B. 成本与功能都降低，但成本降低幅度更大

  C. 功能不变，成本降低

  D. 功能提高，成本不变

  4. 某工程共有三个方案。方案一的功能评价系数为0.61，成本评价系数为0.55；方案二的功能评价系数为0.63，成本评价系数为0.6；方案三的功能评价系数为0.62，成本评价系数为0.57；方案四的功能评价系数为0.64，成本评价系数为0.56。则根据价值工程原理确定的最优方案为（　　）。

  A. 方案一   B. 方案二   C. 方案三   D. 方案四

  5. 施工图设计阶段编制施工图预算，控制施工图预算不超过（　　）。

  A. 投资估算   B. 投资预算   C. 竣工结算   D. 设计概算

  6. 进行运输方式选择时，无轨运输（　　）。

  A. 运量小、运输安全性差，无须一次性大规模投资

  B. 运量大、运输安全性差，无须一次性大规模投资

  C. 运量小、运输安全性差，必须一次性大规模投资

  D. 运量大、运输安全性好，必须一次性大规模投资

  7. 由各单项工程综合概算、工程建设其他费用概算、预备费概算、建设期利息概算和生产或经营性项目铺底流动资金概算汇总编制而成的是（　　）。

  A. 单位建筑工程概算   B. 单位设备及安装工程概算

  C. 建设项目总概算   D. 单项工程综合概算

  8. 施工图预算中的单项工程综合概算不包括（　　）。

  A. 单项工程的建筑安装工程费 B. 设备购置费

  C. 工器具购置费   D. 预备费

  9. 施工图预算审查的方法有很多，其中全面、细致、质量高的审查方法是（　　）。

  A. 分组计算审查法 B. 对比法   C. 全面审查法   D. 筛选法

  10. 在用单价法编制施工图预算过程中，单价是指（　　）。

  A. 人工日工资单价   B. 材料单价

  C. 施工机械台班单价   D. 预算定额单价

二、多项选择题

  1. 现新建一所大学，包含在该新建大学某教学楼单项工程综合概算中的费用有（　　）。

  A. 该楼的给水排水工程概算 B. 该楼的预备费

  C. 该楼的征地费用   D. 该楼的土建工程概算

  E. 该楼的电气照明工程概算

  2. 建筑单位工程概算常用的编制方法包括（　　）。

  A. 预算单价法   B. 概算定额法

  C. 造价指标法   D. 类似工程预算法

  E. 概算指标法

3. 我国基本建设工作的设计程序中的"三阶段设计"是指（   ）。

A. 总体设计　　　B. 初步设计　　　C. 技术设计　　　D. 修正设计

E. 施工图设计

4. 设计阶段的造价控制措施包括（   ）。

A. 组织措施　　　B. 技术措施　　　C. 经济措施　　　D. 合同措施

E. 安全措施

5. 总平面设计中影响工程造价的因素包括（   ）。

A. 占地面积　　　B. 功能分区　　　C. 运输方式的选择

D. 主要燃料、材料供应　　　E. 环保措施

6. 设计概算编制依据的审查内容有（   ）。

A. 编制依据的合法性　　　B. 编制依据的权威性

C. 编制依据的时效性　　　D. 编制依据的适用范围

E. 编制依据的准确性

7. 限额设计的阶段包括（   ）。

A. 目标制定　　　B. 目标分解　　　C. 目标推进　　　D. 督促检查

E. 成果评价

8. 设计方案的评价原则包括（   ）。

A. 经济合理性与技术先进性相统一　　　B. 项目全寿命费用最低

C. 经济评价的动态性　　　D. 重视近期投入

E. 符合可持续发展

9. 施工图预算审查的内容包括（   ）。

A. 定额使用的审查　　　B. 工程量计算的审查

C. 环境情况的检查　　　D. 人工、材料及机械设备价格的审查

E. 相关费用的审查

10. 设计概算的审查方法的方法包括（   ）。

A. 对比分析法　　　B. 主要问题复核法

C. 重点抽查法　　　D. 查询核实法

E. 利用手册审查法

第6章

建设项目招标投标阶段的工程造价管理

■ 6.1 概述

6.1.1 建设项目招标投标的概念

1. 建设工程项目招标的概念

建设工程项目招标是指招标人（或招标单位）在发包建设项目之前，以公告或邀请书的方式提出招标项目的有关要求，公布招标条件，投标人（或投标单位）根据招标人的意图和要求提出报价，择日当场开标，以便从中择优选定中标人的一种经济活动。

2. 建设项目投标的概念

建设项目投标是工程招标的对称概念，是指具有合法资格和能力的投标人（或投标单位）根据招标条件，经过初步研究和估算，在指定期限内填写标书，根据实际情况提出自己的报价，通过竞争企图被招标人选中，并等待开标，决定能否中标的经济活动。

3. 招标投标的性质

我国法学界一般认为，建设项目招标是要约邀请，而投标是要约，中标通知书是承诺。《中华人民共和国合同法》也明确规定，招标公告是要约邀请。也就是说，招标实际上是邀请投标人对招标人提出要约（报价），属于要约邀请。投标则是要约，它符合要约的所有条件，如具有缔结合同的主观目的；一旦中标，投标人将受投标书的约束；投标书的内容具有足以使合同成立的主要条款等。招标人向中标的投标人发出的中标通知书，则是招标人同意接受中标的投标人的投标条件，即同意接受该投标人的要约的意思表示，应属于承诺。

6.1.2 建设项目招标投标的分类及基本原则

1. 建设项目招标投标的分类

建设项目招标投标可分为建设项目总承包招标投标、工程勘察招标投标、工程设计招标投标、工程施工招标投标、工程监理招标投标、工程材料设备招标投标。

（1）建设项目总承包招标投标　建设项目总承包招标投标又称建设项目全过程招标投标，在国外也称之为"交钥匙"工程招标投标。发包人从项目建议书开始，对可行性研究、勘察设计、设备材料询价与采购、工程施工、生产准备，直至竣工投产、交付使用全面实行招标。工程总承包企业根据建设单位提出的工程要求，对项目建议书、可行性研究、勘察设计、设备询价与选购、材料订货、工程施工、职工培训、试生产、竣工投产等实行全面投标报价。

（2）工程勘察招标投标　工程勘察招标投标是指招标人就拟建工程的勘察任务发布通告，以法定方式吸引勘察单位参加竞争，经招标人审查获得投标资格的勘察单位按照招标文件的要求，在规定时间内向招标人填报投标书，招标人从中选择优越者完成勘察任务的法律行为。

（3）工程设计招标投标　工程设计招标投标是指招标人就拟建工程的设计任务发布通告，以吸引设计单位参加竞争，经招标人审查获得投标资格的设计单位按照招标文件的要求，在规定的时间内向招标人填报标书，招标人择优选定中标单位来完成设计任务的法律行为。设计招标一般是设计方案招标。

（4）工程施工招标投标　工程施工招标投标是指招标人就拟建的工程发布通告，以法定方式吸引建筑施工企业参加竞争，招标人从中选择优越者完成建筑施工任务的法律行为。施工招标可分为以下几种：建设项目招标，如一个住宅小区；单项工程招标，如项目中某栋房屋的全部工程；单位工程招标，如一栋房屋的土建工程；分部或分项工程招标，如土方工程。

（5）工程监理招标投标　工程监理招标投标是指招标人就拟建工程的监理任务发布通告，以法定方式吸引工程监理单位参加竞争，投标人从中选择优越者完成监理任务的法律行为。

（6）工程材料设备招标投标　工程材料设备招标投标是指招标人就拟购买的材料设备发布通告或邀请，以法定方式吸引材料设备供应商参加竞争，招标人从中选择优越者的法律行为。

2. 建设项目招标投标的基本原则

建设项目招标投标的基本原则有公开原则、公平原则、公正原则、诚实守信原则。

（1）公开原则　它是指有关招标投标的法律、政策、程序和招标投标活动都要公开，即招标前发布公告，公开发售招标文件，公开开标，中标后公开中标结果，使每个投标人拥有同样的信息、同等的竞争机会和获得中标的权利。

（2）公平原则　招投标属于民事法律行为，公平是指民事主体的平等。应杜绝一方把自己的意志强加于对方，招标压价或签订合同前无理压价以及投标人恶意串通，提高标价损害对方利益等违反平等原则的行为。

（3）公正原则　它是指在招标投标的立法、管理和进行过程中，立法者应制定法律，司法者和管理者按照法律和规则公正地执行，对一切被监管者给予公正待遇。

（4）诚实守信原则　它是指民事主体在从事民事活动时，应诚实守信，以善意的方式履行其义务，在招标投标活动中体现为购买者、中标者在依法进行采购和招标投标活动中要有良好的信用。

6.1.3　建设项目招标投标的范围与方式

1. 建设项目招标投标的范围

在我国，强制招标的范围着重于工程建设项目，而且是工程建设项目全过程，包括从勘察、设计、施工、监理到设备和材料的采购。

（1）《招标投标法》规定必须招标的范围　根据《招标投标法》的规定，在中华人民共和国境内进行的下列工程项目必须进行招标：

1）大型基础设施、公用事业等关系社会公共利益、公众安全的项目。

2）全部或者部分使用国有资金或者国家融资的项目。

3）使用国际组织或者外国政府贷款、援助资金的项目。

（2）上述规定范围内的各类工程建设项目达到下列标准之一的，必须进行招标。

1）施工单项合同估算价在 200 万元人民币以上的。

2）重要设备、材料等货物采购，单项合同估算价在 100 万元人民币以上的。

3）勘察、设计、监理等服务采购，单项合同估算价在 50 万元人民币以上的。

4）单项合同估算价低于以上标准，但项目总投资额在 3000 万元人民币以上的。

（3）可以不进行招标的范围　按照《招标投标法》和有关规定，属于下列情形之一的，经县级以上地方人民政府建设行政主管部门批准，可以不进行招标：

1）涉及国家安全、国家秘密的工程。

2）抢险救灾工程。

3）用扶贫资金实行以工代赈、需要使用农民工等特殊情况。

4）建筑造型有特殊要求的设计。

5）采用特定专利技术、专有技术进行设计或施工。

6）停建或者缓建后恢复建设的单位工程，且承包人未发生变更的。

7）施工企业自建自用的工程，且施工企业资质等级符合工程要求的。

8）在建工程追加的附属小型工程或者主体加层工程，且承包人未发生变更的。

9）法律、法规、规章规定的其他情形。

2. 建设项目招标投标的方式

建设项目招标的方式有公开招标和邀请招标两种。

（1）公开招标　公开招标又称无限竞争招标，是指由招标单位通过报刊、广播、电视等方式发布招标广告，有意向的承包商均可参加资格审查，合格的承包商可购买招标文件、参加投标的招标方式。

公开招标的优点是：投标的承包商多、范围广、竞争激烈，业主有较大的选择余地，有利于降低工程造价，提高工程质量和缩短工期。缺点是：由于投标的承包商多，招标工作量大，组织工作复杂，需投入较多的人力、物力，招标过程所需时间较长。

公开招标方式主要用于政府投资项目或投资额度大，工艺、结构复杂的较大型工程建设项目。

（2）邀请招标　邀请招标又称有限竞争性招标。这种方式不发布广告，业主根据自己的经验和所掌握的信息资料，向有承担该项工程施工能力的三个以上（含三个）承包商发出招标邀请书，收到邀请书的单位才有资格参加投标。

邀请招标的优点是：目标集中，招标的组织工作较容易，工作量比较小。缺点是：由于参加的投标单位较少，竞争性较差，使招标单位对投标单位的选择余地较少，如果招标单位在选择邀请单位前所掌握信息资料不足，则会失去发现最适合承担该项目的承包商的机会。

无论公开招标还是邀请招标都必须按规定的招标程序完成，一般是事先制定统一的招标文件，投标均按招标文件的规定进行。

6.1.4　建设项目招标投标的程序

建设项目招标投标流程一般如图 6-1 所示。

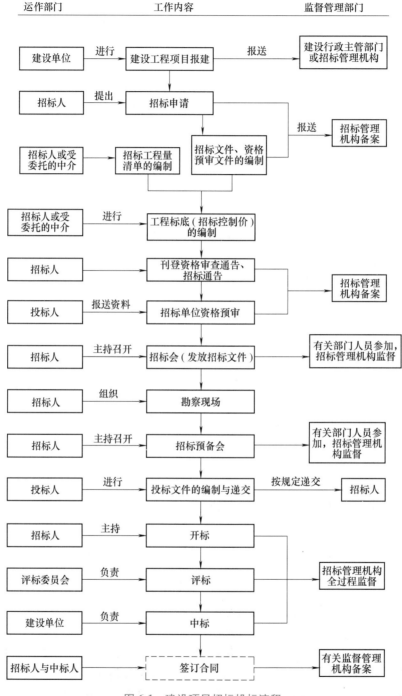

图 6-1 建设项目招标投标流程

6.1.5 招标投标阶段工程造价管理的内容

1. 发包人招标投标阶段工程价管理的内容

由于招标人起草招标文件（包括合同条款），所以居于合同的主导地位。招标投标阶段是确定合同价格的重要阶段，招标人在满足招标有关规定的情况下，在此阶段加强工程造价管理，效果显著。

1）选择合理的招标方式。选择合理的招标方式是合理确定工程合同价款的基础。我国适用的招标方式有公开招标和邀请招标。邀请招标一般只适用于国家投资的特殊项目和非国有经济的项目。公开招标方式是能够体现公开、公正、公平原则的最佳招标方式，更有利于业主在激烈的投标竞争中降低工程造价，节约投资。

2）施工标段划分。工程项目施工是一个复杂的系统工程，影响标段划分的因素有很多。建设单位应根据工程项目的内容、规模和专业复杂程度确定招标范围，合理划分标段。对于工程规模大、专业复杂的工程项目，建设单位的管理能力有限时，应考虑采用施工总承包的招标方式选择施工队伍。这样有利于减少各专业之间因配合不当造成的窝工、返工、索赔风险。但采用这种承包方式有可能使工程报价相对较高。对于工艺成熟的一般性项目，涉及专业不多时，可考虑采用平行承包的招标方式，分别选择各专业承包单位并签订施工合同。采用这种承包方式，建设单位一般可得到较为满意的报价，有利于控制工程造价。

划分标段时，应考虑的因素包括：工程特点、对工程造价的影响、承包单位专长的发挥、工地管理、其他因素等。

① 工程特点。如果工程场地集中、工程量不大、技术不太复杂，由一家承包单位总包易于管理，则一般不分标。但如果工地场面大、工程量大，有特殊技术要求，则应考虑划分为若干标段。

② 对工程造价的影响。通常情况下，一项工程由一家施工单位总承包易于管理，同时便于劳动力、材料、设备的调配，因而可得到交底造价。但对于大型、复杂的工程项目，对承包单位的施工能力、施工经验、施工设备等有较高要求，在这种情况下，如果不划分标段，就可能使有资格参加投标的承包单位大大减少。竞争对手的减少必然会导致工程报价的上涨，反而得不到较为合理的报价。

③ 承包单位专长的发挥。工程项目由单项工程、单位工程或专业工程组成，在考虑划分施工标段时，既要考虑不会产生各承包单位施工的交叉干扰，又要注意各承包单位之间在空间和时间上的衔接。

④ 工地管理。从工地管理角度看，分标时应考虑两个方面的问题：一是工程进度的衔接，二是工地现场的布置和干扰。工程进度的衔接很重要，特别是工程网络计划中关键线路上的项目一定要选择施工水平高、能力强、信誉好的承包单位，以防止影响其他承包单位的进度。从现场布置的角度看，承包单位越少越好。分标时要对几个承包单位在现场的施工场地进行细致周密的安排。

⑤ 其他因素。除上述因素外，还有许多其他因素影响施工标段的划分，如建设资金、设计图供应等。资金不足、图样分期供应时，可先进行部分招标。总之，标段的划分是选择招标方式和编制招标文件前的一项非常重要的工作，需要考虑上述因素综合分析后确定。

3）选择合理的承发包模式，工程造价管理与合同管理和项目管理有着紧密联系。工程合同在工程造价管理中有着重要地位，不同的承发包模式有不同的合同条件和不同的造价控制的具体内容和要求，常见的承发包模式包括总分包模式、平行承发包模式、联合体承发包模式和合作体承发包模式。

不同的承发包模式适用于不同类型的工程项目，对工程造价的控制也体现出不同的作用。总分包模式的总包合同价可以较早确定，业主可以承担较少的风险，对总承包商而言，责任重、风险大，获得高额利润的潜力也比较大。在总分包模式中，往往满足总包资质的潜在投标人数量较少，总包商考虑到项目的风险和对分包商的管理费，一般报价较高。

平行承发包模式的总合同价不易及早确定，从而影响工程造价控制的实施，工程招标任务量大，需控制多项合同价格，从而增加了工程造价控制的难度，但对于大型复杂工程，如果分别招标，可参与竞争的投标人增多，业主就能够获得具有竞争性的商业报价。

联合体承发包，因承包人之间组成了联合体投标，中标后业主和承包商联合体签订一个工程施工合同，联合体成员承担连带责任。对业主而言，合同结构简单，有利于工程造价的控制；对联合体而言，可以集中各成员单位在资金、技术和管理等方面的优势，增强抗风险能力。

合作体承发包模式中，业主要与合作体各方分别签订工程合同，与联合体承发包相比，合作体各方之间的约束力不强、信任度不够，业主风险较大。

4) 合理选择合同类型，完善合同条款，合同类型包括单价合同、总价合同，成本加酬金合同。工程量清单计价体系的合同类型主要包括：单价合同，分为固定单价合同和可调单价合同；总价合同，分为固定总价合同和可调总价合同。招标文件必须明确合同类型，明确综合单价是否可调；明确合同总价是否可调，要约定可调因素、调整办法和调整程序。

总价合同是指承包人在投标时，确定一个总价，据此完成项目全部内容的合同（一口价）。它适用于工程不大且能精确计算、技术不太复杂的项目。总价合同由承包人承担工程量误差的风险。单价合同是指承包人在投标时，按估计的工程量清单确定合同价的合同（名义总价）。当工程内容和设计指标不能十分确定或工程量可能出入较大时宜采用单价合同。单价合同由发包人承担工程量误差的责任。

固定价合同由承包人承担通货膨胀的风险，适用于工期较短的项目；可调价合同在工程结算时考虑结算价差，由发包人承担通货膨胀的风险，适用于工期较长的项目。

一般情况下，工程量清单计价宜采用固定单价合同，双方风险分担较合理，施工合同应约定风险范围（物价风险、工程量风险是其中最主要的内容）。在约定的风险范围内，综合单价不做调整。固定总价合同有利于发包人控制工程造价，但施工内容和施工条件不明确、工期较长时对于投标人风险较大。

招标人要根据不同的合同类型的特点，完善合同条款，尤其是与工程造价直接有关的一些重要合同条件，如付款方式，合同价格的调整条件、调整范围、调整方法，合同双方风险的分担等内容要慎重确定。

5) 尽量提供完善的招标文件，合理确定工程计量方法和投标报价方法。建设工程项目的发包数量、合同类型和招标方式一经批准确定以后，即应编制为招标服务的有关文件。在给投标人提供招标文件时，尽量提供完善的设计图和准确的工程量清单，这样才能避免施工过程中反复的设计变更和便于准确确定工程造价，有利于发包人的工程造价控制。合同中工程计量方法和报价方法的不同，会产生不同的合同价格，因而在招标前，应选择有利于降低工程造价和便于合同管理的工程计量方法和报价方法。

6) 合理确定招标工程标底。没有合理的标底可能会导致工程招标的失误，达不到降低建设投资，缩短建设工期、保证工程质量、择优选用工程承包人的目的。因此编制标底是建设工程招标前的一项重要工作，也是较复杂和细致的工作，对在评标时设置标底的招标项目尤其重要。标底的编制应当实事求是，综合考虑和体现发包人和承包人的利益。

7）选择合理的评标方式进行评标，择优选择中标单位，签订工程合同。选择合理的评标方法有助于科学选择承包人。常用的评标方法有经评审的最低投标价法（合理低价法）和综合评分法。采用经评审的最低投标价法时，能够满足招标文件的实质性要求，并且经评审的最低投标价的投标，应当推荐为中标候选人。这种评标方法是按照评审程序，经初审后，以合理低标价作为中标的主要条件，但报价低于成本的除外。合理的低标价必须是经过终审，进行答辩，证明实现低标价的措施是有力可行的报价。经评审的最低投标价法中，投标人的价格竞争最激烈，能够最大限度地降低工程造价。按照《评标委员会和计标方法暂行规定》的规定，经评审的最低投标价法一般适用于具有通用技术、性能标准或者招标人对其技术、性能没有特殊要求的招标项目。综合评分法一般适用于复杂的技术难度大的工程，不宜采用经评审的最低投标价法的招标项目。采用综合评分法时，最大限度地满足招标文件中规定的各项综合评价标准的投标人，应当推荐为中标候选人。综合评分法中需量化的因素及其权重应当在招标文件中明确规定。

在正式确定中标单位之前，一般应对得分最高的1~2家潜在中标单位的标函进行质询，旨在对投标函中有意或无意的不明和笔误之处做进一步明确或纠正，尤其是投标人对施工图计量遗漏、对定额套用错项、对工料机市场价格不熟悉而引起的失误，以及对其他规避招标文件有关要求的投机取巧行为进行剖析，以确保发包人和潜在中标人等各方的利益都不受损害。

评标委员会依据评标规则，对投标人评分并排名，向业主推荐中标人，并以中标人的报价作为承包价。合同的形式应在招标文件中确定，并在投标函中做出响应。目前建筑工程合同格式一般有三种：参考FIDIC合同格式订立的合同；按照《建设工程施工合同（示范文本）》格式订立的合同；由建设单位和施工单位协商订立的合同。不同的合同格式适用于不同类型的工程。正确选用合适的合同类型是保证合同顺利执行的基础。

2. 承包人招标投标阶段工程造价管理的内容

投标人在通过资格审查后，编制投标文件并对招标文件做出实质性响应。在深入研究招标文件和核实工程量的基础上依据企业消耗量定额和所掌握的市场价格信息进行投标报价的编制，然后在广泛了解潜在竞争者及工程风险情况和企业预期的利润水平的情况下，合理运用投标技巧和投标策略最终确定投标报价。

6.1.6　建设工程项目招标投标与工程造价的关系

建设工程项目招标投标制是我国建筑业和固定资产投资管理体制改革的主要内容之一，也是我国建筑市场走向规范化、完善化的重要举措之一。建设工程项目招标投标制的推行，使计划经济条件下建设任务的发包以计划分配为主转变到以投标竞争为主，使我国发包承包方式发生了质的变化。推行招标投标制，对降低工程造价，以及使工程造价得到合理控制具有非常重要的影响。这些影响主要表现在：

1）推行招标投标制基本形成了由市场定价的价格机制，使工程造价更趋于合理。推行招标投标制最明显的表现是若干投标人之间出现激烈的竞争，即相互间的竞标。这种竞争最直接、最集中的表现就是在价格上的竞争。通过竞争确定工程价格，使其趋于合理，有利于节约投资、提高投资效益。

2）推行招标投标制便于供求双方更好地相互选择，使工程造价更加符合价格规律，进而更好地控制造价。在招标投标过程中，由于供求双方各自的出发点不同，存在利益矛盾，因而单纯采用"一对一"的选择方式，成功的可能性较小。采用招标投标方式，就可以为供求双方在较大范围内进行相互选择创造条件，为招标人与投标者在需求与供给的最佳点上提供可能。需求者（招标人）对供给者（投标人）选择的基本出发点是"择优选择"，即选择那些投标报价较低、工期较短、具有良好业绩和管理水平的供给者，这样便为合理控制造价奠定了基础。

3）推行招标投标制有利于规范价格行为，使公开、公平、公正的原则得以贯彻。《招标投标法》中明确规定了招标投标活动，尤其是关系到国计民生的项目必须接受行政监督部门的监督，并且规定了严格的招标投标程序，同时配备专家支持系统、工程技术人员的全体评估与决策，从而可以有效避免盲目过度的竞争和营私舞弊现象的发生，对建设领域中腐败现象也是强有力的遏制，使价格形成的过程变得较为透明且规范。

4）推行招标投标制能够减少交易费用，节省人力、财力、物力，使工程造价有所降低。我国目前从招标、投标、开标、评标直至定标，均有一些法律、法规规定，已实现制度化操作。招标投标中，若干投标人在同一时间、公开地点公平竞争，在专家支持系统的评估下，以群体决策的方式确定中标者，必然减少交易过程的费用。这意味着招标人收益的增加，对工程造价必然会产生积极的影响。

综上所述，建设工程项目招标投标是影响和控制工程造价的关键环节。反过来，工程造价合理与否，直接影响到招标方与投标方的切身利益。真实、合理、科学地反映工程造价是招投标工作十分重要的一环。只有认真做好招标投标阶段的工程造价计算和控制，才能达到缩短建设周期、确保工程质量、节约建设资金、提高投资效益的目的。

■ 6.2 建设项目招标与控制价的编制

6.2.1 建设项目招标具备的条件

按照《工程建设项目施工招标投标办法》的规定，依法必须招标的工程建设项目，应当具备下列条件：

1）招标人已经依法成立。
2）初步设计及概算应当履行审批手续的，已经批准。
3）招标范围、招标方式和招标组织形式等应当履行核准手续的，已经核准。
4）有相应资金或资金来源已经落实。
5）有招标所需的设计图及技术资料。

6.2.2 建设项目招标文件的内容

招标人应当根据施工招标项目的特点和需要，自行或者委托工程招标代理机构编制招标文件。招标文件一般包括下列内容：

1）投标邀请书。
2）投标人须知，包括工程概况，招标范围；资格审查条件；工程资金来源或者落实情况（包括银行出具的资金证明）；标段划分；工期要求；质量标准；现场踏勘和答疑安排；

投标文件编制、提交、修改、撤回的要求；投标报价要求；投标有效期，开标的时间和地点，评标的方法和标准等。

3）合同主要条款。

4）投标文件格式。

5）采用工程量清单招标的，应当提供工程量清单。

6）技术条款。

7）设计图。

8）评标标准和方法。

9）投标辅助材料。

招标人应当在招标文件中规定实质性要求和条件，并用醒目的方式表明。

6.2.3 建设项目招标文件编制中应注意的问题

招标人应当依照相关法律法规，并根据工程招标项目的特点和需要编制招标文件。在编制过程中，针对工程项目控制目标的要求，应该抓住重点，根据不同需求合理确定对投标人资格审查的标准、投标报价要求、评标标准和方法、标段（或标包）划分、工期（或交货期）和拟签订合同的主要条款等实质性内容，而且注意做到符合法规要求，内容完整无遗漏，文字严密、表达准确。不管招标项目有多么复杂，在编制招标文件中都应当做好以下工作：

1）依法编制招标文件，满足招标人的使用要求。招标文件的编制应当遵照《招标投标法》等国家相关法律法规的规定，文件的各项技术标准应符合国家强制性标准，满足招标人的使用要求。

2）选择适宜的招标方式。

3）合理划分标段或标包。

4）明确规定具体而详细的使用与技术要求。招标人应当根据招标工程项目的特点和需要编制招标文件，招标文件应载明招标项目中每个标段或标包的各项使用要求、技术标准、技术参数等各项技术要求。

5）规定的实质性要求和条件用醒目的方式标明。按照《工程建设项目施工招标投标办法》和《工程建设项目货物招标投标办法》的规定，招标人应当在招标文件中规定实质性要求和条件，说明不满足其中任何一项实质性要求和条件的投标将被拒绝，并用醒目的方式标明。

6）规定的评标标准和评标方法不得改变，并且应当公开规定评标时除价格以外的所有评标因素。按照《工程建设项目施工招标投标办法》和《工程建设项目货物招标投标办法》的规定，招标文件应当明确规定评标时除价格以外的所有评标因素，以及如何将这些因素量化或者进行评估。在评标过程中，不得改变招标文件中规定的评标标准、评标方法和中标条件。评标标准和评标方法不仅要作为实质性条款列入招标文件，而且还要强调在评标过程中不得改变。

7）明确投标人是否可以提交投标备选方案及对备选投标方案的处理办法。按照有关规定，招标人可以要求投标人在提交符合招标文件规定要求的投标文件外，提交备选投标方案，但应当在招标文件中做出说明，并提出相应的评审和比较办法，不符合中标条件的投标人的备选投标方案不予考虑。符合招标文件要求且评标价最低或综合评分最高而被推荐为中标候选人的投标人，其提交的备选投标方案方可予以考虑。

8）规定投标人编制投标文件所需的合理时间，载明招标文件最短发售期。按照《工程建设项目勘察设计招标投标办法》和《工程建设项目施工招标投标办法》的规定，招标文件应明确"自招标文件开始发出之日起至停止发出之日止，最短不得少于5日"。

9）招标文件需要载明踏勘现场的时间与地点。按照《工程建设项目施工招标投标办法》的规定，"招标人根据招标项目的具体情况，可以组织潜在投标人踏勘项目现场"，且"招标人不得单独或者分别组织任何一个投标人进行现场踏勘"。在招标文件内容中须载明踏勘现场的时间和地点。

10）充分利用和发挥招标文件示范文本的作用。为了规范招标文件的编制工作，在编制招标文件的过程中，应当按规定执行（或参照执行）招标文件示范文本，保证和提高招标文件的质量。

6.2.4　建设项目招标控制价的编制

1. 招标控制价的概念

（1）招标控制价的概念　招标控制价是指根据国家或省级建设行政主管部门颁发的有关计价依据和办法，依据拟订的招标文件和招标工程量清单，结合工程具体情况发布的招标工程的最高投标限价。

《中华人民共和国招标投标法实施条例》规定，招标人可以自行决定是否编制标底；一个招标项目只能有一个标底，标底必须保密。该条例同时规定，招标人设有最高投标限价的，应当在招标文件中明确最高投标限价或者最高投标限价的计算方法，招标人不得规定最低投标限价。

（2）招标控制价与标底的关系　招标控制价是推行工程量清单计价过程中对传统标底概念的性质进行界定后所设置的专业术语，它使招标时评标定价的管理方式发生了很大的变化。设标底招标、无标底招标以及招标控制价招标的利弊分析如下：

1）设标底招标。

① 设标底时易发生泄露标底及暗箱操作的现象，失去招标的公平公正性，容易诱发违法违规行为。

② 编制的标底价是预期价格，因较难考虑施工方案、技术措施对造价的影响，容易与市场造价水平脱节，不利于引导投标人理性竞争。

③ 标底在评标过程的特殊地位使标底价成为左右工程造价的杠杆，不合理的标底会使合理的投标报价在评标中显得不合理，有可能成为地方或行业保护的手段。

④ 将标底作为衡量投标人报价的基准，导致投标人尽力地去迎合标底，往往在招标投标过程反映的不是投标人实力的竞争，而是投标人编制预算文件能力的竞争，或者各种合法或非法的"投标策略"的竞争。

2）无标底招标。

① 容易出现围标、串标现象，各投标人哄抬价格，给招标人带来投资失控的风险。

② 容易出现低价中标后偷工减料，以牺牲工程质量来降低工程成本，或产生先低价中标，后高额索赔等不良后果。

③ 评标时，招标人对投标人的报价没有参考依据和评判基准。

3）招标控制价招标。

① 采用招标控制价招标的优点：

A. 可有效控制投资，防止恶性哄抬报价带来的投资风险。

B. 提高了透明度，避免了暗箱操作、寻租等违法活动的产生。

C. 可使各投标人自主报价、公平竞争，符合市场规律。投标人自主报价，不受标底的左右。

D. 既设置了控制上限又尽量地减少了业主依赖评标基准价的影响。

② 采用招标控制价招标的缺点：

A. 若最高限价远远高于市场平均价时，就预示中标后利润很丰厚，只要投标不超过公布的限额都是有效投标，从而可能诱导投标人串标、围标。

B. 若公布的最高限价远远低于市场平均价，就会影响招标效率，即可能出现只有 1~2 人投标或出现无人投标情况，因为按此限额投标将无利可图，超出此限额投标又成为无效投标，结果使招标人不得不修改招标控制价进行二次招标。

2. 招标控制价的编制依据

（1）招标控制价的编制依据　招标控制价的编制依据是指在编制招标控制价时需要进行工程量计量、价格确认、工程计价的有关参数的确定等工作时所需的基础性资料，主要包括：

1）现行国家标准《建设工程工程量清单计价规范》（GB 50500—2013）与专业工程计量规范。

2）国家或省级、行业建设主管部门颁发的计价定额和计价办法。

3）建设工程设计文件及相关资料。

4）拟定的招标文件及招标工程量清单。

5）与建设项目相关的标准、规范、技术资料。

6）施工现场情况、工程特点及常规施工方案。

7）工程造价管理机构发布的工程造价信息；若工程造价信息没有发布，参照市场价。

8）其他相关资料。

（2）编制招标控制价的规定

1）国有资金投资的建设工程项目应实行工程量清单招标，招标人应编制招标控制价，并应当拒绝高于招标控制价的投标报价，即投标人的投标报价若超过公布的招标控制价，则其投标作为废标处理。

2）招标控制价应由具有编制能力的招标人或受其委托、具有相应资质的工程造价咨询方编制。工程造价咨询方不得同时接受招标人和投标人对同一工程的招标控制价和投标报价的编制。

3）招标控制价应在招标文件中公布，对所编制的招标控制价不得进行上浮或下调。在公布招标控制价时，应公布招标控制价各组成部分的详细内容，不得只公布招标控制价总价。

4）招标控制价超过批准的概算时，招标人应将其报原概算审批部门审核。这是由于我国对国有资金投资项目的投资控制实行的是设计概算审批制度，国有资金投资的工程原则上不能超过批准的设计概算。

5）投标人经复核认为招标人公布的招标控制价未按照《建设工程工程量清单计价规范》的规定进行编制的，应在开标前5日向招标投标监督机构或（和）工程造价管理机构投诉。招标投标监督机构应会同工程造价管理机构对投诉进行处理，当招标控制价误差超过±3%的应责成招标人改正。

6）招标人应将招标控制价及有关资料报送工程所在地工程造价管理机构备查。

3．招标控制价的编制内容

招标控制价的编制内容包括分部分项工程费、措施项目费、其他项目费、规费和税金，各个部分有不同的计价要求。

（1）分部分项工程费的编制要求

1）分部分项工程费应根据招标文件中的分部分项工程量清单及有关要求，按照《建设工程工程量清单计价规范》的有关规定确定综合单价计价。

2）工程量依据招标文件中提供的分部分项工程量清单确定。

3）招标文件提供了暂估单价的材料，应按暂估的单价计入综合单价。

4）为使招标控制价与投标报价所包含的内容一致，综合单价中应包括招标文件中要求投标人所承担的风险内容及其范围（幅度）产生的风险费用。

（2）措施项目费的编制要求

1）措施项目费中的安全文明施工费应当按照国家或省级、行业建设主管部门的规定标准计价，该部分不得作为竞争性费用。

2）措施项目应按招标文件中提供的措施项目清单确定。措施项目分为以量计算和以项计算两种。对于可精确计量的措施项目，应采用以量计算，即按其工程量用与分部分项工程工程量清单单价相同的方式确定综合单价；对于不可精确计量的措施项目，则应采用以项为单位，即采用费率法按有关规定综合取定，采用费率法时需确定某项费用的计费基数及其费率，结果应是包括除规费、税金以外的全部费用，其计算公式为

$$以项计算的措施项目清单费＝措施项目计费基数×费率$$

（3）其他项目费的编制要求

1）暂列金额。暂列金额可根据工程的复杂程度、设计深度、工程环境条件（包括地质、水文、气候条件等）进行估算，一般可以以分部分项工程费的5%~10%为参考。

2）暂估价。暂估价中的材料单价应按照工程造价管理机构发布的工程造价信息中的材料单价计算，工程造价信息未发布的材料单价，其单价参考市场价格估算；暂估价中的专业工程暂估价应分不同专业，按有关计价规定估算。

3）计日工。在编制招标控制价时，对计日工中的人工单价和施工机械台班单价应按省级、行业建设主管部门或其授权的工程造价管理机构公布的单价计算；材料应按工程造价管理机构发布的工程造价信息中的材料单价计算，工程造价信息未发布单价的材料，其价格应按市场调查确定的单价计算。

4）总承包服务费。总承包服务费应按照省级或行业建设主管部门的计算，在计算时可参考以下标准：

①招标人仅要求对分包的专业工程进行总承包管理和协调时，按分包的专业工程估算造价的1.5%计算。

② 招标人要求对分包的专业工程进行总承包管理和协调，并同时要求提供配合服务时，根据招标文件中列出的配合服务内容和提出的要求，按分包的专业工程估算造价的3%～5%计算。

③ 招标人自行供应材料的，按招标人供应材料价值的1%计算。

（4）规费和税金的编制要求　规费和税金必须按国家或省级、行业建设主管部门的规定计算，税金的计算公式为

税金＝（分部分项工程量清单费＋措施项目清单费＋其他项目清单费＋规费）×综合税率

4. 招标控制价的计价与组价

（1）招标控制价计价程序　建设工程的招标控制价反映的是单位工程费用，各单位工程费用是由分部分项工程费、措施项目费、其他项目费、规费和税金组成。单位工程招标控制价计价程序见表6-1。

表6-1　单位工程招标控制价计价程序（施工企业投标报价计价程序）

工程名称：　　　　　　　　标段：　　　　　　　　第　页　共　页

序号	汇总内容	计算方法	金额（元）
1	分部分项工程	按计价规定计算/（自主报价）	
1.1			
1.2			
2	措施项目	按计价规定计算/（自主报价）	
2.1	其中：安全文明施工费	按规定标准估算/（按规定标准计算）	
3	其他项目		
3.1	其中：暂列金额	按计价规定估算/（按招标文件提供金额计列）	
3.2	其中：专业工程暂估价	按计价规定估算/（按招标文件提供金额计列）	
3.3	其中：计日工	按计价规定估算/（自主报价）	
3.4	其中：总承包服务费	按计价规定估算/（自主报价）	
4	规费	按规定标准计算	
5	税金（扣除不列入计税范围的工程设备金额）	（1+2+3+4）×规定税率	
招标控制价/（投标报价）合计＝1+2+3+4+5			

注：本表适用于单位工程招标控制价计算或投标报价计算，若无单位工程划分，单项工程也使用本表。

由于投标人（施工企业）投标报价计价程序与招标人（建设单位）招标控制价计价程序使用相同的表格，为便于对比分析，此处将两种表格合并列出，其中表格栏目中斜线后带括号的内容用于投标报价，其余为通用栏目。

（2）综合单价的组价　招标控制价的分部分项工程费应由各单位工程的招标工程量清单工程量乘以其相应综合单价汇总而成。综合单价的组价，首先依据提供的工程量清单和施工图，按照工程所在地区颁发的计价定额的规定，确定所组价的定额项目名称，并计算出相应的工程量；其次，依据工程造价政策规定或工程造价信息确定其人工、材料、机械台班单价；在考虑风险因素确定管理费率和利润率的基础上，按规定程序计算出所组价定额项目的合价，如式（6-1）所示，然后将若干项所组价的定额项目合价相加除以工程量清单项目工程量，便得到工程量清单项目综合单价。如式（6-2）所示，对于未计价材料费（包括暂估

单价的材料费）应计入综合单价。

$$定额项目合价 = 定额项目工程量 \times [\sum(定额人工消耗量 \times 人工单价) +$$
$$\sum(定额材料消耗量 \times 材料单价) + \sum(定额机械台班消耗量 \times$$
$$机械台班单价) + 价差(基价或人工、材料、机械费用) +$$
$$管理费 + 利润] \tag{6-1}$$

$$工程量清单综合单价 = \frac{\sum(定额项目合价) + 未计价材料}{工程量清单项目工程量} \tag{6-2}$$

（3）确定综合单价应考虑的因素　编制招标控制价在确定其综合单价时，应考虑一定范围内的风险因素。在招标文件中应通过预留一定的风险费用，或明确说明风险所包括的范围及超出该范围的价格调整方法。对于招标文件中未做要求的可按以下原则确定。

1）对于技术难度较大和管理复杂的项目，可考虑一定的风险费用，并纳入综合单价中。

2）对于工程设备、材料价格的市场风险，应依据招标文件的规定，工程所在地或行业工程造价管理机构的有关规定，以及市场价格趋势考虑一定率值的风险费用，纳入综合单价中。

3）税金、规费等法律、法规、规章和政策变化的风险和人工单价等风险费用不应纳入综合单价。

招标工程发布的分部分项工程量清单对应的综合单价，应按照招标人发布的分部分项工程量清单的项目名称、工程量、项目特征描述，依据工程所在地区颁发的计价定额和人工、材料、机械台班价格信息等进行组价确定，并应编制工程量清单综合单价分析表。

5. 编制招标控制价时应注意的问题

1）采用的材料价格应是工程造价管理机构通过工程造价信息发布的材料价格，对于工程造价信息未发布材料单价的材料，其材料价格应通过市场调查确定。另外，当未采用工程造价管理机构发布的工程造价信息时，需在招标文件或答疑补充文件中对招标控制价采用的与造价信息不一致的市场价格予以说明，采用的市场价格则应通过调查、分析确定，有可靠的信息来源。

2）施工机械设备的选型直接关系到综合单价水平，应根据工程项目特点和施工条件，本着经济实用、先进高效的原则确定。

3）应该正确、全面地使用行业和地方的计价定额与相关文件。

4）不可竞争的措施项目和规费、税金等费用的计算均属于强制性的条款，编制招标控制价时应按国家有关规定计算。

5）不同工程项目。不同施工单位会有不同的施工组织方法，所发生的措施费也会有所不同。因此，对于竞争性的措施费，招标人应首先编制常规的施工组织设计或施工方案，然后经专家论证确认后再进行合理确定措施项目与费用。

■ 6.3　建设项目投标与报价的编制

6.3.1　建设项目投标单位应具备的基本条件

1）投标人应当具备与投标项目相适应的技术力量、机械设备、人员、资金等方面的能力，具有承担该招标项目的能力。

2）具有招标条件要求的资质等级，并为独立的法人单位。

3）承担过类似项目的相关工作，并有良好的工作业绩与履约记录。

4）企业财产状况良好，没有处于财产被接管、破产或其他关、停、并、转状态。

5）在最近三年没有骗取合同及其他经济方面的严重违法行为。

6）近几年有较好的安全记录，投标当年没有发生重大质量和特大安全事故。

6.3.2　建设项目投标单位应满足的基本要求

施工投标人是响应招标、参加投标竞争的法人或者其他组织。投标人除应具备承担招标项目的施工能力外，其投标本身还应满足下列基本要求。

1）投标人应当按照招标文件的要求编制投标文件，投标文作应当对招标文件提出的要求和条件做出实质性响应。

2）投标人应当在招标文件要求提交投标文件的截止时间前将投标文件送达投标地点。

3）投标人在招标文件要求提交投标文件的截止时间前，可以补充、修改或者撤回已提交的投标文件，并书面通知招标人。其补充、修改的内容为投标文件的组成部分。

4）投标人根据招标文件载明的项目实际情况，拟在中标后将中标项目的部分非主体、非关键性工作交由他人完成的，应当在投标文件中载明。

5）两个以上法人或者其他组织可以组成一个联合体，以一个投标人的身份共同投标。联合体各方均应当具备承担招标项目的相应能力；国家有关规定或者招标文件对投标人资格条件有规定的，联合体各方均应当具备规定的相应资格条件。

由同一专业的单位组成的联合体，按照资质等级较低的单位确定资质等级。联合体各方应当签订共同投标协议，明确约定各方拟承担的工作和相应的责任，并将共同投标协议连同投标文件一并提交招标人。联合体中标的联合体各方应当共同与招标人签订合同，就中标项目向招标人承担连带责任，但是共同投标协议另有约定的除外。

招标人不得强制投标人组成联合体共同投标，不得限制投标人之间的竞争。

6）投标人不得相互串通投标报价，不得排挤其他投标人的公平竞争，损害招标人或者他人的合法权益。

7）投标人不得以低于合理成本的报价竞标，也不得以他人名义投标或者以其他方式弄虚作假，骗取中标。

施工投标的程序如图6-2所示。

6.3.3　建设项目投标报价的编制

1. 投标报价的概念

投标报价是在工程招标发包过程中，由投标人按照招标文件的要求，根据工程特点，并结合自身的施工技术、装备和管理水平，依据有关计价规定自主确定的工程造价，是投标人希望达成工程承包交易的期望价格。它不能高于招标人设定的招标控制价。作为投标计算的必要条件，应预先确定施工方案和施工进度，此外，投标计算还必须与采用的合同形式相协调。

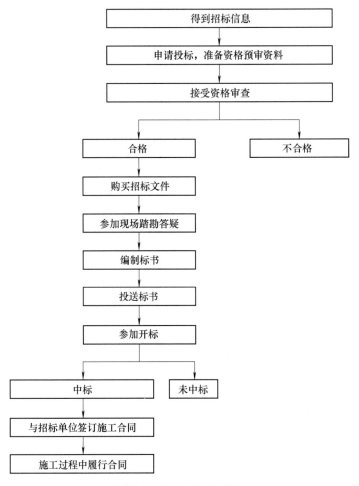

图 6-2 施工投标的程序

2. 投标报价的编制依据

1）《建设工程工程量清单计价规范》（GB 50500—2013）。

2）国家或省级、行业建设主管部门颁发的计价办法。

3）企业定额，国家或省级、行业建设主管部门颁发的计价定额和计价办法。

4）招标文件、招标工程量清单及其补充通知、答疑纪要。

5）建设工程设计文件及相关资料。

6）施工现场情况、工程特点及投标时拟定的施工组织设计或施工方案。

7）与建设项目相关的标准、规范等技术资料。

8）市场价格信息或工程造价管理机构发布的工程造价信息。

3. 投标报价的编制原则

报价是投标的关键性工作，报价是否合理不仅直接关系到投标的成败，还关系到中标后企业的盈亏。投标报价的编制原则如下：

1）投标报价由投标人自主确定，但必须执行《建设工程工程量清单计价规范》的强制性规定。投标价应由投标人或受其委托，具有相应资质的工程造价咨询人员编制。

2）投标人的投标报价不得低于成本。《评标委员会和评标方法暂行规定》第二十一条规定："在评标过程中，评标委员会发现投标人的报价明显低于其他投标报价或者在设有标底时明显低于标底，使得其投标报价可能低于其个别成本的，应当要求该投标人做出书面说明并提供相关证明材料。投标人不能合理说明或者不能提供相关证明材料的，由评标委员会认定该投标人以低于成本报价竞标，其投标应作为废标处理。根据上述法律、规章的规定，特别要求投标人的投标报价不得低于成本。

3）投标报价要以招标文件中设定的发承包双方责任划分，作为考虑投标报价费用项目和费用计算的基础，发承包双方的责任划分不同，会导致合同风险不同的分摊，从而导致投标人选择不同的报价；根据工程发承包模式考虑投标报价的费用内容和计算深度。

4）以施工方案、技术措施等作为投标报价计算的基本条件；以反映企业技术和管理水平的企业定额作为计算人工、材料和机械台班消耗量的基本依据；充分利用现场考察、调研成果、市场价格信息和行情资料，编制基础标价。

5）报价计算方法要科学严谨，简明适用。

4. 投标报价的编制方法

（1）以定额计价模式投标报价　一般是采用预算定额来编制，即按照定额规定的分部分项工程子目逐项计算工程量，套用定额基价或根据市场价格确定直接费，然后再按规定的费用定额计取各项费用，最后汇总形成标价。这种方法在我国大多数省市现行的报价编制中比较常用。

（2）以工程量清单计价模式投标报价　这是与市场经济相适应的投标报价方法，也是国际通用的竞争性招标方式所要求的。这种方法一般是由标底编制单位根据业主委托，按相关的计算规则计算出拟建招标工程全部项目和内容的工程量，列在清单上作为招标文件的组成部分，供投标人逐项填报单价，计算出总价，作为投标报价，然后通过评标竞争，最终确定合同价。工程量清单报价由招标人给出工程量清单，投标者填报单价，单价应完全依据企业技术、管理水平等企业实力而定，以满足市场竞争的需要。

采取工程量清单综合单价计算投标报价时，投标人填入工程量清单中的单价是综合单价，应包括人工费、材料费、机械费、其他直接费、间接费、利润、税金以及材料差价及风险金等全部费用，将工程量与该单价相乘得出合价，将全部合价汇总后即得出投标总报价。分部分项工程费、措施项目费和其他项目费用均采用综合单价计价。工程量清单计价的投标报价由分部分项工程费、措施项目费和其他项目费用构成。

1）分部分项工程费是指完成分部分项工程量清单项目所需的费用。投标人负责填写分部分项工程量清单中的金额一项。金额按照综合单价填报。分部分项工程量清单中的合价等于工程数量和综合单价的乘积。

2）措施项目费是指分部分项工程费以外，为完成该工程项目施工必须采取的措施所需的费用。投标人负责填写措施项目清单中的金额。措施项目清单中的措施项目包括通用项目、建筑工程、措施项目、安装工程措施项目和市政工程措施项目等四类。措施项目清单中费用金额是一个综合单价，包括人工费、材料费、机械费、管理费、利润、风险费等项目。

3）其他项目费指的是分部分项工程和措施项目费用以外，该工程项目施工中可能发生的其他费用。其他项目清单包括的项目分为招标人部分和投标人部分。工程量清单计价模式下的投标总价构成如图6-3所示。

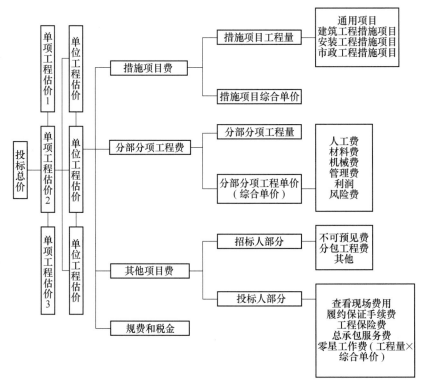

图 6-3 工程量清单计价模式下的投标总价构成

4）规费和税金。

（3）我国工程造价改革的总体目标是形成以市场形成价格为主的价格体系 目前尚处于多种计价模式并存的过渡时期，我国工程投标报价的几种基本模式见表 6-2。

表 6-2 我国工程投标报价的几种基本模式

定额计价的报价模式		工程量清单报价模式		
单位估价法	实物量法	直接费单价法	全费用单价法	综合单价
① 计算工程量 ② 套用定额单价 ③ 计算直接费 ④ 计算取费 ⑤ 得到投标报价书	① 计算工程量 ② 套用定额单价 ③ 套用市场价格 ④ 计算直接费 ⑤ 计算取费 ⑥ 得到投标报价书	① 计算各分项工程资源消耗量 ② 套用市场价格 ③ 计算直接费 ④ 按实计算其他费用 ⑤ 得到投标报价书	① 计算各分项工程资源消耗量 ② 套用市场价格 ③ 计算直接费 ④ 按实计算其他费用 ⑤ 分摊管理费和利润 ⑥ 得到分项综合单价 ⑦ 计算其他费 ⑧ 得到投标报价书	① 计算各分项工程资源消耗量 ② 套用市场价格 ③ 计算直接费 ④ 按实计算其他费用 ⑤ 分摊费用 ⑥ 得到投标报价书

6.3.4　建设项目投标报价的程序

不论采用何种投标报价模式，一般计算过程如下：

（1）复核或计算工程量　工程招标文件中若提供有工程量清单，投标价格计算之前，要对工程量进行校核。若招标文件中没有提供工程量清单，则必须根据图样计算全部工程量。若招标文件对工程量的计算方法有规定，应按照规定的方法进行计算。

（2）确定单价，计算合价　在投标报价中，复核或计算各个分部分项工程的实物工程量以后，就需要确定每一个分部分项工程的单价，并按照招标文件中工程量表的格式填写报价，一般是按照分部分项工程量内容和项目名称填写单价与合价。

计算单价时，应将构成分部分项工程的所有费用项目都归入其中。人工、材料、机械费用应该是根据分部分项工程的人工、材料、机械消耗量及其相应的市场价格计算而得。一般来说，承包企业应建立自己的标准价格数据库，并据此计算工程的投标价格。在应用单价数据库针对某一具体工程进行投标报价时，需要对选用的单价进行审核评价与调整，使之符合拟投标工程的实际情况，反映市场价格的变化。

在投标价格编制的各个阶段，投标价格一般以表格的形式进行计算。

（3）确定分包工程费　来自分包人的工程分包费用是投标价格的一项重要组成部分，有时总承包人投标价格中的相当部分来自于分包工程费。因此，在编制投标价格时需要用一个合适的价格来衡量分包人的价格，需要熟悉分包工程的范围，对分包人的能力进行评估。

（4）确定利润　利润指的是承包人的预期利润，确定利润取值的目标是既可以获得最大的可能利润，又要保证投标价格具有一定的竞争性。投标报价时承包人应根据市场竞争情况确定在该工程上的利润率。

（5）确定风险费　风险费对承包方来说是一个未知数，如果预计的风险没有全部发生，则可能预计的风险费有剩余，这部分剩余和计划利润加在一起就是盈余；如果风险费估计不足，则由盈利来补贴。在投标时应该根据该工程规模及工程所在地的实际情况，由有经验的专业人员对可能的风险因素进行逐项分析后确定一个比较合理的费用比率。

（6）确定投标价格　如前所述，将所有的分部分项工程的合价汇总后就可以得到工程的总价，但是这样计算的工程总价还不能作为投标价格，因为计算出来的价格可能重复也可能会漏算，也有可能某些费用的预估有偏差等，因此必须对计算出来的工程总价做某些必要的调整。调整投标价格应当建立在对工程盈亏分析的基础上，盈亏预测应用多种方法从多角度进行，找出计算中的问题以及分析可以通过采取哪些措施降低成本、增加盈利，确定最后的投标报价。

图6-4为工程投标报价编制的一般程序。

6.3.5　建设项目投标报价决策、策略和技巧

1. 建设工程项目投标报价的决策

投标报价决策是指投标决策人召集算标人、高级顾问人员共同研究，就上述标价计算结果和标价的静态、动态风险分析进行讨论，做出调整计算标价的最后决定。

一般说来，报价决策并不仅限于具体计算，而是应当由决策人、高级顾问与算标人员一起，对各种影响报价的因素进行恰当的分析，除了对算标时提出的各种方案、基价、费用摊

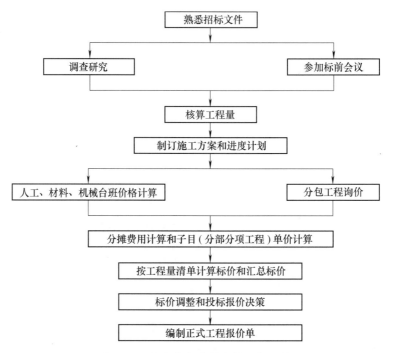

图 6-4　工程投标报价编制的一般程序

入系数等予以审定和进行必要的修正外，更重要的是要综合考虑期望的利润和承担风险的能力。低报价是中标的重要因素，但不是唯一因素。

2. 建设项目投标报价的策略

投标报价策略是指承包商在投标竞争中的系统工作部署及其参与投标竞争的方式和手段。

投标人的决策活动贯穿于投标全过程，是工程竞标的关键。投标的实质是竞争，竞争的焦点是技术、质量、价格、管理、经验和信誉等综合实力。因此必须随时掌握竞争对手的情况和招标业主的意图，及时制定正确的策略，争取主动。投标策略主要有投标目标策略、技术方案策略、投标方式策略、经济效益策略等。

（1）投标目标策略　投标目标策略指导投标人应该重点对哪些招标项目去投标。

（2）技术方案策略　技术方案和配套设备的档次（品牌、性能和质量）的高低决定了整个工程项目的基础价格，投标前应根据业主投资的大小和意图进行技术方案决策，并指导报价。

（3）投标方式策略　投标方式策略指导投标人是否联合合作伙伴投标。中小型企业依靠大型企业的技术、产品和声誉的支持进行联合投标是提高其竞争力的良策。

（4）经济效益策略　经济效益策略直接指导投标报价。制定报价策略必须考虑投标者的数量、主要竞争对手的优势、竞争实力的强弱和支付条件等因素，根据不同情况可计算出高、中、低三套报价方案。

1）常规价格策略。常规价格即中等水平的价格，根据系统设计方案，核定施工工作量，确定工程成本，经过风险分析，确定应得的预期利润后进行汇总。然后再结合竞争对手的情况及招标方的心理底价对不合理的费用和设备配套方案进行适当调整，确定最终投标价。

2）保本微利策略。如果夺标的目的是为了在该地区打开局面、树立信誉、占领市场和建立样板工程，则可采取微利保本策略。甚至不排除承担风险，宁愿先亏后盈。此策略适用于以下情况：

① 投标对手多、竞争激烈、支付条件好、项目风险小。

② 技术难度小、工作量大、配套数量多、都乐意承揽的项目。

③ 为开拓市场，急于寻找客户或解决企业目前的生产困境。

3）高价策略。符合下列情况的投标项目可采用高价策略：

① 专业技术要求高、技术密集型的项目。

② 支付条件不理想、风险大的项目。

③ 竞争对手少，各方面自己都占绝对优势的项目。

④ 交工期甚短，设备和劳力超常规的项目。

⑤ 特殊约定（如要求保密等）需有特殊条件的项目。

3. 建设项目投标报价的技巧

报价技巧是指投标报价中具体采用的对策和方法，常用的报价技巧有不平衡报价法、多方案报价法、无利润报价法、突然降价法和其他报价技巧等。此外，对于计日工、暂定金额、可供选择的项目等也有相应的报价技巧。

（1）不平衡报价法　不平衡报价法是指在不影响工程总报价的前提下，通过调整内部各个项目的报价，以达到既不提高总报价、不影响中标，又能在结算时得到更理想的经济效益的报价方法。不平衡报价法适用于以下几种情况：

1）能够早日结算的项目（如前期措施、基础工程、土石方工程等）可以适当提高报价，以利资金周转，提高资金时间价值。后期工程项目（如设备安装、装饰工程等）的报价可适当降低。

2）经过工程量核算，预计今后工程量会增加的项目，适当提高单价，这样在最终结算时可多盈利；而对于将来工程量有可能减少的项目，适当降低单价，这样在工程结算时不会有太大损失。

3）设计图不明确、估计修改后工程量要增加的，可以提高单价；而工程内容说明不清楚的，则单价可降低一些，在工程实施阶段通过索赔再寻求提高单价的机会。

4）对暂定项目要做具体分析。因这一类项目要在开工后由建设单位研究决定是否实施，以及由哪一家承包单位实施。如果工程不分标，不会另由一家承包单位施工，则其中肯定要施工的单位可报价高些，不一定要施工的则应报价低些。如果工程分标，该暂定项目也可能由其他承包单位施工时，则不宜报高价，以免抬高总报价。

5）单价与包干混合制合同中，招标人要求有些项目采用包干报价时，宜报高价。一则这类项目多半有风险，二则这类项目在完成后可全部按报价结算。对于其余单价项目，则可适当降低报价。

6）有时招标文件要求投标人对工程量大的项目报综合单价分析表，投标时可将单价分析表中的人工费及机械设备费报得高一些，而材料费报得低一些。这主要是为了在今后补充项目报价时，可以参考选用综合单价分析表中较高的人工费和机械费，而材料则往往采用市场价，因而可获得较高的收益。

（2）多方案报价法　多方案报价法是指在投标文件中报两个价：一个是按招标文件的条件报价；另一个是加注解的报价：如果某条款做某些改动，报价可降低多少。这样，可降低总报价，吸引招标人。

多方案报价法适用于招标文件中的工程范围不很明确，条款不很清楚，或技术规范要求过于苛刻的工程。采用多方案报价法，可降低投标风险，但投标工作量较大。

（3）无利润报价法　对于缺乏竞争优势的承包单位，在不得已时可采用根本不考虑利润的报价方法，以获得中标机会。无利润报价法通常在下列情形时采用：

1）有可能在中标后，将大部分工程分包给索价较低的分包商。

2）对于分期建设的工程项目，先以低价获得首期工程，而后赢得机会创造第二期工程中的竞争优势，并在以后的工程实施中获得盈利。

3）较长时期内，投标单位没有在建工程项目，如果再不中标，就难以维持生存。因此，虽然本工程无利可图，但只要能有一定的管理费维持公司的日常运转，就可设法渡过暂时困难，以图将来东山再起。

（4）突然降价法　突然降价法是指先按一般情况报价或表现出自己对该工程兴趣不大，等快到投标截止时，再突然降价的报价方法。采用突然降价法，可以迷惑对手，提高中标概率。但对投标单位的分析判断和决策能力要求很高，要求投标单位能全面掌握和分析信息，做出正确判断。

（5）其他报价技巧

1）计日工单价的报价。如果是单纯报计日工单价，且不计入总报价中，则报价可高些，以便在建设单位额外用工或使用施工机械时多盈利。但如果计日工单价要计入总报价时，则需具体分析是否报高价，以免抬高总报价。总之，要分析建设单位在开工后可能使用的计日工数量，再来确定报价策略。

2）暂定金额的报价。暂定金额的报价有以下三种情形：

① 招标单位规定了暂定金额的分项内容和暂定总价款，并规定所有投标单位都必须在总报价中加入这笔固定金额，但由于分项工程量不很准确，允许将来按投标单位所报单价和实际完成的工程量付款。这种情况下，由于暂定总价款是固定的，对各投标单位的总报价水平竞争力没有任何影响，因此投标时应适当提高暂定金额的单价。

② 招标单位列出了暂定金额的项目和数量，但并没有限制这些工程量的估算总价，要求投标单位既列出单价，又按暂定项目的数量计算总价，当将来结算付款时可按实际完成的工程量和所报单价支付。这种情况下，投标单位必须慎重考虑。如果单价定得高，与其他工程量计价一样，将会增大总报价，影响投标报价的竞争力；如果单价定得低，将来这类工程量增大，会影响收益。一般来说，这类工程量可以采用正常价格。如果投标单位估计今后实际工程量肯定会增大，则可适当提高单价，以便在将来增加额外收益。

③ 只有暂定金额的一笔固定总金额，将来这笔金额做什么用，由招标单位确定。这种情况对投标竞争没有实际意义，按招标文件要求将规定的暂定金额列入总报价即可。

3）可供选择项目的报价。有些工程项目的分项工程，招标单位可能要求按某一个方案报价，而后再提供几种可供选择方案的比较报价。投标时，应对不同规格下的价格进行调查，对于将来有可能被选择使用的规格应适当提高其报价对于技术难度大或其他原因导致的难以实现的规格，可将价格有意抬高一些，以阻挠招标单位选用。但是，所谓可供选择项目，是招标单位进行选择，并非由投标单位任意选择。因此，适当提高可供选择项目的报价并不意味着肯定可以取得较好的利润，只是提供了一种可能性，只有招标单位今后选用，投标单位才可得到额外利益。

4）增加建议方案。招标文件中有时规定，可提出一个建议方案，即可以修改原设计方案，提出投标单位的方案。这时，投标单位应抓住机会，组织一批有经验的设计和施工工程师，仔细研究招标文件中的设计和施工方案，提出更合理的方案以吸引建设单位，促成自己的方案中标。这种新建议方案可以降低总造价或缩短工期，或使工程实施方案更为合理。但要注意，对原招标方案一定也要报价。建议方案不要写得太具体，要保留方案的技术关键，防止招标单位将此方案交给其他投标单位。同时要强调的是，建议方案一定要比较成熟，具有较强的可操作性。

5）采用分包商的报价。总承包商通常应在投标前先取得分包商的报价，并增加总承包商分摊的管理费，将其作为自己投标总价的组成部分一并列入报价单中。应当注意，分包商在投标前可能同意接受总承包商压低其报价的要求，但在总承包商中标后，他们常以种种理由要求提高分包价格，这将使总承包商处于十分被动的地位。为此，总承包商应在投标前找几家分包商分别报价，然后选择其中一家信誉较好、实力较强和报价合理的分包商签订协议，同意该分包商作为分包工程的唯一合作者，并将分包商的名称列到投标文件中，但要求该分包商相应地提交投标保函。如果该分包商认为总承包商确实有可能中标，也许愿意接受这一条件。这种将分包商的利益与投标单位捆在一起的做法，不但可以防止分包商事后反悔和涨价，还可能迫使分包商报出较合理的价格，以便共同争取中标。

6）许诺优惠条件。投标报价中附带优惠条件是一种行之有效的手段。招标单位在评标时，除了主要考虑报价和技术方案外，还要分析其他条件，如工期、支付条件等。因此，在投标时主动提出提前竣工、低息贷款、赠予施工设备、免费转让新技术或某种技术专利、免费技术协作、代为培训人员等，均是吸引招标单位、利于中标的辅助手段。

6.4　建设项目施工的开标、评标和定标

6.4.1　建设项目开标

1. 开标的时间和地点

我国《招标投标法》规定，开标应当在招标文件确定的提交投标文件截止时间的同一时间公开进行。

2. 出席开标会议的规定

开标由招标人或者招标代理人主持，邀请所有投标人参加。投标单位法定代表人或授权代表未参加开标会议的视为自动弃权。

3. 开标程序和唱标的内容

1）开标会议宣布开始后，应首先请各投标单位代表确认其投标文件的密封完整性，并签字予以确认。当众宣读评标原则、评标办法。由招标单位依据招标文件的要求，核查投标单位提交的证件和资料，并审查投标文件的完整性、文件的签署、投标担保等事项，但提交合格撤回通知和逾期送达的投标文件不予启封。

2）唱标顺序应按各投标单位报送投标文件时间先后的顺序进行。

3）开标过程应当记录，并存档备查。

4. 有关无效投标文件的规定

在开标时，投标文件出现下列情形之一的，应当作为无效投标文件，不得进入评标：

1）投标文件未按照招标文件的要求予以密封的。

2）投标文件中的投标函未加盖投标人的企业及企业法定代表人印章的，或者企业法定代表人委托代理人没有合法、有效的委托书（原件）及委托代理人印章的。

3）投标文件的关键内容字迹模糊、无法辨认的。

4）投标人未按照招标文件的要求提供投标保函或者投标保证金的。

5）组成联合体投标，投标文件未附联合体各方共同投标协议的。

6.4.2 建设项目评标

1. 评标的原则以及保密性和独立性

评标是招标投标过程中的核心环节。评标活动应遵循公平、公正、科学、择优的原则，保证评标在严格保密的情况下进行，并确保评标委员会在评标过程中的独立性。

2. 评标委员会的组建

评标委员会由招标人或其委托的招标代理机构中熟悉相关业务的代表以及有关技术、经济等方面的专家组成，成员人数为 5 人以上的单数，其中技术、经济等方面的专家不得少于成员总数的三分之二。评标委员会的专家成员应当从省级以上人民政府有关部门提供的专家名册或者招标代理机构专家库内的相关专家名单中确定。评标委员会成员名单一般应于开标前确定，而且该名单在中标结果确定前应当保密，任何单位和个人都不得非法干预、影响评标过程和结果。评标委员会由招标人负责组建，评标委员会负责评标活动，向招标人推荐中标候选人或者根据招标人的授权直接确定中标人。

3. 评标的程序

评标可以按"两段三审"进行，"两段"是指初审和详细评审，"三审"是指符合性评审、技术性评审和商务性评审。

（1）投标文件的符合性评审　投标文件的符合性评审包括商务符合性鉴定和技术符合性鉴定。投标文件应实质上响应招标文件的所有条款、条件，无显著的差异或保留。

（2）投标文件的技术性评审　投标文件的技术性评审包括方案可行性评估和关键工序评估；劳务、材料、机械设备、质量控制措施评估以及对施工现场周围环境的保护措施评估。

（3）投标文件的商务性评审　投标文件的商务性评审包括投标报价校核，审查全部报价数据计算的正确性，分析报价构成的合理性，并与标底价格进行对比分析。

4. 评标的方法

（1）经评审的最低投标价法

1）经评审的最低投标价法的含义。根据经评审的最低投标价法，能够满足招标文件的实质性要求，并且经评审的最低投标价的投标，应当推荐为中标候选人。这种评标方法按照评审程序，经初审后，以合理低标价作为中标的主要条件。

2）最低投标价法的适用范围。一般适用于具有通用技术、性能标准或者招标人对其技术、性能没有特殊要求的招标项目。

3）最低投标价法的评标要求。采用经评审的最低投标价法的，评标委员会当根据招标文件中规定的评标价格调方法，对所有投标人的投标报价以及投标文件的商务部分做必要的价格调整。

【例6-1】 某国外援资金建设项目施工招标，该项目为职工住宅楼和普通办公大楼建设项目，划分为甲、乙两标段，招标文件中规定：国内投标人有7.5%的优惠，同时投两个标段的投标人给予如下优惠：若甲标段中标，乙标段扣减4%作为评标价优惠；合理工期为24~30个月，评标基准工期为2个月，每增加1月在评标价中增加0.1百万元。经资格预审有A、B、C、D、E五家承包商获得投标资格，其中A、B两个投标人同时对甲、乙两个标段进行投标，B、D、E为国内承包商。

承包商的投标情况见表6-3。

表6-3　承包商的投标情况

投标人	报价（百万元）		投标工期（月）	
	甲段	乙段	甲段	乙段
A	10	10	24	24
B	9.7	10.3	26	28
C		9.8		24
D	9.9		25	
E		9.5		30

解： 评标过程。

（1）甲标段评标。甲标段评标及结果见表6-4。根据经评审的最低投标价的定标原则，评标价最低的投标人中标，则甲标段中标人应为B。

表6-4　甲标段评标及结果

投标人	报价（百万元）	修正因素		评标价（百万元）
		工期（百万元）	本国优惠（百万元）	
A	10	24−24＝0	＋（10×7.5%）＝＋0.75（A为国外承包商）	10.75
B	9.7	＋（26−24）×0.1＝＋0.2		9.9
D	9.9	＋（25−24）×0.1＝＋0.1		10

（2）乙标段评标。乙标段评标及结果见表6-5。根据经评审的最低投标价的定标原则，评标价最低的投标人中标，则乙标段的中标人应为E。

表6-5　乙标段评标及结果

投标人	报价（百万元）	修正因素			评标价（百万元）
		工期（百万元）	两个标段优惠（百万元）	本国优惠（百万元）	
A	10	24−24＝0		＋（10×7.5%）＝＋0.75	10.75
B	10.3	＋（28−24）×0.1＝＋0.4	−（10×4%）＝−0.412		10.288
C	9.8	24−24＝0		＋（9.8×7.5%）＝＋0.735	10.535
E	9.5	＋（30−24）×0.1＝＋0.6			10.1

（2）综合评估法　不宜采用经评审的最低投标价法的招标项目，一般应当采取综合评估法进行评审。

根据综合评估法，最大限度地满足招标文件中规定的各项综合评价标准的投标，应当推荐为中标候选人。衡量投标文件是否最大限度地满足招标文件中规定的各项评价标准，可以采取折算为货币的方法、打分的方法或者其他方法。需量化的因素及其权重应当在招标文件中明确规定。

在综合评估法中，最为常用的方法是打分法中的百分法。

综合评估法的评标要求。评标委员会对各个评审因素进行量化时，应当将量化指标建立在同一基础或者同一标准上，使各投标文件具有可比性。

对技术部分和商务部分进行量化后，评标委员会应当对这两部分的量化结果进行加权，计算出每一个投标方案的综合评估价或者综合评估分。

（3）其他评标方法　在法律、行政法规允许的范围内，招标人也可以采用其他评标方法，如评议法。评议法是一种比较特殊的评标方法，只有在特殊情况下方可采用。

【例6-2】 某工程采用公开招标方式，有A、B、C、D、E、F六家承包商参加投标，经资格预审该六家承包商均满足业主的要求。该工程采用两阶段评标法评标，评标委员会由7名委员组成，评标的具体规定如下：

（1）第一阶段评估技术标

技术标共计40分，其中施工方案15分，总工期8分，工程质量6分，项目班子6分，企业信誉5分。技术标各项内容的得分为各评委评分去除一个最高分和一个最低分后的算术平均数，技术标合计得分不满28分者，不再评其商务标。

表6-6为各评委对六家承包商施工方案评分的汇总表。

表6-7为各承包商总工期、工程质量、项目班子、企业信誉得分汇总表。

表6-6　施工方案评分汇总表

评委 / 投标单位	一	二	三	四	五	六	七
A	13.0	11.5	12.0	11.0	11.0	12.5	12.5
B	14.5	13.5	14.5	13.0	13.5	14.5	14.5
C	12.0	10.0	11.5	11.0	10.5	11.5	11.5
D	14.0	13.5	13.5	13.0	13.5	14.0	14.5
E	12.5	11.5	12.0	11.0	11.5	12.5	12.5
F	10.5	10.5	10.5	10.5	9.5	11.0	10.5

表6-7 总工期、工程质量、项目班子、企业信誉得分汇总表

投标单位	总工期	工程质量	项目班子	企业信誉
A	6.5	5.5	4.5	4.5
B	6.0	5.0	5.0	4.5
C	5.0	4.5	3.5	3.0
D	7.0	5.5	5.0	4.5
E	7.5	5.0	4.0	4.0
F	8.0	4.5	4.0	3.5

（2）第二阶段评估商务标

商务标共计60分。以标底的50%与承包商报价算术平均数的50%之和为基准价，但最高（或最低）报价高于（或低于）次高（或次低）报价的15%者，在计算承包商报价算术平均数时不予考虑，且商务标得分为15分。

以基准价为满分（60分），报价比基准价每下降1%，扣1分，最多扣10分；报价比基准价每增加1%，扣2分，扣分不保底。

表6-8为标底和各承包商的报价汇总表。

表6-8 标底和各承包商的报价汇总表 （单位：万元）

投标单位	A	B	C	D	E	F	标底
报价	13656	11108	14303	13098	13241	14125	13790

计算结果保留两位小数。

问题：

（1）请按综合得分最高者中标的原则确定中标单位。

（2）若该工程未编制标底，以各承包商报价的算术平均数作为基准价，其余评标规定不变，试按原定标原则确定中标单位。

解：

问题（1）：

（1）计算各投标单位施工方案的得分，见表6-9。

表6-9 施工方案得分计算表

投标单位 \ 评委	一	二	三	四	五	六	七	平均得分
A	13.0	11.5	12.0	11.0	11.0	12.5	12.5	11.9
B	14.5	13.5	14.5	13.0	13.5	14.5	14.5	14.0
C	12.0	10.0	11.5	11.0	10.5	11.5	11.5	11.1
D	14.0	13.5	13.5	13.0	13.5	14.0	14.5	13.7
E	12.5	11.5	12.0	11.0	11.5	12.5	12.5	11.9
F	10.5	10.5	10.5	10.5	9.5	11.0	10.5	10.4

（2）计算各投标单位技术标的得分，见表6-10。

表6-10 技术标得分计算表

投标单位	施工方案	总工期	工程质量	项目班子	企业信誉	合计
A	11.9	6.5	5.5	4.5	4.5	32.9
B	14.0	6.0	5.0	5.0	4.5	34.5
C	11.1	5.0	4.5	3.5	3.0	27.1
D	13.7	7.0	5.5	5.0	4.5	35.7
E	11.9	7.5	5.0	4.0	4.0	32.4
F	10.4	8.0	4.5	4.0	3.5	30.4

由于承包商 C 的技术标的得分仅为 27.1，小于 28 分的最低限，按规定，不再评其商务标，实际上已作为废标处理。

（3）计算各承包商的商务标得分，见表6-11。

因为 　　　　　　　　　　（13098 - 11108）/13098 = 15.19% ＞ 15%

　　　　　　　　　　　　　（14125 - 13656）/13656 = 3.43% ＜ 15%

所以承包商 B 的报价（11108 万元）在计算基准价时不予考虑。

则

基准价 = 13790 万元×50% +（13656+13098+13241+14125）万元/4×50% = 13660 万元

表6-11 商务标得分计算表

投标单位	报价（万元）	报价与基准价的比例	扣分	得分
A	13656	（13656/13660）万元×100% = 99.97%	（100%−99.97%）÷1%×1 = 0.03	59.97
B	11108			15.00
D	13098	（13098/13660）万元×100% = 95.89%	（100%−95.89%）÷1%×1 = 4.11	55.89
E	13241	（13241/13660）万元×100% = 96.93%	（100%−96.93%）÷1%×1 = 3.07	56.93
F	14125	（14125/13660）万元×100% = 103.40%	（103.40%−100%）÷1%×2 = 6.80	53.20

（4）计算各承包商的综合得分，见表6-12。

表6-12 综合得分计算表

投标单位	技术标得分	商务标得分	综合得分
A	32.9	59.97	92.87
B	34.5	15.00	49.50
D	35.7	55.89	91.59
E	32.4	56.93	89.33
F	30.4	53.20	83.60

因为承包商 A 的综合得分最高，故应选择 A 为中标单位。

问题（2）：

（1）计算各承包商的商务标得分，见表6-13。

基准价 =（13656+13098+13241+14125）万元/4 = 13530 万元

表 6-13　商务标得分计算表

投标单位	报价（万元）	报价与基准价的比例	扣　分	得分
A	13656	（13656/13530）万元×100% = 100.93%	（100.93%−100%）÷1%×2 = 1.86	58.14
B	11108			15.00
D	13098	（13098/13530）万元×100% = 96.81%	（100%−96.81%）÷1%×1 = 3.19	56.81
E	13241	（13241/13530）万元×100% = 97.86%	（100%−97.86%）÷1%×1 = 2.14	57.86
F	14125	（14125/13530）万元×100% = 104.40%	（104.40%−100%）÷1%×2 = 8.80	51.20

（2）计算各承包商的综合得分，见表 6-14。

表 6-14　综合得分计算表

投标单位	技术标得分	商务标得分	综合得分
A	32.9	58.14	91.04
B	34.5	15.00	49.50
D	35.7	56.81	92.51
E	32.4	57.86	90.26
F	30.4	51.20	81.60

因为承包商 D 的综合得分最高，故应选择 D 为中标单位。

6.4.3　定标

1. 中标候选人的确定

经过评标后，就可以确定出中标候选人（或中标单位）。评标委员会推荐的中标候选人的人数应当限定在 1~3 人，并标明排列顺序。招标人可以授权评标委员会直接确定中标人。

招标人应当在投标有效期截止时限 30 日内确定中标人。依法必须进行施工招标的工程，招标人应当自确定中标人之日起 15 日内，向工程所在地的县级以上地方人民政府建设行政主管部门提交施工招标投标情况的书面报告。建设行政主管部门自收到书面报告之日起 5 日内未通知招标人在招标投标活动中有违法行为的，招标人可以向中标人发出中标通知书，并将中标结果通知所有未中标的投标人。

2. 发出中标通知书并订立书面合同

1）中标人确定后，招标人应当向中标人发出中标通知书，并同时将中标结果通知所有未中标的投标人。

2）招标人和中标人应当自中标通知书发出之日起 30 日内，按照招标文件和中标人的投标文件订立书面合同。订立书面合同后 7 日内，中标人应当将合同送县级以上工程所在地的建设行政主管部门备案。

3）招标人与中标人签订合同后 5 个工作日内，应当向中标人和未中标的投标人退还投标保证金。

4）中标人应当按照合同约定履行义务，完成中标项目。

【**例 6-3**】　某省财政拨款建设的高速公路项目，总投资额为 35000 万元。建设单位决定对该项目采取公开招标的方式，并由建设单位自行组织招标。2011 年 7 月中旬，由工程建设单位在当地媒体刊登招标广告，招标公告明确了本次招标对象为本省内有相应资质的施工企业。由工程建设单位组建的资格评审小组对申请投标的 25 家施工企业进行了资格审查，15 家企业通过了资格审查，获得投标资格。2011 年 8 月 15 日，建设单位向上述 15 家企业发售了招标文件，招标文件确定了各投标单位的投标截止日是 2011 年 8 月 30 日。建设单位曾于 8 月 28 日向政府有关部门发出参加招标活动的邀请。该项目于 8 月 31 日 10 时公开开标。该项目评标委员会是由建设单位直接确定的，共由 7 人组成，其中招标人代表 4 人，系统随机抽取专家 3 人。评标委员会对 15 家投标企业递交的标书进行了审查，并向建设单位按顺序推荐了中标候选人。建设单位提出应让名单之外的某部水电某局中标，原因是该局提出的优惠条件较好（实际上是垫资施工）。该项工程招标存在哪些方面的问题？

【**案例分析**】　该项目招标存在以下问题：

1）招标前的有关活动违反程序。根据有关规定，建设单位应在招标前向政府主管部门申报招标方案，由主管部门审核其是否具备编制招标文件的能力和组织招标的能力。招标活动中，建设单位违反了上述两项要求，不但未在招标前向主管部门报送招标方案，而且擅自组织编制招标文件和招标活动。尽管建设单位曾于 8 月 30 日向政府有关部门发出参加招标活动的邀请，有关部门也从工作需要出发派员参与了监督，但这并不能弥补其违反程序的做法。

2）该招标工作在招标公告中明确提出本次招标对象为本省内有相应资质的施工企业，违反了我国《招标投标法》第十八条规定，"招标人不得以不合理的条件限制或者排斥潜在投标人"。

3）提交投标文件的截止时间是 8 月 30 日，开标时间是 8 月 31 日，不是同一时间进行，违反了我国《招标投标法》第三十四条："开标应当在招标文件确定的提交投标文件截止时间的同一时间公开进行"。

4）发售招标文件的时间为 8 月 15 日，距离递交投标文件截止时间只有 15 天，违反了我国《招标投标法》第二十四条："自招标文件开始发出之日起至提交投标文件截止时间之日止，最短不得少于二十日"。

5）评标委员会的人员构成违反了《招标投标法》第三十七条规定："技术、经济等方面的专家不得少于成员总数的三分之二"。

6）违规定标。建设单位不在评标委员会推荐的中标候选人名单中选择中标人，而是让名单之外的某部水电某局中标，原因是该局提出的优惠条件较好（实际上是垫资施工）。根据《招标投标法》，招标代理机构在招标人委托的范围内开展招标代理业务，任何单位和个人不得非法干涉。在有关单位的干预和协调下，建设单位最终从评标委员会推荐的中标候选人中选择了承包商。

课后拓展　*咨询产业新升级——全过程工程咨询*

1. 什么是全过程工程咨询（What）

全过程工程咨询是对工程建设项目前期研究和决策以及工程项目实施和运行（或称运营）的全生命周期提供包含设计和规划在内的涉及组织、管理、经济和技术等各有关方面的工程咨询服务。全过程工程咨询服务可采用多种组织方式，为项目决策、实施和运营持续提供局部或整体解决方案。即在工程项目决策阶段为业主编制项目建议书和可行性研究报告，在工程项目实施阶段为业主提供招标管理、勘察设计管理、采购管理、施工管理、竣工验收和试运行管理等服务，代表业主方对项目的合同、质量、进度、成本等实施全方位的管理，将各项业务能力整合到一起，发挥整体优势，使得该单项业务体现更好的综合价值。

全过程工程造价咨询企业与全过程工程咨询企业业务对比见表6-15。

表6-15　全过程工程造价咨询企业与全过程工程咨询企业业务对比

全过程阶段	工程造价咨询企业业务	工程咨询企业业务
决策阶段	建设项目建议书及可行性研究； 投资估算、项目经济评价报告的编制和审核	规划咨询：行业、专项和区域发展规划的编制、咨询； 编制项目建议书、编制项目可行性研究报告、编制投资估算、项目申请报告和资金申请报告
勘察设计阶段	建设项目概预算的编制与审核，并配合设计方案比选、优化设计、限额设计等工作进行工程造价分析与控制	确定勘察任务、勘察方案编制与审核、勘察文件报审；工程设计（包括资料管理、设计交底和图样会审等）；初步设计评估；概算编制与审查；预算编制与审查
招标投标阶段	建设项目合同条款的确定（包括招标工程的工程量清单和标底、投标报价的编制和审核）	招标策划；招标代理；合同条款策划；发承包模式策划
施工阶段	合同价款的签订与调整（包括工程变更、工程洽商和索赔费用的计算）及工程款支付	工程监理；设备监理
竣工阶段	工程结算及竣工结（决）算报告的编制与审核	竣工验收；竣工阶段；竣工资料管理与移交；决算与备案；项目保修期管理
运营阶段		项目后评价；项目绩效评价；设施管理；资产管理
全过程	工程造价经济纠纷的鉴定和仲裁的咨询；提供工程造价信息服务	以实现建筑产品价值为核心的项目管理

2. 谁来实施全过程工程咨询（Who）

（1）全过程工程咨询单位　它是指具备相关资质和能力，提供全过程工程咨询的机构。可以是独立咨询机构或联合体。

（2）总咨询师　它是指由全过程工程咨询单位或投资人指定，具有相关资格和能力，为建设项目提供全过程工程咨询的项目总负责人。

（3）专业咨询工程师　它是指在全过程工程咨询项目的总咨询师领导下，开展全过程工程咨询的专业咨询工程师，由具备相应资质和能力的专业人士担任相应的咨询工作。主要包括但不限于以下专业咨询工程师：注册建筑师、注册监理工程师、注册造价工程师、注册建造师、勘察设计注册工程师、注册结构工程师、注册电气工程师（包括：发输变电、供配电两个专业）、注册公用设备工程师。

3. 为什么实施全过程工程咨询（Why）

伴随工程项目规模扩大、结构更加复杂，参加项目建设的咨询单位通常达十家，建设方面临施工方案、结构、建筑设计、机电、景观、室内装修、商业策划、泛光照明、标识、幕墙、声学、绿色建筑、交通、人防等众多专项设计及施工的统筹管理，沟通协调难度大，项目信息衰减严重。项目管理的阶段性和局部性割裂了项目的内在联系，导致项目管理存在明显的管理弊端，与国际主流的建设管理模式脱节。

推行全过程工程咨询是现阶段社会和行业发展的需求。推行全过程工程咨询是提高建设管理水平、提升行业集中度、保证工程质量和投资效益、规范建筑市场秩序的重要措施。同时它也是中国现有投资咨询、勘察、设计、监理、造价、施工等从业企业调整经营结构，谋划转型升级，增强综合实力，加快与国际建设管理服务方式接轨，适应社会主义市场经济发展的必然要求。全过程工程咨询企业应是智力密集型、技术复合型、管理集约型的大型工程建设咨询服务企业，以建筑产品交付、建设目标导向为建设方提供咨询服务。

4. 如何实施全过程工程咨询（How）

全过程工程咨询服务可由一家具有综合能力的工程咨询企业实施，或可由多家具有不同专业特长的工程咨询企业联合实施，也可以根据建设单位的需求，依据全过程工程咨询企业自身的条件和能力，为工程建设全过程中的几个阶段提供不同层面的组织、管理、经济和技术服务。由多家工程咨询企业联合实施全过程工程咨询的，应明确牵头单位，并明确各单位的权利、义务和责任。

建设单位应将全过程工程咨询中的前期研究、规划和设计等工程设计类服务，以及项目管理、工程监理、造价咨询等工程项目控制和管理类服务委托给一家工程咨询企业或由多家企业组成的联合体或合作体。建设单位在项目筹划阶段选择具有相应工程勘察、设计或监理资质的企业开展全过程工程咨询服务，可不另行委托勘察、设计或监理机构。同一项目的工程咨询企业不得与工程总承包企业、施工企业具有利益关系。

5. 全过程工程咨询服务的酬金

全过程工程咨询服务费应在工程概算中列支。建设单位应当根据工程项目的规模和复杂程度，工程咨询的服务范围、内容和期限等与工程咨询企业协商确定服务酬金。全过程工程咨询服务的酬金可按各项专项服务的费用叠加并增加相应统筹费用后计取，也可按照国际上通行的人员成本加酬金的方式计取。全过程工程咨询服务企业应努力提升服务能力和水平，通过为工程建设和运行增值的效果体现其自身的市场价值，避免采取降低咨询服务酬金的方式进行市场竞争，禁止采用低于成本价的恶性市场竞争行为。鼓励建设单位根据咨询服务节约的投资额对咨询企业进行奖励。

6. 全过程工程咨询服务的关键

全过程咨询企业的核心竞争力应该是专业能力和建设经验，这些重要体现是专业数据的积累和应用。传统咨询模式下，企业在信息化方面主要使用的是提高岗位工作效率的工具软件，在全过程工程咨询的要求下，咨询企业需要建立项目全过程管理的信息化系统，不仅是用系统进行流程管理和信息的共享，更主要的是用系统沉淀工程建设全过程的真实数据，形成企业的工程建设大数据。

习　题

一、单项选择题

1. 下列排序符合《招标投标法》和《工程建设项目施工招标投标办法》规定的招标程序的是（　　）。

　　① 发布招标公告　　② 投标人资格审查　　③ 接受投标书　　④开标，评标

　　A. ①②③④　　　　B. ②①③④　　　　C. ①③④②　　　　D. ①③②④

2. 招标控制价是指根据国家或省级建设行政主管部门颁发的有关计价依据和办法，依据拟订的招标文件和招标工程量清单，结合工程具体情况发布的招标工程的（　　）。

　　A. 最高投标限价　　B. 最低投标限价　　C. 平均投标限价　　D. 中标价

3. 招标控制价综合单价的组价包括如下工作：①根据政策规定或造价信息确定人工、材料、机械台班单价；②根据工程所在地的定额规定计算工程量；③将定额项目的合价除以项目清单的工程量；④根据费率和利率计算出组价定额项目的合价。正确的工作顺序是（　　）。

　　A. ①④②③　　　　B. ①③②④　　　　C. ②①③④　　　　D. ②①④③

4. 根据《招标投标法》，两个以上法人或者其他组织组成一个联合体，以一个投标人的身份共同投标是（　　）。

　　A. 联合投标　　　　B. 共同投标　　　　C. 合作投标　　　　D. 协作投标

5. 招标人仅要求对分包的专业工程进行总承包管理和协调时，总承包服务费按分包的专业工程估算造价的（　　）计算。

　　A. 0.5%　　　　　B. 1.5%　　　　　C. 2.5%　　　　　D. 3.5%

6. 下面关于投标报价编制原则的表述，错误的是（　　）。

　　A. 投标报价由投标人自主确定　　　　　　B. 投标人的投标报价不得低于成本

　　C. 投标报价要以投标须知中设定的发承包双方责任划分，作为考虑投标报价费用项目和费用计算的基础

　　D. 投标报价计算方法要科学严谨，简明适用

7. 在关于投标的禁止性规定中，投标者之间进行内部竞价，内定中标人，然后再参与投标属于（　　）。

　　A. 投标人之间串通投标　　　　　　　　　B. 投标人与招标人之间串通投标

　　C. 投标人以行贿的手段谋取中标　　　　　D. 投标人以非法手段骗取中标

8. 根据《招标投标法》的有关规定，下列不符合开标程序的是（　　）。

　　A. 开标应当在招标文件确定的提交投标文件截止时间的同一时间公开进行

　　B. 开标地点应当为招标文件中预先确定的地点

　　C. 开标由招标人主持，邀请所有投标人参加

　　D. 开标由建设行政主管部门主持，邀请所有投标人参加

9. 根据《招标投标法》的有关规定，评标委员会由招标人代表以及和关技术、经济等方面的专家组成，成员人数为（　　）人以上单数，其中技术、经济等方面的专家不得少

于成员总数的 2/3。

  A. 3   B. 5   C. 7   D. 9

  10. 招标人和中标人应当自中标通知书发出之日起（ ）日内，按照招标文件和中标人的投标文件订立书面合同。

  A. 15   B. 20   C. 30   D. 45

二、多项选择题

1. 招标活动的基本原则有（ ）。

  A. 公开原则   B. 公平原则   C. 平等互利原则   D. 公正原则

  E. 诚实信用原则

2. 常用的投标报价的技巧有（ ）。

  A. 不平衡报价法 B. 多方案报价法 C. 无利润报价法 D. 突然降价法

3. 工程施工招标的标底可由（ ）编制。

  A. 招标单位   B. 招标管理部门 C. 委托具有编制标底资格和能力的中介机构

  D. 定额管理部门 E. 施工单位

4. 关于标底与招标控制价的编制，下列说法中正确的有（ ）。

  A. 招标人可以自行决定是否编制标底

  B. 招标人不得规定最低投标限价

  C. 编制标底时必须同时设有最高投标限价

  D. 招标人不编制标底时应规定最低投标限价

5. 根据《建筑工程施工发包与承包计价管理办法》规定，工程合同价的方式可以采用（ ）。

  A. 政府定价   B. 固定定价   C. 可调定价

  D. 成本加酬金 E. 成本

6. 投标报价的编制依据有（ ）。

  A.《建设工程工程量清单计价规范》

  B. 国家或省级、行业建设主管部门颁发的计价办法

  C. 企业定额、国家或省级、行业建设主管部门颁发的计价定额

  D. 投标文件 E. 招标文件

7. 规定范围内的各类工程建设项目，达到下列标准之一的，必须进行招标的有（ ）。

  A. 施工单项合同估算价在 200 万元人民币以上的

  B. 重要设备、材料等货物采购，单项合同估算价在 100 万元人民币以上的

  C. 勘察、设计、监理等服务采购，单项合同估算价在 50 万元人民币以上的

  D. 单项合同估算价低于以上标准，但项目总投资额在 3000 万元人民币以上的

8. 根据《招标投标法》的有关规定，下列说法不符合开标程序的有（ ）。

  A. 开标应当在招标文件确定的提交投标文件截止时间的同一时间公开进行

  B. 开标应由招标人主持，邀请中标人参加

  C. 在招标文件规定的开标时间前收到的所有投标文件，开标时都应当当众予以拆封、宣读

  D. 开标由建设行政主管部门主持，邀请中标人参加

E. 开标过程应当记录，并存档备查

9. 下列关于评标委员会的叙述符合《招标投标法》有关规定的有（　　　）。

　　A. 评标由招标人依法组建的评委会负责

　　B. 评标委员会由招标人的代表和有关技术、经济等方面的专家组成，成员人数为 5 人以上单数

　　C. 评标委员会由招标人的代表和有关技术、经济等方面的专家组成，其中技术、经济等方面的专家不得少于总数的 1/2

　　D. 与投标人有利害关系的人不得进入相关项目的评标委员会

　　E. 评标委员会成员的名单在中标结果确定前应当保密

10. 下列关于评标的规定，符合《招标投标法》有关规定的有（　　　）。

　　A. 招标人应当采取必要的措施，保证评标在严格保密的情况下进行

　　B. 评标委员会完成评标后，应当向招标人提出书面评标报告，并决定合格的中标候选人

　　C. 招标人可以授权评标委员会直接确定中标人

　　D. 评标委员会经评审，认为所有投标都不符合招标文件要求的，可以否决所有投标

　　E. 任何单位和个人不得非法干预、影响评标的过程和结果

第7章

建设项目施工阶段的工程造价管理

7.1 建设项目施工阶段造价管理概述

7.1.1 建设项目施工阶段与工程造价的关系

建设项目施工阶段是按照设计文件、图样等要求，具体组织施工建造的阶段，即把设计蓝图付诸实现的过程。

在我国，建设项目施工阶段的造价管理一直是工程造价管理的重要内容。承包商通过施工生产活动完成建设工程产品的实物形态，建设项目投资的绝大部分支出都花费在这个阶段上。建设项目施工是一个动态的过程，涉及的环节多、难度大、形式多样；设计图、施工条件、市场价格等因素的变化也会直接影响工程的实际价格；建设项目实施阶段是业主和承包商工作的中心环节，也是业主和承包商工程造价管理的中心，各类工程造价从业人员的主要造价工作就集中于这一阶段。所以，这一阶段的工程造价管理最为复杂，是工程造价确定与控制的重点和难点所在。

建设项目施工阶段工程造价控制的目标，就是把工程造价控制在承包合同价或施工图预算内，并力求在规定的工期内生产出质量好、造价低的建设（或建筑）产品。

7.1.2 施工阶段工程造价管理的工作内容

1. 建设项目施工阶段工程造价的确定

建设项目施工阶段工程造价的确定，就是在工程施工阶段按照承包人实际完成的工程量，以合同价为基础，同时考虑因物价上涨因素引起的价款调整，考虑到设计中难以预计的而在施工阶段实际发生的工程变更费用，合理确定工程价款。

2. 建设项目施工阶段工程造价的控制

建设项目施工阶段工程造价的控制是建设项目全过程造价控制中不可缺少的重要一环，在这一阶段应努力作好以下工作：严格按照规定和合同约定拨付工程进度款，严格控制工程变更，及时处理施工索赔工作，加强价格信息管理，了解市场价格变动等。

工程造价管理是建设项目管理的重要组成部分，建设项目施工阶段工程造价的确定与控制是工程造价管理的核心内容。通过决策阶段、设计阶段和招标投标阶段对工程造价的管理工作，使工程建设规划在达到预先功能要求的前提下，其投资预算额也达到了最优的程度，这个最优程度的预算额能否变成现实，就要看工程建设施工阶段造价的管理工作是否做得好。做好该项管理工作，就能有效地利用投入建设工程的人力、物力、财力，以尽量少的劳动和物质消耗，取得较高的经济效益和社会效益。

3. 施工阶段工程造价管理的工作内容

施工阶段造价管理的主要内容包含以下几个方面：

1）施工组织设计的编制优化。

2）工程变更。

3）工程索赔。

4）工程计量与合同价款管理。

5）资金使用计划的编制与投资偏差分析。

7.1.3　施工阶段工程造价管理的工作程序

在建设项目施工阶段，承包商按照设计文件、合同的要求，通过施工生产活动完成建设工程项目产品的实物形态，建设工程项目投资的绝大部分支出都发生在这个阶段。由于建设工程项目施工是一个动态系统的过程，涉及的环节多、施工条件复杂，设计图、环境条件、工程变更、工程索赔、施工的工期与质量、人工、材料及机械台班价格的变动、风险事件的发生等很多因素的变化都会直接影响工程的实际价格，这一阶段的工程造价管理最为复杂，因此应遵循一定的工作程序来管理施工阶段的工程造价，图7-1为施工阶段工程造价控制的工作程序。

7.1.4　施工阶段工程造价控制的措施

施工阶段是实现建设工程价值的主要阶段，也是资金投入量最大的阶段。在这一阶段需要投入大量的人力、物力、资金等，是建设项目费用消耗最多的时期，浪费投资的可能性比较大。因此在实践中，往往把施工阶段作为工程造价管理的重要阶段，应从组织、经济、技术和合同等多方面采取措施，控制投资。

1. 组织措施

1）建立合理的项目组织结构，明确组织分工，落实各个组织、人员的任务分工及职能分工等。例如，针对工程款的支付，从质量检验、计量、审核、签证、付款、偏差分析等程序落实需要涉及的组织及人员。

2）编制施工阶段投资控制工作计划，建立主要管理工作的详细工作流程，如资金支付的程序、采购的程序、设计变更的程序、索赔的程序等。

3）委托或聘请有关咨询机构或工程经济专家做好施工阶段必要的技术经济分析与论证。

2. 经济措施

1）编制资金使用计划，确定分解投资控制目标。

2）定期收集工程项目成本信息、已完成的任务量情况信息和建筑市场相关造价指数等数据，对工程施工过程中的资金支出做好分析与预测，对工程项目投资目标进行风险分析，并制定防范性对策。

3）严格工程计量，复核工程付款账单，签发付款证书。

4）对施工过程资金支出进行跟踪控制，定期地进行投资实际支出值与计划目标值的比

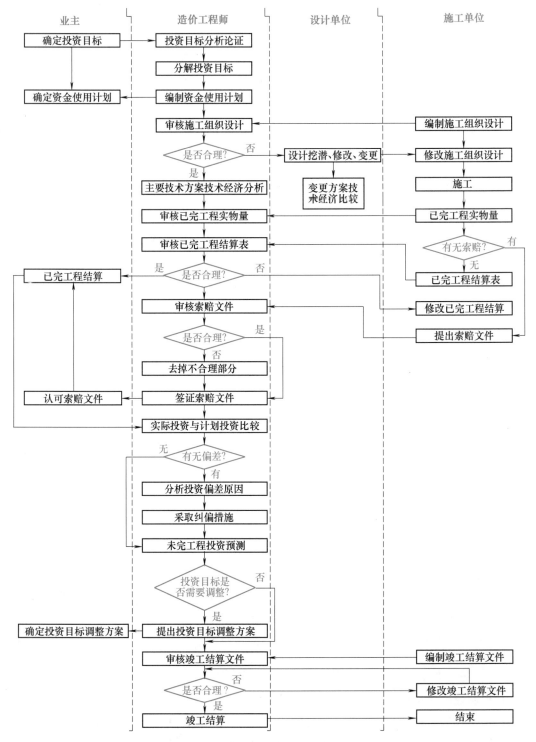

图 7-1 施工阶段工程造价控制的工作程序

较，进行偏差分析，发现偏差，分析原因，及时采取纠偏措施。

5）协商确定工程变更价款，审核竣工结算。

6）对节约造价的合理化建议进行奖励。

3. 技术措施

1）对设计变更进行技术经济分析，严格控制不合理变更。

2）继续寻找通过设计节约造价的可能性。

3）审核承包商编制的施工组织设计，对主要施工方案进行技术经济分析。

4. 合同措施

1）合同实施、修改、补充过程中进一步进行合同评审。

2）施工过程中及时收集和整理有关的施工、监理、变更等工程信息资料，为正确地处理可能发生的索赔提供证据。

3）参与并按一定程序及时处理索赔事宜。

4）参与合同的修改、补充工作，着重考虑其对造价的影响。

■ 7.2　施工组织设计的编制优化

7.2.1　施工组织设计编制的内容和程序

1. 施工组织设计的概念

施工组织设计是由施工单位编制的用以进行施工准备和组织施工的技术经济文件，是施工企业管理现场施工的内部规划。其任务是根据工程客观条件、施工特点、合同约定的工期质量等级要求等，结合施工企业的技术力量、装备与管理水平，对人力、资金、材料、机械和施工方法等基本要素进行统筹规划、合理安排、全面组织；充分利用有限的空间和时间，采用先进的施工技术，选择经济合理的施工方案；建立正常的生产秩序和有效的管理方法，力求取得安全、高质、低成本、短工期、好效益的建设产品。

2. 施工组织设计的内容

施工组织设计分为施工组织总设计、单位工程施工组织设计和分部工程施工组织设计三类。

1）施工组织设计应包括以下内容：施工现场平面布置图，施工方案（即施工方法及相应技术组织措施），施工进度计划，安全和质量技术措施，文明施工和环境保护，有关人力、施工机具、生产设备、建筑材料和施工用水、电、动力、运输等资源的需求及其供应方法。

2）施工组织设计的重点：应突出施工平面布置、施工进度计划、施工方案设计三大重点。

3）施工组织设计的关键：在于"组织"，即对施工人力、物力、资金、时间和空间、需要与可能、局部与整体、阶段与过程、场内与场外等给予周密的安排。

4）施工组织设计的最终目的：使整个工程项目施工过程达到质量好、造价低、工期短、效益高的结果。

3. 施工组织设计的程序

单位工程施工组织设计的编制程序，是指单位工程施工组织设计各个组成部分形成的先后次序及相互之间的制约关系。单位工程施工组织设计的编制程序如图7-2所示。

7.2.2 施工组织设计的优化要点

施工组织设计的优化实际上是一个决策的过程，一方面，施工单位要在充分研究工程项目客观情况和施工特点的基础上，对可能要采取的多个施工和管理方案进行技术经济分析和比较，选择投入资源少、质量高、成本低、工期短、效益好的最佳方案；另一方面，造价工程师应根据所建工程项目的实际情况及其所处的地质和气候条件、经济环境和施工单位的能力深入分析施工单位提交的施工组织设计，进一步寻求多个改进方案，选择其中的最优方案，并力促施工单位能够接受最优方案，使工程项目造价控制在确定的范围之内。施工组织设计的优化应充分考虑全局，抓住主要矛盾，预见薄弱环节，实事求是地做好施工全过程的合理安排。

1. 充分做好施工准备工作

施工组织设计分为标前设计（投标阶段编制）和标后设计（中标后开工前编制），都要做好充分的准备工作。

图 7-2 单位工程施工组织设计的编制程序

在编制投标文件的过程中，要充分熟悉设计图、招标文件，要重视现场踏勘，编制出一份科学合理的施工组织设计文件。为了响应招标要求，要对施工组织设计进行优化，确保工程中标，并有一个合理的预期利润水平。

工程中标后，承包人要着手编制详尽的施工组织设计。在选择施工方案、确定进度计划和技术组织措施之前，必须熟悉：①设计文件；②工程性质、规模和施工现场情况；③工期、质量和造价要求；④水文、地质和气候条件；⑤物资运输条件；⑥人、材、机的需用量及本地材料市场价格等具体的技术经济条件，为优化施工组织设计提供科学合理的依据。

2. 合理安排施工进度

根据应完成的工程量、能够安排的劳动力及产量定额，合理确定工作时间，并考虑工作间的合理搭接及分段组织流水，合理确定工期及施工进度计划。在工程施工中，根据施工进度算出人工、材料、机械设备的使用计划，避免人工、机械、材料的大进大出，浪费资源。图 7-3 是工期与工程造价关系曲线图：在合理工期 $t_合$ 内，工程造价最低为 $C_合$；实际工期比合理工期 $t_合$ 提前 t_1 或拖后 t_2，都意味着造价的提高（$C_1 > C_合$，$C_2 > C_合$）。在确保工期的前提下，保证施工按进度计划有节奏地进行，实现合同约定的质量目标和预期的利润水平，提高综合效益。

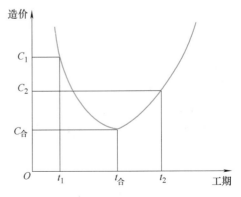

图 7-3 工期与工程造价关系曲线图

3. 组建精干的项目管理机构，组织专业队伍流水作业

施工现场项目管理机构和施工队伍要精干，减少计划外用工，降低计划外人工费用支出，充分调动职工的积极性和创造性，提高工作效率。施工技术与管理人员要掌握施工进度计划和施工方案，能够在施工中组织专业队伍连续交叉作业，尽可能组织流水施工，使工序衔接合理紧密，避免窝工。这样，既能提高工程质量、保证施工安全，又可以降低工程成本。

4. 提高机械的利用率，降低机械使用费用

机械设备在选型和搭配上要合理，充分考虑施工作业面、施工强度和施工工序。在不影响总进度的前提下，对局部进度计划做适当的调整，做到一机多用，充分发挥机械的作用，提高机械的利用率，达到降低机械使用费从而降低工程成本的目的。

例如，在土石方工程施工中，反铲挖掘机可以用于多项工程的施工，比如开挖土石方、挖沟、消坡、清理基础、撬石、安装 1m 直径内的管道、混凝土运输、拆除建筑物等，但行走距离不能太远。

5. 以提高经济效益为主导，选用施工技术和施工方案

在满足合同质量要求的前提下，采用新材料、新工艺、新技术，减少主要材料的浪费，杜绝返工、返修，合理降低工程造价。对新材料、新工艺、新技术的采用要进行技术经济分析比较，要经过充分的市场调查和询价，选用优质价廉的材料；在保证机械完好率的条件下，用最小的机械消耗和人工消耗，最大限度地发挥机械的利用率，尽量减少人工作业，以达到缩短工序作业时间的目的，所以优选成本低的施工方案和施工工艺对提高经济效益具有重要意义。

6. 确保施工质量，降低工程质量成本

（1）工程质量成本 工程质量成本，又称工程质量造价，是指为使竣工工程达到合同约定的质量目标所发生的一切费用，包括以下两部分内容：

1）质量保障和检验成本。质量保障和检验成本是指保证工程达到合同质量目标要求所支付的费用，包括工程质量检测与鉴定成本和工程质量预防成本。

工程质量检测与鉴定成本是工程施工中正常检测、试验和验收所需的费用和用以证实产品质量的仪器费用的总和，包括：①材料抽样委外检测费；②常规检测、试验费；③仪器的购买和使用费；④仪器本身的检测费；⑤质量报表费用等。

工程质量预防成本是施工中为预防工程所购材料不合格所需要的费用总和，包括：①质量管理体系的建立费用；②质量管理培训费用（质量管理人员业务培训）；③质量管理办公费；④收集和分析质量数据费用；⑤改进质量控制费用（如引进先进合理的质量检测仪器如核子密度仪、面波仪、探伤仪等）；⑥新材料、新工艺、新技术的评审费用；⑦施工规范、试验规程、质量评定标准等技术文件的购买费用；⑧工程技术咨询费用等。

2）质量失败补救成本。质量失败补救成本是指完工工程未达到合同的质量标准要求所造成的损失（返工和返修等）及处置工程质量缺陷所发生的费用，包括工程质量问题成本和工程质量缺陷成本。

工程质量问题成本是在工程施工中由于工程本身不合格而进行处置的费用总和，包括：

①返工费用；②返修费用；③重新检验费用；④质量检测与鉴定费用；⑤停工费；⑥成本损失费用等。

工程质量缺陷成本是工程交工后在保修期（缺陷通知期）内，因施工质量原因，造成的工程不合格而进行处置的费用总和，包括：①质量检测与鉴定费用；②返修费用；③返工费用；④设备更换费用；⑤损失赔偿费等。

（2）工程质量成本控制 控制好工程质量成本，必须消灭工程质量问题成本和缺陷成本，同时要提高质量检测的工作效率，减少预防成本支出。为此，要把握好材料进场质量关，控制好施工过程的质量，改进质量控制方法。这样就可能消灭工程质量问题成本和缺陷成本，从而降低部分工程质量预防成本，使工程质量成本降到最低水平，即只发生工程质量鉴定成本和部分工程质量预防成本。因此，工程质量是完全可以控制的。

综上所述，通过对施工组织设计的优化，能够使其在工程施工过程中真正发挥技术经济文件的作用，不仅能够满足合同工期和工程质量要求，而且能大大降低工程成本，降低工程造价，提高综合效益。

7.2.3 施工方案优化的方法

施工方案的优化，就是通过科学的方法，对多方案的施工组织设计进行技术经济分析、比较，从中确定最佳的方案。优化施工组织设计的方法有定性分析法、多指标定量分析法、价值法和价值工程分析法。

1. 定性分析法

所谓定性分析法，就是根据过去积累的经验对施工方案、施工进度计划和施工平面布置的优劣进行分析。一般可按经验数据和工期定额进行分析。定性分析法较为简便，但不精确，要求施工组织设计编制者或造价工程师必须具有丰富的施工经验和管理水平。

2. 多指标定量分析法

多指标定量分析法，是目前经常采用的优化施工组织设计的方法。它通过对一系列技术经济指标进行计算，对比分析，然后根据指标的高低分析判断优劣。主要的技术经济指标有施工进度计划指标、工程成本指标、工程质量指标、施工机械化程度指标、施工安全指标。

3. 价值法（价值定量分析法）

所谓价值法，就是对各方案都计算出最终价值，用价值量的大小评定方案优劣的办法。从使用者需要的角度论证会计理论，再用这套理论为特定的决策模型提供最适宜的信息，价值量越小，方案越优。

4. 价值工程法

价值工程是指着重于功能分析，力求用最低的寿命周期成本，得到在功能上能充分满足客户要求的产品、服务或工程项目，从而获得最大经济效益的有组织的活动。

价值工程法主要应用在项目评价或工程设计方案比较中。它是评价某一工程项目的功能与实现这一功能所消耗费用之比合理程度的尺度。它是以提高价值为目的的，要求以最低的寿命周期成本实现产品的必要功能，以功能分析为核心，以有组织、有领导的活动为基础，以科学的技术方法为工具。价值工程在工程项目评价或设计方案比选中的应用，并不是对所有内容都进行价值分析，而是有选择地选择分析对象。

对方案进行评价的方法有很多。其中在利用价值工程的原理对方案进行综合评价的方法中，常用的是加权评分法。

加权评分法是一种用权数大小来表示评价指标的重要程度，用满足程度评分表示方案某项指标水平的高低，以方案的综合评分作为择优根据的方法。它的主要特点是同时考虑功能与成本两方面的因素，以价值指数大者为最优。加权评分法的基本步骤如下：

（1）计算方案的成本指数　其计算公式为

$$某方案成本指数 = \frac{该方案成本}{\sum 各方案成本} \tag{7-1}$$

（2）确定功能重要性指数　其计算公式为

$$某项功能重要性指数 = \frac{\sum(该功能各评价指标得分 \times 评价指标权重)}{评价指标得分之和} \tag{7-2}$$

（3）计算方案功能评价指数　其计算公式为

$$某方案功能评价指数 = \frac{该方案评定总分}{\sum 各方案评定总分} \tag{7-3}$$

$$方案评定总分 = \sum(各功能重要性指数 \times 方案对各功能的满足程度得分) \tag{7-4}$$

（4）计算方案价值指数　其计算公式为

$$某方案价值指数 = \frac{该方案功能评价指数}{该方案成本指数} \tag{7-5}$$

以价值指数最高的方案为最佳方案。

在计算功能评价指数时常采用0-4评分法。0-4评分法是采用一定的评分规则，采用强制对比打分来评定评价对象的功能重要性的评分法。其中0-4评分法为：

很重要的功能因素得4分，另一个很不重要的功能因素得0分；

较重要的功能因素得3分，另一个较不重要的功能因素得1分；

同样重要或基本同样重要时，则两个功能因素各得2分。

此方法适用于被评价对象在功能重要程度上的差异不太大，并且评价对象子功能数目不太多的情况。如果功能评价指数大，说明功能重要。反之，功能评价指数小，说明功能不太重要。

【例7-1】　某厂有三层砖混结构住宅14幢。随着企业的不断发展，职工人数逐年增加，职工住房条件日趋紧张。为改善职工居住条件，该厂决定在原有住宅区内新建住宅。

（1）新建住宅功能分析　为了使住宅扩建工程达到投资少、效益高的目的，价值工程小组工作人员认真分析了住宅扩建工程的功能，将增加住房户数（F1）、改善居住条件（F2）、增加使用面积（F3）、利用原有土地（F4）、保护原有林木（F5）五项功能作为主要功能。

（2）功能评价　经过价值工程小组集体讨论，认为增加住房户数最重要，其次改善居住条件与增加使用面积同等重要，利用原有土地与保护原有林木同样不太重要。即F1>F2=F3>F4=F5，利用0-4评分法，计算出各方案的功能评价系数。

解：功能评价系数计算表见表7-1。

表7-1　功能评价系数计算表

功能	F1	F2	F3	F4	F5	得分	功能评价系数
F1	×	3	3	4	4	14	0.35
F2	1	×	2	3	3	9	0.225
F3	1	2	×	3	3	9	0.225
F4	0	1	1	×	2	4	0.1
F5	0	1	1	2	×	4	0.1
合计						40	1.00

【例7-2】　某市高新技术开发区一幢综合楼项目征集了 A、B、C 三个设计方案，其设计方案对比项目如下：

A 方案：结构方案为大柱网框架轻墙体系，采用预应力大跨度叠合楼板，墙体材料采用多孔砖及移动式可拆装式分室隔墙，窗户采用中空玻璃塑钢窗，面积利用系数 93%，单方造价为 1438 元/m^2；

B 方案：结构方案同 A 方案，墙体采用内浇外砌，窗户采用单玻塑钢窗，面积利用系数为 87%，单方造价为 1108 元/m^2；

C 方案：结构方案采用砖混结构体系，采用多孔预应力板，墙体材料采用标准黏土砖，窗户采用双玻塑钢窗，面积利用系数为 79%，单方造价为 1082 元/m^2。

方案各功能的权重及各方案的功能得分见表7-2。

表7-2　方案各功能的权重及各方案的功能得分

方案功能	功能权重	方案功能得分		
		A	B	C
结构体系	0.25	10	10	8
模板类型	0.05	10	10	9
墙体材料	0.25	8	9	7
面积系数	0.35	9	8	7
窗户类型	0.10	9	7	8

问题：

（1）试应用价值工程法选择最优设计方案。

（2）为控制工程造价和进一步降低费用，拟针对所选的最优设计方案的土建工程部分，以工程材料费为对象开展价值工程分析。将土建工程划分为四个功能项目，各功能项目评分值及其目前成本见表7-3。按限额设计要求，目标成本额应控制为 12170 万元。

表7-3　各功能项目评分值及其目前成本

功能项目	功能评分	目前成本（万元）
A. 桩基维护工程	10	1520
B. 地下室工程	11	1482
C. 主体结构工程	35	4705
D. 装饰工程	38	5105
合计	94	12812

试分析各功能项目的目标成本及其可能降低的额度，并确定功能改进顺序。

解：（1）分别计算各方案的功能指数、成本指数和价值指数，并根据价值指数选择最优方案。

1）各方案的功能指数计算表见表7-4。

表7-4　各方案的功能指数计算表

方案功能	功能权重	方案功能加权得分		
		A	B	C
结构体系	0.25	10×0.25=2.50	10×0.25=2.50	8×0.25=2.00
模板类型	0.05	10×0.05=0.50	10×0.05=0.50	9×0.05=0.45
墙体材料	0.25	8×0.25=2.00	9×0.25=2.25	7×0.25=1.75
面积系数	0.35	9×0.35=3.15	8×0.35=2.80	7×0.35=2.45
窗户类型	0.10	9×0.10=0.90	7×0.10=0.70	8×0.10=0.80
合计		9.05	8.75	7.45
功能指数		9.05/25.25=0.358	8.75/25.25=0.347	7.45/25.25=0.295

各方案功能加权得分之和为：9.05+8.75+7.45=25.25

2）各方案的成本指数计算表见表7-5。

表7-5　各方案的成本指数计算表

方案	A	B	C	合计
单方造价（元/m²）	1438	1108	1082	3628
成本指数	0.3964	0.3054	0.2982	1

注：分别用每个方案的单方造价除以各方案单方造价合计（3628），求得每个方案的成本指数。

3）各方案的价值指数计算表见表7-6。

表7-6　各方案的价值指数计算表

方案	A	B	C
功能指数	0.358	0.347	0.295
成本指数	0.3964	0.3054	0.2982
价值指数	0.903	1.136	0.989

注：分别用每个方案的功能指数除以成本指数，求得每个方案的价值指数。

由上表的计算结果可知，B方案的价值指数最高，为最优方案。

（2）根据表7-3所列数据，对所选定的设计方案进一步分别计算桩基围护工程、地下室工程、主体结构工程和装饰工程的功能指数、成本指数和价值指数；再根据给定的总目标成本额，计算各工程内容的目标成本额，从而确定其成本降低额度。具体计算结果汇总见表7-7所示。

表 7-7　各功能项目的目标成本及其降低的额度

功能项目	功能评分	功能指数	目前成本（万元）	成本指数	价值指数	目标成本（万元）	成本降低额（万元）
（1）	（2）	（3）	（4）	（5）	（6）	（7）	（8）
桩基维护工程	10	0.1064	1520	0.1186	0.8971	1295	225
地下室工程	11	0.1170	1482	0.1157	1.0112	1424	58
主体结构工程	35	0.3723	4705	0.3672	1.0139	4531	174
装饰工程	38	0.4043	5105	0.3985	1.0146	4920	185
合计	94	1.0000	12812	1.0000	—	12170	642

注：1. 每个功能项目的功能指数为其功能评分除以功能评分合计（94）的商。

2. 每个功能项目的成本指数为其目前成本除以目前成本合计（12812）的商。

3. 每个功能项目的价值指数为其功能指数与成本指数相除的商。

4. 每个功能项目的目标成本是将总目标成本按每个功能项目的功能指数分摊的数值。

5. 每个功能项目的成本降低额为其目前成本与目标成本的差值。

由上表的计算结果可知，桩基围护工程、地下室工程、主体结构工程和装饰工程均应通过适当的方式降低成本。根据成本降低额的大小，功能改进顺序依此为：桩基围护工程、装饰工程、主体结构工程、地下室工程。

7.3　工程变更

工程变更是指施工合同履行过程中出现与签订合同时的预计条件不一致的情况，而需要改变原定施工承包范围内的某些工作内容。合同当事人一方因对方未履行或不能正确履行合同所规定的义务而遭受损失时，可向对方提出索赔。工程变更与索赔是影响工程价款结算的重要因素，因此也是施工阶段造价管理的重要内容。

7.3.1　我国现行工程变更的管理

1. 工程变更的范围和内容

工程变更包括工程量变更、工程项目变更（如建设单位提出增加或者删减工程项目内容）、进度计划变更、施工条件变更等。根据《标准施工招标文件》中的通用合同条款，工程变更包括以下五个方面：

1）取消合同中任何一项工作，但被取消的工作不能转由建设单位或其他单位实施。

2）改变合同中任何一项工作的质量或其他特性。

3）改变合同工程的基线、标高、位置或尺寸。

4）改变合同中任何一项工作的施工时间或改变已批准的施工工艺或顺序。

5）为完成工程需要追加的额外工作。

2. 工程变更程序

工程施工过程中出现的工程变更可分为监理人指示的工程变更和施工承包单位申请的工程变更两类。

（1）监理人指示的工程变更　监理人根据工程施工的实际需要或建设单位要求实施的

工程变更，可以进一步划分为直接指示的工程变更和通过与施工承包单位协商后确定的工程变更两种情况。

1）监理人直接指示的工程变更。监理人直接指示的工程变更属于必需的变更，如按照建设单位的要求提高质量标准、设计错误需要进行的设计修改、协调施工中的交叉干扰等情况。此时不需征求施工承包单位意见，监理人经过建设单位同意后发出变更指示要求施工承包单位完成工程变更工作。

2）与施工承包单位协商后确定的工程变更。此类情况属于可能发生的变更，与施工承包单位协商后再确定是否实施变更，如增加承包范围外的某项新工作等。此时，工程变更程序如下：

① 监理人首先向施工承包单位发出变更意向书，说明变更的具体内容和建设单位对变更的时间要求等，并附必要的图样和相关资料。

② 施工承包单位收到监理人的变更意向书后，如果同意实施变更，则向监理人提出书面变更建议。建议书的内容包括提交拟实施变更工作的计划、措施、竣工时间等内容的实施方案以及费用要求。若施工承包单位收到监理人的变更意向书后认为难以实施此项变更，也应立即通知监理人，说明原因并附详细依据，如不具备实施变更项目的施工资质、无相应的施工机具等原因或其他理由。

③ 监理人审查施工承包单位的建议书，施工承包单位根据变更意向书的要求提交的变更实施方案可行并经建设单位同意后，发出变更指示。如果施工承包单位不同意变更，监理人与施工承包单位和建设单位协商后确定撤销、改变或不改变原变更意向书。

④ 变更建议应阐明要求变更的依据，并附必要的图样和说明。监理人收到施工承包单位的书面建议后，应与建设单位共同研究，确认存在变更的，应在收到施工承包单位的书面建议后的 14 天内做出变更指示。经研究后不同意作为变更的，应由监理人书面答复施工承包单位。

（2）施工承包单位提出的工程变更 施工承包单位提出的工程变更可能涉及建议变更和要求变更两类。

1）施工承包单位建议的变更。施工承包单位对建设单位提供的图样、技术要求等提出了可能降低合同价格、缩短工期或提高工程经济效益的合理化建议，均应以书面形式提交给监理人。合理化建议书的内容应包括建议工作的详细说明、进度计划和效益以及与其他工作的协调等，并附必要的设计文件。

监理人与建设单位协商是否采纳施工承包单位提出的建议。建议被采纳并构成变更的，监理人向施工承包单位发出工程变更指示。

施工承包单位提出的合理化建议使建设单位获得工程造价降低、工期缩短、工程运行效益提高等实际利益，应按专用合同条款中的约定给予奖励。

2）施工承包单位要求的变更。施工承包单位收到监理人按合同约定发出的图样和文件，经检查认为其中存在属于变更范围的情形，如提高工程质量标准、增加工作内容、改变工程的位置或尺寸等，可向监理人提出书面变更建议。变更建议应阐明要求变更的依据，并附必要的图样和说明。

监理人收到施工承包单位的书面建议后，应与建设单位共同研究、确认存在变更的，应在收到施工承包单位书面建议后的 14 天内做出变更指示。经研究后不同意作为变更的，应由监理人书面答复施工承包单位。

3. 变更价款的确定

(1) 分部分项工程费的调整 工程变更引起分部分项工程项目发生变化的，应按照下列规定调整：

1) 已标价工程量清单中有适用于变更工程项目的，且工程变更导致的该清单项目的工程数量变化不足 15% 时，采用该项目的单价。

2) 已标价工程量清单中没有适用但有类似于变更工程项目的，可在合理范围内参照类似项目的单价或总价调整。

3) 已标价工程量清单中没有适用也没有类似于变更工程项目的，由承包人根据变更工程资料、计量规则和计价办法、工程造价管理机构发布的信息（参考）价格和承包人报价浮动率，提出变更工程项目的单价或总价，报发包人确认后调整。承包人报价浮动率可按下列公式计算。

① 实行招标的工程

$$承包人报价浮动率 L = (1 - 中标价 / 招标控制价) \times 100\% \tag{7-6}$$

② 不实行招标的工程

$$承包人报价浮动率 L = (1 - 报价值 / 施工图预算) \times 100\% \tag{7-7}$$

式中 中标价、招标控制价或报价值、施工图预算，均不含安全文明施工费。

4) 已标价工程量清单中没有适用也没有类似的变更工程项目，且工程造价管理机构发布的信息（参考）价格缺价的，由承包人根据变更工程资料、计量规则、计价办法和通过市场调查等的有合法依据的市场价格提出变更工程项目的单价或总价，报发包人确认后调整。

(2) 措施项目费的调整 工程变更引起措施项目发生变化的，承包人提出调整措施项目费的，应事先将拟实施的方案提交发包人确认，并详细说明与原方案措施项目相比的变化情况。拟实施的方案经发承包双方确认后执行，并应按照下列规定调整措施项目费：

1) 安全文明施工费，按照实际发生变化的措施项目调整，不得浮动。

2) 采用单价计算的措施项目费，按照实际发生变化的措施项目按前述分部分项工程费的调整方法确定单价。

3) 按总价（或系数）计算的措施项目费，除安全文明施工费外，按照实际发生变化的措施项目调整，但应考虑承包人报价浮动的因素，即调整金额按照实际调整金额乘以按照公式得出的承包人报价浮动率 L 计算。

如果承包人未事先将拟实施的方案提交给发包人确认，则视为工程变更不引起措施项目费的调整或承包人放弃调整措施项目费的权利。

(3) 承包人报价偏差的调整 如果工程变更项目出现承包人在工程量清单中填报的综合单价与发包人招标控制价或施工图预算相应清单项目的综合单价偏差超过 15% 的，工程变更项目的综合单价可由发承包双方协商调整。具体的调整方法，由双方当事人在合同专用条款中约定。

(4) 删减工程或工作的补偿 如果发包人提出的工程变更，非因承包人原因删减了合同中的某项原定工作或工程，致使承包人发生的费用或（和）得到的收益不能被包括在其他已支付或应支付的项目中，也未被包含在任何替代的工作或工程中，则承包人有权提出并得到合理的费用及利润补偿。

【例 7-3】　某工程土方工程量，工程量清单的工程量为 1100m³，合同约定综合单价为 15 元/m³，且实际工程量减少超过 15%时调整单价，单价调整为 15.5 元/m³。

（1）经工程师计量，承包商实际完成的土方量为 900m³，则该土方工程价款为多少？

（2）如果承包商实际完成土方量为 1000m³，其他不变，则该土方工程价款为多少？

解：（1）按《建设工程工程量清单计价规范》规定，工程量实际减少量超过合同约定幅度，原综合单价需做调整。

本题工程量减少幅度为（1100-900)m³/1100m³ = 18.18%，需执行合同约定的调整价。

故该土方工程价款为：900m³×15.5 元/m³ = 13950 元

（2）因工程量变化幅度为（1100-1000）m³/1100m³ = 9.1%，需执行原价。

故该土方工程价款为：1000m³×15 元/m³ = 15000 元。

7.3.2　FIDIC 合同条件下工程的变更与估价

1. 工程变更的范围和内容

（1）工程变更　根据 FIDIC 施工合同条件规定，在颁发工程接收证书前的任何时间，工程师在业主授权范围内根据施工现场的实际情况，在认为有必要时通过发布变更指令或以要求承包商递交建议书的任何方式提出变更。

（2）变更范围

1）改变合同中任何工作的工程量。合同实施过程中出现实际工程量与招标文件提供的工程量清单不符时，工程量按实际计量的结果，单价在双方合同专用条款内约定。

2）任何工作质量或其他特性变更，如提高或降低质量标准。

3）工程任何部分标高、位置和尺寸改变。

4）删减任何合同约定的工作内容。取消的工作应是不再需要的工作，不允许用变更指令的方式将承包范围内的工作变更给其他承包商实施。

5）改变原定的施工顺序或时间安排。

6）新增工程按单独合同对待。进行永久工程时所必需的任何附加工作、永久设备、材料供应或其他服务，包括任何联合竣工检验以及勘察工作，除非承包人同意此项按变更对待，一般应将新增工程按一个单独合同来对待。

2. 工程变更的程序

1）工程师将计划变更事项通知承包商，并要求承包商实施变更建议书。

2）承包商应尽快予以答复。承包商依据工程师的指示递交实施变更的说明，包括对实施工作的计划及说明、对进度计划做出修改的建议、对变更估价的建议、提出变更费用的要求。

若承包商由于非自身原因无法执行此项变更，承包商应立刻通知工程师。

3）工程师做出是否变更的决定，尽快通知承包商。

4）承包商在等待答复期间，不应延误任何工作。

3. 变更估价

1）承包商提出的变更建议书，只能作为工程师决定是否实施变更的参考。除工程师做出指示或批准以总价方式支付的情况外，每一项变更应依据计量工程量进行估价和支付。

2）变更估价。工程师对每一项工作的估价应与合同双方协商并尽力达成一致。如果未能达成一致，工程师应按照合同规定在考虑实际情况后做出公正的决定。工程师应将每一项协议或决定向每一方发出通知，并附有具体的证明材料。

3）估价原则。估价原则有以下三个方面：

① 变更工作在工程量表中有同种工作内容的单价，以该单价计算变更工程费用。

② 工程量表中虽然列有同类工作的单价或价格，但对具体变更工作而言已不适用，则应在原单价或价格的基础上确定合理的单价或价格。

③ 变更工作的内容在工程量表中没有同类工作的单价或价格，应按照与合同单价或价格相一致的原则，确定新的单价或价格。

4）可以调整合同工作单价的原则。具备以下条件时，允许对某一项工作的单价或价格加以调整。

① 此项工作实际测量的工程量比工程量表或其他报表中规定的工程量的变动大于10%。

② 工程量的变更与对该项工作规定的具体单价的乘积超过了接受的合同款额的0.01%。

③ 由此工程量的变更直接造成该项工作每单位工程量费用的变动超过1%。

【例7-4】 某项工作发包方提出的估计工程量为1800m^3，合同中规定工程单价为15 元/m^3，实际工程量超过10%时，调整单价，超出10%部分的工程量单价为13 元/m^3，结束时实际完成工程量2000m^3，则该项工作工程款为多少元？

解： $1800m^3 \times (1 + 10\%) = 1980m^3$

$1980m^3 \times 15\ 元/m^3 + (2000 - 1980)m^3 \times 13\ 元/m^3 = 29960\ 元$

7.4 工程索赔

7.4.1 索赔的概念与分类

1. 索赔的概念

索赔是指当事人在合同实施过程中，根据法律、合同规定及惯例，对并非由于自己的过错而是属于应由对方承担责任的情况造成，且实际发生了损失，向对方提出给予补偿或赔偿的权力要求。

索赔有较广泛的含义，可以概括为以下三个方面：

1）一方违约使另一方蒙受损失，受损方向对方提出赔偿损失的要求。

2）发生应由发包人承担责任的特殊风险或遇到不利自然条件等情况，使承包人蒙受较大损失而向发包人提出补偿损失要求。

3）承包人本人应当获得的正当利益，由于没能及时得到监理人的确认和业主应给予的支付，而以正式函件向业主索赔。

索赔的性质属于经济补偿行为，而不是惩罚。索赔方所受到的损害与被索赔方的行为并不一定存在法律上的因果关系。索赔是一种正当的权利要求，它是业主、监理人和承包人之间一项正常的、大量发生而且普遍存在的合同管理业务，是一种以法律和合同为依据的、合情合理的行为。

2. 工程索赔的分类

工程索赔从不同的角度可以进行不同的分类，但最常见的是按当事人的不同和索赔的目的不同进行分类。

（1）按索赔有关当事人不同分类

1）承包人同业主之间的索赔。这是承包施工中最普遍的索赔形式，最常见的是承包人向业主提出的工期索赔和费用索赔，也是本节要探讨的主要内容。有时，业主也向承包人提出经济赔偿的要求，即反索赔。

2）总承包人和分包人之间的索赔。总承包人和分包人，按照他们之间所签订的分包合同，都有向对方提出索赔的权利，以维护自己的利益，获得额外开支的经济补偿。分包人向总承包人提出的索赔要求，经过总承包人审核后，凡是属于业主方面责任范围内的事项，均由总承包人汇总后向业主提出；凡是属于总承包人责任范围内的事项，则由总承包人同分包人协商解决。

（2）按索赔的目的不同分类

1）工期索赔。承包人向发包人要求延长工期，合理顺延合同工期。由于合理的工期延长，可以使承包人免于承担误期罚款（或误期损害赔偿金）。

2）费用索赔。承包人要求取得合理的经济补偿，即要求发包人补偿不应该由承包人自己承担的经济损失或额外费用，或者发包人向承包人要求因为承包人违约导致业主的经济损失补偿。

（3）按索赔事件的性质不同分类　根据索赔事件的性质不同，可以将工程索赔分为：

1）工程延误索赔。因发包人未按合同要求提供施工条件，或因发包人指令工程暂停或不可抗力事件等原因造成工期拖延的，承包人可以向发包人提出索赔；如果由于承包人原因导致工期拖延，发包人可以向承包人提出索赔。

2）加速施工索赔。由于发包人指令承包人加快施工速度、缩短工期、引起承包人的人力、物力、财力的额外开支，承包人提出的索赔。

3）工程变更索赔。由于发包人指令增加或减少工程量或增加附加工程、修改设计、变更工程顺序等，造成工期延长或费用增加，承包人就此提出索赔。

4）合同终止的索赔。由于发包人违约或发生不可抗力事件等原因造成合同非正常终止，承包人因其遭受经济损失而提出索赔。如果由于承包人的原因导致合同非正常终止，或者合同无法继续履行，发包人可以就此提出索赔。

5）不可预见的不利条件索赔。承包人在工程施工期间，施工现场出现有经验的承包人通常不能合理预见的不利施工条件或外界障碍，如地质条件与发包人提供的资料不符，出现不可预见的地下水、地质断层、溶洞、地下障碍物等，承包人可以就因此遭受的损失提出索赔。

6）不可抗力事件的索赔。工程施工期间，因不可抗力事件的发生而遭受损失的一方，可以根据合同中对不可抗力风险分担的约定，向当事人提出索赔。

7）其他索赔。如因货币贬值、汇率变化、物价上涨、政策法令变化等原因引起的索赔。

7.4.2　索赔产生的原因

施工过程中，索赔产生的原因很多，经常引发索赔的原因有：

1. 发包人违约

发包人违约常常表现为没有为承包人提供合同约定的施工条件、未按照合同约定的期限和数额付款等。工程师未能按照合同约定完成工作，如未能及时发出图样、指令等也视为发包人违约。

2. 合同文件缺陷

合同文件缺陷表现为合同文件规定不严谨甚至矛盾、合同中出现遗漏或错误。在这种情况下，工程师应当给予解释，如果这种解释将导致成本增加或工期延长，发包人应当给予补偿。

3. 合同变更

合同变更表现为设计变更、施工方法变更、追加或者取消某些工作、合同其他规定的变更等。

4. 不可抗力事件

不可抗力事件又可以分为自然事件和社会事件。自然事件主要是指遇到不利的自然条件和客观障碍，如在施工过程中遇到了经现场调查无法发现、发包人提供的资料中也未提到的、无法预料的情况，如地下水、地质断层等。社会事件则包括国家政策、法律、法令的变更、战争、罢工等。

5. 发包人代表或监理工程师的指令

发包人代表或监理工程师的指令有时也会产生索赔，如监理工程师指令承包人加速施工速度、进行某项工作、更换某些材料、采取某些措施等，并且这些指令带来的损失不是由于承包人的原因造成的。

6. 其他第三方原因

其他第三方原因常常表现为与工程有关的第三方的问题而引起的对本工程的不利影响，如业主指定的供应商违约，业主付款被银行延误等。

7.4.3　索赔的处理原则与处理程序

1. 索赔的处理原则

（1）索赔必须以合同为依据　工程师依据合同和事实对索赔进行处理是其公平性的重要体现。在不同的合同条件下，这些依据很可能是不同的。如因为不可抗力导致的索赔，在国内《建设工程施工合同示范（文本）》条件下，承包人机械设备损坏的损失，是由承包人承担的，不能向发包人索赔；但在FIDIC合同条件下，不可抗力事件一般都列为发包人承担的风险，损失都应当由发包人承担。在具体的合同中，各个合同的协议条款不同，其依据的差别就更大了。

（2）及时、合理地处理索赔　索赔处理得不及时，对双方都会产生不利的影响。如承包人的索赔长期得不到合理解决，索赔积累的结果会导致其资金困难，同时会影响工程进度，给双方都带来不利的影响。处理索赔还必须坚持合理性原则，如索赔费用计算中，因发包人原因新增工程量的人工费（或机械费）计算和窝工人工费（或机械闲置费）的计算的单价使用不同标准，具体应在合同中明确。

（3）加强主动控制，减少工程索赔　对于工程索赔应当加强主动控制，尽量减少索赔。这就要求在工程管理过程中，应当尽量将工作做在前面，减少索赔事件的发生。这样能够使工程更顺利地进行，降低工程投资、缩短施工工期。

2. 索赔的处理程序

（1）《建设工程工程量清单计价规范》规定的索赔程序

1）承包人提出索赔的步骤。承包人向发包人的索赔应在索赔事件发生后，持证明索赔事件发生的有效证据和依据正当的索赔理由，按合同约定的时间向发包人递交索赔通知。发包人应按合同约定的时间对承包人提出的索赔进行答复和确认。当发承包双方在合同中对此通知未作具体约定时，可按以下规定办理：

① 承包人应在知道或应当知道工程索赔事件发生后 28 天内，向发包人提交工程索赔意向通知书，说明发生工程索赔事件的事由。承包人逾期未发出工程索赔意向通知书的，丧失索赔的权利。

② 承包人应在发出工程索赔意向通知书后 28 天内，向发包人正式提交工程索赔报告。工程索赔报告应详细说明索赔理由和要求，并附必要的记录和证明材料。

③ 工程索赔事件具有连续影响的，承包人应按合理时间间隔继续提交延续工程索赔通知，说明连续影响的实际情况和记录以及要求。

④ 在工程索赔事件影响结束后的 28 天内，承包人应向发包人提交最终工程索赔报告，说明最终工程索赔要求，并附必要的记录和证明材料。

2）发包人受理索赔的步骤。发包人在收到索赔报告后 28 天内，应做出回应，表示批准或不批准并附具体意见。还可以要求承包人提供进一步的资料，但仍要在上述期限内对索赔做出回应。发包人在收到最终索赔报告后的 28 天内，未向承包人做出答复，视为该项索赔报告已经认可。

3）承包人提出索赔的权利。承包人接受了竣工付款证书后，应被认为已无权再提出在合同工程接收证书颁发前所发生的任何索赔。承包人提交的最终结清申请单中，只限于提出工程接收证书颁发后发生的索赔。提出索赔的期限自接受最终结清证书时终止。

（2）FIDIC 合同条件规定的工程索赔程序

1）承包商发出索赔通知。承包商察觉或应当察觉事件或情况后 28 天内，向工程师发出。

2）承包商递交详细的索赔报告。承包商在察觉或应当察觉事件或情况后 42 天内，向工程师递交详细的索赔报告。若引起索赔的事件连续影响，承包商每月递交中间索赔报告，说明累计索赔延误时间和金额，在索赔事件产生影响结束后 28 天内，递交最终索赔报告。

3）工程师答复。工程师在收到索赔报告或对过去索赔的任何进一步证明资料后 42 天内，做出答复。

7.4.4　索赔依据与文件

1. 索赔依据

1）招标文件、施工合同文件及附件、经认可的施工组织设计、工程图、技术规范等。

2）双方的往来信件及各种会议纪要。

3）施工进度计划和具体的施工进度安排。

4）施工现场的有关文件。如施工记录、施工备忘录、施工日记等。

5）工程检查验收报告和各种技术鉴定报告。

6）建筑材料的采购、订货、运输、进场时间等方面的凭据。

7）工程中电、水、道路开通和封闭的记录与证明。

8）国家有关法律、法令、政策文件，政府公布的物价指数、工资指数等。

2. 索赔文件

（1）索赔通知（索赔信）　索赔信是一封承包商致业主的简短的信函，它主要说明索赔事件、索赔理由等。

（2）索赔报告　索赔报告是索赔材料的正文，包括报告的标题、事实与理由、损失计算与要求赔偿金额及工期。

（3）附件　附件包括详细计算书、索赔报告中列举事件的证明文件和证据。

7.4.5　常见施工索赔的起因及处理方式

《标准施工招标文件》（2018 年版）的通用合同条款中，按照引起索赔事件的原因不同，对一方当事人提出的索赔可能给予合理补偿工期、费用和（或）利润的情况，分别做出了相应的规定。其中，引起承包人的索赔事件及可补偿内容见表 7-8。

表 7-8　《标准施工招标文件》中承包人的索赔事件及可补偿内容

序号	条款号	索 赔 事 件	可补偿费用		
			工期	费用	利润
1	1.6.1	迟延提供图样	✓	✓	✓
2	1.10.1	施工中发现文物、古迹	✓	✓	
3	2.3	迟延提供施工现场	✓	✓	✓
4	4.11	施工中遇到不利物质条件	✓	✓	
5	5.2.4	提前向承包人提供材料、工程设备		✓	
6	5.2.6	发包人提供材料、工程设备不合格或延迟提供或变更交货地点	✓	✓	✓
7	8.3	承包人依据发包人提供的错误资料导致测量放线错误	✓	✓	✓
8	9.2.6	因发包人原因造成承包人人员工伤事故		✓	
9	11.3	因发包人原因造成工期延误	✓	✓	✓
10	11.4	异常恶劣的气候条件导致工期延误	✓		
11	11.6	承包人提前竣工		✓	
12	12.2	发包人暂停施工造成工期延误	✓	✓	
13	12.4.2	工程暂停后因发包人原因无法按时复工	✓	✓	✓
14	13.1.3	因发包人原因导致承包人工程返工	✓	✓	✓
15	13.5.3	监理人对已经覆盖的隐蔽工程要求重新检查且检查结果合格	✓	✓	✓
16	13.6.2	因发包人提供的材料、工程设备造成工程不合格		✓	
17	14.1.3	承包人应监理人要求对材料、工程设备和工程重新检验且检验结果合格	✓	✓	✓
18	16.2	基准日后法律的变化		✓	

（续）

序号	条款号	索 赔 事 件	可补偿费用		
			工期	费用	利润
19	18.4.2	发包人在工程竣工前提前占用工程	✓	✓	✓
20	18.6.2	因发包人的原因导致工程试运行失败		✓	✓
21	19.2.3	工程移交后因发包人原因出现新的缺陷或损坏的修复		✓	✓
22	19.4	工程移交后因发包人原因出现的缺陷修复后的试验和试运行		✓	
23	21.3.1（4）	因不可抗力停工期间应监理人要求照管、清理、修复工程		✓	
24	21.3.1（4）	因不可抗力造成工期延误	✓		
25	22.2.2	因发包人违约导致承包人暂停施工	✓	✓	✓

7.4.6 索赔计算

1. 工期索赔计算

工期索赔，一般是指承包人依据合同对由于因非自身原因导致的工期延误向发包人提出的工期顺延要求。

（1）工期索赔中应当注意的问题 在工期索赔中特别应当注意以下问题：

1）划清施工进度拖延的责任。因承包人的原因造成施工进度滞后，属于不可原谅的延期；只有承包人不应承担任何责任的延误，才是可原谅的延期。有时工程延期的原因中可能包含双方责任，此时监理人应进行详细分析，分清责任比例，只有可原谅延期部分才能批准顺延合同工期。可原谅延期，又可细分为可原谅并给予补偿费用的延期和可原谅但不给予补偿费用的延期；后者是指非承包人责任事件的影响并未导致施工成本的额外支出，大多属于发包人应承担风险责任事件的影响，如异常恶劣的气候条件影响的停工等。

2）被延误的工作应是处于施工进度计划关键线路上的施工内容。只有位于关键线路上工作内容的滞后，才会影响到竣工日期。但有时也应注意，既要看被延误的工作是否在批准进度计划的关键路线上，又要详细分析这一延误对后续工作的可能影响。因为若对非关键路线工作的影响时间较长，超过了该工作可用于自由支配的时间，也会导致进度计划中非关键路线转化为关键路线，其滞后将影响总工期的拖延。此时，应充分考虑该工作的自由时间，给予相应的工期顺延，并要求承包人修改施工进度计划。

（2）工期索赔的具体依据 承包人向发包人提出工期索赔的具体依据主要包括：

1）合同约定或双方认可的施工总进度规划。

2）合同双方认可的详细进度计划。

3）合同双方认可的对工期的修改文件。

4）施工日志、气象资料。

5）业主或工程师的变更指令。

6）影响工期的干扰事件。

7）受干扰后的实际工程进度等。

（3）工期索赔的计算方法

1）直接法。如果某干扰事件直接发生在关键线路上，造成总工期的延误，可以直接将该干扰事件的实际干扰时间（延误时间）作为工期索赔值。

2）比例计算法。如果某干扰事件仅影响某单项工程、单位工程或分部分项工程的工期，要分析其对总工期的影响，可以采用比例计算法。

① 已知受干扰部分工程的延期时间

$$工期索赔值 = 受干扰部分工期拖延时间 \times \frac{受干扰部分工程的合同价格}{原合同总价} \qquad (7-8)$$

② 已知额外增加工程量的价格

$$工期索赔值 = 原合同总工期 \times \frac{额外增加的工程量的价格}{原合同总价} \qquad (7-9)$$

比例计算法虽然简单方便，但有时不符实际情况，而且比例计算法不适用于变更施工顺序、加速施工、删减工程量等事件的索赔。

【例7-5】 某工程合同总价 380 万元，总工期 15 个月。现发包人指令增加附加工程的价格为 76 万元，则承包人提出工期索赔为多少个月？

解：

$$工期索赔 = \frac{76 \, 万元}{380 \, 万元} \times 15 \, 月 = 3 \, 月$$

3）网络图分析法。网络图分析法是利用进度计划的网络图，分析其关键线路。如果延误的工作为关键工作，则延误的时间为索赔的工期；如果延误的工作为非关键工作，当该工作由于延误超过时差限制而成为关键工作时，可以索赔延误时间与时差的差值；若该工作延误后仍为非关键工作，则不存在工期索赔问题。

该方法通过分析干扰事件发生前和发生后网络计划的计算工期之差来计算工期索赔值，可以用于各种干扰事件和多种干扰事件共同作用所引起的工期索赔。

【例7-6】 已知某工程网络计划如图7-4所示。该网络计划总工期12天，经工程师批准。在施工过程中由于发包人的原因，导致工作 A 延误 1 天，工作 B 延误 2 天；由于承包人管理不善，导致工作 C 延误 1 天，工作 E 延误 2 天，实际施工天数为 14 天，超出合同工期 2 天。计算承包人应获得的索赔天数。

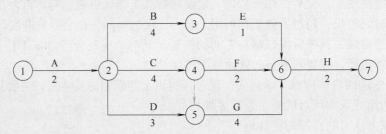

图7-4 某工程网络计划

解： 索赔天数的计算采用逐一分析确定，最后加总的方法。首先确定关键线路，图7-4中关键线路为 A→C→G→H。由于发包人原因导致工作 A 和工作 B 的延误，可以考虑索赔。工作 A 是关键工作，由于发包人原因被延误 1 天，所以可向发包人索赔 1 天；工作 B 虽然是发包人原因，但是工作 B 是非关键工作，而且被延误的时间 2 天没有超出其总时差，所以不能提出索赔。承包人原因造成的延误为不可原谅的延误，不能提出索赔。所以，总计承包人应得的工期索赔值为 1 天+0 天=1 天。

（4）共同延误的处理　在实际施工过程中，工期延误很少是只由一方造成的，往往是两三种原因同时发生（或相互作用）而形成的，故称为共同延误。在这种情况下要具体分析哪一种情况延误是有效的，应依据以下原则：

1）首先判断造成拖期的哪一种原因是最先发生的，即确定初始延误者，它应对工程延误负责。在初始延误发生作用期间，其他并发的延误者不承担拖期责任。

2）如果初始延误是发包人原因，则在发包人原因造成的延误期内，承包人既可得到工期延长，又可得到经济补偿。

3）如果初始延误是客观原因，则在客观因素发生影响的延误期内，承包人可以得到工期延长，但很难得到费用补偿。

4）如果初始延误是承包人原因，则在承包人原因造成的延误期内，承包人既不能得到工期补偿，也不能得到费用补偿。

2. 费用索赔计算

（1）索赔费用的组成　对于不同原因引起的索赔，承包人可索赔的具体费用内容是不完全一样的。但归纳起来，索赔费用的要素与工程造价的构成基本类似，一般可归结为人工费、材料费、施工机具使用费、现场管理费、总部（企业）管理费、保险费、保函手续费、利息、利润、分包费用等。

1）人工费。人工费的索赔包括：由于完成合同之外的额外工作所花费的人工费用；超过法定工作时间的加班劳动而产生的人工费；法定人工费增长；因非承包商原因导致工效降低所增加的人工费；因非承包商原因导致工程停工的人员工费和工资上涨费等。在计算停工损失中人工费时，通常采取人工单价乘以折算系数计算。

2）材料费。材料费的索赔包括：由于索赔事件的发生造成材料实际用量超过计划用量而增加的材料费；由于发包人原因导致工程延期期间的材料价格上涨和超期储存费用。材料费中应包括运输费、仓储费，以及合理的损耗费用。如果由于承包商管理不善，造成材料损坏失效，则不能列入索赔款项内。

3）施工机具使用费。施工机具使用费的索赔包括：由于完成合同之外的额外工作所增加的机械使用费；非因承包人原因导致工效降低所增加的机械使用费；由于发包人或工程师指令错误或迟延导致机械停工的台班停滞费。在计算机械设备台班停滞费时，不能按机械设备台班费计算，因为台班费中包括设备使用费。如果机械设备是承包人自有设备，一般按台班折旧费、人工费与其他费之和计算；如果是承包人租赁的设备，一般按台班租金加上每台班分摊的施工机械进出场费计算。

4）现场管理费。现场管理费的索赔包括承包人完成合同之外的额外工作以及由于发包人原因导致工期延期期间的现场管理费，包括管理人员工资、办公费、通信费、交通费等。

现场管理费索赔金额的计算公式为

$$现场管理费索赔金额 = 索赔的直接成本费用 \times 现场管理费费率 \tag{7-10}$$

其中，现场管理费费率的确定可以选用下面的方法：①合同百分比法，即现场管理费费率在合同中规定；②行业平均水平法，即采用公开认可的行业标准费率；③原始估价法，即采用投标报价时确定的费率；④历史数据法，即采用以往相似工程的管理费费率。

5）总部（企业）管理费。总部管理费的索赔主要指的是由于发包人原因导致工程延期期间所增加的承包人向公司总部提交的管理费，包括总部职工工资、办公大楼折旧、办公用品、财务管理、通信设施以及总部领导人员赴工地检查指导工作等的开支。总部管理费索赔金额的计算，目前还没有统一的方法。通常可采用以下几种方法：

① 按总部管理费的比率计算

$$总部管理费索赔金额 = （直接费索赔金额 + 现场管理费索赔金额）× 总部管理费比率（\%）$$
$$(7-11)$$

式中，总部管理费比率可以按照投标书中的总部管理费比率计算（一般为 3% ~ 8%），也可以按照承包人公司总部统一规定的管理费比率计算。

② 按已获补偿的工程延期天数为基础计算。它是在承包人已经获得工程延期索赔的批准后，进一步获得总部管理费索赔的计算方法，计算步骤如下：

A. 计算被延期工程应当分摊的总部管理费

$$延期工程应分摊的总部管理费 = 同期公司计划总部管理费 × \frac{延期工程合同价格}{同期公司所有合同总价}$$
$$(7-12)$$

B. 计算被延期工程的日平均总部管理费

$$延期工程的日平均总部管理费 = \frac{延期工程应分摊的总部管理费}{延期工程计划工期} \qquad (7-13)$$

C. 计算索赔的总部管理费

$$索赔的总部管理费 = 延期工程的日平均总部管理费 × 工程延期的天数 \qquad (7-14)$$

6）保险费。因发包人原因导致工程延期时，承包人必须办理工程保险、施工人员意外伤害保险等各项保险的延期手续，对于由此而增加的费用，承包人可以提出索赔。

7）保函手续费。因发包人原因导致工程延期时，承包人必须办理相关履约保函的延期手续，对于由此而增加的手续费，承包人可以提出索赔。

8）利息。利息的索赔包括：发包人拖延支付工程款利息；发包人延迟退还工程质量保证金的利息；承包人垫资施工的垫资利息；发包人错误扣款的利息等。至于具体的利率标准，双方可以在合同中明确约定，没有约定或约定不明的，可以按照中国人民银行发布的同期同类贷款利率计算。

9）利润。一般来说，由于工程范围的变更、发包人提供的文件有缺陷或错误、发包人未能提供施工场地以及因发包人违约导致的合同终止等事件引起的索赔，承包人都可以列入利润。比较特殊的是，根据《标准施工招标文件》（2007 年版）通用合同条款第 11.3 款的规定，对于因发包人原因暂停施工导致的工期延误，承包人有权要求发包人支付合理的利润。索赔利润的计算通常是与原报价单中的利润百分率保持一致。但是应当注意的是，由于工程量清单中的单价是综合单价，已经包含了人工费、材料费、施工机具使用费、企业管理费、利润以及一定范围内的风险费用，在索赔计算中不应重复计算。

同时，由于一些引起索赔的事件，同时也可能是合同中约定的合同价款调整因素（如工程变更、法律法规的变化以及物价波动等），因此，对于已经进行了合同价款调整的索赔事件，承包人在进行费用索赔的计算时，不能重复计算。

10）分包费用。由于发包人的原因导致分包工程费用增加时，分包人只能向总承包人提出索赔，但分包人的索赔款项应当列入总承包人对发包人的索赔款项中。分包费用索赔指的是分包人的索赔费用，一般也包括与上述费用类似的内容索赔。

（2）费用索赔的计算方法　索赔费用的计算应以赔偿实际损失为原则，包括直接损失和间接损失。索赔费用的计算方法通常有三种，即实际费用法、总费用法和修正的总费用法。

1）实际费用法。实际费用法又称分项法，是指根据索赔事件所造成的损失或成本增加，按费用项目逐项进行分析、计算索赔金额的方法。这种方法比较复杂，但能客观地反映施工单位的实际损失，比较合理，易于被当事人接受，在国际工程中被广泛采用。

由于索赔费用组成的多样化，不同原因引起的索赔，承包人可索赔的具体费用内容有所不同，必须具体问题具体分析。由于实际费用法所依据的是实际发生的成本记录或单据，因此在施工过程中，系统而准确地积累记录资料是非常重要的。

2）总费用法。总费用法也被称为总成本法，就是当发生多次索赔事件后，重新计算工程的实际总费用，再从该实际总费用中减去投标报价时的估算总费用，即为索赔金额。总费用法计算索赔金额的公式如下

$$索赔金额 = 实际总费用 - 投标报价估算总费用 \qquad (7\text{-}15)$$

但是，在总费用法的计算方法中，没有考虑实际总费用中可能包括由于承包商的原因（如施工组织不善）而增加的费用，也可能由于承包人为谋取中标而导致投标报价估算总费用的报价过低，因此总费用法并不十分科学。只有在难于精确地确定某些索赔事件导致的各项费用增加额时才采用总费用法。

3）修正的总费用法。修正的总费用法是对总费用法的改进，即在总费用计算的原则上，去掉一些不合理的因素，使其更为合理。修正的内容如下：

① 将计算索赔款的时段局限于受到索赔事件影响的时间，而不是整个施工期。

② 只计算受到索赔事件影响时段内的某项工作所受影响的损失，而不是计算该时段内所有施工工作所受的损失。

③ 与该项工作无关的费用不列入总费用中。

④ 对投标报价费用重新进行核算，用受影响时段内该项工作的实际单价乘以实际完成的该项工作的工程量，得出调整后的报价费用。

按修正后的总费用计算索赔金额的公式如下

$$索赔金额 = 某项工作调整后的实际总费用 - 该项工作的报价费用 \qquad (7\text{-}16)$$

修正的总费用法与总费用法相比，有了实质性的改进，它的准确程度已接近于实际费用法。

【例7-7】　某政府投资建设工程项目，采用《建设工程工程量清单计价规范》（GB 50500—2013）计价方式招标，发包方与承包方签订了施工合同，合同工期为110天。施工合同中约定：

（1）工期每提前（或）拖延1天，奖励（或罚款）3000元（含税金）。

（2）各项工作实际工程量在清单工程量变化幅度±15%以外的，双方可协商调整综合单价；变化幅度在±15%以内的，综合单价不予调整。

（3）因发包方原因造成机械闲置，补偿单价按照机械台班单价的50%计算；人工窝工补偿单价，按照50元/工日计算。

（4）规费和税金综合税率为10%。

工程项目开工前，承包方按时提交了施工方案及施工进度计划（该工程网络计划如图7-5所示），并获得发包方工程师的批准。

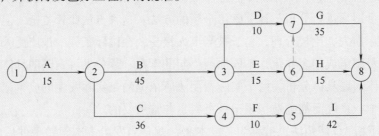

图 7-5 某工程网络计划

根据施工方案及施工进度计划，工作B和工作I需要使用同一台机械施工。该机械的台班单价为1000元/台班。

该工程项目按合同约定正常开工，施工中依次发生如下事件：

事件1：C工作施工中，因设计方案调整，导致C工作持续时间延长10天，造成承包方人员窝工50个工日。

事件2：I工作施工开始前，承包方为了获得工期提前奖励，拟定了I工作缩短2天作业时间的技术组织措施方案，发包方批准了该调整方案。为了保证质量，I工作在压缩2天后不能再压缩。该项技术组织措施产生费用3500元。

事件3：H工作施工中，因劳动力供应不足，使该工作拖延5天。承包方强调劳动力供应不足是因为天气过于炎热所致。

事件4：招标文件中G工作的清单工程量为1750m³（综合单价为300元/m³），与施工图不符，实际工程量为1900m³。经承发包双方商定，在G工作工作量增加但不影响因事件1-3而调整的项目总工期的前提下，每完成1m³增加的赶工工程量按综合单价60元计算赶工费（不考虑其他措施费）。

上述事件发生后，承包方及时向发包方提出了索赔并得到了相应的处理。

问题：

（1）承包方是否可以分别就事件1-4提出工期和费用索赔？说明理由。

（2）事件1-4发生后，承包方可得到的合理工期补偿为多少天？该工程项目的实际工期是多少天？

（3）事件1-4发生后，承包方可得到总的费用追加额是多少？

（计算过程和结果均以元为单位，结果取整）

解：

问题（1）：

对于事件1，承包商可以提出费用索赔和工期索赔。因为设计方案调整而导致C工作持续时间延长，属于业主责任，承包方损失应由业主承担，C 工作持续时间延长 10 天，其总时差（TFC）为 7 天，超过了 C 工作的总时差。

对于事件 2，承包方不能提出费用索赔要求。因为通过采取技术组织措施使工期提前，可按合同规定的工期奖罚条款处理，而赶工发生的施工技术组织措施费应由承包方承担。

对于事件 3，承包方不可以提出费用索赔和工期索赔。因天气过于炎热不属于不可抗力，劳动力供应不足应属于承包方的责任。

对于事件 4，承包方可以提出费用索赔要求。因为按照《建设工程工程量清单计价规范》的规定，业主对清单的准确性负责。业主要求承包方赶工以保证不因工程量增加而影响项目总工期，承包商由此发生的赶工技术组织措施费应由业主承担。

问题（2）：

承包方可得到的合理工期补偿为 3 天。该工程项目的实际工期为 111 天。

问题（3）：

事件 1：人工窝工补偿：50 工日×50 元/工日×（1+10%）＝ 2750 元

I 工作机械闲置补偿：1000 元/台班×50%×10 台班×（1+10%）＝ 5500 元

事件 4：

G 工作平均每天完成：$\dfrac{1750 \text{m}^3}{35 \text{ 天}} = 50 \text{m}^3/\text{天}$

G 工作增加工作量：$\dfrac{1900 \text{m}^3 - 1750 \text{m}^3}{50 \text{m}^3/\text{天}} = 3 \text{ 天}$

增加工程价款：3 天×50m³/天×300 元/m³×（1+10%）＝ 49500 元

由于发生事件 1、2，G 工作需赶工完成 2 天工作量。

发生赶工费：2 天×50m³/天×60 元/m³×（1+10%）＝ 6600 元

承包方可获得的奖励工期为：110 天+3 天−111 天＝2 天

获得奖励费用：3000 元/天×2 天＝6000 元

所以，承包方可得到的总的费用追加额为：2750 元+5500 元+49500 元+6600 元+6000 元＝70350 元

■ 7.5 工程计量与工程价款管理

对承包人已经完成的合格工程进行计量并予以确认，是发包人支付工程价款的前提工作。因此，工程计量不仅是发包人控制施工阶段工程造价的关键环节，也是约束承包人履行合同义务的重要手段。

7.5.1 工程计量

1. 工程计量的概念

工程计量是指发承包双方根据合同约定，对承包人完成合同工程的数量进行的计算和确认。具体来说，就是双方根据设计图、技术规范以及施工合同约定的计量方式和计算方法，对承包人已经完成的质量合格的工程实体数量进行测量与计算，并以物理计量单位或自然计量单位进行表示和确认的过程。

招标工程量清单所列的数量，通常是根据设计图计算的数量，是对合同工程的估计工程量。工程施工过程中，通常会由于一些原因导致承包人实际完成的工程量与工程量清单中所列的工程量不一致，比如：招标工程量清单缺项、漏项或项目特征描述与实际不符；工程变更；现场施工条件变化；现场签证；暂列金额中的专业工程发包等。因此在工程合同价款结算前，必须对承包人履行合同义务所完成的实际工程进行准确的计量。

2. 工程计量的原则

1）不符合合同条件要求的工程不予计量。即工程必须满足设计图、技术规范等合同文件对其在工程质量上的要求，同时有关的工程质量验收资料齐全、手续完备，满足合同文件对其在工程管理上的要求。

2）按合同文件规定的方法、范围、内容和单位计量。工程计量的方法、范围、内容和单位受合同文件所约束，其中工程量清单（说明）、技术规范、合同条款均会从不同角度、不同侧面涉及这方面的内容，在计量中要严格遵循这些文件的规定，并且一定要结合起来使用。

3）因承包人的原因造成的超出合同范围施工或返工的工程量，发包人不予计量。

3. 工程计量的范围与依据

（1）工程计量的范围 工程计量的范围包括：工程量清单及工程变更所修订的工程量清单的内容；合同文件中所规定的各种费用支付项目，如费用索赔、各种预付款、价格调整、违约金等。

（2）工程计量的依据 工程计量的依据包括：工程量清单及说明；合同图；工程变更令及其修订的工程量清单；合同条件；技术规范；有关计量的补充协议；质量合格证书等。

7.5.2 工程计量的方法

1. 单价合同计量

1）工程量必须以承包人完成合同工程应予计量的工程量确定。即发承包双方竣工结算的工程量，应以承包人按照现行国家计量规范规定的工程量计算规则计算的实际完成应予计量的工程量确定，而不是以招标工程量清单所列的工程量确定。

2）施工中进行工程计量，当发现招标工程量清单中出现缺项、工程量偏差，或因工程变更引起工程量增减时，应按承包人在履行合同义务中完成的工程量计算。

3）承包人应当按照合同约定的计量周期和时间向发包人提交当期已完工程量报告。发包人应在收到报告后7天内核实，并将核实计量结果通知承包人。发包人未在约定时间内进行核实的，承包人提交的计量报告中所列的工程量，应视为承包人实际完成的工程量。

4）发包人认为需要进行现场计量核实时，应在计量前24h通知承包人，承包人应为计量提供便利条件并派人参加。当双方均同意核实结果时，双方应在上述记录上签字确认。承包人收到通知后不派人参加计量，视为认可发包人的计量核实结果。发包人不按照约定时间通知承包人，致使承包人未能派人参加计量的，计量核实结果无效。

5）当承包人认为发包人核实后的计量结果有误时，应在收到计量结果通知后的7天内向发包人提出书面意见，并应附上其认为正确的计量结果和详细的计算资料。发包人收到书面意见后，应在7天内对承包人的计量结果进行复核并通知承包人。承包人对复核计量结果仍有异议的，按照合同约定的争议解决办法处理。

6）承包人完成已标价工程量清单中每个项目的工程量并经发包人核实无误后，发承包双方应对每个项目的历次计量报表进行汇总，以核实最终结算工程量，并应在汇总表上签字确认。

2. 总价合同计量

1）采用工程量清单方式招标形成的总价合同，由于工程量由招标人提供，按照清单计价规范的规定，工程量与合同工程实施中的差异应予以调整，其工程量可按照上述单价合同的计量规定计算。

2）采用经审定批准的施工图及其预算方式发包形成的总价合同，由于承包人自行对施工图进行计量，因此除按照工程变更规定的工程量增减外，总价合同各项目的工程量应为承包人用于结算的最终工程量。

3）总价合同约定的项目计量应以合同工程经审定批准的施工图为依据，发承包双方应在合同中约定工程计量的形象目标或时间节点。

4）承包人应在合同约定的每个计量周期内对已完成的工程进行计量，并向发包人提交达到工程形象目标完成的工程量和有关计量资料的报告。

5）发包人应在收到报告后7天内对承包人提交的上述资料进行复核，以确定实际完成的工程量和工程形象目标。对其有异议的，应通知承包人进行共同复核。

7.5.3 合同价款期中支付

1. 预付款

（1）预付款的定义 预付款是指在开工前，发包人按照合同约定，预先支付给承包人用于购买合同工程施工所需的材料、工程设备，以及组织施工机械和人员进场等的款项。预付款的额度、预付办法、扣回方式应在专用合同条款中约定，承包人应将预付款专用于合同工程。凡是没有签订合同或不具备施工条件的工程，发包人不得预付工程款，不得以预付款为名转移资金。

（2）预付款支付与扣回的规定

1）承包人应将预付款专用于施工前发生的必要费用。发包人不得向承包人收取预付款的利息。

2）预付款支付比例不应低于国家有关部门发布的建设工程价款结算办法规定的比例。对重大工程项目，应按年度工程进度计划逐年预付。

3）在具备施工条件的前提下，发包人应在双方签订合同后不迟于约定开工日期7天前预付工程款，发包人不按约定预付，承包人应在预付时间到期后10天内向发包人发出要求预付的通知，发包人收到通知后仍不按要求预付，承包人在发出通知14天后有权暂停施工，发包人应从约定应付之日起向承包人支付应付款的利息［利率按全国银行间同业拆借中心公布的贷款市场报价利率（LPR）计］，并承担违约责任。

4）预付款的抵扣，可选择当累计支付达到合同总价的一定比例后一次扣回或分次扣回的方式。选择分次扣回方式的，预付款可从每一个支付期应支付给承包人的工程进度款、施工过程结算款中按比例扣回，直到扣回的金额达到合同约定的预付款金额为止。提前解除合同的，尚未扣完的预付款应与合同价款一并结算。

5）预付款保函的退还。承包人的预付款保函的担保金额根据预付款扣回的数额相应递减，但在预付款全部扣回之前一直保持有效。发包人应在预付款扣完后的14天内将预付款保函退还给承包人。

（3）预付款数额的计算

1）按合同中约定的比例。发包人根据工程特点、工期长短、市场行情、供求规律等因素，招标时在合同条件中约定预付款的百分比，按此百分比计算预付款数额。

【例7-8】 某建设工程，计划完成年度建筑安装工作量为1500万元。合同中约定，预付款额度系数为25%，试确定该工程的预付款数额。

解：预付款=1500万元×25%=375万元

2）影响因素法。影响工程预付款数额的主要因素有年度承包工程价值（按合同价值）、主要材料所占百分比、材料储备天数（按市场行情或材料储备定额）、年度施工日历天数，其计算公式为

$$预付款 = \frac{年度承包工程总值 \times 主要材料所占百分比}{年度施工日历天数} \tag{7-17}$$

【例7-9】 某商住工程计划完成年度建筑安装工作量为560万元，计划工期为320天，主要材料所占百分比为58%，材料储备天数为90天，试确定工程预付款数额。

解：$预付款 = \dfrac{560万元 \times 58\%}{320天} \times 90天 = 91.35万元$

3）额度系数法。根据工程类别、工期长短、市场行情、建筑材料和构件生产供应情况等，将影响工程预付款数额的因素进行综合考虑，确定为一个系数，即预付款额度系数，其含义是预付款额占年度建筑安装工作量的百分比，则

$$预付款=年度建筑安装工程合同价×预付款额度系数 \tag{7-18}$$

预付款额度系数原则上不低于合同金额的10%，且不高于合同金额的30%。对于采用预制构件多的工程及工业项目中钢结构和管道安装占比较大的工程，其主要材料（包括预制构件）所占百分比比一般工程要高，因而预付款数额也要相应提高；工期短的工程比工期长的工程一般备料款数额要高，材料由承包人自购的比由发包人提供的要高。包工包料工程的预付款按合同约定拨付，对于包工不包料的工程项目，则可以不支付预付款。

（4）预付款的扣回 预付款属于预支的性质，随着工程进展，发包人支付给承包人的工程进度款不断增加，工程所需主要材料、构件的用量逐步减少，原已支付的预付款应以抵扣的方式陆续予以扣回，即在承包人应得的工程进度款中扣回。工程预付款开始扣回的累计完成工程金额称为起扣点，确定起扣点是预付款扣回的关键。

1）按公式计算。该方法原则上是以未施工工程所需主要材料及构件的价值等于预付款时起扣（即达到全额备料状态时起扣）。从每次结算的工程款中按主要材料及构件的比例抵扣工程价款，竣工前全部扣清。因此，预付款起扣点可按下式计算

$$T = P - M/N \tag{7-19}$$

式中 T——起扣点，即预付款开始扣回的累计完成合同工程金额；

P——签约合同价；

M——预付款数额；

N——主要材料及构件所占比例。

【例 7-10】 某工程实际完成工程量见表 7-9。

表 7-9 某工程实际完成工程量

月份	1	2	3	4
实际完成工程量/m³	2000	3200	3500	2800

合同价为 230 万元，主要材料费 60%，预付款 25%，合同单价为 200 元/m³，求起扣点及每月扣回的预付款。

解：预付款 = 230 万元×25% = 57.5 万元

1 月完成合同价值：2000m³×200 元/m³ = 40 万元

2 月完成合同价值：3200m³×200 元/m³ = 64 万元

3 月完成合同价值：3500m³×200 元/m³ = 70 万元

4 月完成合同价值：2800m³×200 元/m³ = 56 万元

T = 230 万元−57.5 万元/60% = 134.17 万元

因为：40 万元+64 万元+70 万元 = 174 万元>134.17 万元，所以三月份不能支付 70 万元。

3 月份应扣回的预付款数额 = （40+64+70−134.17）万元×60% = 23.9 万元

4 月份应扣回的预付款数额 = 2800m³×200 元/m³×60% = 33.6 万元

验算：23.9 万元+33.6 万元 = 57.5 万元

2）由发包人和承包人通过洽商，以合同的形式予以明确。可采用等比例或等额扣款的方式；也可针对工程实际情况具体处理，如有些工程工期较短、造价较低，就无须分期扣还。有些工程工期较长，如跨年度施工，预付款可以不扣或少扣，并于次年按应付预付款调整，多退少补。

具体地说，跨年度工程，预计次年承包工程价值大于或相当于当年承包工程价值时，可以不扣回当年的预付款，预计次年承包工程价值小于当年承包工程价值时，应按实际承包工程价值进行调整，在当年扣回部分预付款，并将未扣回部分转入次年，直到竣工年度，再按上述办法扣回。

2. 安全文明施工费

安全文明施工费是指在合同履行过程中，承包人按照国家法律、法规、标准等规定，为保证安全施工、文明施工，保护现场内外环境和搭拆临时设施等所采用的措施而发生的费用。安全文明施工费包括的内容和使用范围，应符合国家有关文件和计量规范的规定。

1）发包人应在开工后 28 天内预付安全文明施工费总额的 50% 给承包人，其余部分应按照提前安排的原则进行分解，并应与工程进度款同期支付。

2）发包人没有按时支付安全文明施工费的，承包人可催告发包人支付；发包人在付款期满后的 7 天内仍未支付的，若发生安全事故，发包人应承担相应责任。

3）承包人对安全文明施工费应专款专用，在财务账目中应单独列项备查，不得挪作他用，否则发包人有权要求其限期改正；逾期未改正的，可以责令其暂停施工，由此增加的费用和（或）延误的工期应由承包人承担。

3. 进度款

进度款是指在合同工程施工过程中，发包人按照合同约定对付款周期内承包人完成的合同价款给予支付的款项，也是合同价款期中结算支付。发承包双方应按照合同约定的时间、程序和方法，根据工程计量结果，办理期中价款结算，支付进度款。

1）进度款支付周期应与合同约定的工程计量周期一致。

2）已标价工程量清单中的单价项目，承包人应按工程计量确认的工程量与综合单价计算；综合单价发生调整的，以发承包双方确认调整的综合单价计算进度款。

3）已标价工程量清单中的总价项目和按照《建设工程工程量清单计价规范》第8.2.3条规定形成的单价合同，承包人应按合同约定的进度款支付分解，分别列入进度款支付申请中的安全文明施工费和本周期应支付的总价项目的金额中。

4）发包人提供的甲供材料金额，应按照发包人签约提供的单价和数量从进度款支付中扣除，列入本周期应扣减的金额中。

5）承包人现场签证和得到发包人确认的索赔金额应列入本周期应增加的金额中。

6）发包人支付进度款的比例，按进度价款总额计，不低于80%。

7）承包人应在每个计量周期到期后的7天内，向发包人提交已完工程进度款支付申请，一式四份，详细说明此周期内认为有权得到的款额，包括分包人已完工程的价款。支付申请应包括下列内容：

① 累计已完成的合同价款。

② 累计已实际支付的合同价款。

③ 本周期合计完成的合同价款包括：A. 本周期已完成单价项目的金额；B. 本周期应支付的总价项目的金额；C. 本周期已完成的计日工价款；D. 本周期应支付的安全文明施工费；E. 本周期应增加的金额。

④ 本周期合计应扣减的金额包括：A. 本周期应扣回的预付款；B. 本周期应扣减的金额。

⑤ 本周期实际应支付的合同价款。

8）发包人应在收到承包人进度款支付申请后的14天内，根据计量结果和合同约定对申请内容予以核实，确认后向承包人出具进度款支付证书。若发承包双方对部分清单项目的计量结果出现争议，发包人应对无争议部分的工程计量结果向承包人出具进度款支付证书。

9）发包人应在签发进度款支付证书后的14天内，按照支付证书列明的金额向承包人支付进度款。进度款支付流程如图7-6所示。

10）若发包人逾期未签发进度款支付证书，则视为承包人提交的进度款支付申请已被发包人认可，承包人可向发包人发出催告付款的通知。发包人应在收到通知后的14天内，按照承包人支付申请的金额向承包人支付进度款。

11）发包人未按照《建设工程工程量清单计价规范》第10.3.9~10.3.11条的规定支付进度款的，承包人可催告发包人支付，并有权获得延迟支付的利息；发包人在付款期满后的7天内仍未支付的，承包人可在付款期满后的第8天起暂停施工。发包人应承担由此增加的费用和延误的工期，向承包人支付合理利润，并应承担违约责任。

12）发现已签发的任何支付证书有错、漏或重复的数额，发包人有权予以修正，承包人也有权提出修正申请。经发承包双方复核同意修正的，应在本次到期的进度款中支付或扣除。

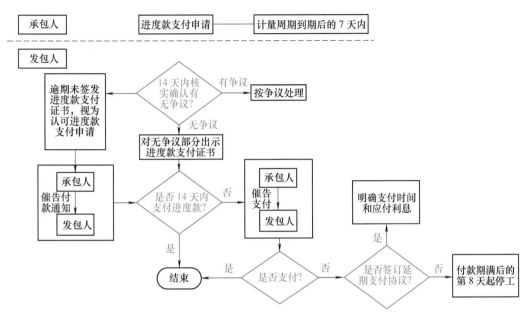

图 7-6　进度款支付流程

7.5.4　工程价款调整

1. 工程价款调整的类型

以下事项（但不限于）发生，发承包双方应当按照合同约定调整合同价款：

1）法律法规变化。

2）工程变更。

3）项目特征描述不符。

4）工程量清单缺项。

5）工程量偏差。

6）物价变化。

7）暂估价。

8）计日工。

9）现场签证。

10）不可抗力。

11）提前竣工（赶工补偿）。

12）延期赔偿。

13）施工索赔。

14）暂列金额。

15）发承包双方约定的其他调整事项。

2. 价款调整的程序

《建设工程工程量清单计价规范》（GB 50500—2013）对于工程价款调整的工作程序规定如下：

1）出现合同价款调增事项（不含工程量偏差、计日工、现场签证、施工索赔）后的14天内，承包人应向发包人提交合同价款调增报告并附上相关资料，若承包人在14天内未提交合同价款调增报告的，视为承包人对该事项不存在调整价款请求。

2）出现合同价款调减事项（不含工程量偏差、施工索赔）后的14天内，发包人应向承包人提交合同价款调减报告并附相关资料，若发包人在14天内未提交合同价款调减报告的，视为发包人对该事项不存在调整价款请求。

3）发（承）包人应在收到承（发）包人合同价款调增（减）报告及相关资料之日起14天内对其核实，予以确认的应书面通知承（发）包人。如有疑问，应向承（发）包人提出协商意见。发（承）包人在收到合同价款调增（减）报告之日起14天内未确认也未提出协商意见的，视为承（发）包人提交的合同价款调增（减）报告已被发（承）包人认可。发（承）包人提出协商意见的，承（发）包人应在收到协商意见后的14天内对其核实，予以确认的应书面通知发（承）包人。如承（发）包人在收到发（承）包人的协商意见后14天内既不确认也未提出不同意见的，视为发（承）包人提出的意见已被承（发）包人认可。

4）如发包人与承包人对合同价款调整的不同意见不能达成一致的，只要不实质影响发承包双方履约的，双方应继续履行合同义务，直到其按照合同约定的争议解决方式得到处理。

5）经发承包双方确认调整的合同价款，作为追加（减）合同价款，应与工程进度款或结算款同期支付。

7.5.5 合同价款竣工结算

工程竣工结算是指施工企业按照合同规定完成所承包工程的全部内容，经验收质量合格，并符合合同要求之后，向发包单位进行的最终工程价款结算。

结算双方应按照合同价款及合同价款调整内容以及索赔事项，进行工程竣工结算。

1. 工程竣工结算的编制

工程竣工结算由承包人或受其委托具有相应资质的工程造价咨询人编制。

（1）工程竣工结算编制的主要依据 综合《建设工程工程量清单计价规范》和《建设项目工程结算编审规程》（CECA/GC 3—2010）的规定，工程竣工结算编制的主要依据包括以下内容：

1）国家有关法律、法规、规章制度和相关的司法解释。

2）《建设工程工程量清单计价规范》。

3）施工承发包合同、专业分包合同及补充合同，有关材料、设备采购合同。

4）招标投标文件，包括招标答疑文件、投标承诺、中标报价书及其组成内容。

5）工程竣工图或施工图、施工图会审记录，经批准的施工组织设计，以及设计变更、工程洽商和相关会议纪要。

6）经批准的开工、竣工报告或停工、复工报告。

7）双方确认的工程量。

8）双方确认追加（减）的工程价款调整。

9）其他依据。

（2）工程竣工结算的编制内容 采用工程量清单计价方式时，工程竣工结算的编制内容包括工程量清单计价表所包含的各项费用内容：

1）分部分项工程费：依据双方确认的工程量、合同约定的综合单价计算，发生调整的，以发承包双方确认调整的综合单价计算。

2）措施项目费：依据合同约定的项目和金额计算，发生调整的，以发承包双方确认调整的金额计算。

① 采用综合单价计价的措施项目，应依据发承包双方确认的工程量和综合单价计算。

② 明确采用"项"计价的措施项目，应依据合同约定的措施项目和金额或发承包双方确认调整后的措施项目费金额计算。

③ 措施项目费中的安全文明施工费应按照国家或省级行业建设主管部门的规定计算。施工过程中，国家或省级行业建设主管部门对安全文明施工费进行了调整的，措施项目费中的安全文明施工费应做相应调整。

3）其他项目费应按以下规定计算：

① 计日工的费用应按发包人实际签证确认的数量和合同约定的相应项目综合单价计算。

② 暂估价中的材料单价应按发承包双方最终确认价在综合单价中调整；专业工程暂估价应按中标价或发包人、承包人与分包人最终确认价计算。

③ 总承包服务费应依据合同约定金额计算，发生调整的，以发承包双方确认调整的金额计算。

④ 索赔费用应依据发承包双方确认的索赔事项和金额计算。

⑤ 现场签证费用应依据发承包双方签证资料确认的金额计算。

⑥ 暂列金额应减去工程价款调整与索赔现场签证金额计算，如有余额归发包人。

4）规费和税金应按照国家或省级行业建设主管部门对规费和税金的计取标准计算。

2. 工程竣工结算的程序

（1）承包人递交竣工结算书　承包人应在合同规定时间内编制完竣工结算书，并在提交竣工验收报告的同时递交给发包人。

承包人未在规定的时间内提交竣工结算文件，若经发包人催告后14天内仍未提交或没有明确答复，发包人有权根据已有资料编制竣工结算文件，作为办理竣工结算和支付结算款的依据，承包人应予以认可。

（2）发包人进行核对　发包人在收到承包人递交的竣工结算书后，应按合同约定的时间核对。

发包人应在收到承包人提交的竣工结算文件后的14天内核对。发包人经核实，认为承包人还应进一步补充资料和修改结算文件的，应在上述时限内向承包人提出核实意见，承包人在收到核实意见后的14天内按照发包人提出的合理要求补充资料，修改竣工结算文件，并再次提交给发包人复核后批准。

发包人应在收到承包人再次提交的竣工结算文件后的14天内予以复核，并将复核结果通知承包人。

1）发包人、承包人对复核结果无异议的，应在7天内在竣工结算文件上签字确认，竣工结算办理完毕。

2）发包人或承包人对复核结果认为有误的，无异议部分按照办理不完全竣工结算；有异议部分由发承包双方协商解决，协商不成的，按照合同约定的争议解决方式处理。

发包人在收到承包人竣工结算文件后的 14 天内,不核对竣工结算或未提出核对意见的,视为承包人提交的竣工结算文件已被发包人认可,竣工结算办理完毕。

承包人在收到发包人提出的核实意见后的 14 天内,不确认也未提出异议的,视为发包人提出的核实意见已被承包人认可,竣工结算办理完毕。

(3) 工程造价咨询人代表发包人核对 发包人委托工程造价咨询人核对竣工结算的,工程造价咨询人应在 14 天内核对完毕,核对结论与承包人竣工结算文件不一致的,应提交给承包人复核,承包人应在 14 天内将同意核对结论或不同意见的说明提交工程造价咨询人。工程造价咨询人收到承包人提出的异议后,应再次复核,复核后无异议的办理竣工结算手续,复核后仍有异议的,无异议部分办理竣工结算,有异议部分双方协商解决,对仍未达成一致意见的,按合同约定争议解决方式处理。

承包人逾期未提出书面异议的,视为工程造价咨询人核对的竣工结算文件已经被承包人认可。

3. 工程价款结算争议处理

1) 在工程计价中,对工程造价计价依据、办法以及相关政策规定发生争议事项的,由工程造价管理机构负责解释。

2) 工程造价咨询机构接受发包人或承包人委托,编审工程竣工结算,应按合同约定和实际履约事项认真办理,出具的竣工结算报告经发承包双方签字后生效。同一工程竣工结算核对完成,发承包双方签字确认后,禁止发包人要求承包人与另一个或多个工程造价咨询人重复核对竣工结算。

3) 发包人以对工程质量有异议,拒绝办理工程竣工结算的,已竣工验收或已竣工未验收但实际投入使用的工程,其质量争议按该工程保修合同执行,竣工结算按合同约定办理;已竣工未验收且未实际投入使用的工程以及停工、停建工程的质量争议,双方应就有争议的部分委托有资质的检测鉴定机构进行检测,根据检测结果确定解决方案,或按工程质量监督机构的处理决定执行后办理竣工结算,无争议部分的竣工结算按合同约定办理。

4) 发承包双方发生工程造价合同纠纷时,应通过下列办法解决:

① 双方协商。

② 提请调解,工程造价管理机构负责调解工程造价问题。

③ 按合同约定向仲裁机构申请仲裁或向人民法院起诉。

4. 竣工结算工程价款的基本公式

$$竣工结算工程价款 = 合同价款 + 施工过程中预算或合同价款调整数额 -$$
$$预付及以结算工程价款 - 保修金 \qquad (7\text{-}20)$$

【例 7-11】 某施工单位承包某工程项目,甲乙双方签订的关于工程价款的合同内容有:

(1) 建筑安装工程造价 660 万元,建筑材料及设备费占施工产值的比例为 60%。

(2) 工程预付款为建筑安装工程造价的 20%。工程实施后,工程预付款从未施工工程尚需的主要材料及构件的价值相当于工程预付款数额时起扣,从每次结算工程价款中按材料和设备占施工产值的比例扣抵工程预付款,竣工前全部扣清。

(3) 工程进度款逐月计算。

(4) 工程保修金为建筑安装工程造价的 3%,竣工结算月一次扣留。

（5）材料和设备价差调整按规定进行（按有关规定上半年材料和设备价差上调10%，在6月份一次调增）。

工程各月实际完成产值见表7-10。

表 7-10 工程各月实际完成产值 （单位：万元）

月 份	2 月	3 月	4 月	5 月	6 月
完成产值	55	110	165	220	110

问题：

（1）该工程的工程预付款、起扣点为多少？

（2）该工程2月至5月每月拨付工程款为多少？累计工程款为多少？

（3）6月份办理工程竣工结算，该工程结算造价为多少？甲方应付工程结算款为多少？

（4）该工程在保修期间发生屋面漏水，甲方多次催促乙方修理，乙方一再拖延，最后甲方另请施工单位修理，修理费1.5万元，该项费用如何处理？

解：（1）工程预付款：660万元×20%＝132万元

起扣点：660万元–132万元/60%＝440万元

（2）各月拨付工程款为：

2月：工程款55万元，累计工程款55万元

3月：工程款110万元，累计工程款＝55万元+110万元＝165万元

4月：工程款165万元，累计工程款＝165万元+165万元＝330万元

5月：工程款220万元–（220万元+330万元–440万元）×60%＝154万元

累计工程款＝330万元+154万元＝484万元

（3）工程结算总造价为：

$$660万元+660万元×0.6×10%＝699.6万元$$

甲方应付工程结算款：

$$699.6万元–484万元–（699.6万元×3%）–132万元＝62.612万元$$

（4）1.5万元维修费用应从乙方（承包商）的质量保证金中扣除。

7.6 资金使用计划的编制与投资偏差分析

资金使用计划编制之后，投资控制的目标就确定了。在项目实施过程中，应当以此为依据进行投资偏差分析，即定期地进行投资计划值与实际值的比较，当实际值偏离计划值时，分析产生偏差的原因，采取适当的纠偏措施进行控制。同时，可根据已完工程的实际支出，对工程项目进行重新认识，预测投资的支出趋势，提出改进和预防措施对投资进行控制。

7.6.1 投资偏差分析的基本原理

1. 挣值法的概念

挣值法（Earned Value Method），也称赢值法，是指通过对比建设项目实际进展情况与进度计划、实际投资完成情况与资金使用计划，确定工程进度是否符合计划要求，从而确定

工程造价管理 第2版

项目投资是否存在偏差的一种分析方法。该方法通过货币指标来度量项目的进度，进而达到评估和控制风险的目的。

2. 挣值计算涉及的几个概念

1）计划投资（Planed Value，PV），又称拟完工程计划投资（Budgeted Cost for Work Scheduled，BCWS），是指在某一时点检查按计划应完成工作的预算费用。

$$PV = 拟完工程计划投资 = \sum 计划工程量 \times 预算单价 \qquad (7\text{-}21)$$

2）实际投资（Actual Value，AC），又称已完工程实际投资（Actual Cost of Work Performed，ACWP），是指在某一时点检查已经完成工作的实际费用。

$$AC = \sum 实际工程量 \times 实际单价 \qquad (7\text{-}22)$$

3）挣值（Earned Value，EV），又称已完工程计划投资（Budgeted Cost of Work Performed，BCWP），是指在某一时点检查已经完成工作的预算费用，反映实际完成了计划预算的多少。

$$EV = 计划预算 \times 已完工程量占总工程量的比例(\%) \qquad (7\text{-}23)$$

或

$$EV = \sum 实际工程量 \times 预算单价 \qquad (7\text{-}24)$$

3. 投资偏差与进度偏差

1）投资偏差（Cost Variance，CV）是指到某一时点挣值与已完工程实际投资的差额。其计算公式为

$$CV = EV - AC \qquad (7\text{-}25)$$

$$投资偏差 = 已完工程计划投资 - 已完工程实际投资 \qquad (7\text{-}26)$$

计算结果为正，表示投资节约；结果为负，表示投资超支。

2）进度偏差（Schedule Variance，SV）是指对于某一已完工程计划完成时间与已完工程实际时间的差额，其计算公式为

$$进度偏差 = 已完工程计划时间 - 已完工程实际时间 \qquad (7\text{-}27)$$

为了与投资偏差联系起来，进度偏差也用货币方式予以度量，即到某一时点挣值与拟完工程计划投资的差额，其计算公式为

$$SV = EV - PV \qquad (7\text{-}28)$$

$$进度偏差 = 已完工程计划投资 - 拟完工程计划投资 \qquad (7\text{-}29)$$

计算结果为正，表示工期提前；结果为负，表示工期拖延。

3）投资绩效指数（Cost Performance Index，CPI）是指挣值与实际投资的比值，其计算公式为

$$CPI = EV/AC \qquad (7\text{-}30)$$

计算结果大于1，表示投资节约；计算结果小于1；表示投资超支；计算结果等于1，表示实际投资等于计划投资。

4）进度绩效指数（Schedule Performance Index，SPI）是指挣值与计划投资的比值，其计算公式为

$$SPI = EV/PV \qquad (7\text{-}31)$$

计算结果大于1，表示工期提前；计算结果小于1，表示工期拖延；计算结果等于1，表示实际进度等于计划进度。

上述四个绩效衡量指标需要结合起来用于对项目的投资偏差进行分析。绩效衡量指标判

断分析表见表7-11。必须特别指出，进度偏差对投资偏差分析的结果有重要影响，如果不加以考虑，就不能正确反映投资偏差的实际情况。例如：项目某一阶段的投资超支，可能是由于进度超前导致的，也可能是由于物价上涨导致的。

表 7-11 绩效衡量指标判断分析表

绩效衡量		进 度		
		SV>0 且 SPI>1	SV=0 且 SPI=1	SV<0 且 SPI<1
投资	CV>0 且 CPI>1	工期提前，投资节约	计划进度，投资节约	工期拖延，投资节约
	CV=0 且 CPI=1	工期提前，计划投资	计划进度，计划投资	工期拖延，计划投资
	CV<0 且 CPI<1	工期提前，投资超支	计划进度，投资超支	工期拖延，投资超支

7.6.2 投资偏差分析的分类

1. 局部偏差和累计偏差

局部偏差有两层含义：一层含义是对于整个项目而言的，是指各单项工程、单位工程及分部分项工程的投资偏差；另一层含义是对于整个项目已经实施的时间而言的，是指每一控制周期所发生的投资偏差。累计偏差是一个动态的概念，其数值总是与具体时间联系在一起。第一个累计偏差在数值上等于局部偏差，最终的累计偏差就是整个项目的投资偏差。

局部偏差的引入，使项目投资管理人员可以清楚地了解偏差发生的时间、所在的单项工程，这有利于分析其发生的原因；而累计偏差涉及的工程内容较多、范围较大，且原因也较复杂，因而累计偏差分析必须以局部偏差分析为基础。从另一方面看，因为累计偏差分析建立在对局部偏差进行综合分析的基础上，所以其结果更能显示出代表性和规律性，对投资控制工作在较大范围内具有指导作用。

2. 绝对偏差和相对偏差

上述绩效衡量指标中的投资偏差 CV、进度偏差 SV 属于绝对偏差，绝对偏差能够直观地表达项目偏差的绝对数额，用于指导调整资金支出计划、资金筹措计划和进度计划。

由于项目规模、性质、内容不同，其投资总额会有很大差异，因此绝对偏差就显得有一定的局限性，不能说明投资偏差的严重程度。为此，引入相对偏差，即投资偏差或进度偏差的相对数或比例数。

$$投资相对偏差=CV/EV \tag{7-32}$$
$$投资进度偏差=SV/PV \tag{7-33}$$

相对偏差能较客观地反映投资偏差或进度偏差的严重程度或合理程度，从对投资控制工作的要求来看，相对偏差比绝对偏差更有意义，应当给予更高的重视。在进行投资偏差分析时，对绝对偏差和相对偏差都需要进行计算。

3. 偏差程度

除了相对偏差外，绩效衡量指标中的 CPI、SPI 也可以反映投资偏差、进度偏差的偏离程度。偏差程度可参照局部偏差和累计偏差，分为局部偏差程度和累计偏差程度。需要注意的是，累计偏差程度并不等于局部偏差程度的简单相加。例如，假设分项工程 A 的实际投资值为 250 万元，挣值为 200 万元，则分项工程 A 的投资偏差程度为 0.80；分项工程 B 的实际投资值为 250 万元，挣值为 300 万元，则分项工程 B 的投资偏差程度为 1.20。分项工程 A 和 B 的累计投资偏差程度应为（200+300）万元/（250+250）万元＝1，而不等于 A 和 B 的局部投资偏差程度之和。

7.6.3 投资偏差的分析方法

进行投资偏差分析，可以借助相应的图表直观地加以反映，常用的投资偏差分析工具有横道图、时标网络图、表格和 S 形曲线。

1. 横道图法

用横道图进行投资偏差分析，是用不同的横道标识已完工程计划投资和实际投资及拟完工程计划投资，横道的长度与其数额成正比。投资偏差和进度偏差数额可以用数字或横道表示，而产生投资偏差的原因则应经过认真分析后填入，用横道图进行投资偏差分析如图 7-7 所示。

项目编码	项目名称	投资参数数额（万元）	投资偏差（万元）	进度偏差（万元）	偏差原因
1021	砌筑工程	35 / 35 / 35	0	0	—
1022	混凝土工程	40 / 35 / 50	−10	5	—
1023	钢筋工程	40 / 40 / 50	−10	0	—
…	……				
合计		100 200 300 400 / 115 / 110 / 135	−20	5	

已完工程计划投资　　拟完工程计划投资　　已完工程实际投资

图 7-7　用横道图进行投资偏差分析

2. 时标网络图

时标网络图是在确定施工计划网络图的基础上，将施工的实施进度与日历工期相结合而形成的网络图。

双代号时标网络图以水平时间坐标尺度表示工作时间，时标的时间单位根据需要可以是天、周、月等。时标网络计划中，实箭线表示工作，实箭线的长度表示工作的持续时间，实箭线上标注的数字表示实箭线对应工作的单位时间的计划投资值；虚箭线表示虚工作；波浪线表示工作与其紧后工作的时间间隔；点画线表示对应施工检查日（用▲表示）施工的实际进度，将某一确定时点下时标网络图中各个工序的实际进度点相连就可以得到实际进度前锋线，实际进度前锋线表示整个项目目前实际完成的工作面情况。

根据时标网络图可以得到每一个时间段的拟完工程计划投资和已完工程实际投资；另外，可以根据实际工作完成情况测得，在时标网络图上考虑实际进度前锋线就可以得到每一时间段的已完工程计划投资。

如图 7-8 中①→②工作上的 5 表示该工作每月计划投资 5 万元；图中对应 4 月份有②→③、②→⑤、②→④三项工作列入计划，由上述数字可确定 4 月份拟完工程计划投资为 3 万元+4 万元+3 万元＝10 万元。表 7-12 中第二行数字为拟完工程计划投资的逐月累计值，例如 4 月份为 5 万元+5 万元+10 万元+10 万元＝30 万元；表格中第三行数字为已完工程实际投资逐月累计值，表示工程进度实际变化对应的实际投资值。

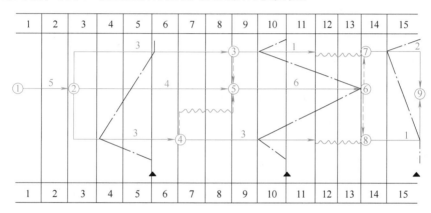

图 7-8　某工程时标网络计划

图 7-8 中如果不考虑实际进度前锋线，可以得到每个月份的拟完工程计划投资。例如，4 月份有三项工作投资额分别为 3 万元、4 万元、3 万元，则 4 月份拟完工程计划投资值为 10 万元。将各月中的数字累计计算即可得到拟完工程计划投资累计值，即表 7-12 中的第二行数字，第三行数字为已完工程实际投资累计值，其数值是根据实际工程开支单独给出的。如果考虑实际进度前锋线，则可以得到对应月份的已完工程计划投资。

表 7-12　某工程投资数据

月份	1	2	3	4	5	6	7	8	9	10	11	12	13	14	15
拟完工程计划投资逐月累计值（万元）	5	10	20	30	40	50	60	70	80	90	100	106	112	115	118
已完工程实际投资逐月累计值（万元）	5	15	25	35	45	53	61	69	77	85	94	103	112	116	120

第 5 个月月底：

已完工程计划投资＝5 万元×2+3 万元×3+4 万元×2+3 万元＝30 万元

投资偏差＝已完工程计划投资−已完工程实际投资＝30 万元−45 万元＝−15 万元

投资增加 15 万元。

进度偏差=已完工程计划投资-拟完工程计划投资=30 万元-40 万元=-10 万元

进度拖延 10 万元。

第 10 个月月底：

已完工程计划投资=5 万元×2+3 万元×6+1 万元+4 万元×6+6 万元×5+3 万元×4+3 万元×3 =104 万元

投资偏差=已完工程计划投资-已完工程实际投资=104 万元-85 万元=19 万元

投资节约 19 万元。

进度偏差=已完工程计划投资-拟完工程计划投资=104 万元-90 万元=14 万元

进度提前 14 万元。

3. 曲线法

S 形曲线即投资-时间累计曲线。在用 S 形曲线进行偏差分析时，通常有三条投资曲线，即已完工程实际投资曲线 a，已完工程计划投资曲线 b 和拟完工程计划投资曲线 p，如图 7-9 所示。图 7-9 中在某一检查时点画一条竖向辅助线，分别交曲线 a、b、p 于点 A、B、M，则曲线 b 与 a 的竖向距离表示投资偏差（B 点的投资小于 A 点的投资，$BA<0$，投资增加），曲线 b 和 p 竖向距离表示进度偏差（当 B 点的投资小于 M 点的投资，$BM<0$ 时，工期拖延），且所反映的是累计偏差，而且是绝对偏差。从点 B 画水平辅助线交曲线 p 于点 P，则从时间坐标轴上可以看出，PB 长度在时间轴上的投影表示工期拖延的时间（当 B 点所在的时点大于 P 点的时点时，完成计划工作量的实际时间大于计划时间）。

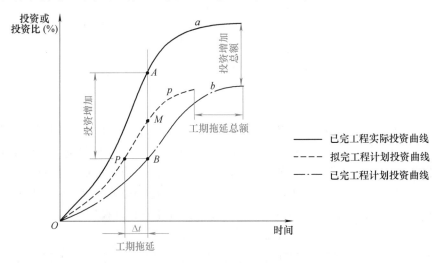

图 7-9　偏差分析曲线图

用曲线进行偏差分析，具有形象直观的优点，但不能直接用于定量分析，如果能与表格结合起来，则会取得较好的效果。

4. 表格法

用表格进行投资偏差分析时，可以根据项目的具体情况、数据来源、投资控制工作的要求等条件来设计表格，因而适用性较强，表格的信息量大，可以反映各种偏差变量和指标，对全面深入地了解项目投资的实际情况非常有益。另外，表格还便于用计算机辅助管理，提高投资控制工作的效率。投资偏差分析表见表7-13。

表7-13　投资偏差分析表

项目编码	（1）	011	012	013
项目名称	（2）	钢筋工程	模板工程	混凝土工程
单位	（3）			
计划单价	（4）			
拟完工程量	（5）			
拟完工程计划投资	（6）=（4）×（5）			
已完工程量	（7）			
已完工程计划投资	（8）=（4）×（7）			
实际单价	（9）			
其他款项	（10）			
已完工程实际投资	（11）=（7）×（9）+（10）			
投资局部偏差	（12）=（8）-（11）			
投资局部偏差程度	（13）=（8）/（11）			
投资累计偏差	（14）=∑（12）			
投资累计偏差程度	（15）=∑（8）/∑（11）			
进度局部偏差	（16）=（8）-（6）			
进度局部偏差程度	（17）=（8）/（6）			
进度累计偏差	（18）=∑（16）			
进度累计偏差程度	（19）=∑（8）/∑（6）			

7.6.4　投资偏差分析原因和类型

1. 投资偏差原因

对投资偏差原因进行分析是进行投资责任分析和提出投资控制措施的前提。

一般来讲，引起投资偏差的原因主要有四个方面，即客观原因、发包人原因、设计原因和施工原因。投资偏差原因分析如图7-10所示。投资偏差原因分析可以采用因果关系分析图、ABC分类法等方法进行定性分析，在此基础上又可利用因素差异分析法进行定量分析。

对偏差原因进行综合分析，通常采用图表工具。在采用表格法时，首先要将每期完成的全部分部分项工程的投资情况进行汇总，确定引起各分部分项工程投资偏差的具体原因；然后通过适当的数据处理，分析每种原因发生的频率（概率）及其影响程度（平均绝对偏差或相对偏差）；最后按偏差原因的分类重新排列，得到投资偏差原因综合

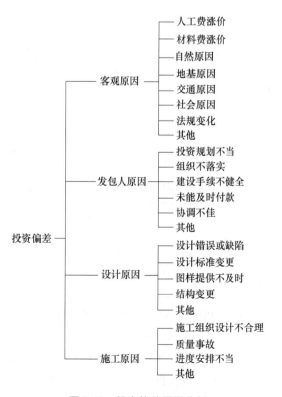

图7-10　投资偏差原因分析

分析表，见表7-14。

2. 偏差类型

为了便于分析，往往还需要对偏差类型做出划分。任何偏差都会表现出某种特点，其结果对投资控制的影响也各不相同。一般来说，偏差不外乎以下四种情况：Ⅰ投资超支且工期拖延；Ⅱ投资超支但工期提前；Ⅲ工期拖延但投资节约；Ⅳ投资节约且工期提前。投资偏差类型如图7-11所示。这种划分综合性较强，便于表述和应用，在实际分析中经常用到。

表7-14 投资偏差原因综合分析表

偏差原因	次数	频率	已完工程计划投资（万元）	绝对偏差（万元）	平均绝对偏差（万元）	相对偏差
1-1						
1-2						
…						
1-9						
…						
4-1						
…						
4-9						
…						
合计						

7.6.5 纠偏措施

对投资偏差原因进行分析后就要采取强有力的措施加以纠正，尤其注意主动控制和动态控制，尽可能实现投资控制目标。

1. 明确纠偏的主要对象

（1）根据偏差类型明确纠偏的主要对象 根据图7-11所示的投资偏差类型，纠偏的主要对象首先是偏差Ⅰ型，即投资增加且进度拖延。对这种类型的偏差必须高度重视，纠偏措施要坚决、果断、确有效果，否则，可能使投资偏差积重难返、进度纠偏又使投资偏差处于雪上加霜的境地。其次是偏差Ⅱ型，在这种情况下，要适当考虑工期提前所能产生的收益。若这种收益与增加的投资大致相当甚至高于投资增加额，则未必需要采取纠偏措施。至于偏差Ⅲ型，从投资控制的角度来看，要考虑是否需要进度纠偏，以及如果必须采取进度纠偏措施需要增加多少投资。偏差Ⅳ型是投资控制工作非常理想的结果，但要特别注意排除假象。

（2）根据偏差原因明确纠偏的主要对象　在以上列举的四类投资偏差原因中，客观原因一般是无法避免和控制的。施工原因所导致的经济损失通常是由承包人自己承担。这两类偏差原因都不是纠偏的主要对象。而对于发包人原因和设计原因所造成的投资偏差则是纠偏的主要对象。

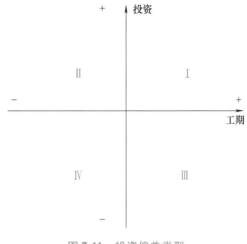

图 7-11　投资偏差类型

2. 采取有效的纠偏措施

纠偏就是对系统实际运行状态偏离标准状态的纠正，以使实际运行状态恢复或保持在标准状态。

通常纠偏措施可分为组织措施、经济措施、技术措施、合同措施四个方面。

（1）组织措施　组织措施是指从投资控制的组织管理方面采取的措施，包括：①落实投资控制的组织机构和人员；②明确各级投资控制人员的任务、职能分工、权力和责任；③改善投资控制工作的流程等。

组织措施是最基本的措施，是其他纠偏措施的前提和保障，一般无须增加什么费用，如果运用得当可以收到良好的效果。

（2）经济措施　经济措施最易被人们接受，但运用中要特别注意不可把经济措施简单理解为审核工程量及相应的支付款。应从全局出发来考虑问题，如检查投资目标分解是否合理，资金使用计划有无保障，会不会与施工进度计划发生冲突，工程变更有无必要，是否超标等。解决这些问题往往是标本兼治，事半功倍。另外，通过偏差分析和未完工程预测还可以发现潜在的问题，及时采取预防措施，从而取得投资控制的主动权。

（3）技术措施　技术措施是指对工程施工方案进行技术经济分析。从造价控制的要求来看，技术措施并不都是因为发生了技术问题才加以考虑的，也可以因为出现了较大的投资偏差而加以运用。不同的技术措施往往会有不同的经济效果，因此运用技术措施纠偏时，要对不同的技术方案进行技术经济分析后加以选择。

（4）合同措施　合同措施在纠偏方面主要是指索赔管理。在施工过程中，索赔事件的发生是难免的，造价工程师在发生索赔事件后，要认真审查有关索赔依据是否符合合同规定，索赔计算是否合理等，从主动控制的角度出发，加强日常的合同管理，落实合同规定的责任。

课后拓展 BIM 在全生命周期中的应用

1. 概述

在《建筑信息模型应用统一标准》中，建筑信息模型（Building Information Modeling，简称 BIM），是指在减少工程及设施全生命期内，对其物理和功能特性进行数字化表达，并依此设计、施工、运营的过程和结果的总称。

CAD 技术将建筑师、工程师从手工绘图推向计算机辅助制图，实现了工程领域的第一次信息革命。但此信息技术对产业链的支撑是断点的，各领域和环节是割裂的，从整个产业链角度，信息技术的综合应用并不明显，而 BIM 技术将建筑物全生命周期的信息模型与建筑工程管理行为结合，实现了集成管理，它的出现将引发整个 A/E/C（Architecture/Engineering/Construction）领域的第二次革命。

2. BIM 技术在设计阶段的应用

设计阶段是工程项目建设过程中非常重要的一个阶段，对工程招标、施工管理、运维等后续阶段具有决定性影响。尽管设计费用在建设工程全过程费用中的比例不大，但设计阶段对工程造价的影响可超过 75%。在设计阶段引入 BIM 技术，无论从设计阶段对整体项目的重要性角度，还是 BIM 模型对于后续 BIM 技术应用的适用性角度，设计阶段的 BIM 技术应用都应成为重中之重。

BIM 技术在设计阶段的应用主要体现在以下方面。

（1）可视化设计交流 采用直观的 3D 图形或图像，在设计方、业主、政府审批方、咨询专家、施工方等项目参与方之间，针对设计意图或设计成果进行更有效的沟通，典型的应用有三维设计与效果图及动画展示。

1）三维设计。BIM 技术的引入，将设计带入一个全新的领域。通过信息的集成，使得三维设计的设计成品（三维模型）具备更多的可读取信息。相对于二维绘图，基于 BIM 的三维设计能够精确表达建筑的几何特征，对任意复杂的建筑造型均能准确表现，同时能够将非几何信息集成到三维构件中，如材料特征、物理特征、力学参数、设计属性、价格参数、厂商信息等，使得建筑构件成为智能实体，三维模型升级为 BIM 模型。BIM 模型可以通过图形运算并考虑专业出图规则自动获得二维图样，并可以提取出其他的文档，如工程量统计表等，还可以将模型用于建筑能耗分析、日照分析、结构分析、照明分析、声学分析、客流及物流分析等诸多方面。某工程 BIM 三维模型表述如图 7-12 所示。

2）效果图及动画展示。利用 BIM 技术和虚拟仿真对建筑物和环境进行模拟，出具高度仿真效果图，既能更好地体现设计者的设计意图，也能为投资者提供直观感受。若设计意图或者使用功能发生变化，可以在短时间内修改，效果图也同步变化，方便投资者和设计方进行建筑性能预测和成本估算，修正和补充不合理或不健全的方案。

（2）协同设计与碰撞检查 在传统设计项目中，专业之间因协同不足造成施工的冲突和变更。BIM 为工程设计的专业协调提供了两种途径。一种是协同设计，所有设计专业及人员在同一设计标准平台上进行操作，从而减少由于沟通不畅或沟通不及时导致的错、漏、碰、缺，实现一处修改处处更新，提升设计效率和质量；另一种是通过对 3D 模型的冲突进

图 7-12 某工程 BIM 三维模型

行检查（某项目碰撞检查优化前后对比如图 7-13 所示），有效解决当前的"隔断式"的设计模式，通过软件将不同专业的模型进行集成，查找专业构件间的冲突可疑点，并由人工确认修改生成碰撞检查报告，通过多次"碰撞检查—审核修改—模型更新"的设计过程，实现专业设计间的相互协调。

图 7-13 某项目碰撞检查优化前后对比

（3）成本控制 设计阶段是控制造价的关键阶段，在方案设计阶段，设计活动对工程造价影响较大。理论上，我国建设项目在设计阶段的造价控制主要是方案设计阶段的设计估算和初步设计阶段的设计概算，而实际上大量的工程并不重视估算和概算，而将造价控制的重点放在施工阶段，错失了造价控制的有利时机。基于 BIM 模型进行设计过程的造价控制使得在方案设计阶段的估算和概算更具备可实施性。BIM 模型中不仅涵盖建筑空间和建筑构件的几何信息，还包括构件的材料属性，构件工程量计算等信息，可以及时反映与设计对应的工程造价水平，为限额设计和价值工程在优化设计上的应用提供了必要的基础，使适时的造价控制成为可能。

在实际项目应用中，BIM技术在设计阶段还可以用于安全管理、信息管理、合同管理、施工图生成、方案比选等方面，提升设计质量和效率，强化前期决策的正确性和及时性。

3. BIM技术在招标投标阶段的应用

BIM技术的推广与应用，极大地促进了招标投标管理的精细化程度和管理水平。在招标投标过程中，招标方根据BIM模型可以编制准确的工程量清单，达到清单完整、快速算量、精确算量的要求，有效地避免漏项和错算等情况，最大限度地减少施工阶段因工程量问题而引起的纠纷。投标方根据BIM模型快速获取正确的工程量信息，与招标文件的工程量清单比较，可以制定更好的投标策略。

（1）BIM技术在招标控制中的应用　在招标控制环节，准确和全面的工程量清单是关键。而工程量计算是招标投标阶段耗费时间和精力最多的重要工作。BIM是一个富含工程信息的数据库，可以真实地提供工程量计算所需要的物理和空间信息。借助这些信息，软件可以快速对各种构件进行统计分析，减少图样统计工程量带来的烦琐的人工操作和潜在错误，显著提高算量的效率和准确性。

（2）BIM技术在投标过程中的应用　首先是基于BIM的施工方案模拟。通过BIM模型对施工组织设计方案及重要环节进行可视化论证，按时间进度进行施工安装方案的模拟和优化。对于一些重要的施工环节或采用新施工工艺的关键部位、施工现场平面布置等施工指导措施进行模拟和分析，以提高计划的可行性。在投标过程中，通过对施工方案的模拟，直观、形象地展示给甲方。

其次是基于BIM的4D进度模拟。利用BIM技术与施工进度计划相链接，将空间信息与时间信息整合在一个可视的4D模型中，直观、精确地反映整个建筑的施工过程和虚拟形象进度。借助4D模型，施工企业在工程项目投标中将获得竞标优势，业主可直观地了解投标单位对投标项目施工的控制方法，了解施工安排是否均衡、总体计划是否基本合理等，从而对投标单位的施工经验和实力做出有效评估。

再次是基于BIM的资源优化与资金计划。利用BIM技术可以方便、快捷地进行施工进度模拟、资源优化，以及预计产值和编制资金计划。通过进度计划与模型的关联，以及造价数据与进度关联，可以实现不同维度（空间、时间、流水段）的造价管理与分析。通过BIM技术获取资源需用量计划，有助于投标单位制订合理的施工方案，并形象地展示给甲方。

利用BIM技术可以有力地保障工程量清单的全面和精确，促进投标报价的科学、合理，加强招标投标管理的精细化水平，减少风险，进一步促进招标投标市场的规范化、市场化、标准化的发展。

4. BIM在施工阶段的应用

（1）预制加工管理　通过BIM模型对建筑构件的信息化表达，可在BIM模型上直接生成构件加工图，并完成件加工、制作图样的深化设计，实现与预制工厂的协同和对接。

（2）虚拟施工管理　结合施工方案、施工模拟和现场视频检测，进行基于BIM的虚拟施工，实时了解施工的过程和结果，较大程度地降低返工成本和管理成本，同时还可应用场地布置方案、专项施工方案、关键工艺展示、主体施工模拟、装修效果模拟等方面。

（3）施工成本管理　基于BIM技术，建立成本的5D（3D实体、时间、工序）关系数据库，以各工作分解结构（WBS）单位工程量人、机、料单价为主要数据进入实际成本BIM中，能够快速实行多维度（时间、空间、WBS）成本分析，从而对项目成本进行动态控制。其应用主要表现以下几个方面。

1）快速精确的成本核算。通过识别BIM模型中的不同构件及模型的几何物理信息（时间维度、空间维度等），对各种构件的数量进行汇总统计，大幅度简化算量工作，节省人力成本，减少人为原因造成的计算错误。

2）预算工程量动态查询与统计。基于BIM技术，模型可直接生成所需材料的名称、数量和尺寸等信息，并与设计保持一致，在设计出现变更时，该变更将自动反映到所有相关的材料明细表中，预算工程量动态查询与统计价工程师使用的所有构件信息也会随之变化。在基本信息模型的基础上增加工程预算信息，即形成具有资源和成本信息的预算信息模型。根据实际仅需进行工程量和费用的汇总，为分期结算提供数据支持。

3）限额领料与进度款支付管理。基于BIM软件，在管理多专业和多系统数据时，能够采用系统分类和构件类型等方式进行方便管理。例如，给水排水、电气、暖通专业可以根据设备的型号、外观及各种参数分别显示设备，方便计算材料用量，并形象、快速地完成工程量的拆分和汇总，为工程进度款的申请和支付提供技术支持。

施工阶段是实施贯彻设计意图的过程，是建设过程中周期最长的环节，BIM的应用还体现在施工进度管理、施工质量管理、物料管理、安全管理、绿色施工管理等方面，由于篇幅限制，在此不再赘述。

5. BIM技术在竣工交付与运维阶段的应用

将完整、可视化竣工BIM模型与现场实际完工的建筑进行对比，完成工程数量的核对和质量的把控，通过模型的搭建，将建设项目的设计、经济、管理等信息融合在一起，便于后期的运维管理和更快捷地检索建设项目的各类信息。

BIM模型在运维阶段的应用主要体现在将信息与模型结合，整合信息并通过空间规划和物资管理系统，利用3D设计数据进行协同作业，通过构件管理和数据的自动统计，为资产管理、维护管理、能耗管理提供技术支撑。

总之，应用BIM技术实现从项目的设计、施工、运营，直至全生命周期，各种信息集成于同一个平台中，实现数据共享，便于项目各参与方的协同工作，提高建筑产业链的运作效率。

习　题

一、单项选择题

1. 施工组织设计是由（　　）编制的用以实施施工准备和组织施工的技术经济文件，是施工企业管理现场施工的内部规划。

    A. 承包商   B. 监理单位   C. 施工单位   D. 设计单位

2. 监理人收到施工承包单位的书面建议后，应与建设单位共同研究，确认存在变更的，应在收到施工承包单位书面建议后的（　　）天内做出变更指示。

    A. 7   B. 14   C. 21   D. 28

3. 某独立土方工程，招标文件估计工程量为100万m^3，合同约定：工程款按月支付并同时在该款项中扣留5%的工程预付款；土方工程为全费用单位，每立方米10元，当实际工程量超过估计工程量的10%时，超过部分调整单价，每立方米为9元。某月施工单位完成土方工程量25万 m^3，截至该月累计完成的工程量为120万 m^3，则该月应结工程款为（　　）万元。

    A. 240　　　　　　B. 237.5　　　　　　C. 228　　　　　　D. 236.6

4. 某分项工程发包方提供的估计工程量 $1500m^3$，合同中规定单价为16元/ m^3，实际工程量超过估计工程量的10%时，超出10%部分的工程量单价为15元/ m^3，经过业主实际计量确认的工程量为 $1800m^3$，则该分项工程结算款为（　　）元。

    A. 28650　　　　　B. 27000　　　　　C. 28800　　　　　D. 28500

5. 在纠偏措施中，合同措施主要是指（　　）。

    A. 投资管理　　　B. 施工管理　　　C. 监督管理　　　D. 索赔管理

6. 钢门窗安装工程，5月份拟完工程计划投资10万元，已完工程计划投资8万元，已完工程实际投资12万元，则进度偏差为（　　）万元。

    A. -2　　　　　　B. 2　　　　　　C. 4　　　　　　D. -4

7. 施工中遇到恶劣气候的影响造成了工期和费用增加，则承包商（　　）。

    A. 只能索赔工期　B. 只能索赔费用　C. 二者均可　　　D. 不能索赔

8. 进度款的支付比例，按进度价款总额计，不低于（　　）%。

    A. 60　　　　　　B. 70　　　　　　C. 80　　　　　　D. 90

9. 承包人应在确认引起索赔的事件发生后（　　）天内向发包人发出索赔通知，否则承包人无权获得追加付款，竣工时间不得延长。

    A. 7　　　　　　B. 28　　　　　　C. 14　　　　　　D. 21

10. 工程索赔按索赔事件的性质不同进行分类时不包括（　　）。

    A. 工程延误索赔　B. 工期索赔　　　C. 加速施工索赔　D. 合同终止的索赔

二、多项选择题

1. 施工阶段工程造价控制的措施包括（　　）。

    A. 组织措施　　　B. 经济措施　　　C. 劳动措施　　　D. 合同措施

2. 质量失败补救成本不包括（　　）。

    A. 工程质量检测与鉴定成本　　　　B. 工程质量问题成本

    C. 工程质量缺陷成本　　　　　　　D. 工程质量预防成本

3. 施工方案优化的方法包括（　　）。

    A. 定性分析法　　B. 多方案比较法　C. 价值工程法　D. 多指标定量分析法

4. 工程师进行投资控制，纠偏的主要对象为（　　）偏差。

    A. 客观原因　　　B. 施工原因　　　C. 发包人原因　D. 设计原因

5. 由于业主原因设计变更，导致工程停工1个月，则承包商可索赔的费用有（　　）。

    A. 利润　　　　　　　　　　　　　B. 人工窝工

    C. 机械设备闲置费　　　　　　　　D. 增加的现场管理费

6. 施工合同文本规定，施工中遇到有价值的地下文物时，承包商应立即停止施工并采取有效保护措施，对打乱施工计划的后果责任划分错误的是（　　）。

    A. 承包商承担保护措施费用，工期不予顺延

B. 承包商承担保护费用，工期予以顺延

  C. 业主承担保护措施费用，工期不予顺延

  D. 业主承担保护措施费用，工期予以顺延

7. 索赔产生的原因包括（　　　　）。

  A. 发包人违约　　　B. 合同缺陷　　　C. 合同变更　　　D. 承包人发出的物资

8. 索赔文件包括（　　　　）。

  A. 索赔通知（索赔信）　　　　　　B. 合同文件

  C. 索赔报告　　　　　　　　　　　D. 附件

9. 工程计量的依据有（　　　　）。

  A. 工程量清单及说明　　　　　　　B. 合同图样

  C. 技术规范　　　　　　　　　　　D. 施工图

10. 投资偏差的分析工具有（　　　　）。

  A. 横道图　　　B. 时标网络图　　　C. 回归方程　　　D. S 形曲线

第8章

建设项目竣工验收及后评价阶段的工程造价管理

■ 8.1 概述

8.1.1 建设项目竣工验收的概念

建设项目竣工验收是指由发包人、承包人和项目验收委员会，以项目批准的设计任务书和设计文件，以及国家或部门颁发的施工验收规范和质量检验标准为依据，按照一定的程序和手续，在项目建成并试生产合格后（工业生产性项目），对工程项目的总体进行检验、认证、综合评价和鉴定的活动。

工业生产项目，须经试生产（投料试车）合格，形成生产能力，正常生产出产品后才能进行验收。非工业生产项目，应能正常使用才能进行验收。

通常所说的建设项目竣工验收，是"动用验收"，是指发包人在建设项目按批准的设计文件所规定的内容全部建成后，向使用单位交工的过程。

8.1.2 建设项目竣工验收的内容与条件

1. 建设项目竣工验收的内容

不同的建设项目，其竣工验收的内容不完全相同。但一般均包括工程资料验收和工程内容验收两部分。

（1）工程资料验收　工程资料验收包括工程技术资料、工程综合资料和工程财务资料验收三个方面的内容。

1）工程技术资料验收的内容有：

① 工程地质、水文、气象、地形、地貌，建筑物、构筑物及重要设备安装位置，勘察报告与记录。

② 初步设计、技术设计或扩大初步设计、关键的技术试验、总体规划设计。

③ 土质试验报告、基础处理。

④ 建筑工程施工记录，单位工程质量检验记录，管线强度、密封性试验报告，设备及管线安装施工记录及质量检查，仪表安装施工记录。

⑤ 设备试车、验收运转、维修记录。

⑥ 产品的技术参数、性能、图样、工艺说明、工艺规程、技术总结、产品检验与包装、工艺图。

⑦ 设备的图样、说明书。

⑧ 涉外合同、谈判协议、意向书。

⑨ 各单项工程及全部管网竣工图等资料。

2）工程综合资料验收的内容有：

① 项目建议书及批件，可行性研究报告及批件，项目评估报告，环境影响评估报告书。

② 设计任务书，土地征用申报及批准的文件。

③ 招标投标文件，承包合同。

④ 项目竣工验收报告，验收鉴定书。

3）工程财务资料验收的内容有：

① 历年建设资金供应（拨款、贷款）情况和应用情况。

② 历年批准的年度财务决算。

③ 历年年度投资计划、财务收支计划。

④ 建设成本资料。

⑤ 设计概算、预算资料。

⑥ 施工决算资料。

（2）工程内容验收　包括建筑工程验收、安装工程验收两部分。

1）建筑工程验收的内容有：

① 建筑物的位置、标高、轴线是否符合设计要求。

② 对基础工程中的土石方工程、垫层工程、砌筑工程等资料的审查。

③ 结构工程中的砖木结构、砖混结构、内浇外砌结构、钢筋混凝土结构的审查验收。

④ 对屋面工程的木基、望板、油毡、屋面瓦、保温层、防水层等的审查验收。

⑤ 对门窗工程的审查验收。

⑥ 对装修工程的审查验收（抹灰、油漆等工程）。

2）安装工程验收的内容有：

① 建筑设备安装工程（是指民用建筑物中的上下水管道、暖气、燃气、通风、电气照明等安装工程）。应检查这些设备的规格、型号、数量、质量是否符合设计要求，检查安装时的材料、材质、材种，检查试压、闭水试验、照明。

② 工艺设备安装工程包括：生产、起重、传动、实验等设备的安装，以及附属管线敷设和油漆、保温等。检查设备的规格、型号、数量、质量、设备安装的位置、标高、机座尺寸、质量、单机试车、无负荷联动试车、有负荷联动试车、管道的焊接质量、清洗、吹扫、试压、试漏及各种阀门等。

③ 动力设备安装工程是指有自备电厂的项目或变配电室（所）、动力配电线路的验收。

2. 建设项目竣工验收的条件

根据《建设工程质量管理条例》的规定，建设工程竣工验收应当具备以下条件：

1）完成建设工程设计和合同约定的各项内容。

2）有完整的技术档案和施工管理资料。

3）有工程使用的主要建筑材料、建筑构配件和设备的进场试验报告。

4）有勘察、设计、施工、工程监理等单位分别签署的质量合格文件。

5）有承包方签署的工程保修书。

8.1.3 建设项目竣工验收的依据与标准

1. 建设项目竣工验收的依据

建设项目竣工验收的依据，除了必须符合国家规定的竣工标准（或地方政府主管机关规定的具体标准）之外，在进行工程竣工验收和办理工程移交手续时，应该以下列文件作为依据：

1）上级主管部门对该项目批准的各种文件。

2）可行性研究报告。

3）施工图设计文件及设计变更洽商记录。

4）国家颁布的各种标准和现行的施工验收规范。

5）工程承包合同文件。

6）技术设备说明书。

7）建筑安装工程统一规定及主管部门关于工程竣工的规定。

8）从国外引进的新技术和成套设备的项目以及中外合资建设项目，要按照签订的合同和进口国提供的设计文件等进行验收。

9）利用世界银行等国际金融机构贷款的建设项目，应按世界银行规定，按时编制项目完成报告。

2. 建设项目竣工验收的标准

施工单位完成工程承包合同中规定的各项工程内容，并依照设计图、文件和建设工程施工及验收规范自查合格后，申请竣工验收。

1）生产性项目和辅助性公用设施，已按设计要求完成，能满足生产使用。

2）主要工艺设备配套经联动负荷试车合格，形成生产能力，能够生产出设计文件所规定的产品。

3）主要的生产设施已按设计要求建成。

4）生产准备工作能适应投产的需要。

5）环境保护设施、劳动安全卫生设施、消防设施已按设计与主体工程同时建成使用。

6）生产性投资项目，如工业项目的土建、安装、人防、管道、通讯等工程的施工和竣工验收，必须按照国家和行业施工及验收规范执行。

3. 建设项目竣工验收的质量核定

竣工验收的质量核定是政府对竣工工程进行质量监督的一种带有法律性的手段，是竣工验收交付使用必须办理的手续。质量核定的范围包括新建、扩建、改建的工业与民用建筑工程、设备安装工程和市政工程等。

（1）申报竣工质量核定工程的条件

1）必须符合国家或地区规定的竣工条件和合同规定的内容。委托工程监理的工程，必须提供监理单位对工程质量进行监理的有关资料。

2）必须具备各方签认的验收记录。对验收各方提出的质量问题，施工单位进行返修的，应具备建设单位和监理单位的复验记录。

3）具有符合规定的、齐全有效的施工技术资料。

4）保证竣工质量核定所需的水、电供应及其他必备的条件。

（2）竣工质量核定的方法

1）单位工程完成之后，施工单位应按照国家检验评定标准的规定进行自验，符合有关规范、设计文件和合同要求的质量标准后方可提交建设单位。

2）建设单位组织设计、监理、施工等单位，对工程质量评出等级，并向有关的监督机构提出申报竣工工程质量核定。

3）监督机构在受理了竣工工程质量核定后，按照《建筑工程质量检验评定标准》进行核定，经核定合格或优良的工程，发给合格证书，并说明其质量等级。工程交付使用后，若工程质量出现永久缺陷等严重问题，监督机构将收回合格证书，并予以公布。

4）经监督机构核定不合格的单位工程，不发给合格证书，不准投入使用，责任单位在规定期限返修后，再重新进行申报、核定。

5）在核定中，施工单位的资料不能说明结构安全或不能保证使用功能的，由施工单位委托法定监测单位进行监测，并由监督机构对隐瞒事故者进行依法处理。

8.1.4　建设项目竣工验收的方式、程序与管理

1. 建设项目竣工验收的方式

为了保证建设项目竣工验收的顺利进行，验收必须遵循一定的程序，并按照建设项目总体计划的要求以及施工进展的实际情况分阶段进行。项目施工达到验收条件的验收方式可分为项目中间验收、单项工程验收和全部工程验收三大类。不同阶段的工程验收见表8-1。

规模较小、施工内容简单的建设项目，也可以一次进行全部项目的竣工验收。

虽然项目的中间验收也是工程验收的一个组成部分，但它属于施工过程中的管理内容，这里仅就竣工验收（单项工程验收和全部工程验收）的有关问题予以介绍。

表 8-1　不同阶段的工程验收

类　型	验收条件	验收组织
中间验收	（1）按照施工承包合同的约定，施工完成某一阶段后要进行中间验收； （2）主要的工程部位施工已完成了隐蔽前的准备工作，该工程部位将置于无法查看的状态	由监理单位组织，业主和承包商派人参加。该部位的验收资料将作为最终验收的依据
单项工程验收（交工验收）	（1）建设项目中的某个合同工程已全部完成； （2）合同内约定有分部分项移交的工程已达到竣工标准，可移交给业主投入试运行	由业主组织，会同施工单位、监理单位、设计单位及使用单位等有关部门共同进行
全部工程竣工验收（动用验收）	（1）建设项目按设计规定全部建成，达到竣工验收条件； （2）初验结果全部合格； （3）竣工验收所需资料已准备齐全	大中型和限额以上项目由发改委或由其委托项目主管部门或地方政府部门组织验收。小型和限额以下项目由项目主管部门组织验收。业主、监理单位、施工单位、设计单位和使用单位参加验收工作

2. 建设项目竣工验收的程序

建设项目全部建成，经过各单项工程的验收符合设计要求，并具备竣工图表、竣工结算、工程总结等必要的文件资料，由建设项目主管部门或建设单位向负责验收的单位提出竣工验收申请报告，按图8-1竣工验收程序验收。

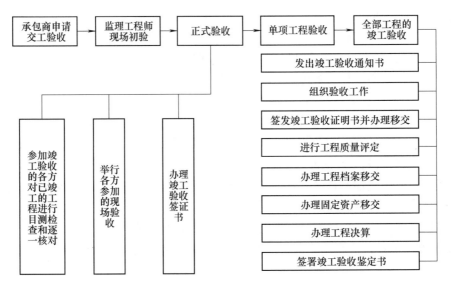

图 8-1　竣工验收程序

（1）承包商申请交工验收　承包商在完成了合同约定的工程内容或按合同约定可分步移交工程的，可申请交工验收。交工验收一般为单项工程，但在某些特殊情况下也可以是单位工程的施工内容，诸如特殊基础处理工程、发电站单机机组完成后的移交等。承包商施工的工程达到竣工条件后，应先进行预检验，一般由基层施工单位先进行自验、项目经理自验、公司级预验三个层次进行竣工验收预验收，也称为竣工预验。对不符合要求的部位和项目，确定修补措施和标准，修补有缺陷的工程部位；对于设备安装工程，要与甲方和监理单位共同进行无负荷的单机和联动试车，为正式竣工验收做好准备。承包商在完成了上述工作和准备好竣工资料后，即可向甲方提交竣工验收申请报告。

（2）监理工程师现场初验　施工单位通过竣工预验收，对发现的问题进行处理后，决定正式提请验收，应向监理工程师提交验收申请报告，监理工程师审查验收申请报告，若认为可以验收，则由监理工程师组成验收组，对竣工的工程项目进行初验。在初验中发现的质量问题，要及时书面通知施工单位，令其修理甚至返工。

（3）正式验收　正式验收是由业主或监理工程师组织，由业主、监理单位、设计单位、施工单位、工程质量监督站等单位参加的正式验收。工作程序是：

1）参加工程项目竣工验收的各方对已竣工的工程进行目测检查，逐一核对工程资料所列内容是否齐备和完整。

2）举行各方参加的现场验收会议，由项目经理对工程施工情况、自验情况和竣工情况进行介绍，并出示竣工资料，包括竣工图和各种原始资料及记录；由项目总监理工程师通报工程监理中的主要内容，发表竣工验收的监理意见；然后暂时休会，由质检部门会同业主及监理工程师讨论正式验收是否合格；最后复会，由业主或总监理工程师宣布验收结果，质检站人员宣布工程质量等级。

3）办理工程竣工验收（移交）签证书，各方签字盖章。工程竣工验收（移交）签证书的格式见表8-2~表8-4。

表 8-2　工程竣工验收（移交）签证证书（一）

建设单位	
施工单位	
工程名称	
工程结构质式	
建筑面积	
预算造价	
决算造价	
开工日期	
竣工日期	
工程地点	

表 8-3　工程竣工验收（移交）签证证书（二）

一、验收工程内容：

二、验收意见

年　月　日

表 8-4　工程竣工验收（移交）签证证书（三）

建设单位	单位负责人		公章
	项目负责人		
	验收人		
监理单位			公章
设计单位			公章

（续）

施工单位			公章
备注			

（4）单项工程验收 单项工程验收又称交工验收，即验收合格后业主方可投入使用。由业主组织的交工验收，主要依据国家颁布的有关技术规范和施工承包合同，对以下几方面进行检查或检验：

1）检查、核实竣工项目，准备移交给业主的所有技术资料的完整性、准确性。

2）按照设计文件和合同，检查已完工程是否有漏项。

3）检查工程质量、隐蔽工程验收资料、关键部位的施工记录等，考察施工质量是否达到合同要求。

4）检查试车记录及试车中发现的问题是否得到改正。

5）在交工验收中发现需要返工、修补的工程，明确规定完成期限。

6）其他的有关问题。

经验收合格后，业主和承包商共同签署交工验收证书。然后由业主将有关技术资料和试车记录、试车报告及交工验收报告一并上报主管部门，经批准后该部分工程即可投入使用。验收合格的单项工程，在全部工程验收时，原则上不再办理验收手续。

（5）全部工程的竣工验收 全部工程的竣工验收是指全部工程施工完成后，由国家主管部门组织的竣工验收，又称为动用验收。发包人参与全部工程的竣工验收分为验收准备、预验收和正式验收三个阶段。

1）验收准备。发包人、承包人和其他有关单位均应进行验收准备，验收准备的主要工作内容有：

① 收集、整理各类技术资料，分类装订成册。

② 核实建筑安装工程的完成情况，列出已交工工程和未完工工程一览表，包括单位工程名称、工程量、预算估价及预计完成时间等内容，提交财务决算分析。

③ 检查工程质量，查明须返工或补修的工程并提出具体的时间安排，预申报工程质量等级的评定，做好相关材料的准备工作。

④ 整理汇总项目档案资料，绘制工程竣工图。

⑤ 登记固定资产，编制固定资产构成分析表。

⑥ 落实生产准备各项工作，提出试车检查的情况报告，总结试车考评情况。

⑦ 编写竣工结算分析报告和竣工验收报告。

2）预验收。建设项目竣工验收准备工作结束后，由发包人或上级主管部门会同监理单位、设计单位、承包人及有关单位或部门组成预验收组进行预验收。预验收的主要工作包括：

① 核实竣工验收准备工作内容，确认竣工项目所有档案资料的完整性和准确性。

② 检查项目建设标准、评定质量，对竣工验收准备过程中有争议的问题和隐患及遗留问题提出处理意见。

③ 检查财务账表是否齐全并验证数据的真实性。

④ 检查试车情况和生产准备情况。

⑤ 编写竣工预验收报告和移交生产准备情况报告，在竣工预验收报告中应说明项目的概况，对验收过程进行阐述，对工程质量做出总体评价。

3）正式验收。建设项目的正式竣工验收是由国家、地方政府、建设项目投资商或开发商，以及有关单位领导和专家参加的最终整体验收。大中型和限额以上的建设项目的正式验收，由国家投资主管部门或其委托项目主管部门或地方政府组织验收，一般由竣工验收委员会（或验收小组）主任（或组长）主持，具体工作可由总监理工程师组织实施。国家重点工程的大型建设项目，由国家有关部委邀请有关方面参加，组成工程验收委员会进行验收。小型和限额以下的建设项目由项目主管部门组织。发包人、监理单位、承包人、设计单位和使用单位共同参加验收工作。

① 发包人、勘察设计单位分别汇报工程合同履约情况，以及在工程建设各个环节执行法律、法规与工程建设强制性标准的情况。

② 听取承包人汇报建设项目的施工情况、自验情况和竣工情况。

③ 听取监理单位汇报建设项目监理内容和监理情况及对项目竣工的意见。

④ 组织竣工验收小组全体人员进行现场检查，了解项目现状、查验项目质量，及时发现存在和遗留的问题。

⑤ 审查竣工项目移交生产使用的各种档案资料。

⑥ 评审项目质量，对主要工程部位的施工质量进行复验、鉴定，对工程设计的先进性、合理性和经济性进行复验和鉴定，按设计要求和建筑安装工程施工的验收规范和质量标准进行质量评定验收。在确认工程符合竣工标准和合同条款规定后，签发竣工验收合格证书。

⑦ 审查试车规程，检查投产试车情况，核定收尾工程项目，对遗留问题提出处理意见。

⑧ 签署竣工验收鉴定书，对整个项目做出总的验收鉴定。竣工验收鉴定书是表示建设项目已经竣工，并交付使用的重要文件，是全部固定资产交付使用和建设项目正式动用的依据。

整个建设项目进行竣工验收后，发包人应及时办理固定资产交付使用手续。在进行竣工验收时，已验收过的单项工程可以不再办理验收手续，但应将单项工程交工验收证书作为最终验收的附件。发包人在竣工验收过程中，若发现工程不符合竣工条件，应责令承包人进行返修，并重新组织竣工验收，直到通过验收。

3. 建设项目竣工验收的管理

（1）竣工验收报告　建设项目竣工验收合格后，建设单位应当及时提出工程竣工验收报告。工程竣工验收报告主要包括工程概况，建设单位执行基本建设程序情况，对工程勘察、设计、施工、监理等方面的评价，工程竣工验收时间、程序、内容和组织形式，工程竣工验收意见等内容。

工程竣工验收报告还应附有下列文件：

1）施工许可证。

2）施工图设计文件审查意见。

3）验收组人员签署的工程竣工验收意见。

4）市政基础设施工程应附有质量检测和功能性试验资料。

5）施工单位签署的工程质量保修书。

6）法规、规章规定的其他有关文件。

（2）竣工验收的管理

1）国务院建设行政主管部门负责全国工程竣工验收的监督管理工作。

2）县级以上地方人民政府建设行政主管部门负责本行政区域内工程竣工验收的监督管理工作。

3）工程竣工验收工作由建设单位负责组织实施。

4）县级以上地方人民政府建设行政主管部门应当委托工程质量监督机构对工程竣工验收实施监督。

5）负责监督该工程的工程质量监督机构应当对工程竣工验收的组织形式、验收程序、执行验收标准等情况进行现场监督，发现有违反建设工程项目质量管理规定行为的，责令改正，并将对工程竣工验收的监督情况作为工程质量监督报告的重要内容。

（3）竣工验收的备案

1）国务院建设行政主管部门负责全国房屋建筑工程和市政基础设施工程的竣工验收备案管理工作。县级以上地方人民政府建设行政主管部门负责本行政区域内工程的竣工验收备案管理工作。

2）建设单位应当自工程竣工验收合格之日起 15 日内，依照《房屋建筑工程和市政基础设施工程竣工验收备案管理暂行办法》的规定，向工程所在地的县级以上地方人民政府建设行政主管部门备案。

3）建设单位办理工程竣工验收备案应当提交下列文件：

① 工程竣工验收备案表。

② 工程竣工验收报告。

③ 法律、行政法规规定应当由规划、公安消防、环保等部门出具的认可文件或准许使用文件。

④ 施工单位签署的工程质量保修书；商品住宅还应当提交住宅质量保证书和住宅使用说明书。

⑤ 法规、规章规定必须提供的其他文件。

（4）竣工验收文件的备案 备案机关收到建设单位报送的竣工验收备案文件，验证文件齐全后，应当在工程竣工验收备案表上签署文件收讫。工程竣工验收备案表一式两份，一份由建设单位保存，一份留备案机关存档。

（5）提交工程质量监督报告 工程质量监督机构应当在工程竣工验收之日起 5 日内，向备案机关提交工程质量监督报告。

8.1.5　建设项目竣工验收及后评估阶段的工程造价管理

1. 建设项目竣工验收、后评估阶段与工程造价的关系

建设工程造价全过程控制是工程造价管理的主要表现形式和核心内容，也是提高项目投资效益的关键所在，它贯穿于决策阶段、设计阶段、工程招标投标阶段、施工实施阶段和竣工验收阶段的项目全过程中，围绕追求工程项目建设投资的控制目标，力求达到所建的工程项目以最少的投入获得最佳的经济效益和社会效益。竣工阶段的竣工验收、竣工结算和决算不仅直接关系到建设单位与施工单位之间的利益关系，也关系到建设项目工程造价的实际结果。

工程竣工验收阶段的工程造价管理是工程造价全过程管理的内容之一，该阶段的主要工作是确定建设工程最终的实际造价（竣工结算价格和竣工决算价格），编制竣工决算文件，办理项目的资产移交。通过竣工验收阶段的工程竣工结算最终实现建筑安装工程产品的"销售"。它是确定单项工程最终造价、考核施工企业经济效益以及编制竣工决算的依据。

竣工结算是反映工程项目的实际价格，最终体现工程造价系统控制的效果。要有效控制工程项目竣工结算价，必须严把审核关。第一要核对合同条款：一查竣工工程内容是否符合合同条件要求、竣工验收是否合格；二查结算价款是否符合合同的结算方式。第二要检查隐蔽验收记录：所有隐蔽工程是否经监理工程师的签证确认。第三要落实设计变更签证：按合同的规定，检查设计变更签证是否有效。第四要核实工程数据：依据竣工图、设计变更单及现场签证等进行核算。第五要防止各种计算误差。实践经验证明，一般情况下，经审查的工程结算与施工单位编制的工程结算的工程造价资金相差率在10%左右，有的高达20%。所以，对工程项目结算的审查对控制投入节约资金起到很重要的作用。

竣工决算是建设单位反映建设项目实际造价、投资效果和正确核定新增固定资产价值的文件，是竣工验收报告的重要组成部分。同时，竣工决算价格是由竣工结算价格与实际发生的工程建设其他费用等汇总而成，是计算交付使用财产价值的依据。竣工决算可反映出固定资产计划完成情况以及节约或超支原因，从而控制工程造价。

竣工决算是基本建设成果和财务的综合反映，它包括项目从筹建到建成投产或使用的全部费用。除了采用货币形式表示基本建设的实际成本和有关指标外，同时包括建设工期、工程量和资产的实物量以及技术经济指标，并综合了工程的年度财务决算，全面反映了基本建设的主要情况。根据国家基本建设投资的规定，在批准基本建设项目计划任务书时，可依据投资估算来估计基本建设计划投资额。在确定基本建设项目设计方案时，可依据设计概算决定建设项目计划总投资的最高数额。在施工图设计时，可编制施工图预算，用以确定单项工程或单位工程的计划价格，同时规定其不得超过相应的设计概算。因此，竣工决算可反映出固定资产计划完成情况以及节约或超支的原因，从而控制工程造价。

建设项目后评估是指建设项目在竣工投产、生产运营一段时间后，对项目的立项决策、设计施工、竣工投产、生产运营等全过程进行系统评价的一种经济活动，它是工程造价管理的一项重要内容。通过建设项目后评估，可以达到肯定成绩、总结经验、研究问题、吸取教训、提出建议、改进工作、不断提高项目决策水平和投资效果的目的。

2. 建设项目竣工验收、后评估阶段工程造价管理的内容

竣工验收、后评估阶段工程造价管理的内容包括：竣工结算的编制与审查；竣工决算的

编制；保修费用的处理；建设项目后评估等。

■ 8.2　建设项目竣工结算与竣工决算

8.2.1　建设项目竣工结算

1. 建设项目竣工结算的概念

竣工结算是由施工企业按照合同规定的内容全部完成所承包的工程，经建设单位及相关单位验收质量合格，并符合合同要求之后，在交付生产或使用前，由施工单位根据合同价格和实际发生的费用的增减变化（变更、签证、洽商等）情况进行编制，并经发包方或委托方签字确认的，正确反映该项工程最终实际造价，并作为向发包单位进行最终结算工程款的经济文件。

竣工结算一般由施工单位编制，建设单位审核同意后，按合同规定签字盖章，通过相关银行办理工程价款的最后结算。

2. 建设项目竣工结算的内容

竣工结算的内容与施工图预算的内容基本相同，由直接费、间接费、计划利润和税金四部分组成。竣工结算以竣工结算书形式表现，包括单位工程竣工结算书、单项工程竣工结算书及竣工结算说明书等。

竣工结算书中主要应体现量差和价差的基本内容。

量差是指原计价文件所列工程量与实际完成的工程量不符而产生的差别。

价差是指签订合同时的计价或取费标准与实际情况不符而产生的差别。

3. 建设项目竣工结算的编制

（1）编制原则　工程项目竣工结算既要正确贯彻执行国家和地方基建部门的政策和规定，又要准确反映施工企业完成的工程价值。在进行工程结算时，要遵循以下原则：

1）必须具备竣工结算的条件，要有工程验收报告，对于未完工程和质量不合格的工程，不能结算，需要返工重做的，应返工修补合格后才能结算。

2）严格执行国家和地区的各项有关规定。

3）实事求是，认真履行合同条款。

4）编制依据充分。审核和审定手续完备。

5）竣工结算要本着对国家、建设单位、施工单位认真负责的精神，做到既合理又合法。

（2）编制依据

1）工程竣工报告、工程竣工验收证明、施工图会审记录、设计变更通知单及竣工图。

2）经审批的施工图预算、购料凭证、材料代用价差、施工合同。

3）本地区现行预算定额、费用定额、材料预算价格及各种收费标准、双方有关工程计价协定。

4）各种技术资料（技术核定单、隐蔽工程记录、停复工报告等）及现场签证记录。

5）不可抗力、不可预见费用的记录以及其他有关文件规定。

（3）编制方法

1）合同价格包干法。在考虑了工程造价动态变化的因素后，合同价格一次包死，项目的合同价就是竣工结算造价。即

$$结算工程造价 = 经发包方审定后确定的施工图预算造价 \times (1+包干系数) \quad (8-1)$$

2）合同价增减法。在签订合同时商定有合同价格，但没有包死，结算时以合同价为基础，按实际情况进行增减结算。

3）预算签证法。按双方审定的施工图预算签订合同，凡在施工过程中经双方签字同意的凭证都作为结算的依据，结算时以预算价为基础按签订的凭证内容调整。

4）竣工图计算法。结算时根据竣工图、竣工技术资料、预算定额，按照施工图预算编制方法，全部重新计算得出结算工程造价。

5）平方米造价包干法。双方根据一定的工程资料，事先协商好每平方米造价指标，结算时以平方米造价指标乘以建筑面积确定应付的工程价款。即

$$结算工程造价 = 建筑面积 \times 每平方米造价指标 \quad (8-2)$$

6）工程量清单计价法。以业主与承包方之间的工程量清单报价为依据，进行工程结算。办理工程价款竣工结算的一般公式为

$$竣工结算工程价款 = 预算（或概算）或合同价款+施工过程中预算或合同价款调整数额-$$
$$预付及已结算的工程价款-未扣的保修金 \quad (8-3)$$

（4）编制程序

1）承包方进行竣工结算的程序和方法。

① 收集分析影响工程量差、价差和费用变化的原始凭证。

② 根据工程实际对施工图预算的主要内容进行检查、核对。

③ 根据收集的资料和预算对结算进行分类汇总，计算量差、价差，进行费用调整。

④ 根据查对结果和各种结算依据，分别归类汇总，填写竣工工程结算单，编制单位工程结算。

⑤ 编写竣工结算说明书。

⑥ 编制单项工程结算。目前工程竣工结算书国家没有统一规定的格式，各地区可结合当地情况和需要自行设计计算表格，供结算使用。

单位工程结算费用计算程序，见表8-5、表8-6，竣工工程结算单见表8-7。

表 8-5　土建工程结算费用计算程序表

序号	费用项目	计算公式	金额
（1）	原概（预）算直接费		
（2）	历次增减变更直接费		
（3）	调价金额	［（1）＋（2）］×调价系数	
（4）	直接费	（1）＋（2）＋（3）	
（5）	间接费	（4）×相应工程类别费率	
（6）	利润	［（4）＋（5）］×相应工程类别利润率	
（7）	税金	［（4）＋（5）＋（6）］×相应税率	
（8）	工程造价	（4）＋（5）＋（6）＋（7）	

注：税金计算的基数中包含税金本身在内。

表8-6 水、暖、电工程结算费用计算程序表

序号	费用项目	计　算　公　式	金额
（1）	原概（预）算直接费		
（2）	历次增减变更直接费		
（3）	其中：定额人工费	（1）、（2）两项所含	
（4）	其中：设备费	（1）、（2）两项所含	
（5）	措施费	（3）×费率	
（6）	调价金额	［（1）＋（2）＋（5）］×调价系数	
（7）	直接费	（1）＋（2）＋（5）＋（6）	
（8）	间接费	（3）×相应工程类别费率	
（9）	利润	（3）×相应工程类别利润率	
（10）	税金	［（7）＋（8）＋（9）］×相应税率	
（11）	设备费价差（±）	（实际供应价－原设备费）×（1＋税率）	
（12）	工程造价	（7）＋（8）＋（9）＋（10）＋（11）	

表8-7 竣工工程结算单　　　　　　　　　　　（单位：元）

建设单位：

1. 原预算造价				
2. 调整预算	增加部分	1. 补充预算		
		2.		
		3.		
		…		
		合计		
	减少部分	1.		
		2.		
		3.		
		…		
		合计		
3. 竣工结算总造价				
4. 财务结算	已收工程款			
	报产值的甲供材料设备价值			
	实际结算工程款			
说明				

建设单位：　　　　　　　　　　　　施工单位：

经办人：　　　　　　　　　　　　　经办人：

　　　　　　　　　　年　月　日　　　　　　　　　　　　　　　　　　年　月　日

2）业主进行竣工结算的管理程序。

① 业主接到承包商提交的竣工结算书后，应以单位工程为基础，对承包合同内规定的施工内容进行检查与核对。包括工程项目、工程量、单价取费和计算结果等。

② 核查合同工程的竣工结算，竣工结算应包括以下几方面：

A. 开工前准备工作的费用是否准确。

B. 土石方工程与基础处理有无漏算或多算。

C. 钢筋混凝土工程中的钢筋含量是否按规定进行了调整。

D. 加工订货的项目、规格、数量、单价等与实际安装的规格、数量、单价是否相符。

E. 特殊工程中使用的特殊材料的单价有无变化。

F. 工程施工变更记录与合同价格的调整是否相符。

G. 实际施工中有无与施工图要求不符的项目。

H. 单项工程综合结算书与单位工程结算书是否相符。

③ 对核查过程中发现的不符合合同规定情况，如多算、漏算或计算错误等，均应予以调整。

④ 将批准的工程竣工结算书送交有关部门审查。

⑤ 工程竣工结算书经过确认后，办理工程价款的最终结算拨款手续。

4. 建设项目竣工结算的审查

（1）自审　竣工结算初稿编定后，施工单位内部先组织审查、校核。

（2）建设单位审查　施工单位自审后编印成正式结算书送交建设单位审查，建设单位也可委托有关部门批准的工程造价咨询单位审查。

（3）造价管理部门审查　甲乙双方有争议且协商无效时，可以提请造价管理部门裁决。各方对竣工结算进行审查的具体内容包括：

1）核对合同条款。

2）检查隐蔽工程验收记录。

3）落实设计变更签证。

4）按图核实工程数量。

5）严格按合同约定计价。

6）注意各项费用计取。

7）防止各种计算误差。

8.2.2　建设项目竣工决算

1. 建设项目竣工决算的概念

建设项目竣工决算是指所有建设项目竣工后，按照国家有关规定，由建设单位报告项目建设成果和财务状况的总结性文件。它是考核其投资效果的依据，也是办理交付、验收的依据。

竣工决算是以实物数量和货币指标为计量单位，综合反映竣工项目从筹建开始到项目竣工交付使用为止的全部建设费用、建设成果和财务情况的总结性文件，是竣工验收报告的重要组成部分，竣工决算是正确核定新增固定资产价值、考核分析投资效果、建立健全经济责任制的依据，是反映建设项目实际造价和投资效果的文件。

竣工决算反映了竣工项目计划、实际建设规模、建设工期以及设计和实际生产能力，反映了概算总投资和实际的建设成本，同时还反映了所达到的主要技术经济指标。通过将这些指标计划值、概算值与实际值进行对比分析，不仅可以全面掌握建设项目计划和概算执行情况，还可以考核建设项目的投资效果，为今后制订建设计划、降低建设成本、提高投资效益提供必要的资料。

2. 竣工结算与竣工决算的关系

建设项目竣工决算是以工程竣工结算为基础进行编制的，以整个建设项目的各单项工程竣工结算为基础，加上从筹建到工程全部竣工有关基本建设的其他工程费用支出，构成了建设项目竣工决算的主体。竣工结算与竣工决算的主要区别见表8-8。

表8-8 竣工结算与竣工决算的主要区别

	竣 工 结 算	竣 工 决 算
含义不同	竣工结算是指由施工单位根据合同价格和实际发生的费用的增减变化情况进行编制，并经发包方或委托方签字确认的，正确反映该工程的实际造价，并作为向发包单位进行最终结算工程款的经济文件	建设项目竣工决算是指所有建设项目竣工后，建设单位按照国家有关规定，由建设单位报告项目建设成果和财务状况的总结性文件
特点不同	属于工程款结算，因此是一项经济活动	反映竣工项目从筹建开始到项目竣工交付使用为止的全部建设费用、建设成果和财务情况的总结性文件
编制单位不同	由施工单位编制	由建设单位编制
编制范围不同	单位或单项工程竣工结算	整个建设项目全部竣工决算

3. 建设项目竣工决算的内容

竣工决算由竣工决算报表和竣工情况说明书两部分组成。大、中、小型建设项目由于建设规模不同，一般大、中型建设项目的竣工决算报表包括：竣工工程概况表、竣工财务决算表、建设项目交付使用财产总表和建设项目交付使用财产明细表等；小型建设项目的竣工决算报表一般包括：竣工决算总表和交付使用财产明细表两部分。除此以外，还可以根据需要，编制结余设备材料明细表、应收应付款明细表、结余资金明细表等，将其作为竣工决算表的附件。大、中、小型建设项目的竣工决算包括建设项目从筹建开始到项目竣工交付生产使用为止的全部建设费用，其内容包括以下四个方面：

（1）竣工决算报告情况说明书 竣工决算报告情况说明书主要反映竣工工程建设成果和经验，是对竣工决算报表进行分析和补充说明的文件，是全面考核分析工程投资与造价的书面总结，其内容主要包括：

1）建设项目概况，对工程总的评价。一般从进度、质量、安全、造价和施工方面进行分析说明。进度方面主要说明开工和竣工时间，对照合理工期和要求工期分析是提前还是延期；质量方面主要根据竣工验收委员会或相当于一级质量监督部门出具的验收评定等级、合格率和优良品率；安全方面主要根据劳动工资和施工部门的记录，对有无设备和人身事故进行说明；造价方面主要对照概算造价，说明节约还是超支，用金额和百分率进行分析说明。

2）资金来源及运用等财务分析。主要包括工程价款结算、会计账务的处理、财产物资情况及债权债务的清偿情况。

3）基本建设收入、投资包干结余、竣工结余资金的上交分配情况。通过对基本建设投资包干情况的分析，说明投资包干额、实际支用额和节约额、投资包干节余的有机构成和包干节余的分配情况。

4）各项经济技术指标的分析。概算执行情况分析，根据实际投资完成额与概算进行对比分析；新增生产能力的效益分析，说明支付使用财产占总投资额的比例、占支付使用财产的比例，不增加固定资产的造价占投资总额的比例，分析有机构成和成果。

5）工程建设的经验、项目管理和财务管理工作以及竣工财务决算中有待解决的问题。

6）需要说明的其他事项。

（2）建设项目竣工财务决算报表 建设项目竣工财务决算报表要根据大、中型建设项目和小型建设项目分别制定。大、中型建设项目竣工决算报表包括：建设项目竣工财务决算审批表，大、中型建设项目竣工工程概况表，大、中型建设项目竣工财务决算表，大、中型建设项目交付使用资产总表，建设项目交付使用资产明细表；小型建设项目竣工财务决算报表包括：建设项目竣工财务决算审批表，小型建设项目竣工财务决算总表，建设项目交付使用资产明细表。有关表格形式分别见表8-9~表8-14。

1）建设项目竣工财务决算审批表，见表8-9。该表作为竣工决算上报有关部门审批时使用，其格式是按照中央级项目审批要求设计的，地方级项目可按审批要求作适当修改，大、中、小型项目均要按照下列要求填报此表。

表 8-9 建设项目竣工财务决算审批表

建设项目法人 （建设单位）		建设性质	
建设项目名称		主管部门	

开户银行意见：

（签章）
年 月 日

专员办审批意见：

（签章）
年 月 日

主管部门或地方财政部门审批意见：

（签章）
年 月 日

① 表中"建设性质"按照新建、改建、扩建、迁建和恢复建设项目等分类填列。

② 表中"主管部门"是指建设单位的主管部门。

③ 所有建设项目均须经过开户银行签署意见后，按照有关要求进行报批；国家级小型

项目由主管部门签署审批意见；国家级大、中型建设项目报所在地财政监察专员办事机构签署意见后，再由主管部门签署意见报财政部审批；地方级项目由同级财政部门签署审批意见。

④ 已具备竣工验收条件的项目，三个月内应及时填报审批表，三个月内不办理竣工验收和固定资产移交手续的视同项目已正式投产，其费用不得从基本建设投资中支付，所实现的收入作为经营收入，不再作为基本建设收入管理。

2）大、中型建设项目竣工工程概况表，见表 8-10。该表综合反映大、中型建设项目的基本概况，内容包括该项目总投资、建设起止时间、新增生产能力、主要材料消耗、建设成本、完成主要工程量和主要技术经济指标及基本建设支出情况，为全面考核和分析投资效果提供依据，可按下列要求填写：

① 建设项目名称、建设地址、主要设计单位和主要施工企业，要按全称填列。

② 表中各项目的设计、概算、计划等指标，根据批准的设计文件和概算、计划等确定的数字填列。

③ 表中所列"新增生产能力""完成主要工程量""主要材料消耗"的实际数据，根据建设单位统计资料和施工企业提供的有关成本核算资料填列。

④ 表中"主要技术经济指标"包括单位面积造价、单位生产能力投资、单位投资增加的生产能力、单位生产成本和投资回收年限等反映投资效果的综合性指标，根据概算和主管部门规定的内容分别按概算和实际填列。

⑤ 表中"基建支出"是指建设项目从开工起至竣工为止发生的全部基本建设支出，包括形成资产价值的交付使用资产，如固定资产、流动资产、无形资产、递延资产支出，还包括不形成资产价值，按照规定应核销的非经营项目的待核销基建支出和转出投资。上述支出应根据财政部门历年批准的"基建投资表"中的有关数据填列，并需要注意以下几点：

A. 建筑安装工程投资支出、设备工器具投资支出、待摊投资支出和其他投资支出构成建设项目的建设成本。建筑安装工程投资支出是指建设单位按项目概算发生的建筑安装工程的实际成本，不包括被安装设备本身的价值以及按合同规定支付给承包方的预付备料款和预付工程款；设备工器具投资支出是指建设单位按照项目概算内容发生的各种设备的实际成本和为生产准备的不够固定资产标准的工具、器具的实际成本；待摊投资支出是指建设单位按项目概算内容发生的，按规定应分摊计入交付使用资产价值的各项费用支出。内容包括：建设单位管理费、土地征用及迁移补偿费、勘察设计费、研究试验费、可行性研究费、临时设施费、设备检验费、负荷联动试运转费。包干结余、坏账损失、借款利息、合同公证及工程质量监理费、土地使用税、汇兑损益、国外借款手续费及承诺费、施工机构迁移费、报废工程损失、耕地占用税、土地复垦及补偿费、投资方向调节税（目前暂停征收）、固定资产损失、器具处理亏损、设备盘亏毁损、调整器具调拨价格折价、企业债券发行费、概预算审查费、贷款项目评估费、社会中介机构审计费、车船使用税、其他待摊投资支出等。建设单位发生单项工程报废时，按规定程序报批并经批准以单项工程的净损失，按增加建设成本处理，计入待摊投资支出；其他投资支出是指建设单位按项目概算内容发生的构成建设项目实际支出的房屋购置和基本畜禽、林木等购置、饲养、培养支出以及取得各种无形资产和递延资产发生的支出。

B."待核销基建支出"是指非经营性项目发生的江河清障、补助群众造林、水土保持、城市绿化、取消项目可行性研究费、项目报废等不能形成资产部分的投资。对于能够形成资产部分的投资，应计入交付使用资产价值。

表 8-10　大、中型建设项目竣工工程概况表

建设项目（单项工程）名称			建设地址					项目	概算	实际	主要指标
主要设计单位			主要施工企业					建筑安装工程投资支出			
占地面积	计划	实际	总投资（万元）	设计		实际		设备、工器具投资支出			
				固定资产	流动资产	固定资产	流动资产	待摊投资支出　其中：建设单位管理费支出			
								其他投资支出			
新增生产能力	能力（效益）名称	设计		实际			基建支出	待核销基建支出			
								非经营项目转出投资支出			
建设起、止时间	设计	从　年　月开工至　年　月竣工						合计			
	实际	从　年　月开工至　年　月竣工									
设计概算批准文号								名称	单位	概算	实际
完成主要工程量	建筑面积		设备（台、套、t）				主要材料消耗	钢材	t		
	设计	实际	设计	实际				木材	m³		
								水泥	t		
收尾工程	工程内容	投资额	完成时间				主要技术经济指标				

C."非经营性项目转出投资支出"是指非经营项目为项目配套的专用设施投资，包括专用道路、专用通信设施、送变电站、地下管道等，其产权不属于本单位的投资支出，对于产权归属本单位的，应计入交付使用资产价值。

⑥ 表中"设计概算批准文号"，按最后经批准的日期和文件号填列。

⑦ 表中"收尾工程"是指全部工程项目验收后尚遗留的少量收尾工程。在表中应明确填写收尾工程的内容、完成时间，这部分工程的实际成本可根据实际情况进行估算并加以说明，完工后不再编制竣工决算。

3）大、中型建设项目竣工财务决算表，见表8-11。该表反映竣工的大中型建设项目从开工到竣工的全部资金来源和资金运用情况，它是考核和分析投资效果，落实结余资金，并作为报告上级核销基本建设支出和基本建设拨款的依据。在编制该表前，应先编制出项目竣工年度财务决算。根据编制出的竣工年度财务决算和历年财务决算，编制项目的竣工财务决算。此表采用平衡表形式，即资金来源合计等于资金支出合计。具体编制方法是：

表 8-11　大、中型建设项目竣工财务决算表　　　　　（单位：元）

资金来源	金额	资金占用	金额	补充资料
一、基建拨款		一、基建建设支出		1. 基建投资借款期末余额
1. 预算拨款		1. 交付使用资产		
2. 基建基金拨款		2. 在建工程		2. 应收生产单位投资借款期末余额
3. 进口设备转账拨款		3. 待核销基建支出		
4. 器材转账拨款		4. 非经营项目转出投资支出		3. 基建结余资金
5. 煤代油专用基金拨款		二、应收生产单位投资借款		
6. 自筹资金拨款		三、拨款所属投资借款		
7. 其他拨款		四、库存器材		
二、项目资本金		其中：待处理器材损失		
1. 国家资本		五、货币资金		
2. 法人资本		六、预付及应收款		
3. 个人资本		七、有价证券		
三、项目资本公积金		八、库存固定资产		
四、基建借款		固定资产原值		
五、上级拨入投资借款		固定资产净值		
六、企业债券资金		固定资产清理		
七、待冲基建支出		待处理固定资产损失		
八、应付款				
九、未交款				
1. 未交税金				
2. 未交基建收入				
3. 未交基建包干节余				
4. 其他未交款				
十、上级拨入资金				
十一、留成收入				
合计		合计		

① 资金来源包括基建拨款、项目资本金、项目资本公积金、基建借款、上级拨入投资借款、企业债券资金、待冲基建支出、应付款和未交款以及上级拨入资金和留成收入等。

A. 项目资本金是指经营性项目投资者按国家有关项目资本金的规定，筹集并投入项目的非负债资金，在项目竣工后，相应转为生产经营企业的国家资本金、法人资本金、个人资本金和外商资本金。

B. 项目资本公积金是指经营性项目对投资者实际缴付的出资额超过其资金的差额（包括发行股票的溢价净收入）、资产评估确认价值或者合同、协议约定价值与原账面净值的差额、接收捐赠的财产、资本汇率折算差额，在项目建设期间作为资本公积金、项目建成交付使用并办理竣工决算后，转为生产经营企业的资本公积金。

C. 基建收入是基建过程中形成的各项工程建设副产品变价净收入、负荷试车的试运行收入以及其他收入，在表中"基建收入"以实际销售收入扣除销售过程中发生的费用和税后的实际纯收入填写。

② 表中"交付使用资产""预算拨款""自筹资金拨款""其他拨款""基建借款"等项目，是指自开工建设至竣工的累计数，上述有关指标应根据历年批复的年度基本建设财务决算和竣工年度的基本建设财务决算中资金平衡表相应项目的数字进行汇总填写。

③ 表中其余项目费用办理竣工验收时的结余数，根据竣工年度财务决算中资金平衡表的有关项目期末数填写。

④ 资金占用反映建设项目从开工准备到竣工全过程资金支出的情况，内容包括基建支出、应收生产单位投资借款、库存器材、货币资金、有价证券和预付及应收款，以及拨款所属投资借款和库存固定资产等，资金支出总额应等于资金来源总额。

⑤ 补充材料的"基建投资借款期末余额"反映竣工时尚未偿还的基本投资借款额，根据竣工年度资金平衡表内的"基建借款"项目期末数填写；"应收生产单位投资借款期末余额"，根据竣工年度资金平衡表内的"应收生产单位投资借款"项目的期末数填写；"基建结余资金"反映竣工的结余资金，根据竣工决算表中有关项目计算填写。

⑥ 基建结余资金可以按下列公式计算：

基建结余资金＝基建拨款+项目资本金+项目资本公积金+基建借款+
企业债券资金+待冲基建支出－基本建设支出－应收生产单位投资借款

4）大、中型建设项目交付使用资产总表，见表8-12。该表反映建设项目建成后新增固定资产、流动资产、无形资产和递延资产价值的情况和价值，作为财产交接、检查投资计划完成情况和分析投资效果的依据。小型项目不编制交付使用资产总表，直接编制交付使用资产明细表；大、中型项目在编制交付使用资产总表的同时，还需编制交付使用资产明细表。大、中型建设项目交付使用资产总表的具体编制方法是：

① 表中各栏目数据根据交付使用明细表的固定资产、流动资产、无形资产、递延资产的各相应项目的汇总数分别填写，表中总计栏的总计数应与竣工财务决算表中的交付使用资产的金额一致。

② 表中第2、6、7、8、9栏的合计数，应分别与竣工财务决算表交付使用的固定资产、流动资产、无形资产、递延资产的数据相符。

表 8-12 大、中型建设项目交付使用资产总表 （单位：元）

单项工程	总计	固定资产					流动资产	无形资产	递延资产
		建筑工程	安装工程	设备	其他	合计			
1	2	3	4	5	6	7	8	9	10

支付单位盖章 　　　　　年 月 日 　　　　　接受单位盖章 　　　　　年 月 日

5）建设项目交付使用资产明细表，见表8-13。该表反映交付使用的固定资产、流动资产、无形资产和递延资产及其价值的明细情况，是办理资产交接的依据和接收单位登记资产账目的研究，是使用单位建立资产明细账和登记新增资产价值的依据。大、中型和小型建设项目均需编制此表。编制时要做到齐全完整，数字准确，各栏目价值应与会计账目中相应科目的数据保持一致。建设项目交付使用资产明细表的具体编制方法是：

① 表中"建筑工程"项目应按单项工程名称填列其结构、面积和价值。其中"结构"是指项目按钢结构、钢筋混凝土结构、混合结构等结构形式填写；"面积"则按各项目实际完成面积填列；"价值"按交付使用资产的实际价值填写。

② 表中"固定资产"部分要在逐项盘点后，根据盘点实际情况填写，设备、工具、器具和家具等低值易耗品可分类填写。

③ 表中"流动资产""无形资产""递延资产"项目应根据建设单位实际交付的名称和价值分别填列。

表 8-13　建设项目交付使用资产明细表

单项工程项目名称	建筑工程			固定资产					流动资产		无形资产		递延资产	
				设备、工具、器具、家具										
	结构	面积/m²	价值（元）	规格型号	单位	数量	价值（元）	设备安装费（元）	名称	价值（元）	名称	价值（元）	名称	价值（元）
合计														

支付单位盖章　　　　　　年　月　日　　　　　　接受单位盖章　　　　　　年　月　日

6）小型建设项目竣工财务决算总表，见表 8-14。由于小型建设项目内容比较简单，因此可将工程概况与财务情况合并编制一张竣工财务决算总表，该表主要反映小型建设项目的全部工程和财务情况。具体编制时可参照大、中型建设项目竣工工程概况表指标和大、中型建设项目竣工财务决算表指标口径填写。

（3）建设工程竣工图　建设工程竣工图是真实地记录各种地上、地下建筑物、构筑物等情况的技术文件，是工程进行交工验收、维护改建和扩建的依据，是国家的重要技术档案。国家规定：各项新建、扩建、改建的基本建设工程，特别是基础、地下建筑、管线、结构、井巷、桥梁、隧道、港口、水坝以及设备安装等隐蔽部位，都要编制竣工图。为确保竣工图质量，必须在施工过程中（不能在竣工后）及时做好隐蔽工程检查记录，整理好设计变更文件，以建设项目竣工资料为例，其基本要求有：

1）凡按图竣工没有变动的，由承包方（包括总包和分包承包方，下同）在原施工图上加盖"竣工图"标志后，即作为竣工图。

2）凡在施工过程中，对一般性设计变更，但能将原施工图加以修改补充作为竣工图的，可不重新绘制，由承包方负责在原施工图标（必须是新蓝图）上注明修改的部分，并附以设计变更通知单和施工说明，加盖"竣工图"标志后，作为竣工图。

表 8-14 小型建设项目竣工财务决算总表

建设项目名称		建设地址			资金来源		资金运用	
初步设计概算批准文号					项目	金额（元）	项目	金额（元）
初步设计概算批准文号					一、基建拨款 其中：预算拨款		一、交付使用资产	
占地面积	计划	实际	总投资（万元）	计划 实际 固定资产 流动资产 固定资产 流动资产	一、基建拨款 其中：预算拨款		二、待核销基建支出	
占地面积			总投资（万元）	固定资产 流动资产 固定资产 流动资产	二、项目资本		三、非经营项目转出投资支出	
占地面积			总投资（万元）	固定资产 流动资产 固定资产 流动资产	三、项目资本公积金		三、非经营项目转出投资支出	
新增生产能力	能力（效益名称）	设计	实际		四、基建借款		四、应收生产单位投资借款	
新增生产能力	能力（效益名称）	设计	实际		五、上级拨入借款		四、应收生产单位投资借款	
建设起止时间	计划	从 年 月开工 至 年 月竣工			六、企业债券资金		五、拨付所属投资借款	
建设起止时间	实际	从 年 月开工 至 年 月竣工			七、待冲基建支出		六、器材	
基建支出	项目		概算（元）	实际（元）	八、应付款		七、货币资金	
基建支出	建筑安装工程投资支出				九、未付款 其中：未交基建收入 未交包干收入		八、预付及应收款	
基建支出	设备、工具、器具投资支出				九、未付款 其中：未交基建收入 未交包干收入		九、有价证券	
基建支出	设备、工具、器具投资支出				九、未付款 其中：未交基建收入 未交包干收入		十、原有固定资产	
基建支出	待摊投资支出 其中：建设单位管理费支出				十、上级拨入资金		十、原有固定资产	
基建支出	其他投资支出				十一、留成收入			
基建支出	待核销基建支出							
基建支出	非经营项目转出投资支出							
合计					合计		合计	

3）凡结构形式改变、施工工艺改变、平面布置改变、项目改变以及有其他重大改变，不宜再在原施工图上修改、补充时，应重新绘制改变后的竣工图。由原设计原因造成的，由设计单位负责重新绘制；由施工原因造成的，由承包方负责重新绘图；由其他原因造成的，由建设单位自行绘制或委托设计单位绘制。承包方负责在新图上加盖"竣工图"标志，并

附以有关记录和说明，作为竣工图。

4）为了满足竣工验收和竣工决算需要，还应绘制反映竣工工程全部内容的工程设计平面示意图。

5）建设单位应对建设工程竣工图及资料归档管理，并且要将一套完整的竣工图及资料报城市建设档案馆保存。

（4）工程造价比较分析　对控制工程造价所采取的措施、效果及其动态的变化进行认真的比较，总结经验教训。批准的概算是考核建设工程造价的依据。在分析时，可先对比整个项目的总概算，然后将建筑安装工程费、设备工器具费和其他工程费用逐一与竣工决算表中提供的实际数据和相关资料及批准的概算、预算指标、实际的工程造价进行对比分析，以确定竣工项目总造价是节约还是超支，总结先进经验，找出节约和超支的内容和原因，提出改进措施。在实际工作中，应主要分析以下内容：

1）主要实物工程量。对于实物工程量出入比较大的情况，必须查明原因。

2）主要材料消耗量。考核主要材料消耗量，要按照竣工决算表中列明的三大材料实际超概算的消耗量，查明是在工程的哪个环节超出量最大，再进一步查明超耗的原因。

3）考核建设单位管理费、建筑及安装工程其他直接费、现场经费和间接费的取费标准。建设单位管理费、建筑及安装工程其他直接费、现场经费和间接费的取费标准要按照国家和各地的有关规定，根据竣工决算报表中所列的建设单位管理费与概预算所列的建设单位管理费数额进行比较，依据规定查明是否多列或少列的费用项目，确定其节约超支的数额，并查明原因。

4. 建设项目竣工决算的编制

（1）竣工决算的编制依据　建设项目竣工决算的编制依据包括以下几个方面：

1）建设项目计划任务书、可行性研究报告、投资估算书、初步设计或扩大初步设计及其批复文件。

2）建设项目总概算书、修正概算，单项工程综合概算书。

3）经批准的施工图预算或标底造价、承包合同、工程结算等有关资料。

4）建设项目设计图及说明，设计交底和图样会审记录。

5）历年基建资料、历年财务决算及批复文件。

6）设计变更记录、施工记录或施工签证单及其他施工发生的费用记录。

7）设备、材料调价文件和调价记录。

8）竣工图及各种竣工验收资料。

9）国家和地方主管部门颁发的有关建设工程竣工决算的文件。

10）其他有关资料。

（2）竣工决算的编制要求　为了严格执行建设项目竣工验收制度，正确核定新增固定资产价值，考核分析投资效果，建立健全经济责任制，所有新建、扩建和改建等建设项目竣工后，都应及时、完整、正确地编制好竣工决算。建设单位要做好以下工作：

1）按照规定及时组织竣工验收，保证竣工决算的及时性。

2）积累、整理竣工项目资料，特别是项目的造价资料，保证竣工决算的完整性。

3）清理、核对各项账目，保证竣工决算的正确性。

按照规定，竣工决算应在竣工项目办理验收交付手续后 1 个月内编好，并上报主管部门，有关财务成本部分，还应送经办银行审查签证。主管部门和财政部门对报送的竣工决算审批后，建设单位即可办理决算调整和结束有关工作。

（3）竣工决算的编制步骤 竣工决算的编制步骤如图8-2所示。

图8-2 竣工决算的编制步骤

1）收集、整理和分析有关依据资料。在编制竣工决算文件之前，要系统地整理所有的技术资料、工程结算的经济文件、施工图和各种变更与签证资料，并分析它们的准确性。完整、齐全的资料是准确而迅速编制竣工决算的必要条件。

2）清理各项财务、债务和结余物资。在收集、整理和分析有关资料中，要特别注意建设工程从筹建到竣工投产或使用的全部费用的各项财务、债权和债务的清理，做到工程完毕账目清晰，既要核对账目，又要查点库存实物的数量，做到账与物相等，账与账相符，对结余的各种材料、工器具和设备，要逐项清点核实，妥善管理，并按规定及时处理，收回资金。对各种往来款项要及时进行全面清理，为编制竣工决算提供准确的数据和结果。

3）填写竣工决算报表。按照建设工程决算表格中的内容，根据编制依据中的有关资料进行统计或计算各个项目和数量，并将其结果填到相应表格的栏目内，完成所有报表的填写。

4）编制工程竣工决算报表。按照建设工程竣工决算说明的内容要求，根据编制依据材料填写报表，编写文字说明。

5）做好工程造价对比分析。

6）清理、装订好竣工图。

7）上报主管部门审查。

上述编写的文字说明和填写的表格经核对无误后，将其装订成册，即为建设工程竣工决算文件。将其上报主管部门审查，并把其中财务成本部分送交开户银行签证。竣工决算在上报主管部门的同时，抄送有关设计单位。大、中型建设项目的竣工决算还应抄送财政部、建设银行总行和省、市、自治区的财政局和建设银行分行各一份。建设工程竣工决算的文件，由建设单位负责组织人员编写，在竣工建设项目办理验收使用1个月之内完成。

5. 建设项目竣工决算的审核

1）检查编制的竣工结算是否符合建设项目实施程序，有无将未经审批立项、可行性研究、初步设计等环节而自行建设的项目编制竣工工程决算的问题。

2）检查竣工决算编制方法的可靠性，有无造成交付使用的固定资产价值不实的问题。

3）检查有无将不具备竣工决算编制条件的建设项目提前或强行编制竣工决算的情况。

4）检查建设项目竣工工程概况表中的各项投资支出，并分别与设计概算数相比较，分析节约或超支的情况。

5）检查建设项目交付使用资产明细表，将各项资产的实际支出与设计概算数进行比较，以确定各项资产的节约或超支数额。

6）分析投资支出偏离设计概算的主要原因。

7）检查建设项目结余资金及剩余设备材料等物资的真实性和处置情况，包括检查建设项目工程物资盘存表，核实库存设备、专用材料账是否相符，检查建设项目现金结余的真实性，检查应收、应付款项的真实性，关注是否按合同规定预留了承包人在工程质量保证期间的保证金。

6. 新增资产的分类及其价值确定

竣工决算是办理交付使用财产价值的依据，正确核定资产的价值，不但有利于建设项目交付使用后的财产管理，还可作为建设项目经济后评估的依据。

（1）新增资产的分类　按照新的财务制度和企业会计准则，新增资产按资产性质可分为固定资产、流动资产、无形资产、递延资产和其他资产等五大类。

1）固定资产。它是指使用期限超过1年，单位价值在规定标准以上（如1000元、1500元或2000元），并且在使用过程中保持原有实物形态的资产，如房屋、建筑物、机械、运输工具等。

不同时具备以上两个条件的资产为低值易耗品，应列入流动资产范围内，如企业自身使用的工具、器具、家具等。

固定资产主要包括：

① 已交付使用的建安工程造价。

② 达到固定资产标准的设备、工器具购置费。

③ 其他费用（如建设单位管理费、征地费、勘察设计费等）。

2）流动资产。它是指可以在1年或者超过1年的营业周期内变现或者耗用的资产。它是企业资产的重要组成部分。流动资产按资产的占用形态可分为现金、存货（指企业的库存材料、在产品、产成品、商品等）、银行存款、短期投资、应收账款及预付账款等。

3）无形资产。它是指特定主体所控制的，不具有实物形态，对生产经营长期发挥作用且能带来经济利益的资源。如专利权、非专利技术、商标权、商誉等。

4）递延资产。它是指不能全部计入当年损益，应当在以后年度分期摊销的各种费用，如开办费、租入固定资产改良支出等。

5）其他资产。它是指具有专门用途，但不参加生产经营的经国家批准的特种物资、银行冻结存款和冻结物资、涉及诉讼的财产等。

（2）新增资产价值的确定

1）新增固定资产价值的确定。新增固定资产价值是指能够独立发挥生产能力的单项工程。单项工程建成经有关部门验收鉴定合格，正式移交生产或使用，即应计算新增固定资产价值。一次交付生产或使用的工程应一次计算新增固定资产价值；分期分批交付生产或使用的工程，应分期分批计算新增固定资产价值。在计算时应注意以下几种情况：

① 对于为了提高产品质量、改善劳动条件、节约材料、保护环境而建设的附属辅助工程，只要全部建成，正式验收交付使用后就要计入新增固定资产价值。

② 对于单项工程中不构成生产系统，但能独立发挥效益的非生产性项目（如住宅、食堂、医务所、托儿所、生活服务网点等），在建成并交付使用后，也要计算新增固定资产价值。

③ 凡购置达到固定资产标准不需安装的设备、工具、器具，应在交付使用后计入新增固定资产价值。

④ 属于新增固定资产价值的其他投资，应随同受益工程交付使用的，同时一并计入。

⑤ 交付使用财产的成本，应按下列内容计算：

A. 房屋、建筑物、管道、线路等固定资产的成本包括建筑工程成本和应分摊的待摊投资。

B. 动力设备和生产设备等固定资产的成本包括需要安装设备的采购成本、安装工程成本、设备基础等建筑工程成本及应分摊的待摊投资。

C. 运输设备及其他不需要安装的设备、工具、器具、家具等固定资产一般仅计算采购成本，不计分摊的待摊投资。

⑥ 共同费用的分摊方法。新增固定资产的其他费用，如果是属于整个建设项目或两个以上单项工程的，在计算新增固定资产价值时，应在各单项工程中按比例分摊。分摊时，什么费用应由什么工程负担应按具体规定进行。一般情况下，建设单位管理费分建筑工程、安装工程、需安装设备费按比例分摊；而土地征用费、勘察设计费则按建筑工程造价分摊。

【例8-1】　某工业建设项目及其总装车间的建筑工程费、安装工程费、需安装设备费以及应摊入费用见表8-15，试计算总装车间新增固定资产价值。

表8-15　分摊费用计算表　　　　　　　　　　　　　（单位：万元）

项目名称	建筑工程	安装工程	需安装设备费	建设单位管理费	土地征用费	勘察设计费
建设单位竣工结算	2000	400	800	60	70	50
总装车间竣工决算	500	180	320	18.75	17.5	12.5

解：计算过程如下：

$$应分摊的建设单位管理费 = \left(\frac{500 + 180 + 320}{2000 + 400 + 800} \times 60 \right) 万元 = 18.75 万元$$

$$应分摊的土地征用费 = \left(\frac{500}{2000} \times 70 \right) 万元 = 17.5 万元$$

$$应分摊的勘察设计费 = \left(\frac{500}{2000} \times 50 \right) 万元 = 12.5 万元$$

$$总装车间新增固定资产价值 = (500 + 180 + 320) 万元 + (18.75 +$$
$$17.5 + 12.5) 万元 = 1048.75 万元$$

2）流动资产价值的确定。

① 货币性资金。货币性资金是指现金、各种银行存款及其他货币资金。其中现金是指企业的库存现金，包括企业内部各部门用于周转使用的备用金；各种存款是指企业的各种不同类型的银行存款；其他货币资金是指除现金和银行存款以外的其他货币资金，根据实际入账价值核定。

② 应收及预付款项。应收款项是指企业因销售商品、提供劳务等应向购货单位或受益单位收取的款项。预付款项是指企业按照购货合同预付给供货单位的购货定金或部分货款。应收及预付款项包括应收票据、应收款项、其他应收款、预付货款和待摊费用。一般情况下，应收及预付款项按企业销售商品、产品或提供劳务时的成交金额入账核算。

③ 短期投资包括股票、债券、基金。股票和债券根据是否可以上市流通分别采用市场法和收益法确定其价值。

④ 存货。各种存货应当按照取得时的实际成本计价。存货的形成主要有外购和自制两个途径。外购的存货按照买价加运输费、装卸费、保险费、途中合理损耗、入库加工、整理及挑选费用以及缴纳的税金等计价。自制的存货按照制造过程中的各项支出计价。

3）无形资产价值的确定。

① 无形资产计价原则。投资者按无形资产作为资本金或者合作条件投入时，按评估确认或合同协议约定的金额计价。

A. 购入的无形资产按照实际支付的价款计价。

B. 企业自创并依法申请取得的按开发过程中的实际支出计价。

C. 企业接受捐赠的无形资产按照发票账单所持金额或者同类无形资产的市价作价。

D. 无形资产计价入账后，应在其有效使用期内分期摊销。

② 不同形式无形资产的计价方法主要有以下几种：

A. 专利权的计价。专利权分为自创和外购两类。自创专利权的价值为开发过程中的实际支出，主要包括专利的研制成本和交易成本。研制成本包括直接成本和间接成本。直接成本是指研制过程中直接投入发生的费用（主要包括材料、工资、专用设备、资料、咨询鉴定、协作、培训和差旅等费用）；间接成本是指与研制开发有关的费用（主要包括管理费、非专用设备折旧费、应分摊的公共费用及能源费用）。交易成本是指在交易过程中的费用支出（主要包括技术服务费、交易过程中的差旅费及管理费、手续费、税金）。由于专利权是具有独占性并能带来超额利润的生产要素，因此，专利权的转让价格不按成本估价，而是按照其所能带来的超额收益计价。

B. 非专利技术的计价。非专利技术具有使用价值和价值，使用价值是非专利技术本身应具有的，非专利技术的价值在于非专利技术的使用能产生的超额获利能力，应在研究分析其直接和间接的获利能力的基础上，准确计算出其价值。如果非专利技术是自创的，一般不作为无形资产入账，自创过程中发生费用，按当期费用处理。对于外购非专利技术，应由法定评估机构确认后再进行估价，其方法往往通过能产生的收益采用收益法进行估价。

C. 商标权的计价。如果商标权是自创的，一般不作为无形资产入账，而将商标设计、制作、注册、广告宣传等发生的费用直接作为销售费用计入当期损益。只有当企业购入或转入商标时，才需要对商标权计价。商标权的计价一般根据被许可方新增的收益确定。

D. 土地使用权的计价。根据取得土地使用权的方式不同，土地使用权可有以下几种计价方式：当建设单位向土地管理部门申请土地使用权并为之支付一笔出让金时，土地使用权作为无形资产核算；当建设单位获得土地使用权是通过行政划拨的，这时土地使用权就不能作为无形资产核算；在将土地使用权有偿转让、出租、抵押、作价入股和投资，按规定补交土地出让价款时，才作为无形资产核算。

4）递延资产和其他资产价值的确定。

① 递延资产中的开办费是指筹建期间发生的费用，不能计入固定资产或无形资产价值的费用，主要包括筹建期间人员工资、办公费、员工培训费、差旅费、注册登记费，以及不计入固定资产和无形资产购建成本的汇兑损益、利息支出等。根据现行财务制度规定，企业筹建期间发生的费用，应于开始生产经营起一次计入开始生产经营当期的损益。企业筹建期

间开办费的价值可按其账面价值确定。

② 递延资产中以经营租赁方式租入的固定资产改良工程支出的计价，应在租赁有限期限内摊入制造费用或管理费用。

③ 其他资产，包括特种储备物资等，按实际入账价值核算。

8.3 质量保证金的处理

8.3.1 缺陷责任期的概念和期限

1. 缺陷责任期与保修期的概念区别

（1）缺陷责任期 缺陷责任期是指承包人对已交付使用的合同工程承担合同约定的缺陷修复责任的期限，它实质上就是预留质保金（保证金）的一个期限，具体可由发承包双方在合同中约定。

（2）保修期 保修期是指发承包方双方在工程质量保修书中的约定期限。保修期自实际竣工日期起计算。保修的期限应当按照保证建筑物合理寿命期内正常使用，维护使用者合法权益的原则确定。按照《建筑工程质量管理条例》的规定，保修期限如下：

1）地基基础工程和主体结构工程，为设计文件规定的该工程的合理使用年限。

2）地面防水工程、有防水要求的卫生间、房间和外墙面的防渗漏为 5 年。

3）供热与供冷系统为两个供暖期和供冷期。

4）电气管线、给水排水管道、设备安装和装修工程为 2 年。

2. 缺陷责任期的期限

缺陷责任期一般为 6 个月、12 个月或 24 个月，具体可由发承包双方在合同中约定。缺陷责任期从工程竣（交）工验收之日起计算。由于承包人原因导致工程无法按规定期限竣（交）工验收的，缺陷责任期从实际通过竣（交）工验收之日起计算。由于发包人原因导致工程无法按规定期限进行竣（交）工验收的，在承包人提交竣（交）工验收报告 90 天工程自动进入缺陷责任期。

3. 缺陷责任期内的维修及费用承担

（1）保修责任 缺陷责任期内，属于保修范围、内容的项目，承包人应当在接到报修通知之日起 7 天内派人保修。发生紧急抢修事故的，承包人在接到事故通知后，应该立即到达事故现场抢修。对于设计结构安全的质量问题，应当按照《房屋建筑工程质量保修办法》规定，立即向当地建设行政主管部门报告，采取安全防范措施，由原建设单位或者有相应资质等级的设计单位提出报修方案，承包人实施保修。质量保修完成后，由发包人组织验收。

（2）费用承担 由他人及不可抵抗原因造成的缺陷，发包人负责维修，承包人不承担费用，且发包人不得从保证金中扣除费用。发包人委托承包人维修的，发包人应该支付相应的维修费。

发承包双方就缺陷责任有争议时，可以请有资质的单位进行鉴定，责任方承担鉴定费用并承担维修费用。

缺陷责任期内，由承包人原因造成的缺陷，承包人应负责维修，并承担鉴定及维修费用；若承包人不维修也不承担费用，发包人可按合同约定扣除保留金，并由承包人承担违约责任。承包人维修并承担相应费用后，不免除对工程的一般损失赔偿责任。

缺陷责任期的起算日期必须以工程的实际竣工日期为准，与之相对应的工程照管义务期的计算时间以业主签发的工程接收证书起。对于有一个以上交工日期的工程，缺陷责任期应分别从各自不同的交工日期算起。

由于承包人原因造成某项缺陷或损坏，使某项工程或工程设备不能按原定目标使用而需要再次检查、检验和修复的，发包人有权要求承包人相应延长缺陷责任期，但缺陷责任期最长不超过两年。

8.3.2 质量保证金的使用及返还

1. 质量保证金的含义

建设工程质量保证金（以下简称保证金）是指发包人与承包人在建设工程承包合同中约定，从应付的工程款中预留，用以保证承包人在缺陷责任期及质量保修期内对建设工程出现的缺陷进行维修的资金。缺陷是指建设工程质量不符合工程建设强制标准、设计文件，以及承包合同的约定。

2. 质量保证金预留及管理

（1）质量保证金的预留　发包人应按照合同约定方式预留质量保证金，质量保证金总预留比例不得高于工程价款结算总额的3%。合同约定由承包人以银行保函替代预留质量保证金的，保函金额不得高于工程价款结算总额的3%。在工程项目竣工前，已经缴纳履约保证金的，发包人不得同时预留工程质量保证金。采用工程质量保证担保、工程质量保险等其他方式的，发包人不得再预留质量保证金。

（2）质量保证金的管理　缺陷责任期内，实行国库集中支付的政府投资项目，保证金的管理应按国库集中支付的有关规定执行。其他政府投资项目，保证金可以预留在财政部门或发包方。缺陷责任期内，若发包方被撤销，保证金随交付使用资产一并移交给使用单位，由使用单位代行发包人职责。

社会投资项目采用预留保证金方式的，发承包双方可以约定将保证金交由金融机构托管，采用工程质量保证担保、工程质量保险等其他方式的，发包人不得再预留保证金，并按照有关规定执行。

质量保证金的使用、承包人未按照合同约定履行属于自身责任的工程缺陷修复义务的，发包人有权从质量保证金中扣留用于缺陷修复的各项支出。若经查验工程缺陷属于发包人原因造成的，应由发包人承担查验和缺陷修复的费用。

3. 质量保证金的返还

缺陷责任期满后，施工承包单位向建设单位申请返还工程质量保证金。剩余质量保证金的返还，并不能免除承包人按照合同约定供应承担的质量保修责任和应履行的质量保修义务。

■ 8.4 建设项目后评估

8.4.1 项目后评估的含义

国内外理论与实践工作者对建设项目后评估的理解有多种，本书所指项目后评估为：在项目建成投产并达到设计生产能力后，通过对项目准备、决策、设计、实施、试生产直至达产的全过程进行的再评估，衡量和分析其实际情况与预计情况的偏离程度及产生的原因，全面总结项目投资管理经验，为今后项目准备、决策、管理、监督等工作的改进创造条件，并为提高项目投资效益提出切实可行的对策措施。

项目后评估有别于项目前评估、项目中间评估。项目前评估、项目中间评估与项目后评估既相互联系又相互区别，是同一对象的不同过程。它们在评价中要前后呼应，互相兼顾，但在其作用、评估时间的选择及使用方法等方面又有明显的区别。

8.4.2　项目后评估的种类

从不同的角度出发，项目后评估可分为不同的种类。

1. 根据评估的时点划分

（1）项目跟踪评估　它也称为中间评估或过程评估（On-going Evaluation），是指在项目开工以后到项目竣工验收之前任何一个时点所进行的评估。其目的是检查项目前评价和设计的质量，或是评估项目在建设过程中的重大变更（如项目产出品市场发生变化、概算调整、重大方案变化、主要政策变化等）及其对项目效益的作用和影响，或是诊断项目发生的重大困难和问题，寻求对策和出路等。这类评估往往侧重于项目层次上的问题，如建设必要性评估、勘察设计评估和施工评估等。

（2）项目实施效果评估　它就是通常所说的项目后评估，世界银行和亚洲开发银行称之为 PPAR（Project Performance Audit Report），是指在项目竣工以后一段时间之内（一般生产性行业在竣工以后 1~2 年，基础设施行业在竣工以后 5 年左右，社会基础设施行业可能更长一些）进行的评估。其主要目的是检查确定投资项目或活动达到理想效果的程度，总结经验教训，为完善已建项目、调整在建项目和指导待建项目服务。这类评估要对项目层次和决策管理层次的问题加以分析和总结。

（3）项目影响评估　它又称为项目效益监督评估，是指在项目实施效果评估完成一段时间以后，在项目实施效果评估的基础上，通过调查项目的经营状况，分析项目发展趋势及其对社会、经济和环境的影响，总结决策等宏观方面的经验教训。

2. 根据评估的内容划分

1）目标评估。一方面有些项目原定的目标不明确，或不符合实际情况，项目实施过程中可能会发生重大变化（如政策性变化或市场变化等），所以项目后评估要对项目立项时原定决策目标的正确性、合理性和实践性进行重新分析和评估；另一方面，项目后评估要对照原定目标完成的主要指标，检查项目实际实现的情况和变化并分析变化原因，以判断目的和目标的实现程度，也是项目后评估需要完成的主要任务之一。判别项目目标的指标应在项目立项时确定。

2）项目前期工作和实施阶段评估。主要通过评估项目前期工作和实施过程中的工作业绩，分析和总结项目前期工作的经验教训，为今后加强项目前期工作和实施管理积累经验。

3）项目运营评估。通过项目投产后的有关实际数据资料或重新预测的数据，研究建设项目实际投资效益与预测情况，或其他同类项目投资效益的偏离程度及其原因，系统地总结项目投资的经验教训，并为进一步提高项目投资效益提出切实可行的建议。

4）项目影响评估。分析评估项目对所在地区、所属行业和国家产生的经济、环境、社会等方面的影响。

5）项目持续性评估是指对项目的既定目标是否能按期实现，项目是否可以持续保持较好的效益，接受投资的项目业主是否愿意并可以依靠自己的能力继续实现既定的目标，项目是否具有可重复性等方面做出评估。

3. 根据评估的范围和深度划分

1）大型项目或项目群的后评估。

2）对重点项目中关键工程运行过程的追踪评估。

3）对同类项目运行结果的对比分析，即进行比较研究的实际评估。

4）行业性的后评估，即对不同行业投资收益性差别进行实际评估。

4. 根据评估的主体划分

1）项目自评估　由项目业主会同执行管理机构按照国家有关部门的要求，编写项目的自我评估报告，报行业主管部门、其他管理部门或银行。

2）行业或地方项目后评估　由行业或省级主管部门对项目自评估报告进行审查分析，并提出意见，撰写报告。

3）独立后评估　由相对独立的后评估机构组织专家对项目进行后评估，通过资料收集、现场调查和分析讨论，提出项目后评估报告。通常情况下，项目后评估均属于这类评估。

8.4.3　项目后评估方法

项目后评估方法的基础理论是现代系统工程与反馈控制的管理理论，基本原理是比较法，即将项目投产后的实际情况、实际效果等与决策时期的目标相比较，从中找出差距、分析原因、提出改进措施和建议，进而总结经验教训。下面介绍项目后评估的四种方法：

1. 对比法

（1）前后对比法　前后对比法是指将项目实施前与项目实施后的情况加以对比，以确定项目效益的一种方法。在项目后评估中，它是一种纵向的对比，即将项目前期的可行性研究和项目评估的预测结论与项目的实际运行结果比较，以发现差异，分析原因。这种对比用于揭示计划、决策和实施的质量，是项目过程评估应遵循的原则。

（2）有无对比法　有无对比法是指将项目实际发生的情况与若无项目可能发生的情况进行对比，以度量项目真实效应、影响和作用的一种方法。这种对比是一种横向对比，主要用于项目的效益评价和影响评价。有无对比的目的是要分清项目作用的影响与项目以外作用的影响。

2. 效益评估法

效益评估法又称指标计算法，是指通过计算反映项目准备、决策、设计、实施和运营各阶段实际效益的指标，来衡量和分析项目投产后实际取得的效益的一种方法。效益评估法把项目实际产生的效益或效果与项目实际发生的费用或投入加以比较，进行盈利能力分析。在项目后评估阶段，效益指标的计算完全是以统计的实际值为依据来进行统计分析的，并相应地使用前评估中曾使用过的相同的经济评估参数来进行效益计算，以便在有可比性和计算口径一致的情况下判断项目的决策是否正确。

3. 过程评估法

过程评估法是指项目从立项决策、设计、采购直到建设实施各程序环节的实际进程与事先预订好的计划、目标相比较，通过全过程的分析评估，找出主观愿望与客观实际之间的差异，从而发现导致项目成败的主要环节和原因，提出有关的建议措施，使以后同类项目的实施计划和目标制定更切合实际和更可行的一种方法。过程评估一般有工作量大、涉及面广的特点。

4. 系统评估法

系统评估法是指在后评估工作中将上述三种评估方法有机结合起来，进行系统的分析和评估的一种方法。效益评估法是从成本—效益的角度来判断决策目标是否正确；对比法则是评估项目产生的各种影响因素，其中最大的影响因素便是项目效益；过程评估法是从项目建设过程来分析造成项目的产出和投入与预期目标产生差异的原因，是效益评估和影响评估的基础。另外，项目的效益又与设计、施工质量、工程进度、投资估算等密切相关，因此需要将三种评估方法结合起来，以便得出最佳的评估结论。

项目后评估的各种方法之间存在着密切的联系，在具体项目后评估中要结合运用多种方法，做到定量分析方法与定性分析方法相结合。在项目后评估中，应尽可能用定量数据来说明问题，采用定量的分析方法，以便进行前后或有无的对比。但对无法取得定量数据的评价对象或对项目的总体评价，应结合使用定性分析的方法。

8.4.4　项目后评估指标的计算

一般来说，项目后评估主要是通过一些指标的计算和对比来分析项目实施中的偏差，衡量项目实际建设效果，并寻求解决问题的方案。

1. 项目前期和实施阶段后评估指标

（1）实际项目决策（设计）周期变化率　实际项目决策（设计）周期变化率表示实际项目决策（设计）周期与预计项目决策（设计）周期相比的变化程度，其计算公式为

$$
\text{项目决策（设计）周期变化率} = \frac{\text{实际项目决策（设计）周期（月数）} - \text{预计项目决策（设计）周期（月数）}}{\text{预计项目决策（设计）周期（月数）}} \times 100\% \quad (8\text{-}4)
$$

（2）竣工项目定额工期率　竣工项目定额工期率反映项目实际建设工期与国家统一制定的定额工期或计划安排的计划工期的偏离程度，其计算公式为

$$
\text{竣工项目定额工期率} = \frac{\text{竣工项目实际工期}}{\text{竣工项目定额（计划）工期}} \times 100\% \quad (8\text{-}5)
$$

（3）实际建设成本变化率　实际建设成本变化率反映项目建设成本与批准的（概）预算所规定的建设成本的偏离程度，其计算公式为

$$
\text{实际建设成本变化率} = \frac{\text{实际建设成本} - \text{预计建设成本}}{\text{预计建设成本}} \times 100\% \quad (8\text{-}6)
$$

（4）实际工程合格（优良）品率 实际工程合格（优良）品率反映建设项目的工程质量，其计算公式为

$$实际工程合格（优良）品率 = \frac{实际单位工程合格（优良）品数量}{验收签订的单位工程总数} \times 100\% \qquad (8\text{-}7)$$

（5）实际投资总额变化率 实际投资总额变化率反映实际投资总额与项目前评估中预计的投资总额偏差的大小，包括静态投资总额变化率和动态投资总额变化率，其计算公式为

$$静态（动态）投资总额变化率 = \frac{静态（动态）实际投资总额 - 预计静态（动态）投资总额}{预计静态（动态）投资总额} \times 100\%$$

$$(8\text{-}8)$$

2. 项目营运阶段后评估指标

（1）实际单位生产能力投资 实际单位生产能力投资反映竣工项目的实际投资效果，其计算公式为

$$实际单位生产能力投资 = \frac{竣工验收项目（或单项工程）实际投资总额}{竣工验收项目（或单项工程）实际形成的生产能力} \qquad (8\text{-}9)$$

（2）实际达产年限变化率 实际达产年限变化率反映实际达产年限与设计达产年限的偏离程度，其计算公式为

$$实际达产年限变化率 = \frac{实际达产年限 - 设计达产年限}{设计达产年限} \times 100\% \qquad (8\text{-}10)$$

（3）主要产品价格（成本）变化率 主要产品价格（成本）变化率衡量前评价中产品价格（成本）的预测水平，可以部分地解释实际投资效益与预期效益偏差的原因，也是重新预测项目生命周期内产品价格（成本）变化情况的依据。指标计算可分以下三步进行：

1）计算主要产品价格（成本）年变化率。

$$计算主要产品价格（成本）年变化率 = \frac{实际产品价格（成本） - 预测产品价格（成本）}{预测产品价格（成本）} \times 100\%$$

$$(8\text{-}11)$$

2）运用加权法计算各年主要产品平均价格（成本）变化率。

$$主要产品平均价格（成本）年变化率 = \sum 产品价格（成本）年变化率 \times 该产品产值（成本）占$$
$$总产值（总成本）的比例 \times 100\% \qquad (8\text{-}12)$$

3）计算考核期实际产品价格（成本）变化率。

$$实际产品价格（成本）变化率 = \frac{各年产品价格（成本）年平均变化率之和}{考核期年限} \times 100\%$$

$$(8\text{-}13)$$

（4）实际销售利润变化率　实际销售利润变化率反映项目实际投资效益，并且衡量项目实际投资效益与预期投资效益的偏差。其计算分为以下两步：

1）计算考核期内各年实际销售利润变化率。

$$各年实际销售利润变化率 = \frac{该年实际销售利润 - 预计年销售利润}{预计年销售利润} \times 100\% \quad (8\text{-}14)$$

2）计算实际销售利润变化率。

$$实际销售利润变化率 = \frac{各年实际销售利润率}{预考核年限} \quad (8\text{-}15)$$

（5）实际投资利润（利税）率　实际投资利润（利税）率是指项目达到实际生产后的年实际投资利润（利税）总额与项目实际投资的比率，也是反映建设项目投资效果的一个重要指标。

$$实际投资利润（利税）率 = \frac{年实际利润（利税）或年平均实际利润（利税）额}{实际投资额} \times 100\%$$

$$(8\text{-}16)$$

（6）实际投资利润（利税）变化率　实际投资利润（利税）变化率反映项目实际投资利润（利税）率与预测投资利润（利税）率，或国内外其他同类项目实际投资利润（利税）率的偏差。

$$实际投资利润（利税）变化率 = \frac{实际投资利润（利税）率 - 预测（其他项目）投资利润（利税）率}{预测（其他项目）投资利润（利税）率} \times 100\%$$

$$(8\text{-}17)$$

（7）实际净现值（RNPV）　实际净现值（RNPV）是反映项目生命周期内获利能力的动态评价指标，它的计算是依据项目投产后的年实际净现金流量，或根据情况重新预测的项目生命期内各年的净现金流量，并按重新选定的折现率，将各年现金流量折现到建设期的现值之和。

$$RNPV = \sum_{t=1}^{n} \frac{RCI - RCO}{(1 + i_K)^t} \quad (8\text{-}18)$$

式中　RNPV——实际净现值；

　　　　RCI——项目实际的或根据实际情况重新预测的年现金流入量；

　　　　RCO——项目实际的或根据实际情况重新预测的年现金流出量；

　　　　i_K——根据实际情况重新选定的一个折现率；

　　　　n——项目生命期；

t——考核期的某一具体年份，$t = 1, 2, \cdots, n$。

（8）实际内部收益率 RIRR 实际内部收益率（RIRR），是根据实际发生的年净现金流量和重新预测的项目生命周期计算的各年净现金流量现值为零的折现率。

$$\sum_{t=1}^{n} \frac{\text{RCI} - \text{RCO}}{(1 + \text{RIRR})^t} = 0 \tag{8-19}$$

式中 RIRR——以实际内部收益率为折现率。

（9）实际投资回收期 实际投资回收期是以项目实际产生的净收益或根据实际情况重新预测的项目净收益，抵偿实际投资总回收期，它分为实际静态投资回收期和实际动态投资回收期。

1）实际静态投资回收期（P_{Rt}）。

$$\sum_{t=1}^{P_{\text{Rt}}} (\text{RCI} - \text{RCO})_t = 0 \tag{8-20}$$

2）实际动态投资回收期（P'_{Rt}）。

$$\sum_{t=1}^{P_{\text{Rt}}} \frac{(\text{RCI} - \text{RCO})_t}{(1 + i_{\text{k}})^t} = 0 \tag{8-21}$$

（10）实际借款偿还期 实际借款偿还期是衡量项目实际偿债能力的一个指标，它是根据项目投产后实际的或重新预测的可作还款的利润、折旧和其他收益额偿还固定资产实际借款本息所需要的时间。

$$I_{\text{Rd}} = \sum_{t=1}^{P_{\text{Rd}}} (R_{\text{RP}} + D'_{\text{R}} + R_{\text{RO}} - R_{\text{Rt}}) \tag{8-22}$$

式中 I_{Rd}——固定资产投资借款实际本息之和；

P_{Rd}——实际借款偿还期；

R_{RP}——实际或重新预测的年利润的总额；

D'_{R}——实际可用于还款的折旧；

R_{RO}——年实际可用于还款的其他收益；

R_{Rt}——还款期的年实际企业留利。

在计算实际净现值、实际内部收益率、实际投资回收期、实际借款偿还期后，还可以计算其变化率以分析它们与预计指标的偏差，具体计算方法与其他指标相同。关于国民经济后评估中的实际经济净现值，即实际经济内部收益率等指标的计算方法与实际净现值及实际内部收益率的计算方法相同。

在实际的项目后评估中，还可以视不同的具体项目和后评估要求的需要，设置其他一些评价指标。通过这些指标的计算和对比，可以找出项目实际运行情况与预计情况的偏差和偏离程度。在对这些偏差分析的基础上，可以对产生偏差的各种因素采用具有针对性的解决方案，保证项目的正常运营。

课后拓展 造价工程师职业资格管理规定

根据国务院推进"放管服"改革，以及规范职业资格设置和管理，经国务院同意，2017年9月，人力资源和社会保障部印发《人力资源社会保障部关于公布国家职业资格目录的通知》（人社部发〔2017〕68号），将造价工程师列入国家职业资格目录清单。为贯彻落实国务院"放管服"改革要求，加快建立公开、科学、规范的职业资格制度，提高职业资格设置的科学化、规范化水平，持续激发市场主体创造活力，住房和城乡建设部、交通运输部、水利部、人力资源和社会保障部（以下简称四部门）实施。在《造价工程师执业资格制度暂行规定》（人发〔1996〕77号）的基础上，按照"统一制度、分业实施"的原则，于2018年7月20日印发了《造价工程师职业资格制度规定》《造价工程师职业资格考试实施办法》，摘编如下：

1. 总则

1）为提高固定资产投资效益，维护国家、社会和公共利益，充分发挥造价工程师在工程建设经济活动中合理确定和有效控制工程造价的作用，根据《中华人民共和国建筑法》和国家职业资格制度有关规定，制定本规定。

2）本规定所称造价工程师，是指通过职业资格考试取得中华人民共和国造价工程师职业资格证书，并经注册后从事建设工程造价工作的专业技术人员。

3）国家设置造价工程师准入类职业资格，纳入国家职业资格目录。

工程造价咨询企业应配备造价工程师，工程建设活动中有关工程造价岗位配备造价工程师。

4）造价工程师分为一级造价工程师和二级造价工程师。一级造价工程师英文译为 Class 1 Cost Engineer，二级造价工程师英文译为 Class 2 Cost Engineer。

5）住房城乡建设部、交通运输部、水利部、人力资源社会保障部共同制定造价工程师职业资格制度，并按照职责分工负责造价工程师职业资格制度的实施与监管。

各省、自治区、直辖市住房城乡建设、交通运输、水利、人力资源社会保障行政主管部门，按照职责分工负责本行政区域内造价工程师职业资格制度的实施与监管。

2. 考试

1）一级造价工程师职业资格考试全国统一大纲、统一命题、统一组织。

二级造价工程师职业资格考试全国统一大纲，各省、自治区、直辖市自主命题并组织实施的考试制度。

2）一级和二级造价工程师职业资格考试均设置基础科目和专业科目。

3）住房城乡建设部组织拟定一级造价工程师和二级造价工程师职业资格考试基础科目的考试大纲，组织一级造价工程师基础科目命审题工作。

住房城乡建设部、交通运输部、水利部按照职责分别负责拟定一级造价工程师和二级造价工程师职业资格考试专业科目的考试大纲，组织一级造价工程师专业科目命审题工作。

4）人力资源社会保障部负责审定一级造价工程师和二级造价工程师职业资格考试科目和考试大纲，负责一级造价工程师职业资格考试考务工作，并会同住房城乡建设部、交通运输部、水利部对造价工程师职业资格考试工作进行指导、监督、检查。

5）各省、自治区、直辖市住房城乡建设、交通运输、水利行政主管部门会同人力资源社会保障行政主管部门，按照全国统一的考试大纲和相关规定组织实施二级造价工程师职业资格考试。

6）凡遵守中华人民共和国宪法、法律、法规，具有良好的业务素质和道德品行，具备下列条件之一者，可以申请参加一级造价工程师职业资格考试：

①具有工程造价专业大学专科（或高等职业教育）学历，从事工程造价业务工作满5年；

具有土木建筑、水利、装备制造、交通运输、电子信息、财经商贸大类大学专科（或高等职业教育）学历，从事工程造价业务工作满6年。

②具有通过工程教育专业评估（认证）的工程管理、工程造价专业大学本科学历或学位，从事工程造价业务工作满4年；

具有工学、管理学、经济学门类大学本科学历或学位，从事工程造价业务工作满5年。

③具有工学、管理学、经济学门类硕士学位或者第二学士学位，从事工程造价业务工作满3年。

④具有工学、管理学、经济学门类博士学位，从事工程造价业务工作满1年。

⑤具有其他专业相应学历或者学位的人员，从事工程造价业务工作年限相应增加1年。

7）凡遵守中华人民共和国宪法法律、法规，具有良好的业务素质和道德品行，具备下列条件之一者，可以申请参加二级造价工程师职业资格考试：

①具有工程造价专业大学专科（或高等职业教育）学历，从事工程造价业务工作满2年；具有土木建筑、水利、装备制造、交通运输、电子信息、财经商贸大类大学专科（或高等职业教育）学历，从事工程造价业务工作满3年。

②具有工程管理、工程造价专业大学本科及以上学历或学位，从事工程造价业务工作满1年；取得工学、管理学、经济学门类大学本科及以上学历或学位，从事工程造价业务工作满2年。

③具有其他专业相应学历或学位的人员，从事工程造价业务工作年限相应增加1年。

8）一级造价工程师职业资格考试合格者，由各省、自治区、直辖市人力资源社会保障行政主管部门颁发中华人民共和国一级造价工程师职业资格证书。该证书由人力资源社会保障部统一印制，住房城乡建设部、交通运输部、水利部按专业类别分别与人力资源社会保障部用印，在全国范围内有效。

9）二级造价工程师职业资格考试合格者，由各省、自治区、直辖市人力资源社会保障行政主管部门颁发中华人民共和国二级造价工程师职业资格证书。该证书由各省、自治区、直辖市住房城乡建设、交通运输、水利行政主管部门按专业类别分别与人力资源社会保障行政主管部门用印，原则上在所在行政区域内有效。各地可根据实际情况制定区域认可办法。

3. 注册

1）国家对造价工程师职业资格实行执业注册管理制度。取得造价工程师职业资格证书且从事工程造价相关工作的人员，经注册方可以造价工程师名义执业。

2）住房城乡建设部、交通运输部、水利部按照职责分工，制定相应注册造价工程师管理办法并监督执行。

住房城乡建设部、交通运输部、水利部分别负责一级造价工程师注册及相关工作。各省、自治区、直辖市住房城乡建设、交通运输、水利行政主管部门按专业类别分别负责二级造价工程师注册及相关工作。

3）经批准注册的申请人，由住房城乡建设部、交通运输部、水利部核发《中华人民共和国一级造价工程师注册证》（或电子证书）；或由各省、自治区、直辖市住房城乡建设、交通运输、水利行政主管部门核发《中华人民共和国二级造价工程师注册证》（或电子证书）。

4）造价工程师执业时应持注册证书和执业印章。注册证书、执业印章样式以及注册证书编号规则由住房城乡建设部会同交通运输部、水利部统一制定。执业印章由注册造价工程师按照统一规定自行制作。

5）住房城乡建设部、交通运输部、水利部按照职责分工建立造价工程师注册管理信息平台，保持通用数据标准统一。住房城乡建设部负责归集全国造价工程师注册信息，促进造价工程师注册、执业和信用信息共享。

4. 执业

1）造价工程师在工作中，必须遵纪守法，恪守职业道德和从业规范，诚信执业，主动接受有关主管部门的监督检查，加强行业自律。

2）住房城乡建设部、交通运输部、水利部共同建立健全造价工程师执业诚信体系，制定相关规章制度或从业标准规范，并指导监督信用评价工作。

3）造价工程师不得同时受聘于两个或两个以上单位执业，不得允许他人以本人名义执业，严禁"证书挂靠"，出租出借注册证书的，依据相关法律法规进行处罚；构成犯罪的，依法追究刑事责任。

4）一级造价工程师的执业范围包括建设项目全过程的工程造价管理与咨询等，具体工作内容：

① 项目建议书、可行性研究投资估算与审核，项目评价造价分析。

② 建设工程设计概算、施工预算编制和审核。

③ 建设工程招标投标文件工程量和造价的编制与审核。

④ 建设工程合同价款、结算价款、竣工决算价款的编制与管理。

⑤ 建设工程审计、仲裁、诉讼、保险中的造价鉴定，工程造价纠纷调解。

⑥ 建设工程计价依据、造价指标的编制与管理。

⑦ 与工程造价管理有关的其他事项。

5）二级造价工程师主要协助一级造价工程师开展相关工作，可独立开展以下具体工作：

① 建设工程工料分析、计划、组织与成本管理，施工图预算、设计概算编制。

② 建设工程量清单、最高投标限价、投标报价编制。

③ 建设工程合同价款、结算价款和竣工决算价款的编制。

6）造价工程师应在本人工程造价咨询成果文件上签章，并承担相应责任。工程造价咨询成果文件应由一级造价工程师审核并加盖执业印章。

7）取得造价工程师注册证书的人员，应当按照国家专业技术人员继续教育的有关规定接受继续教育，更新专业知识，提高业务水平。

5. 附则

本规定自印发之日起施行。原人事部、原建设部发布的《造价工程师执业资格制度暂行规定》（人发〔1996〕77号）同时废止。根据该暂行规定取得的造价工程师执业资格证书与本规定中一级造价工程师职业资格证书效用等同。

习　　题

一、单项选择题

1. 下列建设项目，还不具备竣工验收条件的是（　　　）。
    A. 工业项目经负荷试车，试生产期间能正常生产出合格产品，形成生产能力的
    B. 非工业项目符合设计要求，能够正常使用的
    C. 工业项目虽然可以使用，但少数设备短期不能安装，工程内容未全部完成的
    D. 工业项目已完成某些单项工程，但不能提前投料试车的

2. 可以进行竣工验收的工程最小单位是（　　　）。
    A. 分部分项工程　　　　B. 单位工程　　　　C. 单项工程　　　　D. 工程项目

3. 竣工决算的计量单位是（　　　）。
    A. 实物数量和货币指标　　　　　　　B. 建设费用和建设成果
    C. 固定资产价值、流动资产价值、无形资产价值、递延和其他资产价值
    D. 建设工期和各种技术经济指标

4. 某住宅在保修期限及保修范围内，由于洪水造成了该住宅的质量问题，其保修费用应由（　　）承担。
    A. 施工单位　　　　B. 设计单位　　　　C. 使用单位　　　　D. 建设单位

5. 在建设工程竣工验收步骤中，施工单位自验后应由（　　　）。
    A. 建设单位组织设计、监理施工等单位对工程等级进行评审
    B. 质量监督机构进行核审
    C. 施工单位组织设计、监理等单位对工程等级进行评审
    D. 若经质量监督机构审定不合格，责任单位需返修

6. 一般基层单位竣工预验的三个层次不包括（　　　）。
    A. 基层施工单位自验　　　　　　　　B. 项目经理自验
    C. 监理工程师预验　　　　　　　　　D. 公司级预验

7. 单项工程验收的组织方是（　　　）。
    A. 业主　　　　B. 施工单位　　　　C. 监理工程师　　　　D. 质检部门

8. 关于竣工结算说法正确的是（　　　）。
    A. 建设项目竣工决算应包括从筹划到竣工投产全过程的直接工程费用
    B. 建设项目竣工决算应包括从动工到竣工投产全过程的全部费用
    C. 新增固定资产价值的计算应以单项工程为对象
    D. 已具备竣工验收条件的项目，若两个月内不办理竣工验收和固定资产移交手续则视同项目已正式投产

9. 保修费用一般按照建筑安装工程造价和承包工程合同价的一定比例提取，该提取比

例是（　　　　）。

    A. 10%   B. 5%   C. 15%   D. 20%

10. 土地征用费和勘察设计费等费用应按（　　　　）比例分摊。

    A. 建筑工程造价   B. 安装工程造价

    C. 需安装设备价值   D. 建设单位其他新增固定资产价值

二、多项选择题

1. 建设项目竣工验收的主要依据包括（　　　　）。

    A. 可行性研究报告   B. 设计文件   C. 招标文件   D. 合同文件

    E. 技术设备说明书

2. 在编制竣工决算时，下列各项费用中应列入新增递延资产价值的有（　　　　）。

    A. 开办费   B. 项目可行性研究费

    C. 土地征用及迁移补偿费   D. 土地使用权出让金

    E. 以经营租赁方式租入的固定资产改良工程支出

3. 建设项目竣工验收的内容依据建设项目的不同可分为（　　　　）。

    A. 建设工程项目验收   B. 工程资料验收

    C. 工程财务资料验收   D. 工程内容验收

    E. 工程综合资料验收

4. 安装工程验收内容分为（　　　　）。

    A. 照明安装工程验收   B. 建筑设备安装工程验收

    C. 工艺设备安装工程验收   D. 动力设备安装工程验收

    E. 供暖工程安装验收

5. 竣工验收签证书需要各方签字盖章，签章单位包括（　　　　）。

    A. 监理单位   B. 业主   C. 施工单位

    D. 设计单位   E. 质检部门

6. 全部工程完成后，由业主参与动用验收，验收分为（　　　　）阶段。

    A. 施工单位自验   B. 验收准备   C. 预验收

    D. 正式验收   E. 阶段验收

7. 关于竣工决算正确的是（　　　　）。

    A. 竣工决算是竣工验收报告的重要组成部分

    B. 竣工决算是核定新增固定资产价值的依据

    C. 竣工决算是反映建设项目实际造价和投资效果的文件

    D. 竣工决算在竣工验收之前进行

    E. 竣工决算是考核分析投资效果的依据

8. 竣工决算的内容包括（　　　　）。

    A. 竣工决算报表   B. 竣工决算报告情况说明书

    C. 竣工工程概况表   D. 竣工财务决算表

    E. 交付使用的财产总表

9. 因变更需要重新绘制竣工图，下面关于重新绘制竣工图的说法正确的是（　　　　）。

    A. 由设计原因造成的，由设计单位负责重新绘制

B. 由施工原因造成的，由施工单位负责重新绘制

C. 由其他原因造成的，由设计单位负责重新绘制

D. 由其他原因造成的，由建设单位或建设单位委托设计单位负责重新绘制

E. 由其他原因造成的，由施工单位负责重新绘制

10. 工程造价比较分析的内容有（　　　）。

A. 主要实物工程量　　　　　　　　　B. 主要材料消耗量

C. 考核间接费的取费标准　　　　　　D. 建筑和安装工程其他直接费取费标准

E. 考核建设单位现场经费取费标准

习 题 答 案

第1章 习 题

一、单项选择题

1. A   2. B   3. C   4. B   5. B   6. B   7. C   8. C   9. A   10. B

二、多项选择题

1. CDE   2. BCDE   3. CE   4. ABDE   5. ACE   6. AC   7. BCDE

第2章 习 题

一、单项选择题

1. B   2. C   3. B   4. B   5. B   6. D   7. A   8. C   9. B   10. B

二、多项选择题

1. AD   2. ABE   3. ABDE   4. ACD   5. BE

6. ADE   7. ABCE   8. BCDE   9. ABC   10. ABD

第3章 习 题

一、单项选择题

1. B   2. B   3. B   4. D   5. C   6. B   7. A   8. B   9. B   10. C

二、多项选择题

1. ABE   2. BCDE   3. ACE   4. BCDE   5. ADE

6. ABDE   7. ABDE   8. ABDE   9. BDE   10. ABD

第4章 习 题

一、单项选择题

1. B   2. A   3. D   4. C   5. D   6. B   7. D   8. B   9. C   10. B

二、多项选择题

1. CD   2. CD   3. ABCDE   4. ABCDE   5. ABD

6. ABD   7. CDE   8. ABD   9. ABCDE   10. ABC

第5章 习 题

一、单项选择题

1. B   2. C   3. C   4. D   5. D   6. A   7. C   8. D   9. C   10. D

二、多项选择题

1. ADE   2. BDE   3. BCE   4. ABCD   5. ABC

6. ACD   7. ABCE   8. ABCE   9. ABDE   10. ABD

第6章 习　题

一、单项选择题

1. A　　2. A　　3. D　　4. A　　5. B　　6. C　　7. A　　8. D　　9. B　　10. C

二、多项选择题

1. ABDE　　2. ABCD　　3. AC　　4. AB　　5. BCD

6. ABCE　　7. ABCD　　8. BD　　9. ABDE　　10. ACDE

第7章 习　题

一、单项选择题

1. C　　2. B　　3. C　　4. A　　5. D　　6. B　　7. A　　8. C　　9. B　　10. B

二、多项选择题

1. ABD　　2. AD　　3. ACD　　4. CD　　5. BCD

6. ABC　　7. ABC　　8. ACD　　9. ABC　　10. ABD

第8章 习　题

一、单项选择题

1. D　　2. B　　3. A　　4. D　　5. A　　6. C　　7. A　　8. C　　9. B　　10. A

二、多项选择题

1. ABDE　　2. AE　　3. BD　　4. BCD　　5. BCD

6. BCD　　7. ABCE　　8. AD　　9. ABD　　10. ABCD

参 考 文 献

[1] 鲍学英. 工程造价管理 [M]. 2版. 北京：中国铁道出版社，2014.

[2] 刘元芳. 工程造价管理 [M]. 北京：中国电力出版社，2014.

[3] 赵秀云. 工程造价管理 [M]. 哈尔滨：哈尔滨工业大学出版社，2013.

[4] 马楠，卫赵斌，王月明. 工程造价管理 [M]. 2版. 北京：人民交通出版社，2014.

[5] 张友全，陈起俊. 工程造价管理 [M]. 2版. 北京：中国电力出版社，2014.

[6] 徐蓉. 工程造价管理 [M]. 3版. 上海：同济大学出版社，2014.

[7] 刘薇，叶良，孙平平. 工程造价与管理 [M]. 北京：电子工业出版社，2014.

[8] 宁素莹. 建设工程造价管理 [M]. 北京：知识产权出版社，2014.

[9] 韩英爱，刘茉. 工程项目管理 [M]. 北京：机械工业出版社，2014.

[10] 白艳梅. 最新营改增政策与案例解析 [M]. 成都：西南财经大学出版社，2016.

[11]《营业税改征增值税实务辅导手册》编委会. 营业税改征增值税实务辅导手册 [M]. 北京：光明日报出版社，2012.

[12] 叶青，陈齐特. 美丽乡村建设模式及实施路径 [J]. 牡丹江师范学院学报（哲学社会科学版），2014（2）：30-32.

[13] 陶学明，朱荣廷，郑玉艳. 安徽烈山美丽乡村建设标准体系构建探究与实践 [J]. 质量与标准化，2016（7）：49-52.

[14] 张爱青. 清单计价模式在装配式建筑造价管理中的应用研究 [J]. 赤峰学院学报（自然科学版），2017，33（22）：123-125.

[15] 贾宏俊，许云萍. 基于AHP的装配式建筑成本管理研究 [J]. 建筑经济，2018，39（7）：79-83.

[16] 孙凌志，徐珊，王亚男. 清单计价模式下装配式建筑造价管理研究 [J]. 建筑经济，2017，38（4）：29-32.

[17] 郭德坤. 装配式建筑的方案及造价分析 [D]. 郑州：郑州大学，2017.

[18] 任海勇. 浅谈利用工程量清单计价模式对装配式建筑进行造价管理 [J]. 建设科技，2016（Z1）：136-138.

[19] 孔凡彬，杨洪. 监理企业如何应对全过程工程咨询服务的挑战 [J]. 四川水利，2017，38（5）：118-120.

[20] 曲泽军，姚越，范家豪. "执行建筑师"模式下的全过程工程咨询企业发展思考 [J]. 中国勘察设计，2017（7）：44-49.

[21] 陈金海，陈曼文，杨远哲，等. 建设项目全过程工程咨询指南 [M]. 北京：中国建筑工业出版社，2018.

[22] 赵华宁，阙良刚. 我国建设项目造价管理方法的发展历史及改革措施研究 [J]. 工业建筑，2010，40（S1）：1076-1078.

[23] 王茜. "三新"勾勒建筑业未来蓝图 [N]. 中华建筑报，2018-01-16（2）.

[24] 方佩岚. "数字建筑"打开建筑产业新视界 [N]. 建筑时报，2018-01-18（4）.

[25] 王茜. 当建筑业遇上大数据时代 [N]. 中华建筑报，2018-06-05（2）.

[26] 王茜. 数字建筑赋能产业升级 [N]. 中华建筑报，2018-07-03（2）.

[27] 樱子. 数字建筑勾勒建筑业未来蓝图 [J]. 中国勘察设计，2018（2）：20-21.

[28] 孙璟璐. 国内首个《数字建筑白皮书》发布 "三新"勾勒建筑 "未来式" [J]. 中国建设信息化，2018（2）：30-33.